大飞机出版工程

The Art of Modeling Mechanical Systems

机械系统建模的艺术

【德】弗里德里希·普法伊费尔【奥】哈特穆特·布雷梅 编
师振云 喻 杰 杨淋雅 鹿思嘉 卢夏蕾 译
高亚奎 校

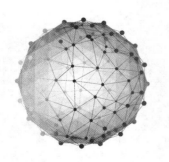

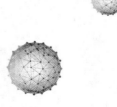

上海交通大學出版社
SHANGHAI JIAO TONG UNIVERSITY PRESS

内容提要

本书以机械工程为背景，结合工程实例介绍了机械系统建模的理论体系和实现方法。全书共分为6章，第1章和第2章介绍了机械系统建模的目标及实现途径，第3章介绍了柔性体建模，第4章介绍了接触力学建模，第5章介绍了机械系统非线性振动响应建模，第6章介绍了固体力学建模。全书涵盖现代控制理论和机械动力学研究领域的最新研究成果，并重点关注机械系统建模的工程应用。本书可作为机械、力学、土木工程和航空等专业硕士研究生、工程技术人员开展机械系统动静态性能分析和建模的指导用书，也适用于不同程度的读者自学；对希望掌握机械系统建模思想、原理和方法的读者，都有很好的参考价值。

图书在版编目(CIP)数据

机械系统建模的艺术/(德)弗里德里希·普法伊费尔，(奥)哈特穆特·布雷梅编；师振云等译. —上海：上海交通大学出版社，2021.10
ISBN 978-7-313-25431-3

Ⅰ.①机… Ⅱ.①弗… ②哈… ③师… Ⅲ.①飞行控制系统—系统建模 Ⅳ.①V249

中国版本图书馆CIP数据核字(2021)第185298号

机械系统建模的艺术
JIXIE XITONG JIANMO DE YISHU

编　者：[德]弗里德里希·普法伊费尔 [奥]哈特穆特·布雷梅
译　者：师振云　喻　杰　杨淋雅　鹿思嘉　卢夏蕾
出版发行：上海交通大学出版社　　地　址：上海市番禺路951号
邮政编码：200030　　电　话：021-64071208
印　制：上海盛通时代印刷有限公司　　经　销：全国新华书店
开　本：710 mm×1000 mm　1/16　　印　张：22.75
字　数：377千字
版　次：2021年10月第1版　　印　次：2021年10月第1次印刷
书　号：ISBN 978-7-313-25431-3
定　价：180.00元

编　辑

弗里德里希・普法伊费尔

德国巴伐利亚州加尔兴慕尼黑工业大学应用机械研究所

哈特穆特・布雷梅

奥地利林茨大学机器人科学研究所

译 者 序

工业设计业界内曾流传这样一个说法:“强度计算的结果除了自己不相信,其他人都相信;仿真计算的结果除了自己相信,其他人都不相信。”虽然这只是一种调侃,但从某种程度上反映出仿真工作纷繁复杂这一共识。当一个人开始用数学语言描述现实世界的物理现象,并试图做出解释和预测的时候,也就意味着他开始攀登仿真这座险峰。我们生存的世界,大到星系的运行,小到分子级甚至纳米级结构的特性,都可以成为仿真对象。也正因如此,仿真面对的问题五花八门,要考虑的因素多如牛毛,仿真结果的真实性和准确性长期以来饱受质疑。但不可否认的是,建模仿真是人类对客观世界从感性认知到理性认知的一次飞跃,是从“知其然”到“知其所以然”的必经之路。

开始仿真研究之前,我们首先应该意识到的是,没有一个仿真模型能够满足所有的要求而达到对真实物理对象的复刻,也无法做到放之四海而皆准。所有的仿真模型都有其适用范围和局限性,研究者需完成的第一个工作就是明确仿真的目的以及界定模型的有效范围。一个优美的仿真模型需达到的境界应如同宋玉笔下的东家之子一般,“增之一分则太长,减之一分则太短”。本书反复强调建模需秉承“尽可能简单却不简陋”的原则,正是传递着这样一种思想。从这个角度来讲,建模堪称是一门艺术。

本书为施普林格出版社于 2017 年出版的国际机械科学中心(CISM)学术讲义汇编丛书中第 570 卷《机械系统建模的艺术》。该书从系统角度出发展示了机械建模的基本原则,通过机械系统建模的实例讲述了模型搭建过程中需要重点考虑的因素,同时又讨论了各种适用于机械系统建模的数学算法的优缺点,内容翔实,深入浅出,理论与工程实践兼顾,不失为广大求学者和从业者进入建模仿真殿堂的方便之门。

本书译稿的问世,应归功于中国航空工业集团公司第一飞机设计研究院的首席科学家高亚奎副总师。他在研读原书后意识到其中所蕴藏的价值和对机载系统研制技术能起到巨大的推动作用，于是组织科研技术人员对书稿进行了消化和翻译，并对译稿逐字逐句审校。此书能够付梓，离不开高亚奎副总师付出的心血，也得力于参加译校工作的各位同事的辛勤努力。

译者力求对名词术语、人名和地名的翻译做到一致并符合惯例，但囿于水平有限，书中难免有疏漏之处，敬请各位读者批评指正。

前　言

工程实践和物理学都离不开模型，而模型也代表了对物理世界最高层次的理解。任何研究对象在开始数学表达、搭建数学模型之前，都必须先提取研究对象的物理结构，描述研究对象的物理特性。这个过程会用到一些基本的物理要素，如质量、弹性、阻尼、流体特性和热力学要素等，而这些物理要素之间的交联关系往往比物理要素本身更为复杂。

机械系统建模的第一步是提取研究对象的物理结构并描述研究对象的物理特性，但这一步的重要性和复杂性却往往被低估，实际上这一过程是确保系统建模成功的基础。系统建模过程的一系列工作，如数学模型、算法及程序代码的实现都与提取研究对象物理结构、描述研究对象物理特性密不可分。虽然目前仍缺少系统性研究物理结构、描述物理特性的工作方法，但是建模时还是应当尽可能地从系统角度出发，提取物理结构，描述物理特性，因为建模不仅是一门学科，更是一门艺术。

机械系统建模要求对研究对象有深刻的理解。研究对象可能是一台机器、一架飞机，甚至是一项人类的行为活动。建模的首要问题是了解研究对象，包括研究对象的工作原理、功能结构、动力学特性、运动学特性、稳定性和变形、噪声和磨损甚至价格，这些关键性先决条件需要与建模需求及目标关联起来。

首先，要有能够表征问题实质的简化模型。以研究振动问题为例，既可以从动力学角度进行振动分析，也可以从影响参数角度进行振动分析。仅有少数的专家才能将模型搭建成艺术品，因为建模要具备专业的理论知识，并能够利用工程直觉和实践经验减少建模所需的参数。系统简化模型与数据庞大、结构复杂的计算机仿真相比，更容易让建模者在短时间内就获得对问题本质的认知。

其次，要尽可能细化建模。过多考虑细节的模型往往结构庞大且计算耗时，但即便如此，仍要仔细检查所有可能的影响因素，从而达到忽略非关键因素后并不影响模型真实结果的目的。巧妙地忽略模型中非关键因素是提升对研究对象认知和改进设计的基础。从根本上来说，采用简化模型或细化模型的目标是一致的，都是为了通过模型尽可能真实地反映研究对象的特性。

最后，如果不考虑建模的根本目的，则可能会发现虽然模型能够描述研究对象的部分特性，但是仅局限在定性层面上。这样的模型在某些情况下可能有用，但结果往往与实际要求相差甚远。

总体来说，建模的过程就是对某个物理现象描述的过程，但这一点往往被低估；搭建的模型应该具有物理意义而不是纯粹的数学堆砌，具有物理意义的模型才能给出解决问题的算法和设计者想要的结果。搭建的模型应该尽可能简单，便于建模者及使用者很好地理解模型背后物理问题的实质；也应该足够复杂，将所有影响仿真结果的细节考虑齐全，只有这样才能满足建模者及使用者的需求。

通常定义的"模型"更侧重理论结构，但实际上建模及模型的应用又往往与试验验证相关。人们常会有这样一种定式思维：试验结果一定是正确的，是能够反映真实情况的。但事实上并非如此。想要设计一套满足测试需求的试验系统是件非常困难的工作，同样困难的还包括对试验数据的分析和理解。因此对比模型仿真结果和试验实测结果的一致性时，既要关注仿真模型的正确性，也要注意试验的有效性。

综上所述，机械系统建模甚至推广到一般的系统建模，都要求建模者具备深邃的洞察力和敏锐的工程直觉，而这些只能通过长期且专业的工作才能获得。本书旨在从系统角度出发展示机械建模的基本原则，通过一些系统建模的实例讲述模型搭建过程中需要重点考虑的因素，而非只是提出解决具体问题的数学算法和其优点与缺点。换言之，本书更侧重于讨论机械系统建模的艺术。

本书包括如下内容：

(1) 机械系统建模目标及实现途径，弗里德里希・普法伊费尔(Friedrich Pfeiffer)。

(2) 机械系统建模的魅力，哈特穆特・布雷梅(Hartmut Breme)。

(3) 柔性体建模，艾哈迈德・谢巴纳(Ahmed Shabana)。

(4) 接触力学建模，米歇尔・拉乌斯(Michel Raous)。

(5) 机械系统非线性振动响应建模，斯蒂文·肖(Steven Shaw)等。

(6) 固体力学建模，彼得·维格斯(Peter Wriggers)。

本书在囊括动力学知识的同时还涉及连续介质力学，说明建模在各领域使用都很普遍；但不同的出发点会导致具体内容存在差异，本书将给出详细说明。

德国加尔兴，弗里德里希·普法伊费尔

奥地利林茨，哈特穆特·布雷梅

目　录

1 机械系统建模目标及实现途径

弗里德里希·普法伊费尔

模型是对物理世界最高层次的理解，在工程实践和物理学领域模型的应用随处可见。在对研究对象进行数学表达和搭建数学模型之前，首先且必须要做的是提取其物理结构、描述其物理特性，这个过程会用到一些如质量、弹性、阻尼、流体特性、热力学等基本的物理要素，而这些物理要素间的交联关系往往比物理要素本身更为复杂。

可以说，正确提取研究对象的物理结构并描述研究对象的物理特性是机械系统建模成功的关键，但在实际应用中这一步的重要性和复杂性却往往被低估。建模过程中数学模型、算法及程序代码的实现等一系列工作都与提取研究对象的物理结构、描述研究对象的物理特性密不可分。在目前仍缺少系统性研究物理结构、描述物理特性的方法的背景下，建模时还是应当尽可能地从系统角度出发，提取物理结构、描述物理特性，因为建模不仅是一门科学，更是一门艺术。

1.1 概述

机械系统建模要求对研究对象有深刻的理解。研究对象可能是一台机器、一架飞机，甚至是一项人类的活动。建模的首要问题是了解研究对象，包括研究对象的工作原理、功能结构、动力学特性、运动学特性、稳定性和变形、噪声和磨损甚至价格，这些都是关键性先决条件，需要与建模需求及建模目标关联起来。

第一，简化后的模型依然能通过对物理现象的描述，特别是影响参数的确认以反映物理问题的实质。第二，建模时应尽可能考虑细节问题，这种模型通常较大、较复杂且计算耗时，甚至仿真结果也会含混不清，但通过加入专业领域的知识和技巧，此类模型可以作为解决物理问题的基础，提升设计能力。第三，模型和研究对象通常具有类似的物理特性，却又局限在定性认知的层面上，这一点在某些情况下将有助于理解研究对象。

综上所述，机械系统建模甚至推广到一般的系统建模，都要求建模者具备深邃的洞察力和敏锐的工程直觉。本书旨在从系统角度出发展示机械建模的基本原则，通过一些来自工业系统的模型实例讲述建模时需要重点关注的问题，而非针对具体物理问题提出解决问题的数学算法；同时本书也讨论了机械系统建模中最常用、最有效的数学方法，即本书的内容更侧重于机械系统建模的艺术。

拖拉机建模流程如图 1－1 所示。本例包含了建模的各种先决条件：① 三维数学模型、二维视图和剖视图均可用；② 有一群经验丰富的设计工程师和测试工程师；③ 建模目标明确——研究指定部件在流场中往复运动及振动条件下的强度问题；模型虽然复杂但易于理解；通过对比仿真结果和实测结果调整设计参数对产品优化改进，解决部件在往复运动和振动环境下的强度问题。

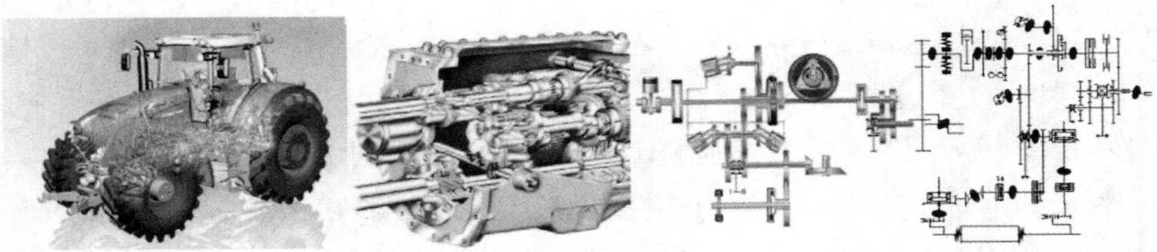

图 1－1　拖拉机建模流程示例

1.2　机械系统建模

机械系统建模已成为解决物理问题的一个重要途径。力学是一门研究机械系统运动问题和变形问题的学科，而机械系统在设计过程中必须考虑到机械装置和结构的承载问题。机械系统建模的过程是通过质量、弹性、阻尼、摩擦力和有限元的形函数等一些基本要素替代真实的机器、装置和结构，并通过这些元素的内部关系形成特定的系统约束条件。这个过程既要求对研究对象的工作机理有深刻的认识，同时也需要拥有扎实的机械理论知识。

机械系统模型的质量在一定程度上决定了产品研发阶段可能花费的时间和资金，好的模型不仅有助于加快解决问题的速度，而且能加深对问题的理解以及加快解决技术问题并得到成果。

钻井平台倒塌模型如图 1－2 所示。为寻找钻井平台倒塌的根本原因，搭建的平台模型带有 2～3 个自由度、3 种不同的沙土环境[1]；仿真结果令人满意，解释和证明了钻井平台倒塌的根本原因是海浪波谱和塔台固有频率之间产生了共振，而这种共振问题通常很少发生。

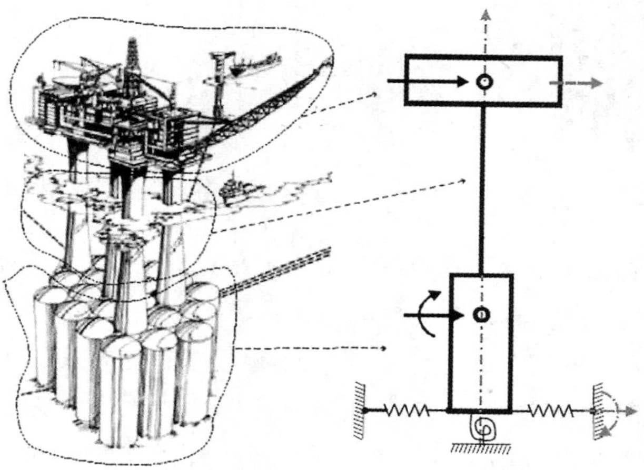

图 1－2　钻井平台倒塌模型

什么是好的机械系统模型？好的机械系统模型要求其包含的数学模型能尽可能完美地解释物理问题。通常，机械系统的工作性能是已知或能被测量的（至少能被精确地描述），好的模型不仅能加深对技术问题的认知，而且更能提升对系统设计思想的理解；通过建模仿真仅得到一堆仿真结果和仿真曲线是远远不够的，更重要的是拥有对技术问题的洞察力。

一个有助于理解垮塌问题基本原理的模型如图 1－3 所示。虽然 110 层的世贸大厦其设计强度足以抵御一架商用飞机碰撞产生的水平作用力，但是“9・11”事件中仍出现了垮塌现象，其原因何在？据研究，垮塌的根本原因在于高温环境：世贸大厦的圆柱钢架支撑结构在高温条件下发生动力学特性改变，屈服强度降低并出现脆裂现象，最终导致大楼垮塌[2]。

如何建立机械系统模型？机械系统的功能主要取决于其运动学和动力学特性（如理想条件下的运动时序和振动）。通常认为每台机器、机器组件或结构提供的功能都是比较容易描述和建模的，故而有人认为可以将此作为建模的起点。但实际上，机械系统并不能在理想条件下建模，各种干扰和“噪声”因素常常无法建模，而系统本身也很难被真正理解。基于这一点，工程师建模的起点往往是工

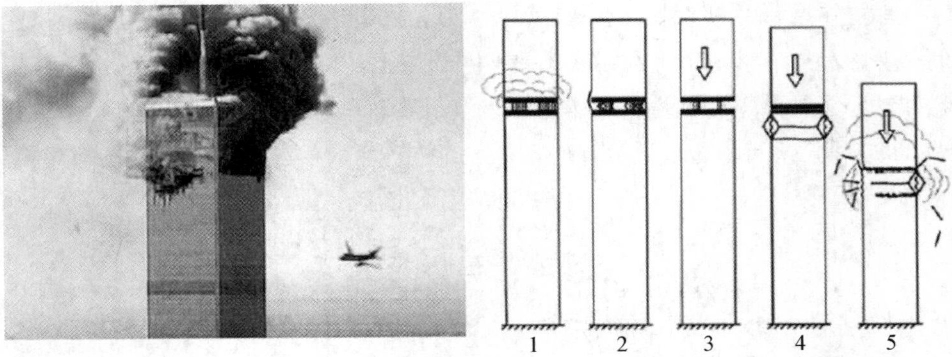

图 1-3　一个有助于理解垮塌问题基本原理的模型

程经验和工程直觉而不是纯粹的理论，例如，工程师会依靠经验而非理论知识来判断建模时哪些因素可以忽略。好的机械系统模型应该是一个极简的模型，在满足需求的同时没有冗余；利用工程直觉简化模型时要考虑研究对象的几何外形和动力学工况，包括作用力、扭矩、做功和能量的量级；建立合适的机械系统模型常常需要反复迭代，而迭代过程又引导工程师去寻找更好的问题解决方法。

1965 年，卡尔·鲍勃[3]进行了主题为“云和时钟”的著名演讲，他指出反复迭代不仅是脑力工作的共同特点，而且是引导深化问题认知、发现新问题并创造性地提出解决方案的源动力，通常在进行如下工作时迭代过程往往被不自觉地忽略：

(1) 机械系统建模(依赖科学理论和工程实践)。

(2) 团队讨论并对比仿真结果与实测结果。

(3) 机械系统模型优化改进。

在开展以上工作之前，必须明确定义模型的作用、模型的预期输出及模型的使用场景。基于上述考虑，须关注以下问题。

(1) 运动特性(时域响应、频域响应)：运动模式、频率、阻尼、稳定性、幅值和相位的响应函数。

(2) 控制特性：如果系统是可控的，则应该知道系统的可观性、可控制性、控制的品质、控制的稳定性及如何进行控制优化。

(3) 扰动特性：系统扰动，参数的敏感性，确定的和随机的扰动。

(4) 优化特性：满足一定规范要求的动态系统整体优化(过程＋控制器)，基于敏感参数或标准的结构优化设计策略。

建模过程包含广泛的数学、系统和控制理论知识，具有交叉学科特征。

建模的挑战之一是开始建模时缺少足够的理论基石。“工程自动化系统常采用封闭式齿轮组传输能量，而近年来利用摩擦力传输能量的无级变速器也开始广泛应用于工程上，使用数量和使用范围甚至已逐步能与自动减速箱、手动减速箱并驾齐驱。齿轮组传递能量的优点是传输效率高，这是由于齿轮组采用了整体封闭形式；缺点是齿轮组传输能量仅能实现阻力与速度双曲线关系的近似匹配，但当自动减速箱的挡位增加至 8 个后，匹配关系会明显改善。虽然无级变速器因为自身结构的关系，能够实现阻力与速度双曲线关系的完美匹配，但是由于无级变速器是通过摩擦传输能量的，因此传输效率较低且传输扭矩有上限。无级变速器的另一优点是传动比转换平滑，不存在转换不畅的问题。研究这些特点就需要对模型尽可能地细化，甚至对每一个组件进行建模[4]。”三种模型如图 1 - 4 所示。

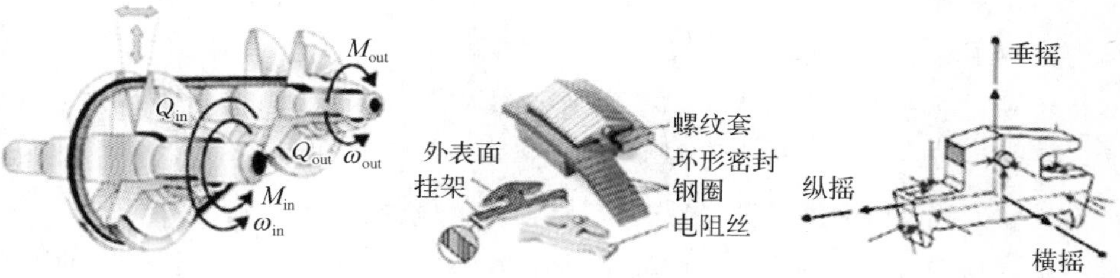

图 1 - 4　三种模型

1.3　数学建模

机械系统建模首先要做的是建立数学模型，机械系统建模的整体步骤如下所述。

(1) 研究对象的离散化：考虑是在建模之初就将研究对象视为刚体甚至质点，还是必须考虑研究对象的连续力学特性，以及怎样建立弹性体模型？

(2) 期望的运动特性：研究对象的运动是基本运动、参考运动，还是其他的运动形式？是否能够将研究对象的运动形式分解成基本运动形式和小量偏差的叠加？运动形式能否整体线性化或至少部分线性化表述？

(3) 坐标系：模型包含几个自由度？是否能通过一组坐标系描述模型所有的自由度？如果可以，则何种坐标系能最简单地反映模型所有的约束关系？

(4) 数值化：分析法或数值法，哪种更适合研究对象？是否能统一数学公式的形式，优化实现方案？是否能通过数学模型和数学公式发现定性甚至定量的结论？

完整的机械系统模型即使表现形式复杂，也应尽可能简化，没有冗余才是完美的。我们推荐复杂系统建模应该从最简单、最基本的模型入手，这样建模者对研究对象的认识能更深刻、更全面，其后的细节建模工作也将变得相对简单。当然，在某些情况下，也可以采用相反的建模流程：建模伊始就考虑研究对象的所有细节，建立一个庞大而复杂的模型；经过一段时间仔细研究后，再将整体模型拆分成一系列子模块。具体采用何种建模方式取决于问题本身，也取决于处理问题能够负担的花费。德瑞西斯(Dresig)[5]将上述第一种建模方法称为归纳式建模，第二种建模方法称为演绎式建模。但不管怎样，建模者对问题理解得越深刻，建模过程就会越顺利，模型效果也越好。

机械系统无论采用何种方法建模，都会得到包含一阶或二阶非线性运动的微分方程组。运动方程组中的加速度是线性项，而速度、位置和运动方向都是非线性项。建模过程同样需要考虑模型内部的约束和交联关系，这些约束和交联关系常常可以通过微分代数方程来表述，而微分代数方程的求解方法是标准的；所有这些方程既代表了研究对象的数学模型，也代表了建模工作的活动过程(研究对象—物理模型—数学模型—数值模拟—仿真)。要说明的是，通过数学模型得到的结果都是有条件的，是基于对物理模型的假设和约束。因此，机械系统建模需要对物理问题有深刻的理解(至少是定性的认知)，同时建模过程应该非常仔细且具备充足的经验知识和敏锐的工程直觉，严格遵循建模流程能够节约大量的时间和经费。机械系统建模时，研究对象自由度的最小坐标系决定了模型数学方程组的数量，通过微分方程的线性化或运动方程变换(如能量守恒系统的能量积分或运动方程变换)可以进一步简化最小方程组数量。总之，应该找出能表达所有约束条件的最小坐标系。如果有困难，则必须利用力学定律增加研究对象内在的约束或交联，再寻找最小方程组。

可能有这样一种观点：上述建模流程与现代商用建模软件相比效率低下，已经落伍了。但实际上并非如此，主要原因有两点：第一，对研究对象缺乏深刻理解可能导致研究工作无法正常开展，而按上述建模流程进行建模有助于理解研究对象；第二，即使采用商用建模软件，建模者仍然需要建立物理模型，且建模过程要仔细谨慎，因为模型的仿真结果在很大程度上取决于建模的过程。商用建模软件通常不采用最小方程组方法，而是采用最快、最有效的方法直接开展建模工作[6]。但在实际建模工作中，对仿真结果的解释依赖于对研究对象物理模型的理解和对机械系统使用工况的认知。

上面介绍的建模方法并没有基于具体的物理学定律，如牛顿-欧拉(Newton-Euler)方程、拉格朗日(Lagrange)方程、哈密顿(Hamilton)原理等。但建立研究对象运动方程时，选择合适的物理学定律有助于模型的建立，同样对建模所花费的时间和经费都将产生直接影响，这一点将在后续章节进行仔细讨论。

建立研究对象运动方程必须考虑各种可能途径，因此建模者必须具备足够的动力学背景知识，而动力学往往又是系统建模出错的源头。相应的解决方法如下：第一步是寻找合适的坐标系。不要低估这项工作的重要性，因为选择合适的坐标系能够大大降低后续建模的工作量，而不合适的坐标系将会增加建模工作的复杂程度。第二步是基于选定的坐标系确定位置、方向、速度、加速度等物理量。第三步是尝试简化坐标系，如果需要，则可以同步建立约束。根据研究对象的需求，速度和加速度往往在惯性坐标系或地固坐标系下采用绝对形式。系统自由度较少时，则采用惯性坐标系，这样能够更容易地简化与时间相关的物理量，通常研究对象的运动特性并不依赖具体的研究方法，因为这些方法自身就是多样的。

对于小型机械系统，使用牛顿-欧拉方程并结合欧拉简化准则得到运动方程和动量方程，随后得到各部件之间的相互作用力和扭矩，整个过程不需要借用其他机械设计准则；对于大型机械系统，如果不借用达朗贝尔(d'Alembert)准则简化作用力，系统就会变得冗长烦琐。因此，牛顿-欧拉方程结合欧拉简化准则仅适用于动力学结构简单明了的小型机械系统[4]。

多体连续系统领域的长期讨论指出，采用达朗贝尔准则将力矩方程、动量方程结合在一起是一种非常有效的方法。通过达朗贝尔准则简化约束力后的运动方程只与研究对象的作用力相关，计算后得到运动在任意方向(约束方向除外)平移和旋转投影的雅克比(Jacobi)矩阵，再求解雅克比矩阵即能评估系统内任意部件的相互作用力。此外，还有其他途径求解作用力或接触力，如第一类拉格朗日方程。

综上所述，复杂动力学系统既可以直接采用牛顿-欧拉方程，也可以使用拉格朗日方程；同样，使用遵循牛顿-欧拉方程、达朗贝尔准则的投影方程也是一种很好的解决方法。

第二类拉格朗日方程或哈密顿原理要求在广义坐标系下使用，通过能量-运动微分方程描述系统的动能和势能。能量-运动微分方程说明了不推荐采用拉格朗日方程和哈密顿正则方程的原因，微分方程求解时间要明显长于牛顿-欧拉方程的雅克比矩阵求解时间。但需要指出的是，对于自由度较少的机械系统，建模采用能量-运动微分方程非常简便，在某些情况下甚至可以用笔算求解问题。

机械系统的约束和内部交联关系如图 1-5 所示。“约束”是运动的重要环节，但又常被视为动量方程和动量矩方程的派生而被忽略。实际上，约束是物体自身和受载后运动形式发生改变的重要分界面，如果动量和动量矩代表物体运动的动力，则约束是控制物体运动方向的控制器。正是由于物体约束几何特征和动力学特征的完美结合，因此机械系统或其他任何物理系统才能实现其功能[4]。

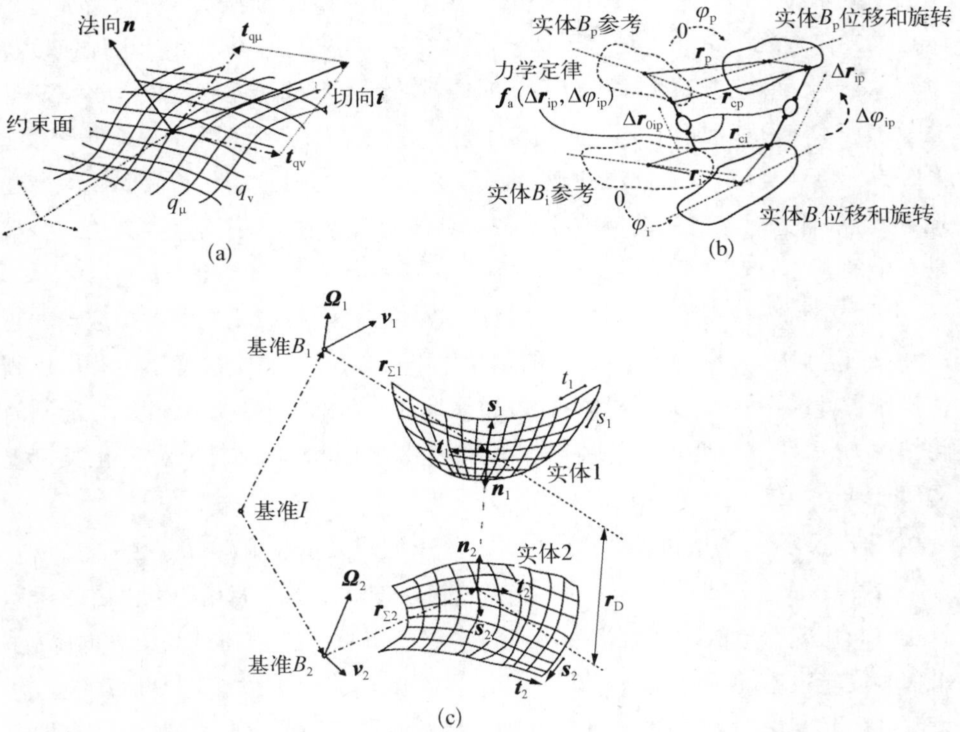

图 1-5 机械系统的约束和内部交联关系

(a) 约束面-双曲面示例；(b) 力学定理的多体内部交联；(c) 接触特性-单边接触示意

早在 18 世纪便有人开始着手研究接触动力学系统（含摩擦力），莫罗（Moreau）和帕那格奥托波罗斯（Panagiotopoulos）[7]建立的非光滑力学已发展成为一套复杂的理论体系，接触动力学系统问题应采用莫罗微分测量方程结合形函数给出的约束集合方法解决。

机械系统常用的建模方法如下：

动量和动量矩（牛顿、欧拉）在任意运动参考坐标系 R 中有

$$\dot{\boldsymbol{p}}+\tilde{\boldsymbol{\omega}}_R\boldsymbol{p}=\boldsymbol{F},\ \dot{\boldsymbol{L}}+\tilde{\boldsymbol{\omega}}_R\boldsymbol{L}=\boldsymbol{M} \tag{1-1}$$

式中：$\boldsymbol{p}=m\boldsymbol{v}_{\mathrm{s}}$，$\boldsymbol{L}=\boldsymbol{I}^{\mathrm{s}}\boldsymbol{\omega}_{\mathrm{s}}$，下标 s 为质心。

达朗贝尔准则，拉格朗日方程和茹尔丹原理的惯性表达式为

$$\int_S(\ddot{\boldsymbol{r}}\,\mathrm{d}m-\mathrm{d}\boldsymbol{F}^{\mathrm{e}})^{\mathrm{T}}\delta\boldsymbol{r}=0 \tag{1-2}$$

式中：$\delta\boldsymbol{r}$ 为虚（位移）速度（拉格朗日）；S 为研究对象。

投影方程：

$$\sum_{i=1}^{N}\left[\left(\frac{\partial\boldsymbol{v}_{si}}{\partial\dot{\boldsymbol{s}}}\right)^{\mathrm{T}}\left(\frac{\partial\boldsymbol{\omega}_{si}}{\partial\dot{\boldsymbol{s}}}\right)^{\mathrm{T}}\right]\begin{pmatrix}\dot{\boldsymbol{p}}+\tilde{\boldsymbol{\omega}}_R\boldsymbol{P}=\boldsymbol{F}^{\mathrm{e}}\\ \dot{\boldsymbol{L}}+\tilde{\boldsymbol{\omega}}_R\boldsymbol{L}=\boldsymbol{M}^{\mathrm{e}}\end{pmatrix}_i,\ \dot{\boldsymbol{s}}=\boldsymbol{H}(\boldsymbol{q})\dot{\boldsymbol{q}} \tag{1-3}$$

式中：N 为元素数量；R 为任意运动参考坐标系；（非完整性约束）最小速度 $\dot{\boldsymbol{s}}=\boldsymbol{H}(\boldsymbol{q})\dot{\boldsymbol{q}}$；最小坐标系 $\boldsymbol{q}$，完整约束系统特解 $\dot{\boldsymbol{s}}=\dot{\boldsymbol{q}}$。

第一类拉格朗日方程：

$$\begin{bmatrix}\boldsymbol{M} & \boldsymbol{W}\\ \boldsymbol{W}^{\mathrm{T}} & \boldsymbol{0}\end{bmatrix}\begin{bmatrix}\ddot{\boldsymbol{z}}\\ \lambda\end{bmatrix}+\begin{bmatrix}\boldsymbol{Q}^{\mathrm{g}}-\boldsymbol{Q}^{\mathrm{e}}\\ \bar{\boldsymbol{\omega}}\end{bmatrix}=\begin{bmatrix}\boldsymbol{0}\\ \boldsymbol{0}\end{bmatrix} \tag{1-4}$$

式中：约束 $\Rightarrow\boldsymbol{W}=-\left[\dfrac{\partial\dot{\Phi}}{\partial\dot{\boldsymbol{z}}}\right]^{\mathrm{T}}$，$\Phi(\boldsymbol{z})=\boldsymbol{0}$；$\bar{\boldsymbol{\omega}}=\dot{\boldsymbol{W}}\dot{\boldsymbol{z}}$；$\boldsymbol{Q}^{\mathrm{g}}$ 为科里奥离心力；$\boldsymbol{Q}^{\mathrm{e}}$ 为挤压力。

第二类拉格朗日方程：

$$\left[\frac{\mathrm{d}}{\mathrm{d}t}\left(\frac{\partial T}{\partial\dot{\boldsymbol{q}}}\right)-\frac{\partial T}{\partial\boldsymbol{q}}+\frac{\partial V}{\partial\boldsymbol{q}}\right]^{\mathrm{T}}=\boldsymbol{Q}_{\mathrm{NK}} \tag{1-5}$$

式中：T 为动能；V 为势能；$\boldsymbol{Q}_{\mathrm{NK}}$ 为产生的保守力。

哈密顿正则方程：

$$\dot{\boldsymbol{q}}^{\mathrm{T}}=\frac{\partial H}{\partial\boldsymbol{p}},\ \dot{\boldsymbol{p}}^{\mathrm{T}}=-\frac{\partial H}{\partial\boldsymbol{q}} \tag{1-6}$$

式中：完整的保守力为 $\boldsymbol{p}^{\mathrm{T}}=\left(\dfrac{\partial T}{\partial \dot{\boldsymbol{q}}}\right)$；$H=\boldsymbol{p}^{\mathrm{T}}\dot{\boldsymbol{q}}-T+V$。

莫罗微分测量方程：

$$\begin{gathered}\boldsymbol{M}\mathrm{d}\boldsymbol{u}=\boldsymbol{h}\mathrm{d}t+\mathrm{d}\boldsymbol{r},\quad \mathrm{d}\boldsymbol{u}=\dot{u}\mathrm{d}t+(\boldsymbol{u}^{+}-\boldsymbol{u}^{-})\mathrm{d}\eta \\ \mathrm{d}\boldsymbol{r}=\boldsymbol{W}(\boldsymbol{\lambda}\mathrm{d}t+\boldsymbol{\Lambda}\mathrm{d}\eta),\ \mathrm{d}\eta=\sum\mathrm{d}\delta_i\end{gathered} \tag{1-7}$$

式中：$\mathrm{d}t$ 为勒贝格测度；$\mathrm{d}\eta$ 为原子测量；$\boldsymbol{W}$ 为约束矩阵；$\boldsymbol{\lambda}$ 为约束力；$\boldsymbol{\Lambda}$ 为约束脉冲。

1.4 建模

1.4.1 引言

卡尔·波普尔(Karl Popper)是 20 世纪伟大的哲学家，他勾勒了一幅科学进步历程的画面，经过大量的验证后确认其普适于所有的科学学科和人类活动，因此也适用于本书的内容，特别是机械系统[3]。“科学之路就是通过大胆的猜测、天才的设想和严格的尝试不断否定当前。大胆的猜测往往会产生新的更先进(甚至高于期望)的理论，而新的理论最终会代替目前的理论。”此外“理论是捕获世界的网，用以认知、解释并掌控世界，我们穷其一生都是为了将网织得更好。”这段经典的描述也适用于模型，因为模型是科学的重要组成部分。即使是思考问题，其过程也用到了思维模型。人类和动物的大脑中都会形成一个对“世界”认知的模型，并以此模型为基础在脑海中对自己的“行为”进行选择和评估。

卡尔·波普尔同时指出，处理问题的过程往往是一个反复迭代的过程，在逐步优化改进解决方案的同时极有可能出现新的问题[3]。他指出如果用 P 代表问题，TS 代表暂时措施，EE 代表错误，那么研究对象优化改进的通用过程可表示为

$$\mathrm{P}\rightarrow\mathrm{TS}\rightarrow\mathrm{EE}\rightarrow\mathrm{P}$$

但实际上，上述过程并不是封闭的。第二次遇到的问题往往与初始问题不同，其间很可能出现了新情况，也可能是因为临时处置措施不起作用，从而产生了错误。为了完整描述这个过程，上述研究对象优化改进的通用过程需要改写为

$$P_1 \rightarrow TS \rightarrow EE \rightarrow P_2$$

但即使进行了改写，仍然忽略了一个重要因素，即临时措施和试验的多样性。因此，综合考虑后最终通用过程可表示为

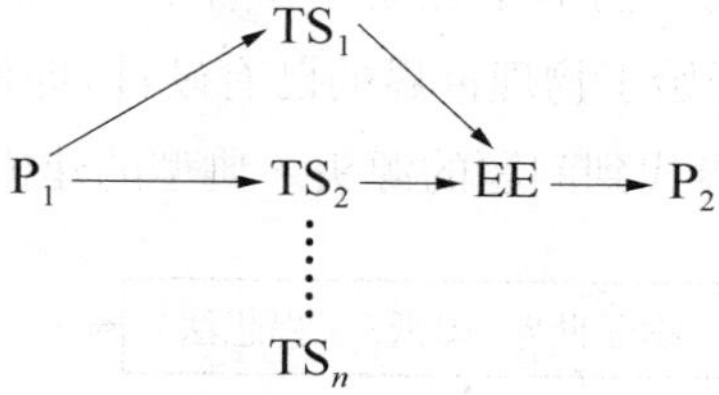

处理科学问题的迭代流程是通用的，建模和计算机编码都在不自觉地遵循着这一过程，这是基本事实。

一般来说，一种模型总是有其特定针对的研究对象，研究对象可能是自然现象也可能是人造物体。模型并不需要考虑研究对象的所有属性，而是更侧重于建模者或使用方关注的特性。模型抽取出研究对象的典型特性用于参数辨识、模型确认和使用工况，以及充分考虑约束下的真实工况[8]。

举 3 个不同的例子说明简单模型和复杂模型的概念：采用简单模型解释钻井平台坍塌的原因；采用智能模型解释世贸大厦坍塌的原因；通过反复迭代解决 V－12 柴油引擎设计之初物理假设错误的问题（见图 1－6）。

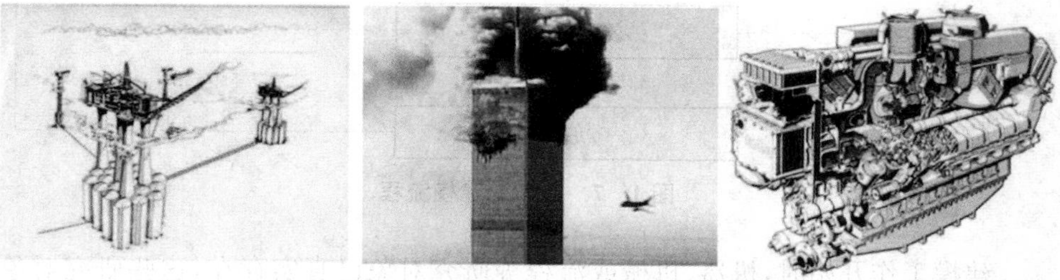

图 1－6　钻井平台、世贸大厦和 V－12 柴油引擎

优秀的模型无关建模内容，也无关实现形式，但必须能够提升使用者对研究对象的认知和理解[9]。“只有提取出研究对象的结构才算理解了研究对象，而不是仅仅获得一堆数据。”建模之初及模型的每一轮优化改进，都应紧扣研究对象的结构。倘若建模之初没有考虑研究对象的结构，那后续所有的工作和努力都有可能白费，而这一点与模型实现形式、算法或编码都没有关系。因此，在任何情况下建模者都要熟知研究对象的结构。

1.4.2 真实工况

无论是模型的具体内容还是建模的起点，都应牢记模型的基本功能是实现一个或多个流程。这里的流程是一个广义的定义，比如磨削加工是一个流程，沿着公路飞驰的运输系统或一辆卡车也是一个流程，机械系统或力学系统建模往往包含流程建模。建模开始于物理世界的已有硬件，即使要解决的问题处于虚拟环境中，也可以在物理世界找到问题的源头。典型的建模流程如图 1-7 所示。

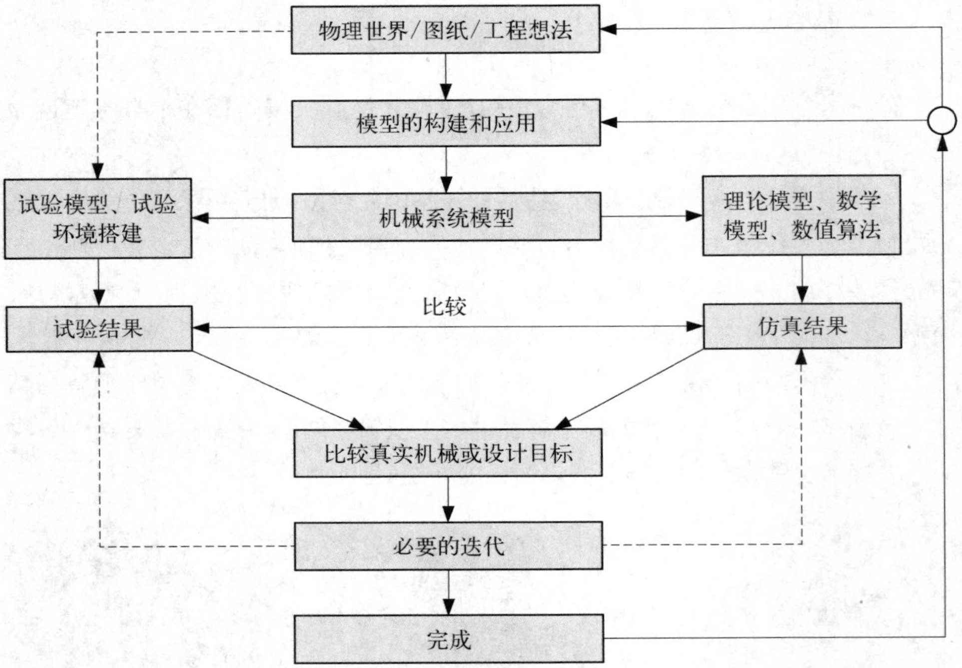

图 1-7 典型的建模流程

建模工作开始时，机器、机械或流程等研究对象已真实存在，这些研究对象往往存在功能不完整或设计缺陷，建模的目标通常是优化和改进现有设计方案。在这个过程中，数据获取问题常被忽略。伴随着计算机和数据管理系统的广泛应用，数据获取难度大幅下降。但是，如果没有计算机和数据管理系统，则数据获取是十分困难和烦琐的，这个问题在生物系统建模方面尤为突出。

在机械装置还未生产之前，借助模型研究人员可以积极参与产品的研发，避免将一些潜在问题带入生产领域。通常仿真本身没有问题，但模型应具备适应参数变化而快速调整的能力，应能提升建模者等对物理学、技术的认知和理解。

现代仿真技术是产品研发的重要环节，而它的基础就是模型。

模型对新概念、新思想的验证作用是令人鼓舞的，因为建立模型和对其的验证过程可能带来新的发现。这类模型应具备快速修改能力，而基本特征是拥有启发性。

获取机械拓扑结构及运动、承载等的实际工作数据对建模而言是必需的。机械拓扑结构的流程变化通常是有限的，建模者不仅要熟悉流程，而且要能精确描述。“销子问题”是许多生产线和自动化流水线上的典型问题，很多情况下此类问题的建模过程都非常烦琐。单就方形销子而言，约有 40 种不同的接触工况，而这些工况都必须正确建模。本例中，为了充分控制机械臂，必须将非光滑理论和动力学理论结合在一起，这已成为一个研究专题。关于步态试验和销子的案例如图 1－8 所示。

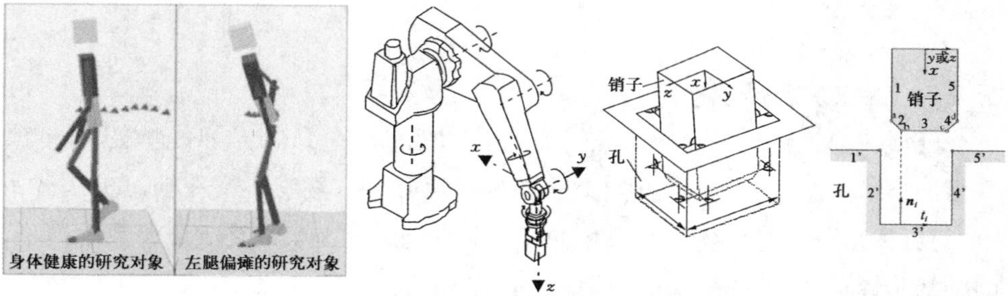

图 1－8　关于步态试验和销子的案例

以健康和轻微偏瘫行走以及销子为例说明流程的实现：机器或其他人工制品甚至包括生物进化都是为了实现某种流程。例如，机械钻孔、磨削工序或生物行走、游泳及飞翔等都实现了某种流程。因此，机械建模包含了纷繁复杂的流程建模，这是能寻找到真实负载和操作问题的唯一途径。

模型的另一个重要用途是可以大幅减少试验工作。当问题涉及机械系统性能、效率、安全性、噪声和磨损等方面时，都能通过调整模型参数进行仿真分析。此外，一方面通过仿真模型能够选择与被测对象匹配的试验参数，从而可以进一步优化试验工作，例如，化工业中试验参数是标准的；另一方面应熟记，基于模型的仿真仅能实现对物理世界一定程度的模拟，因为模型自身和所需数据总存在一定程度的不确定性。

利用模型寻找生物构造准则实例如图 1－9 所示。利用模型发现生物构造准则或生物负载后的行为动作不仅是为了仿真还是一个新的研究方向。偏瘫的人行走时，模型通过监测其膝盖和臀部关节的受载情况能够清晰地评估偏瘫等级。通过对昆虫模型的优化可以获得昆虫腿部载荷分布准则，这是昆虫问题模型的一个分支，目前该研究缺少仿真和实测对比结果的优化准则。

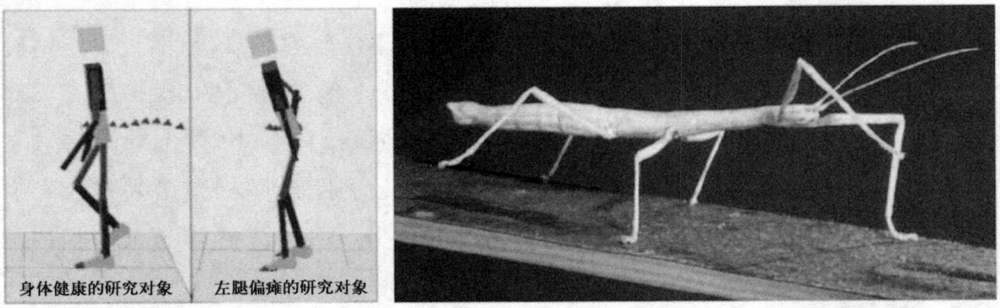

图 1－9　利用模型寻找生物构造准则实例

1.4.3　机械系统模型

开展建模工作前必须对研究对象有整体性的准确认知，这对建模工作非常有帮助，且这项工作也应尽可能提前并深入地开展。建模者要在脑海中搭建一个“思维模型”用于提供各种信息，如约束条件、必需要素、最终阶段的数学模型、问题初步评估(哪些是期望的，哪些又是期望避免的)。

传送系统试验如图 1－10 所示。传送带上的物体运动与摩擦力相关，是一个典型非光滑过程。获得测量系统中每个单独部件的动力学特性是比较困难的，这需要大量的传感器及成熟的测量方法，还需要对速度和振动的精确控制，才能对比仿真结果和实测值。

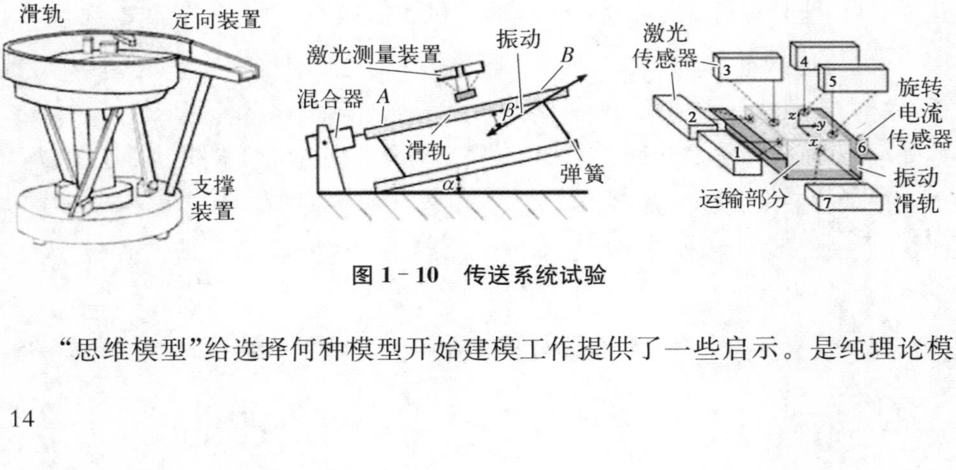

图 1－10　传送系统试验

“思维模型”给选择何种模型开始建模工作提供了一些启示。是纯理论模型还是经验模型，或两者兼顾？建模是从庞大、复杂的模型开始还是从小的、简单的模型开始？对于这些问题，“思维模型”都将在直觉层面上提供帮助，虽然这会花费一定时间，但是能够有效避免后期因返工而浪费时间。

建模首先从要素建模开始。机器、机构、运输系统甚至生物系统，都受自身运动可能性的限制。如果没有约束，则由约束条件和力学定律保证的系统功能和性能就无法实现，约束不仅限定了研究对象的运动过程，而且限定了研究对象运动前的位置、起点和承载能力。运动学约束和力学约束共同决定了机械系统的功能、性能和效率，因此它们是机械系统模型中最基础也是最核心的部分，机械系统模型必须满足动力学要求。建模时常常要将很大一部分精力放在采用何种坐标系简化约束关系、简化系统模型逻辑结构等方面。力学定律(线性或非线性)给出的系统内部交联关系，既要以几何图形方式表达，也要以物理定律(线性或非线性)中内力、扭矩的形式表达，这个过程要同时满足运动学定律和动力学定律，比较复杂。

关于系统的质量特性，使用刚体或弹性体，使用线性还是非线性弹性，这些问题都要详加考虑，而这种考虑在很大程度上取决于系统内的各种激励，如变参量和自激机构，或由操作引发的外部激励。振动频域内的机械组件必须以弹性体建模，并带有足够高的特征频率避免被激发振动。好在很多系统仅用考虑线性弹性问题，但诸如碰撞之类的现象则只要考虑非线性弹性问题。

基于安全考虑的约束系统如图 1-11 所示。安全问题在机械系统设计过程中具有最高优先权，模型也应充分考虑这一点。以滚轮为例，每个滑轨上的 5 个滚轮都被限定无法脱离滑轨，形成双边约束和单边约束的合集，以确保运行安全。此外，滑轨设计必须考虑乘客受到的加速度和过载影响，这个系统也是一个

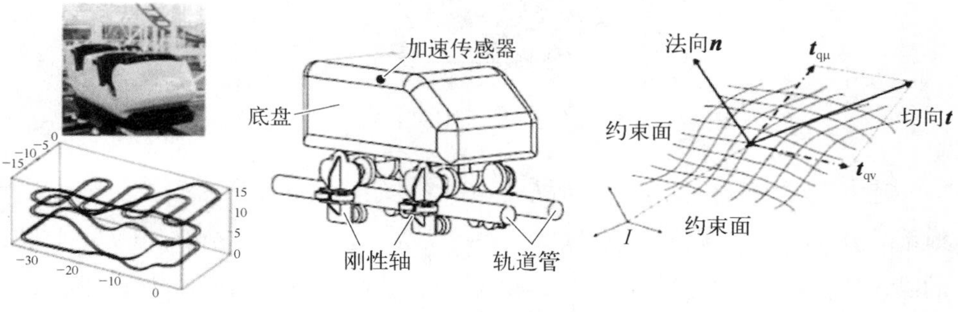

图 1-11　基于安全考虑的约束系统

非光滑系统。

无论建模对象是什么，都需要有完整的数据描述研究对象，这并不简单，可能要花费几周甚至几个月时间。通常这些数据包含了研究对象的几何学定义和结构框架、设计值、重量和转动惯量、材料属性、工作属性（如频率、速度）和实测数据等，用以描述系统需求。所需的数据很多，甚至包含上千项内容。数据需求是建模过程中需要持续关注的问题。

1.5 建模示例

1.5.1 拖拉机动力传动系统建模

1.5.1.1 目标

现代拖拉机（见图 1－12）（包括爱科芬特等著名厂家的产品）都有一套非常复杂的动力传动系统，包括复杂的齿轮组件及由液压电机和液压泵组成的液压动力操纵系统。产品上市初期，时常出现因耕作过程中负载过大而引起产品液压动力操纵系统组件失效的问题。

图 1－12 现代拖拉机

建模初始阶段已明确要按照动力传动系统的结构细节，特别是联合液压动力操纵系统构建一个庞大而复杂的动力传动系统模型。建模的目的是通过仿真验证现有的设计方案并给出优化改进意见。建模还隐含了更深层次的目的，即通过建模工作深化对动力传动系统工作原理的理解，将研究重点聚焦于液压动力操纵系统[4, 10]。

1.5.1.2 引言

拖拉机动力传动系统必须满足许多严格的要求，是所有机械传动机构中最复杂的结构单元。过去的 20 年，驾驶员对拖拉机的需求变得更加宽泛化和多样化，对拖拉机操纵舒适性的需求也在持续提升。使用者不仅期望拖拉机能处理各种农活，而且期望拖拉机具备山地环境的工作能力，还期望在公路上行驶时能保持足够的速度和安全性。

现代拖拉机典型的复杂动力传动系统如图 1－13 所示。

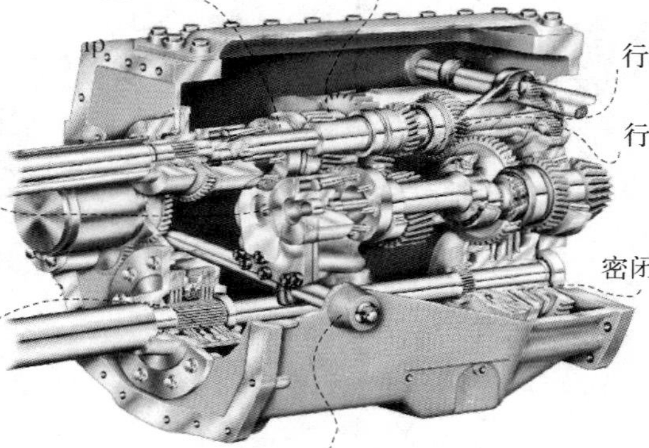

图 1－13　现代拖拉机典型的复杂动力传动系统

（资料来源：爱科芬特公司）

这套复杂动力传动系统集成了现代无级变速理念的多个优点，通过调整引擎转速使系统在给定速度下工作以减少燃油消耗；同时通过优化拖拉机驱动模式和工作模式的动力分配，实现所有工作环境的适配使用。

德国爱科芬特公司作为现代拖拉机科技引领企业，发明了一套效率很高的动力传动系统，该系统在低速时采用液压传动，高速时采用齿轮传动，并能够根据工作环境需要实现混合动力传输。液压动力驱动（操纵）系统最大的优势在于，即使系统处于低速甚至静止状态，仍能提供很大的输出扭矩。

图 1－14 为动力传动系统总体示意。由图可知，引擎的输出扭矩通过主减振器传递给行星齿轮组件；行星齿轮组件再将动力分配至太阳轮和齿圈。齿圈通过圆柱齿轮副驱动液压泵，再由液压泵向两台液压电机供压，液压泵流向电机的液压流量取决于液压泵的偏转角度 α。液压电机通过液压流量产生扭矩及偏

转角 β。更进一步，太阳轮通过行星齿轮组件将扭矩传递给通轴，通轴上的扭矩一部分直接来源于引擎，另一部分间接来源于由齿圈—液压泵—液压电机组成的动力传输链路。实现传输扭矩的机械组件和液压组件通过通轴结合在一起，机械传动和液压源隔离是无级变速器的基本设计原则。另一种方案是将行星架接入后端动力输出系统，再由后端动力输出系统驱动各种农具完成农活和林地工作，变速箱用于实现低速和高速之间的相互切换，输出扭矩通过小齿轮传递至后端转轴，最后通过行星齿轮组件传递至前端转轴。

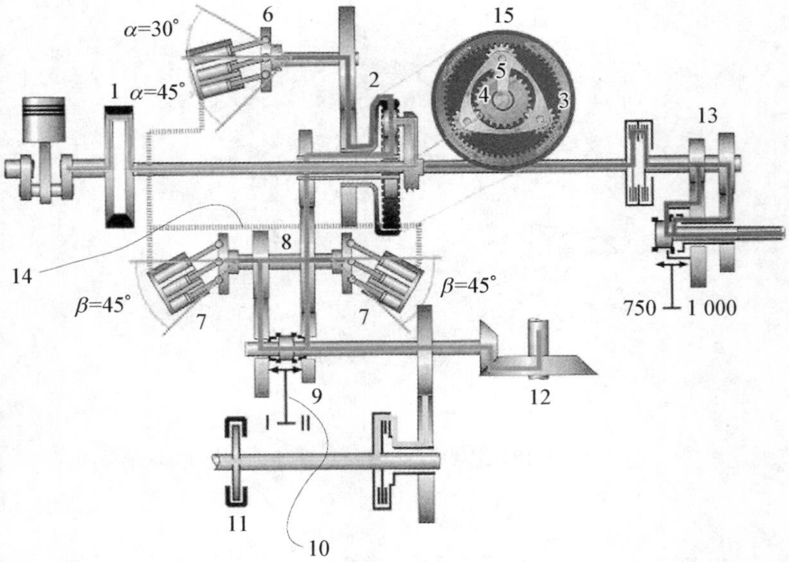

1—主减振器；2—圆柱齿轮副；3—齿圈；4—太阳轮；5—行星架；6—液压泵；7—液压电机；8—通轴；9—变速箱；10—行程范围选择器；11—前端转轴；12—后端转轴；13—后端动力输出系统；14—液压管路；15—行星齿轮组件。

图 1－14　动力传动系统总体示意

（资料来源：爱科芬特公司）

在拖拉机发动机恒转速工况下，液压动力驱动系统能够通过改变偏转角 α 和 β 实现调速功能。这意味着在设计的调速范围内，可以在持续保持发动机工作效能最高的同时进行调速。该调速理念是无级变速系统的典型设计思想，能够显著提升拖拉机的操纵性能和工作性能。

1.5.1.3　建模

为了研究动力传动系统中关键部件的动力学载荷特性及组件振动特性，必须建立合适的模型，模型应包含关键的机械部件、万向轴、调压组件和液压源等。大部分机械部件如转轴、弹性连接等都可以进行线性假设，但万向轴、液压泵、电机及液压系统都是非线性的，而这些也是建模时应重点关注的对象。建模从系统整体出发，而后再根据需要建立方程。建模时将两个齿轮视为带有固定传动比的刚体，可以减少1个自由度，而发动机曲柄可视为单自由度刚体，它由柴油燃烧产生的动力驱动，简化自由度时需要通过实测柴油燃烧来评估曲柄模型。其中，前端动力源通过主减振器与发动机相连，而行星齿轮组件和附属组件都在一定程度上依赖于发动机驱动。图1-14中的动力传动系统更关注前端动力系统和后端动力系统以及前端转轴和后端转轴，但现在则需要回归到发动机的所有组件层面上。

完整的拖拉机动力传动系统模型如图1-15所示。

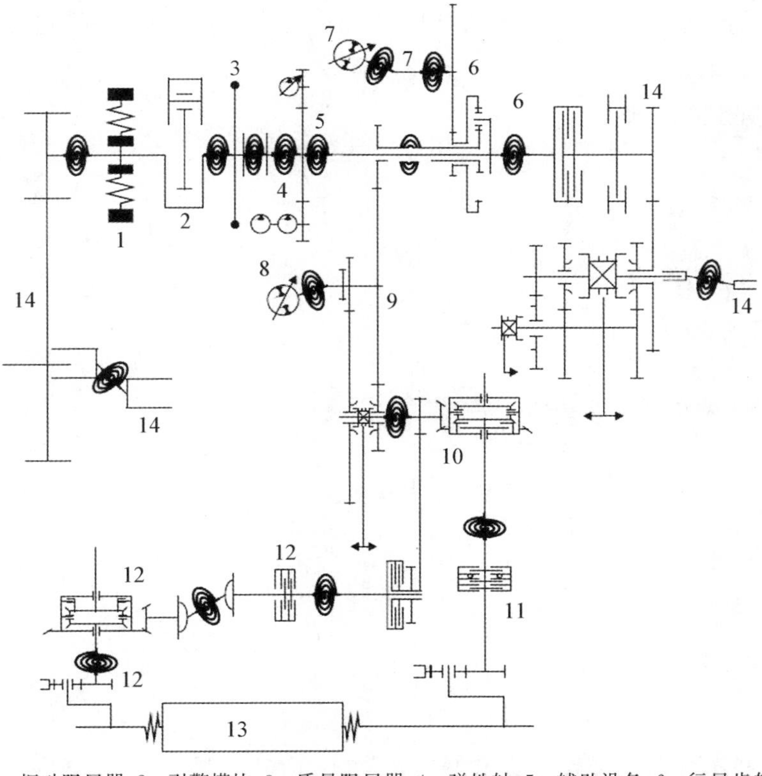

1—振动阻尼器；2—引擎模块；3—质量阻尼器；4—弹性轴；5—辅助设备；6—行星齿轮组件；7—液压泵；8—液压电机；9—转轴；10—分配轴；11—后端驱动；12—前端驱动；13—质量块；14—后端动力输出系统。

图1-15　完整的拖拉机动力传动系统模型

图 1 - 15 展示了一种典型的机械-液压系统，由图可知各组件之间的物理关系。这是机械（或物理）系统建模的一个范例，等同于实际物理问题。前文已经提到，机械工程或物理工程并不是一门演绎学科，因此建模时在不影响系统主要性能指标的基础上，可以对系统的工作边界进行合理的假设和大胆的简化，本例将利用简化思想推导出一些简单的方程。

部件建模从刚性轴和弹性轴开始。在研究载荷问题和振动问题时，将刚性轴假设成单自由度旋转质量体，将弹性轴假设成弹簧连接的二自由度旋转质量体。因此：

1）对于刚性轴

$$J\ddot{\varphi}=\sum_{i}M_i\text{，其中 }M_i=M_i(t,\ \varphi_k,\ \dot{\varphi}_k) \tag{1-8}$$

式中：J 为转动惯量；φ 为绝对旋转角度；M_i 为相邻组件或周围环境施加的外部扭矩，与时间 t、角度和角速度有关。

2）对于弹性轴

$$\begin{bmatrix}J_1 & J_{12}\\ J_{12} & J_2\end{bmatrix}\begin{bmatrix}\ddot{\varphi}_1\\ \ddot{\varphi}_2\end{bmatrix}+\begin{bmatrix}d_{\mathrm{T}} & -d_{\mathrm{T}}\\ -d_{\mathrm{T}} & d_{\mathrm{T}}\end{bmatrix}\begin{bmatrix}\dot{\varphi}_1\\ \dot{\varphi}_2\end{bmatrix}+\begin{bmatrix}c_{\mathrm{T}} & -c_{\mathrm{T}}\\ -c_{\mathrm{T}} & c_{\mathrm{T}}\end{bmatrix}\begin{bmatrix}\varphi_1\\ \varphi_2\end{bmatrix}=\begin{bmatrix}\sum_{k}M_{1,k}\\ \sum_{k}M_{2,k}\end{bmatrix} \tag{1-9}$$

式(1 - 9)中的变量表达式如下：

$$c_{\mathrm{T}}=\left(\frac{1}{c_1}+\frac{1}{c_2}\right)^{-1}\text{，其中 }c_i=\frac{GJ_{\mathrm{p}}}{l_i},\ l_i=l-l_1$$

$$\begin{bmatrix}J_1 & J_{12}\\ J_{12} & J_2\end{bmatrix}=\frac{1}{3}\rho J_{\mathrm{p}}l\begin{bmatrix}1 & \frac{1}{2}\\ \frac{1}{2} & 1\end{bmatrix},\ d_{\mathrm{T}}=2D\sqrt{c_{\mathrm{T}}J} \tag{1-10}$$

式中：c 和 d 分别为弹性系数和摩擦系数；J 为转动惯量；D 为莱尔衰减常数(Lehr attenuation constant，本例中 D 的取值范围为 0.02～0.05)；G 为剪切模量；ρ 为材料密度；扭矩 $M_{1,k}$ 和 $M_{2,k}$ 来源于相邻组件或周围环境。

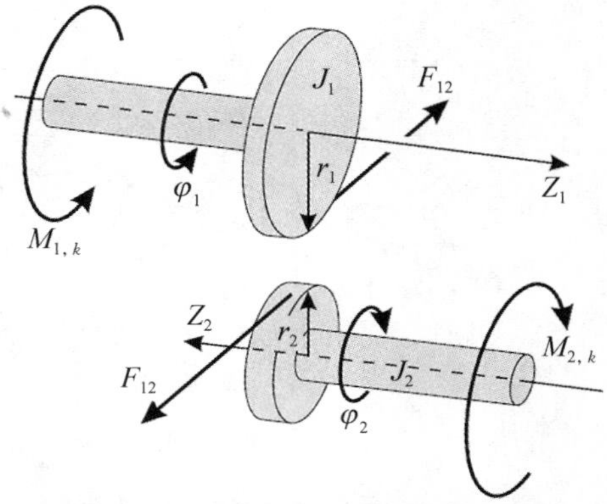

图 1-16 啮合齿轮的纯运动学连接关系

对于弹性交联，需要检查弹性模量的数量级。拖拉机动力传动系统中，啮合齿轮的刚度非常大，其振动频率远超关注的频率范围，因此啮合齿轮建模时可以直接简化为纯动力学连接关系，如图 1-16 所示。

图 1-16 是一对受 F_{12} 载荷和 $M_{1,k}$，$M_{2,k}$ 扭矩作用的啮合齿轮。如果将运动关系简化为传动比 $\left(i_{1,2}=\dfrac{\psi_1}{\psi_2}=\dfrac{r_2}{r_1}\right)$，则雅克比矩阵定义为

$$\dot{\boldsymbol{q}}=\begin{bmatrix}\dot{\varphi}_1\\ \dot{\varphi}_2\end{bmatrix}=\begin{bmatrix}1\\ \dfrac{1}{i_{1,2}}\end{bmatrix}\dot{\varphi}_1=\boldsymbol{Q}\dot{\varphi}_1 \tag{1-11}$$

图 1-16 的运动方程如下：

$$\left.\begin{aligned}J_1\ddot{\varphi}_1&=M_{1,k}+F_{12}r_1\\ J_2\ddot{\varphi}_2&=M_{2,k}-F_{12}r_2\end{aligned}\right\}\triangleq\boldsymbol{M}\ddot{\boldsymbol{q}}=\boldsymbol{h} \tag{1-12}$$

利用雅克比矩阵[式(1-11)]和简化后的转动惯量 $\left(J=J_1+\dfrac{J_2}{i_{1,2}^2}\right)$，得到

$$\boldsymbol{Q}^{\mathrm{T}}\boldsymbol{M}\boldsymbol{Q}\ddot{\boldsymbol{q}}=\boldsymbol{Q}^{\mathrm{T}}\boldsymbol{h}\Rightarrow J\ddot{\varphi}_1=M_{1,k}+\frac{M_{2,k}}{i_{1,2}} \tag{1-13}$$

式中：r 为啮合齿轮半径；$\boldsymbol{Q}$ 为雅克比矩阵；F_{12} 为约束力，利用雅克比矩阵 $\boldsymbol{Q}$ 可消去约束力 F_{12}。

拖拉机动力传动系统包含多个万向轴，特别是液压动力输出系统；万向轴的次谐波共振和超谐波共振是参数振动的源头，共振问题对系统是非常危险的，好的模型必须考虑这一点。建立一个包含 4 个组件的模型，组件之间通过弹簧和阻尼器实现内部交联，万向轴模型如图 1-17 所示。

4 个运动方程可表示为

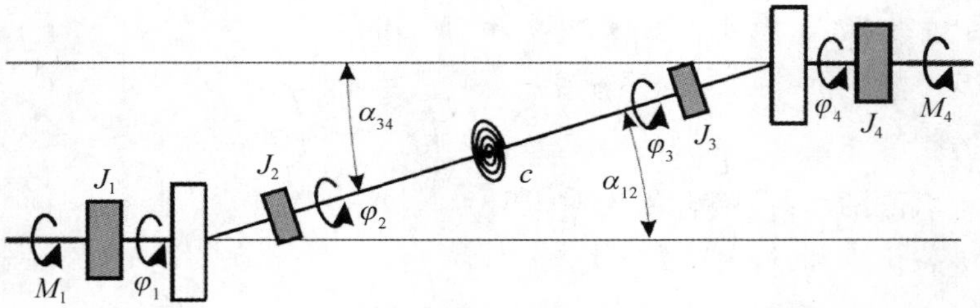

图 1－17　万向轴模型

$$\left.\begin{aligned}J_1\ddot{\varphi}_1&=+M_{G12,1}+M_1\\J_2\ddot{\varphi}_2&=-M_{G12,2}+c(\varphi_3-\varphi_2)\\J_3\ddot{\varphi}_3&=+M_{G34,3}+c(\varphi_2-\varphi_3)\\J_4\ddot{\varphi}_4&=-M_{G34,4}+M_4\end{aligned}\right\}\hat{=}\boldsymbol{M}\ddot{\boldsymbol{q}}=\boldsymbol{h}$$

其中　(1－14)

$$M_{G12,2}=M_{G12,1}\frac{\sin^2\varphi_1+\cos^2\varphi_1\cos^2\alpha_{12}}{\cos\alpha_{12}}$$

$$M_{G34,3}=M_{G34,4}\frac{\sin^2\varphi_4+\cos^2\varphi_4\cos^2\alpha_{34}}{\cos\alpha_{34}}$$

为了更直观,可以忽略阻尼项。输出轴 1 和轴 2 之间完整的力学要素包括线性阻尼 d 和线性弹性 c,转轴(1～2)和(3～4)之间的运动学关系如下:

$$\varphi_{i+1}=\varphi_{i+1}(\varphi)=\arctan\left(\frac{\tan\varphi_i}{\cos\alpha}\right)\tag{1-15}$$

式中:α 为万向角 ($\alpha=\varphi_{12}=\varphi_{34}$),上述的四自由度可简化成二自由度,例如 $\boldsymbol{q}=(\varphi_1,\varphi_2,\varphi_3,\varphi_4)\Rightarrow(\varphi_1,\varphi_4)=\boldsymbol{q}_{\text{red}}$,式(1－15)对应的雅克比矩阵为

$$\boldsymbol{Q}^{\mathrm{T}}=\begin{bmatrix}1 & \dfrac{\cos\alpha_{12}}{\sin^2\varphi_1+\cos^2\varphi_1\cos^2\alpha_{12}} & 0 & 0\\ 0 & 0 & \dfrac{\cos\alpha_{34}}{\sin^2\varphi_4+\cos^2\varphi_4\cos^2\alpha_{34}} & 1\end{bmatrix}\tag{1-16}$$

$$\dot{\boldsymbol{q}}=\begin{bmatrix}\dot{\varphi}_1\\\dot{\varphi}_2\\\dot{\varphi}_3\\\dot{\varphi}_4\end{bmatrix}=\boldsymbol{Q}\dot{\boldsymbol{q}}_{\text{red}}=\boldsymbol{Q}\begin{bmatrix}\dot{\varphi}_1\\\dot{\varphi}_4\end{bmatrix}$$

由上述关系式得到万向轴运动的最终方程为

$$\boldsymbol{M}_{\text{red}}\ddot{\boldsymbol{q}}_{\text{red}}+\boldsymbol{b}_{\text{red}}=\boldsymbol{h}_{\text{red}} \tag{1-17}$$

其中：

$$\boldsymbol{M}_{\text{red}}=\begin{bmatrix} J_1+J_2\left(\dfrac{\cos\alpha_{12}}{\sin^2\varphi_1+\cos^2\varphi_1\cos^2\alpha_{12}}\right)^2 & 0 \\ 0 & J_3\left(\dfrac{\cos\alpha_{34}}{\sin^2\varphi_4+\cos^2\varphi_4\cos^2\alpha_{34}}\right)^2+J_4 \end{bmatrix}$$

$$\boldsymbol{b}_{\text{red}}=\begin{bmatrix} J_2\dfrac{\cos^2\alpha_{12}\sin 2\varphi_1(\cos^2\alpha_{12}-1)}{(\sin^2\varphi_1+\cos^2\varphi_1\cos^2\alpha_{12})^3}\dot{\varphi}_1^2 \\ J_3\dfrac{\cos^2\alpha_{34}\sin 2\varphi_4(\cos^2\alpha_{34}-1)}{(\sin^2\varphi_4+\cos^2\varphi_4\cos^2\alpha_{34})^3}\dot{\varphi}_4^2 \end{bmatrix}$$

$$\boldsymbol{h}_{\text{red}}=\begin{bmatrix} \dfrac{\cos\alpha_{12}}{\sin^2\varphi_1+\cos^2\varphi_1\cos^2\alpha_{12}}c\left(\arctan\left(\dfrac{\tan\varphi_4}{\cos\alpha_{34}}\right)-\arctan\left(\dfrac{\tan\varphi_1}{\cos\alpha_{12}}\right)\right)+M_1 \\ \dfrac{\cos\alpha_{34}}{\sin^2\varphi_4+\cos^2\varphi_4\cos^2\alpha_{34}}c\left(\arctan\left(\dfrac{\tan\varphi_1}{\cos\alpha_{12}}\right)-\arctan\left(\dfrac{\tan\varphi_4}{\cos\alpha_{34}}\right)\right)+M_4 \end{bmatrix}$$

将旋转角度的变量代入雅克比矩阵 $\boldsymbol{Q}$［式(1-16)］,运动方程中所有变量都与旋转角度和速度相关。更进一步,与安装角 α_{12} 和 α_{34} 相关。当这两个安装角为 0°时,运动方程变量与安装角之间的相关性就会消失,随着角度增加,两者间的相互影响呈非线性增加。

各向同性运动时 ($\alpha_{12}=\alpha_{34}$)，相互作用抵消。当旋转角 $\varphi_2=\varphi_3$ 时,参数影响消失,这种情况仅出现在转轴是绝对刚体的情况 ($c\Rightarrow\infty$)。 但是,工程上的万向轴是弹性体而非绝对刚体,这就会引起两端质量轴的振动问题,即参数振动。式(1-17)表明最大的影响因素是万向轴上刚度 $\boldsymbol{h}_{\text{red}}$ 的不均匀分布,但小角度变形时仍可认为转轴刚度是线性的。式(1-17)的最后一项表达式说明，φ_1 和 φ_4 之间的角度变化是线性的。假设 $\alpha_{12}=\alpha_{34}=\alpha$，得到

$$c_{\text{lin}}=\left(\frac{\cos\alpha}{\sin^2\varphi_1+\cos^2\varphi_1\cos^2\alpha}\right)^2 c \quad M_c=c_{\text{lin}}(\varphi_4-\varphi_1) \tag{1-18}$$

式中：c 为万向轴的刚度［N·m/(°)］;φ 为旋转角(°);α 为扭折角(°)。

万向轴刚度的线性变化如图 1－18 所示。图 1－18 表明可以采用线性简化的方法对动力输出系统的万向轴进行仿真。图 1－18(b)表明，万向轴的刚度与旋转角 φ、扭折角 α 相关。当扭折角 $\alpha=10°$ 时，最大刚度和最小刚度相差 6%；$\alpha=20°$ 时，相差 10%；$\alpha=30°$ 时，相差 30%。

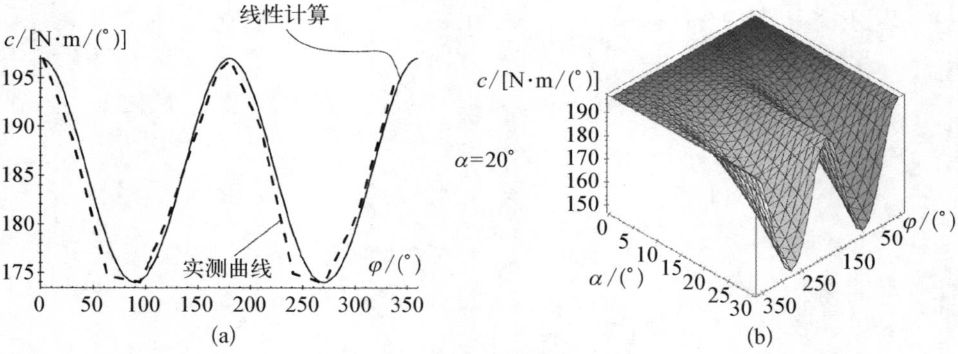

图 1－18　万向轴刚度的线性化

事实上，参数摄动直接影响拖拉机的动力传输系统。

瓦里奥动力传动系统（典型的复杂动力传动系统）的核心是液压泵和液压电机组成的柱塞往复式运动液压动力系统，该系统的特点是承载能力大，特别是在耕作过程中。因此，在设计阶段就应该考虑所有工况，以确保设计规划的正确性。瓦里奥动力传动系统中液压泵/电机的二维构造如图 1－19 所示。由该图可知转子以轴线为中心产生旋转角 α，α 决定了液压的流量，9 个柱塞在相应的液压缸中平动，增加了柱塞杆的摆角。建模时，将传动法兰、柱塞及转子视为刚体。三球销接头是一个弹性器件，用于将传动法兰盘的旋转运动传递给转子。三球销接头的 3 个“触角”将传动法兰和转子连在一起，以实现传动法兰和转子间的轴向运动和径向运动，但不能做圆周切向运动。三球销接头包含 3 个与中轴相互垂直的销子及 3 个带有球形外表面的圆环，在传动法兰衬套或柱塞中做轴向运动和径向运动的同时，能实现扭矩传递。因此，三球销接头是一个关键部件，必须保证其设计的正确性。

泵电机模型如图 1－20 所示。图中三球销接头模型的轴向相对运动，须获知接头的位置和方向。可以采用两种方法描述三球销接头与转子、传动法兰的 6 个接触点：使用传动法兰和转子的体坐标系，或使用三球销接头的体坐标系。$\boldsymbol{r}_{\text{转子,传动法兰}}=\boldsymbol{r}_{\text{三球销接头}}$产生 18 个代数方程（$6\times3=18$），因为 6 个 $\boldsymbol{r}$ 中的每一个都

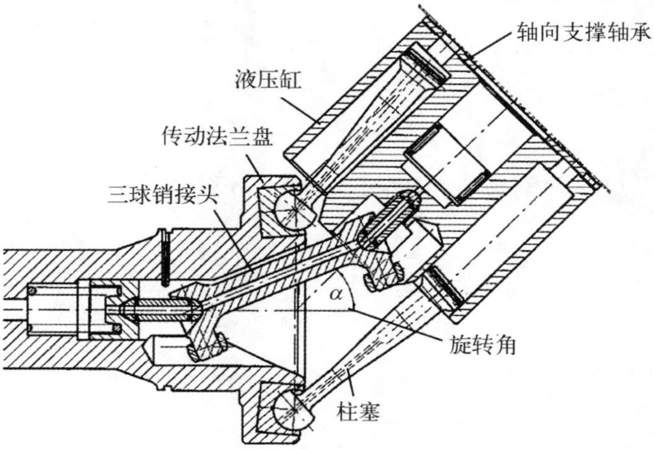

图 1－19　瓦里奥动力传动系统中液压泵/电机的二维构造

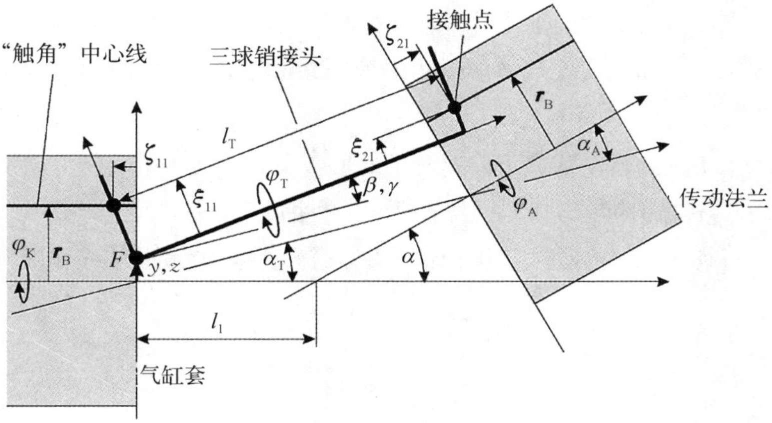

图 1－20　泵电机模型

有 3 个方向。

这 18 个方程对应三球销接头触点与轴线及前端转子和法兰的位移 ξ_{ij} 和 ζ_{ij}（$i=1$ 代表转子，$i=2$ 代表传动法兰，$j=1, 2, 3$ 代表三球销接头 3 个"触角"对应的接触点），位移与三球销接头的未知位置（x，y，z）相对应。轴向位移 x 可以忽略，因为它与倾斜角 γ 和 β 一致，转子初始旋转子向为 φ_T、最终旋转子向为 φ_K。 18 个未知量由 18 个代数方程表示为

$$
\begin{gathered}
y\sin\alpha_{\mathrm{T}}+l_{\mathrm{T}}(i-1)-\xi_{ij}\gamma\cos\left[\varphi_{\mathrm{T}}+\frac{2\pi}{3}(j-1)\right]+\xi_{ij}\beta\sin\left[\varphi_{\mathrm{T}}+\frac{2\pi}{3}(j-1)\right]\\
=l_1(i-1)\cos\alpha_{\mathrm{T}}+\zeta_{ij}\cos(\alpha_{i-1}-\alpha_{\mathrm{T}})-r_{\mathrm{B}}\sin(\alpha_{i-1}-\alpha_{\mathrm{T}})\cos\left[\varphi_i+\frac{2\pi}{3}(j-1)\right]\\
y\cos\alpha_{\mathrm{T}}+l_{\mathrm{T}}(i-1)-\xi_{ij}\gamma\cos\left[\varphi_{\mathrm{T}}+\frac{2\pi}{3}(j-1)\right]\\
=-l_1(i-1)\sin\alpha_{\mathrm{T}}+\zeta_{ij}\sin(\alpha_{i-1}-\alpha_{\mathrm{T}})-r_{\mathrm{B}}\cos(\alpha_{i-1}-\alpha_{\mathrm{T}})\cos\left[\varphi_i+\frac{2\pi}{3}(j-1)\right]\\
z-\beta l_{\mathrm{T}}(i-1)-\xi_{ij}\gamma\sin\left[\varphi_{\mathrm{T}}+\frac{2\pi}{3}(j-1)\right]=r_{\mathrm{B}}\cos\left[\varphi_i+\frac{2\pi}{3}(j-1)\right]
\end{gathered}
\tag{1-19}
$$

同样，$i=1$ 代表转子，$i=2$ 代表传动法兰，$j=1$，2，3 代表三球销接头 3 个“触角”对应的接触点。由于式(1-19)中的变量 ξ_{ij} 和 ζ_{ij} 是线性的，因此可以将方程组简化成六自由度的形式，即仅包含 y，z，β，γ，φ_{T} 以及 $\varphi_{\mathrm{K}}=\varphi_1$。上述处理问题的想法和交联关系同样适用于液压泵和液压电机，因此要特别关注三球销接头的运动。

三球销接头的运动依赖于柱塞转子的偏转角 α 和转子的旋转方向 φ_{T}，三球销接头的 3 个“触角”按 120°相位差做周期性运动，平移变量(y，z)和倾角(β，γ)之间有 90°的相位差，三球销接头中一个“触角”的水平位移和旋转位移分别如图 1-21 和图 1-22 所示。

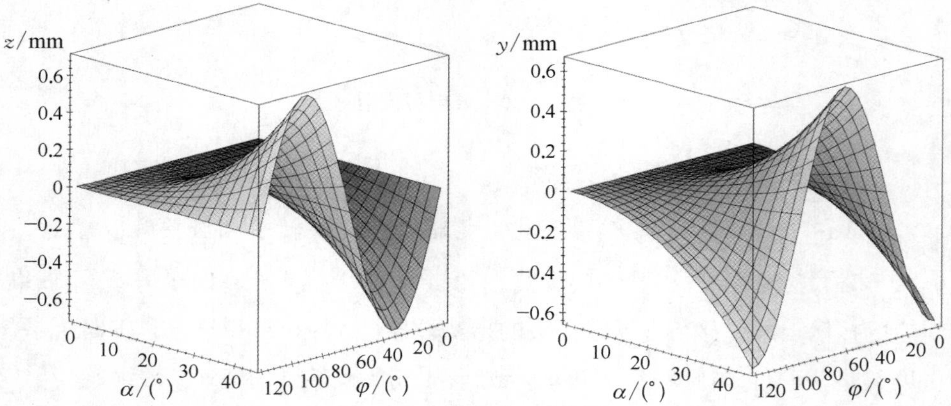

图 1-21　三球销接头中一个“触角”的水平位移

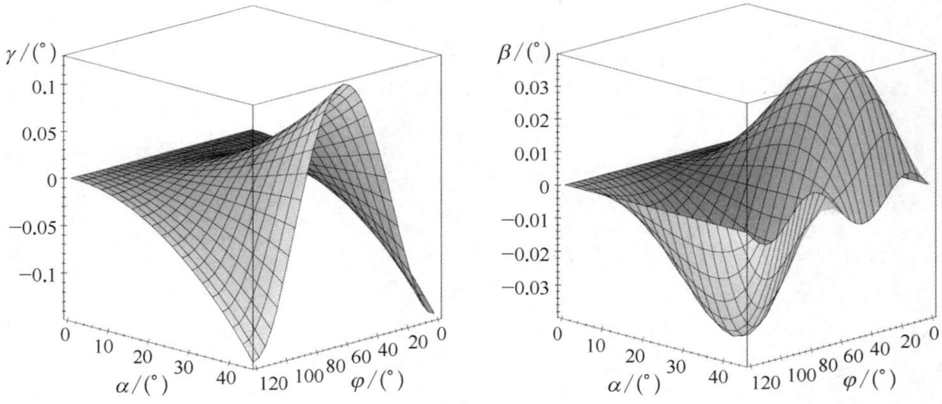

图 1-22　三球销接头中一个"触角"的旋转位移

试验发现，三球销接头的这些运动特性对自身影响并不大，因此对三球销接头不用进行过多的细节分析。

柱塞运动(见图 1-23)产生液压流量和压力。三球销接头旋转时，柱塞在液压缸内做直线运动，柱塞的运动取决于摆角 α，而 α 控制着液压流量和压力的变化。

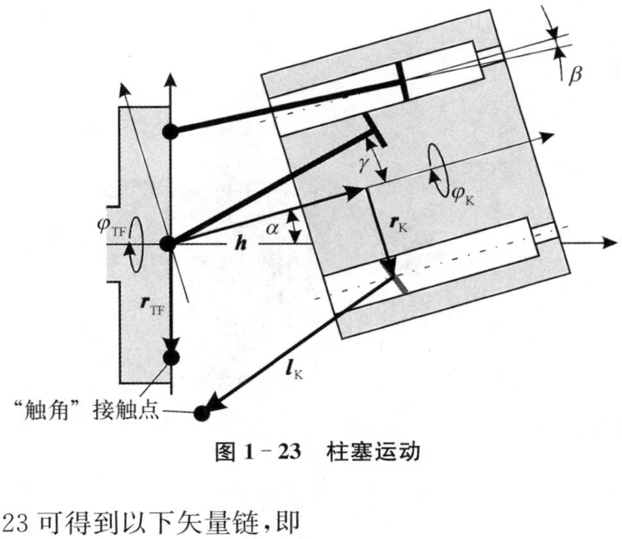

图 1-23　柱塞运动

由图 1-23 可得到以下矢量链，即

$$\boldsymbol{r}_{\mathrm{TF}}=\boldsymbol{h}+\boldsymbol{r}_{\mathrm{K}}+\boldsymbol{l}_{\mathrm{K}} \tag{1-20}$$

将式(1-20)分解成包含 $(h,\ \beta,\ \gamma)$ 3 个未知数的方程，即

$$\gamma = \arcsin\left[\frac{r_{TF}}{l_K}(\sin\varphi_{TF}\cos\varphi_K - \cos\varphi_{TF}\sin\varphi_K\cos\alpha)\right]$$

$$\beta = \arcsin\left[\frac{r_K - r_{TF}(\sin\varphi_{TF}\sin\varphi_K + \cos\varphi_{TF}\cos\varphi_K\cos\alpha)}{l_K\cos\gamma}\right] \tag{1-21}$$

$$h = r_{TF}\cos\varphi_{TF}\sin\alpha + l_K\cos\beta\cos\gamma$$

柱塞运动结果如图 1-24 所示。

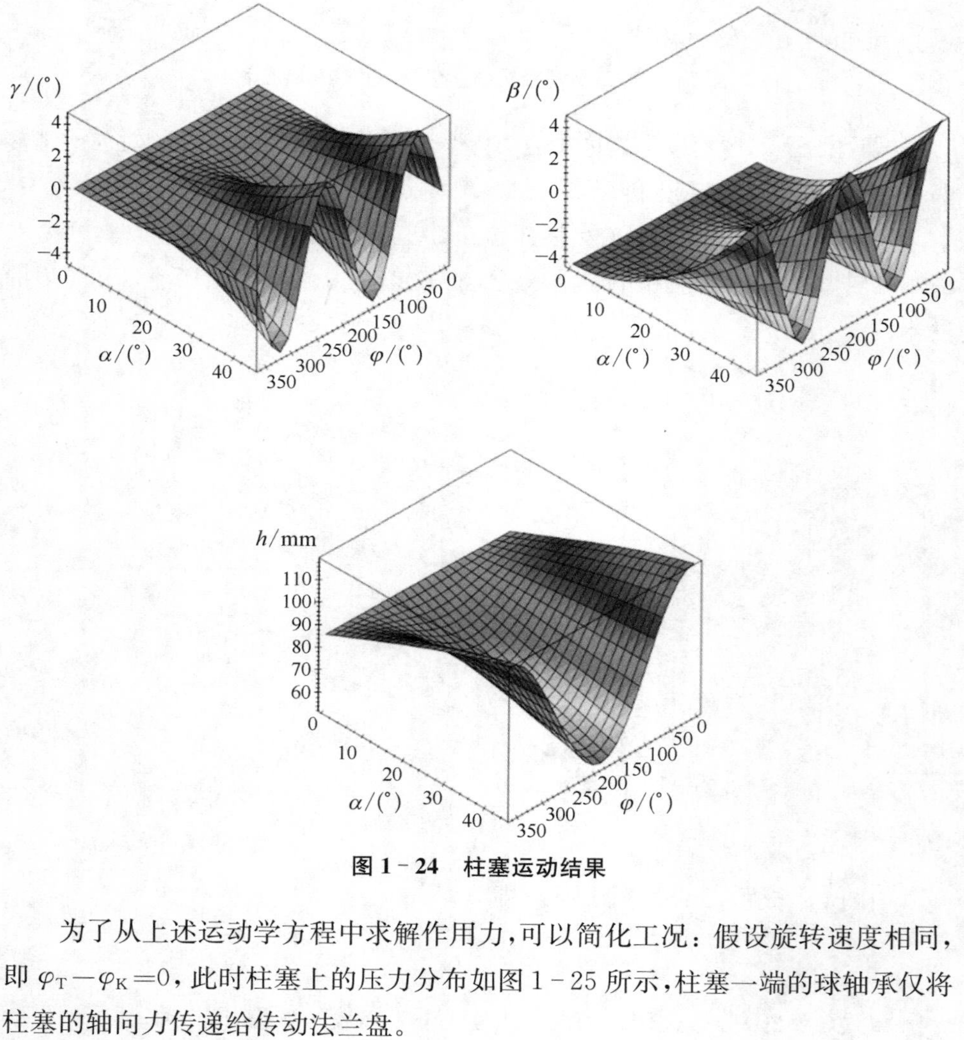

图 1-24　柱塞运动结果

为了从上述运动学方程中求解作用力，可以简化工况：假设旋转速度相同，即 $\varphi_T - \varphi_K = 0$，此时柱塞上的压力分布如图 1-25 所示，柱塞一端的球轴承仅将柱塞的轴向力传递给传动法兰盘。

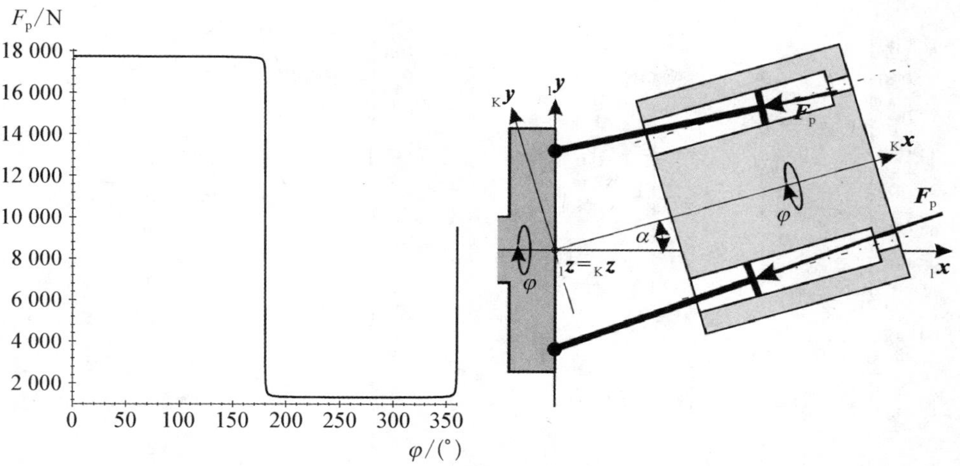

图 1-25　柱塞上的压力分布

柱塞的方向定义如下：

$$_D\boldsymbol{e}_{K,k} = \begin{bmatrix} -\cos\beta\cos\gamma \\ -\sin\beta\cos\gamma \\ \sin\gamma \end{bmatrix} \Rightarrow {}_D\boldsymbol{F}_{K,k} = F_{p,k} \begin{bmatrix} -\cos\beta\cos\gamma \\ -\sin\beta\cos\gamma \\ \sin\gamma \end{bmatrix}_k \quad (k=1,2,\cdots,9)$$

(1-22)

参考坐标系与柱塞转子固定接在一起。载荷可以分解成 3 个分力，将 9 个柱塞的力加起来，而 9 个柱塞的力与柱塞所处位置和运动方向相关。展示结果前将柱塞转子“D”上的力平移到法兰盘“F”上，须做如下转换。

$$_F\boldsymbol{F}_{K,k} = F_{p,k} \begin{bmatrix} -\cos\alpha\cos\beta\cos\gamma \\ -\sin\alpha\cos\beta\cos\gamma\cos\varphi \\ +\sin\alpha\cos\beta\cos\gamma\sin\varphi \end{bmatrix}_k \quad (k=1,2,\cdots,9) \quad (1-23)$$

数学变换表明，柱塞上的轴向力在转子端和传动法兰端都非常大，而切向力和径向力只在法兰盘一侧很大，柱塞转子上力的总载荷与法兰盘上力的总载荷分别如图 1-26 和图 1-27 所示。

为获得完整系统的运动方程，必须将上述模型组合在一起，并补充液压模型和轴向转子轴承模型，搭建这些模型的过程不再详述。基于系统高度复杂的实际情况，建模时可以规避双侧约束和单侧约束，将所有的内部交联关系都使用线

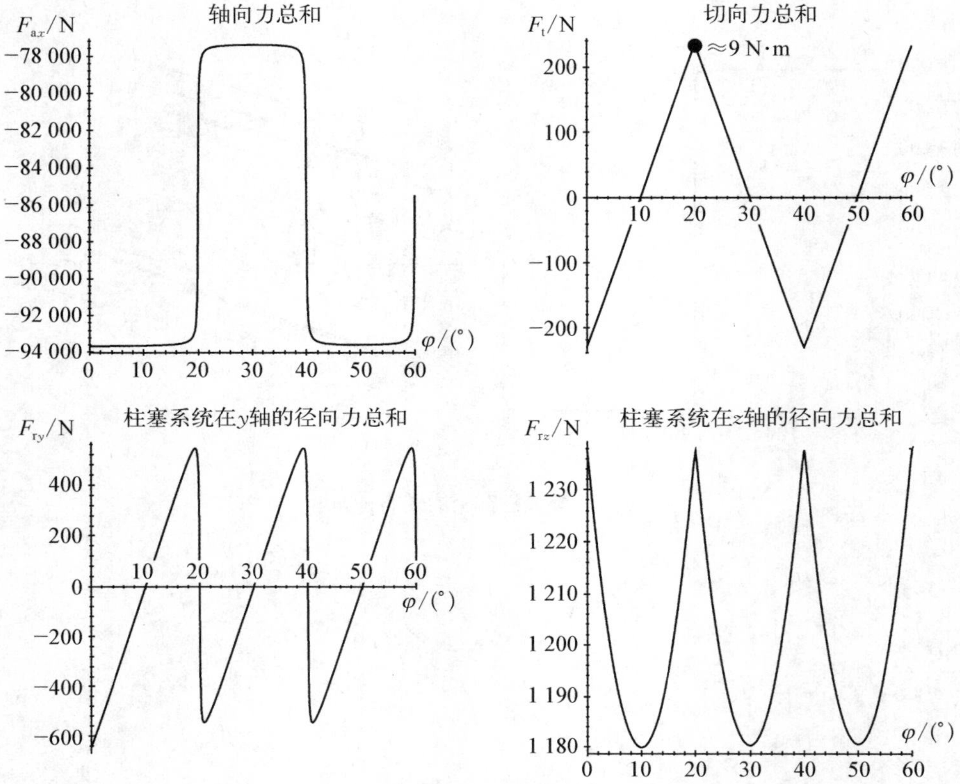

图 1-26　柱塞转子上力的总载荷

性化或非线性化力学定律替代。起始于：

$$\boldsymbol{M}\ddot{\boldsymbol{q}}-\boldsymbol{h}(\boldsymbol{q},\dot{\boldsymbol{q}},t)=\boldsymbol{0} \tag{1-24}$$

线性和非线性部分简化为

$$\boldsymbol{M}\ddot{\boldsymbol{q}}+\boldsymbol{D}\dot{\boldsymbol{q}}+\boldsymbol{K}\boldsymbol{q}=\boldsymbol{h}(\boldsymbol{q},\dot{\boldsymbol{q}},t),\dot{\boldsymbol{q}}_{液压}=\boldsymbol{h}_{液压} \tag{1-25}$$

非线性因素主要源于液压动力系统和液压系统，大部分弹性器件是线性的。分离上述方程很有意义，因为静态时对非线性因素没有太大影响，所以可以使用运动方程中的线性部分评估其特性，进而得知哪个组件将随着其他组件振动、哪里可能存在潜在的共振问题。这是将工作点附近进行线性化假设之后得出的结论。特征值和特征式源于 $\boldsymbol{M}\ddot{\boldsymbol{q}}+\boldsymbol{K}\boldsymbol{q}=\boldsymbol{0}$，后面将举例说明。

1.5.1.4　数学分析和试验结果

爱科芬特公司进行了完整的动力输出系统试验，后端动力输出系统实测扭矩

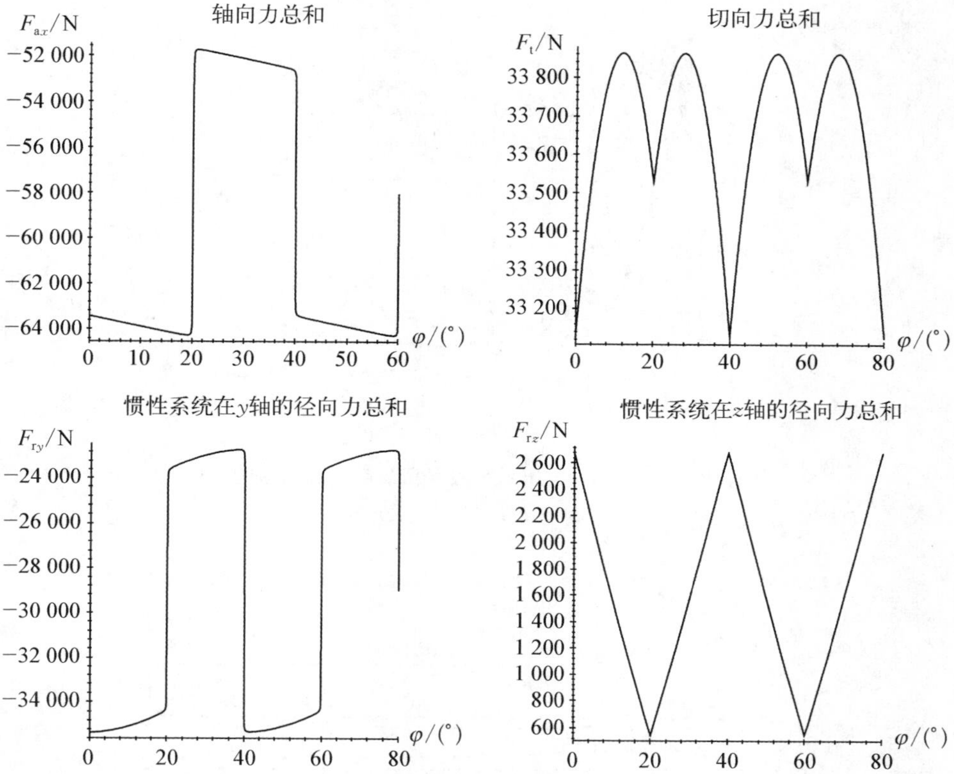

图 1－27 法兰盘上力的总载荷

与仿真结果的对比如图 1－28 所示。圆点代表仿真结果，菱形代表实测结果。试验选取的万向轴刚度非常大，万向节角 $\alpha \leqslant 14°$，试验工况为模拟拖拉机平整田地。

试验发现，发动机转速为 2 400 r/min 时，特征频率约为 40 Hz，该值远远超出了工作速度范围，不会产生共振问题，仿真结果和实测结果的符合性很好。式(1－25)对静态工作点进行线性简化，近似反映出系统的真实动态特性(含非线性)，是一种合理近似。利用公式 $\boldsymbol{M}\ddot{\boldsymbol{q}}+\boldsymbol{K}\boldsymbol{q}=\boldsymbol{0}$ 评估了系统 20 种特征频率(高达 2 000 Hz)，但仅其中很少一部分需要考虑。

矩阵 $\boldsymbol{K}$ 包含系统全部工况的线性刚度，是调压器的核心，因为调压器的刚度取决于摆角 α 和 β(见图 1－23)，速度比 $i_s=\dfrac{输入轴转速}{发送机转速}=\dfrac{1}{i}$。所有振型和振动频率都源于方程 $\boldsymbol{M}\ddot{\boldsymbol{q}}+\boldsymbol{K}\boldsymbol{q}=\boldsymbol{0}$，同时该方程也取决于速度比 i_s。速度比对固有频率的影响如图 1－29 所示。可以看出，除液压泵和液压电机外，其他组件所受影响很小。

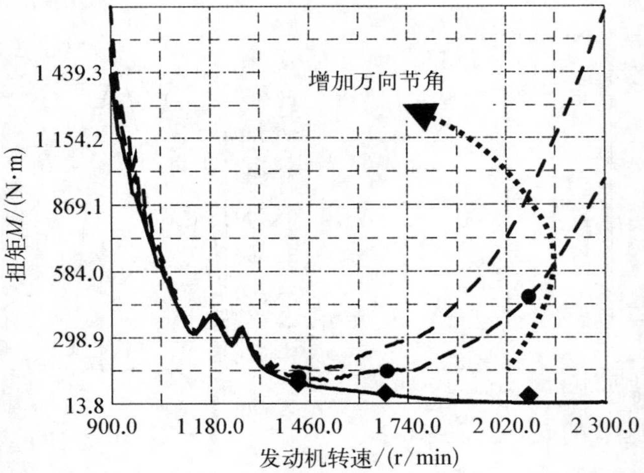

图 1－28　后端动力输出系统实测扭矩与仿真结果的对比

（资料来源：爱科芬特公司）

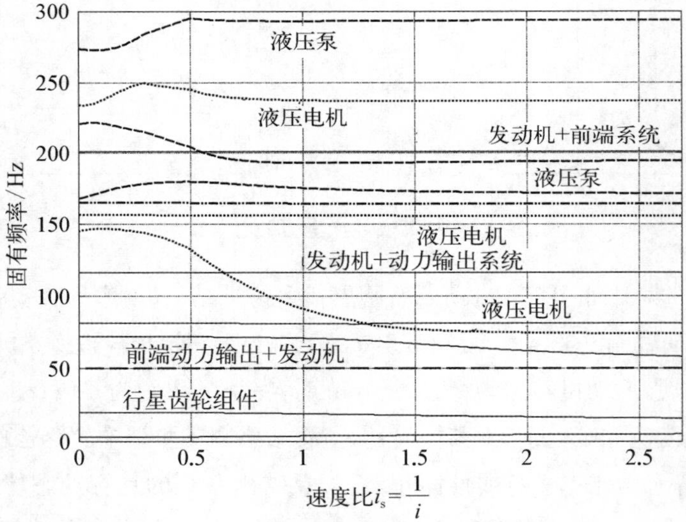

图 1－29　速度比对固有频率的影响

系统设计要关注系统的拓扑振动特性，即组件之间振动的关联性。本例的关注点是前、后端动力输出系统的负载，因为负载对二阶、三阶、十七阶、十八阶振型和频率的影响最大。对于二阶、三阶振型，负载对前端动力输出系统和后端动力输出系统都有影响；对于十七阶、十八阶振型，负载仅对当前位置有效，即前端负载仅影响前端动力输出系统，后端负载仅影响后端动力输出系统。二阶振型(空载、19.7 Hz,负载、10 Hz 以下)如图 1-30 所示,图中菱形代表质量,实线和虚线之间的差距代表振动幅值,负载会降低振动频率并将振动传递到转轴处(见图 1-15)。

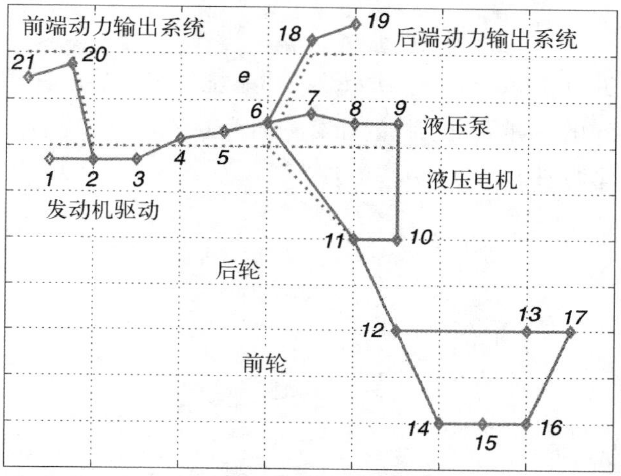

图 1-30　二阶振型(前、后端动力输出系统转动惯量 $j \geqslant 2\ \mathrm{kg \cdot m^2}$)

更高阶的特征模态(空载、1 600 Hz)也有类似趋势,前端动力输出系统和后端动力输出系统的局部频率会快速下降至 30～50 Hz,此时前端动力输出系统的振动或后端动力输出系统的振动仅独立出现而不会相互影响,前、后端动力输出系统 30～50 Hz 振型如图 1-31 所示。

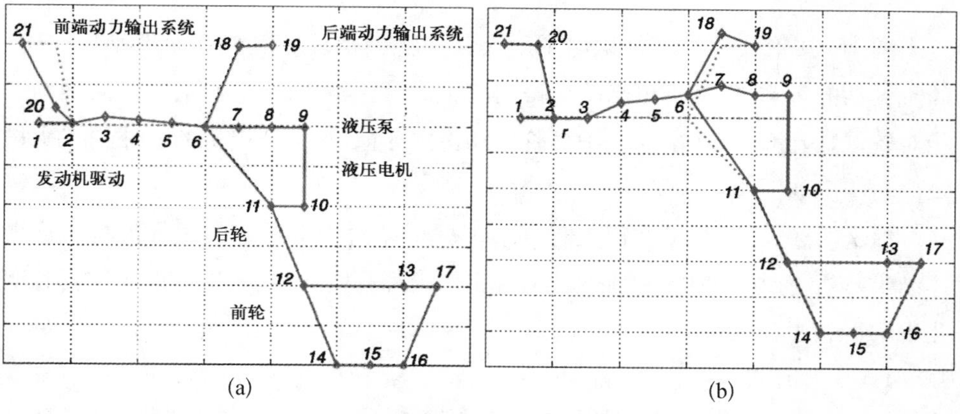

图 1-31　前、后端动力输出系统 30～50 Hz 振型(转动惯量 $j \geqslant 2\ \mathrm{kg \cdot m^2}$)

(a) 前端负载;(b) 后端负载

图 1-30 和图 1-31 代表了线性系统的特征矢量，可用于定义拖拉机动力系统的特征行为，振型曲线适用于离散质量系统而非连续系统；有的情况(包括离散质量系统)使用特征矢量十分方便，因为特征矢量是里兹近似解的形函数，得到后便于对复杂系统开展工作，但特征行为分析通常仅适用于连续系统。

通过坎贝尔图(Campbell diagram)说明系统特定区域的振动结构。以万向节角为 22°和 25°的四冲程发动机的加载为研究对象，其后端动力输出系统转轴的扭矩分布情况如图 1-32 所示。

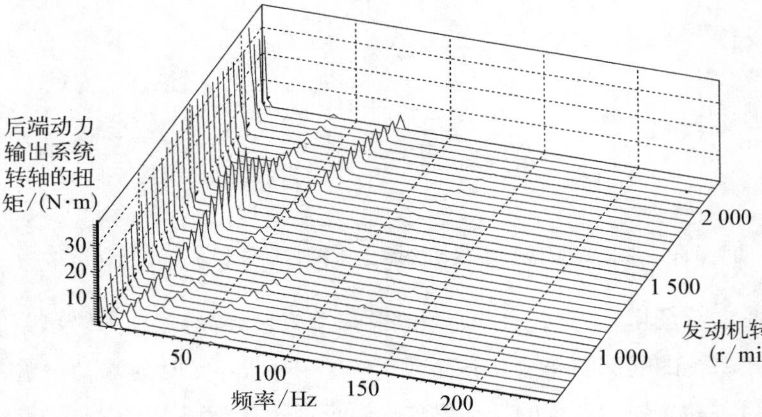

图 1-32　四冲程发动机后端动力输出系统转轴的扭矩分布情况(后端负载，万向节角为 22°和 25°)

图 1-32 和图 1-33 辨识出了后端动力输出系统二阶振动及发动机二阶、四阶振动的影响，发动机更高阶次振动的影响可忽略。该例中，由于万向轴刚度相对较低，因此动力输出系统中二阶振动占主导地位，液压电机的三球销接头扭矩分布情况如图 1-33 所示。

综上所述，二阶振动在很大程度上占据了动力输出系统的主导地位。从上述结果分析，拖拉机前端和后端动力输出系统都有明显振动，这一点在仿真和实测中均得到了证实。

1.5.1.5　目标实现

动力输出系统的仿真包含了所有细节因素，如效率、组件承载、振动特性及噪声和磨损，为设计改进和评估提供了指导意见。

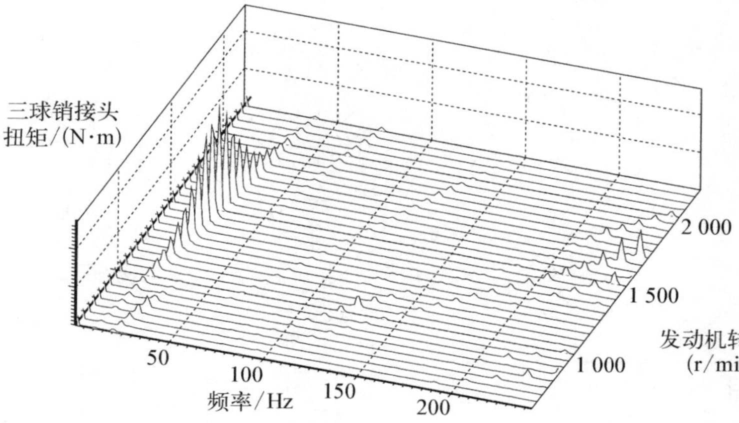

图 1-33　液压电机的三球销接头扭矩分布情况(后端负载,万向节角为 22°和 25°)

1.5.2　摩擦的影响

1.5.2.1　目标

本书作者自 20 世纪 80 年代在大学时起就开始研究摩擦的影响,并为大型系统接触问题中的非光滑多体理论的发展作出了贡献。由于当时摩擦影响的理论描述令人不够满意,因此关于其的研究工作均要从最初始的问题重新开始。摩擦影响的研究目标包括有摩擦影响和无摩擦影响的理论方法,以及研究这些摩擦影响的细节过程。通过试验验证理论,并将其应用于工业实践中,因为在工业实践中这些摩擦影响问题很常见,却没有令人满意的解决方法。

1.5.2.2　引言

许多机器和机械运动过程都伴随着摩擦的影响。摩擦是由两个或两个以上物体之间的短时接触引起的,且能量的损失主要由切向接触方向的摩擦引起。过去的 20 多年里,建立了以莫罗、弗雷蒙(Fremond)、格洛克尔(Glocker)的名字命名的基于刚性接触理论的影响模型,尽管一些例子表明仍需要充分研究影响模型及实例类型,但是这些模型在实际应用中的结果令人满意。本书将重点介绍格洛克尔模型。贝特尔施密特(Beitelschmidt)已得到该模型的一些试验验证结果。尽管上述模型均可用,但是在能量方面存在缺失,没有为所有可能的情况提供全部信息,因此我们将通过试验及理论研究对该问题进行补充。

刚体是多体系统的一部分,具有包括法向和切向特征的接触,我们特别关注短时接触及此过程中伴随的能量损耗。多体接触的基本状态如图 1-34 所示。

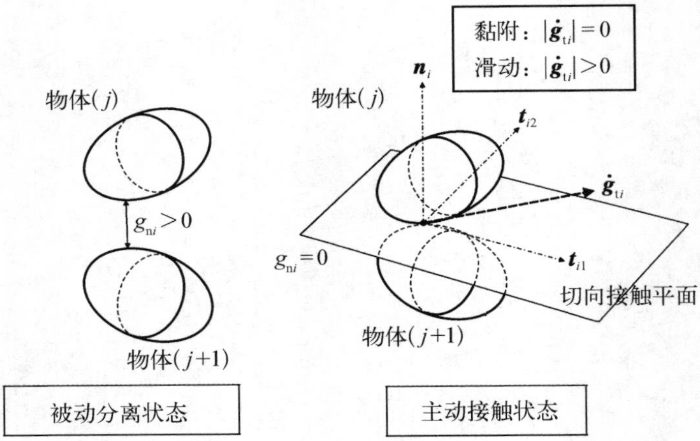

图 1-34　多体接触的基本状态

建模之前，对冲击及包含摩擦的冲击进行以下传统假设[11-13]：

(1) 由于冲击持续时间极短，因此在数学描述中可能假设冲击时间为零。

(2) 由于波动过程发生在有限的时间间隔内，因此忽略了波动过程。与波动过程时间、准确定义波的反射模式及无分散相比，重要的标志是冲击时间，很多技术问题均不考虑这样的波动现象。

(3) 假设系统质量分布不会在冲击过程中发生变化，物体保持刚性。

(4) 受冲击物体的位置和方向保持不变，物体平移速度和转动速度有限，并且在冲击过程中可能突然改变。

(5) 冲击点的位置以及法向和切向矢量均保持不变。

(6) 冲击过程中所有非瞬时力和力矩均保持不变。

(7) 冲击过程中所涉及的冲击作用在一个恒定的方向上，它们的作用线不变，且与冲击点的法向和切向矢量相关。

(8) 冲击可分为两个阶段：压缩阶段和扩展阶段。

(9) 压缩阶段从时间 t_A 开始，到时间 t_C 结束。压缩阶段的结束就是扩展阶段的开始，扩展阶段在时间 t_E 结束，这也是冲击结束的时间。

压缩过程中，法向和切向上的脉冲都被存储，并于扩展过程中进行释放，这两个过程均伴随着能量损耗。损耗可通过泊松摩擦定律求得[4, 12, 14-17]。

1.5.2.3　影响特征

根据莫罗定律[7, 17]，可通过一个近似微分方程表达包含冲击及不包含冲击的动态过程，形式如下：

$$
\boldsymbol{M}\mathrm{d}\boldsymbol{u}+\boldsymbol{h}\mathrm{d}t-\boldsymbol{W}\mathrm{d}\boldsymbol{\Lambda}=\boldsymbol{0}\leftrightarrow
\begin{cases}
\boldsymbol{M}\dot{\boldsymbol{u}}+\boldsymbol{h}-\boldsymbol{W}\lambda=\boldsymbol{0}\ (t\neq t_i)\\
\boldsymbol{M}(\boldsymbol{u}^{+}+\boldsymbol{u}^{-})-\boldsymbol{W}\boldsymbol{\Lambda}=\boldsymbol{0}\ (t=t_i)
\end{cases}
\tag{1-26}
$$

式中：$\boldsymbol{W}\lambda$ 为由非脉冲接触引起的接触反应；$\boldsymbol{W}\boldsymbol{\Lambda}$ 为脉冲接触反应；时间 t_i 为冲击发生的时刻，矢量 $\boldsymbol{h}$ 为非脉冲力和外力的集合。对于开环多体系统，还应把双向约束包含在广义坐标（$\boldsymbol{q}$，$\dot{\boldsymbol{q}}$）中。

研究工作从压缩阶段和法向冲击阶段开始。压缩阶段结束时（用下标 C 表示），法向相对速度为零或非负值（$\dot{g}_{\mathrm{N}i}\geqslant 0$）。切向压缩阶段的主要特点是摩擦。压缩阶段结束时可能得到 3 种状态：一是在正切线方向上的滑动（即 $\dot{g}_{\mathrm{NC}}\geqslant 0$），此过程中的切向脉冲作用在反方向上，即 $\Lambda_{\mathrm{TC}}=-\mu\Lambda_{\mathrm{NC}}$；二是压缩阶段结束时的黏附（$\dot{g}_{\mathrm{NC}}=0$），整个压缩阶段，因切向脉冲足够小而产生黏附；三是负切线方向上的滑动（$\dot{g}_{\mathrm{NC}}<0$），此过程中的切向脉冲作用在反方向上，即 $\Lambda_{\mathrm{TC}}=+\mu\Lambda_{\mathrm{NC}}$。这两个方向上的脉冲过程由著名的脉冲接触法则（见图 1－35）进行描述。

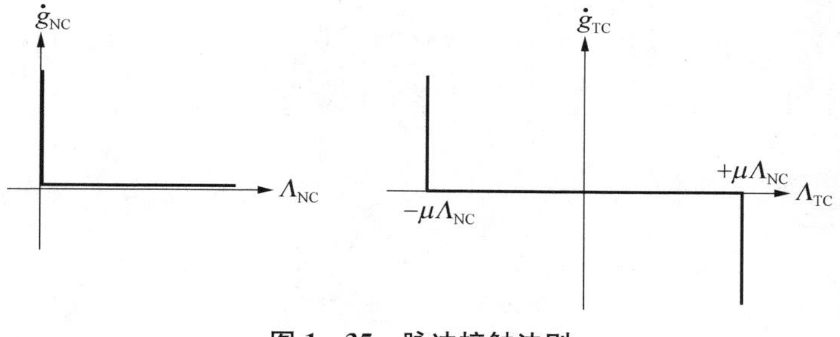

图 1－35　脉冲接触法则

压缩过程中储存的脉冲的能量损耗可由泊松定律求得；对切向脉冲的恢复则有一些其他的考虑。根据泊松定律，存储的切向脉冲 $\Lambda_{\mathrm{TC}i}$ 第 i 次接触的能量损耗为 $\varepsilon_{\mathrm{T}i}\Lambda_{\mathrm{TC}i}$。其中，泊松损耗由切向摩擦系数 $\varepsilon_{\mathrm{T}i}$ 进行量化（$0\leqslant\varepsilon_{\mathrm{T}i}\leqslant 1$），且前提是切向摩擦系数 $\varepsilon_{\mathrm{T}i}$ 必须可测量，但这些并不包含扩展过程中发生的所有损耗。与法向脉冲的恢复相比，切向脉冲恢复具有一个性质：它不能独立于法向脉冲发生，即切向摩擦力的产生来源于其他驱动脉冲。因此可以假设，切向脉冲恢复还伴随着法向方向的能量损耗 $\varepsilon_{\mathrm{N}i}$。扩展过程中法向和切向特征的变换如图 1－36 所示[12-13]。

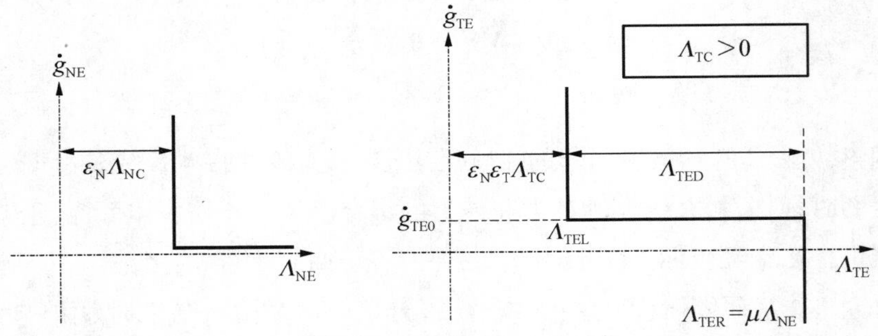

图 1-36　扩展过程中法向和切向特征的变换

1.5.2.4　能量耗散

能量耗散是冲击前后系统总能量的差值[4]。根据广义速度 $\dot{\boldsymbol{q}}$，给出

$$\Delta T = T_E - T_A \leqslant 0 \tag{1-27}$$

$$\Delta T = \frac{1}{2}\dot{\boldsymbol{q}}_E^T\boldsymbol{M}\dot{\boldsymbol{q}}_E - \frac{1}{2}\dot{q}_A^T\boldsymbol{M}\dot{\boldsymbol{q}}_A = \frac{1}{2}(\dot{\boldsymbol{q}}_E + \dot{\boldsymbol{q}}_A)^T\boldsymbol{M}(\dot{\boldsymbol{q}}_E - \dot{\boldsymbol{q}}_A)$$

式(1-27)考虑了没有外部动能激励的、与时间无关的系统，应用能量耗散与冲击前后系统总能量的关系[4]，得到能量方程为

$$\begin{aligned}2\Delta T &= 2\Delta T_1 + 2\Delta T_2\\ &= +2\begin{bmatrix}\dot{\boldsymbol{g}}_{NE}\\ \dot{\boldsymbol{g}}_{TE}\end{bmatrix}^T\left[\begin{bmatrix}\boldsymbol{\Lambda}_{NC}\\ \boldsymbol{\Lambda}_{TC}\end{bmatrix}+\begin{bmatrix}\boldsymbol{\Lambda}_{NE}\\ \boldsymbol{\Lambda}_{TE}\end{bmatrix}\right]-\\ &\quad\left[\begin{bmatrix}\boldsymbol{\Lambda}_{NC}\\ \boldsymbol{\Lambda}_{TC}\end{bmatrix}+\begin{bmatrix}\boldsymbol{\Lambda}_{NE}\\ \boldsymbol{\Lambda}_{TE}\end{bmatrix}\right]^T\boldsymbol{G}\left[\begin{bmatrix}\boldsymbol{\Lambda}_{NC}\\ \boldsymbol{\Lambda}_{TC}\end{bmatrix}+\begin{bmatrix}\boldsymbol{\Lambda}_{NE}\\ \boldsymbol{\Lambda}_{TE}\end{bmatrix}\right]\end{aligned} \tag{1-28}$$

其中，$\boldsymbol{G} = \begin{bmatrix}\boldsymbol{G}_{NN} & \boldsymbol{G}_{NT}\\ \boldsymbol{G}_{TN} & \boldsymbol{G}_{TT}\end{bmatrix}$，　$\boldsymbol{G}_{ij} = \boldsymbol{W}_i^T\boldsymbol{M}^{-1}\boldsymbol{W}_j$，$i$，$j \in \{N, T\}$

式中：$\boldsymbol{G}$ 为质量投影矩阵，是二次和正定的(如果是独立约束，则为半正定的)；$\dot{\boldsymbol{g}}$ 为相对速度；$\boldsymbol{\Lambda}$ 为脉冲；下标 N，T 分别表示法向和切向；下标 C，E 分别表示压缩阶段结束和扩展阶段结束。能量方程的第二项是二次形式，其恒为正值或零($\Delta T_2 \leqslant 0$)。能量耗散必须为负，由上述方程中的第一项决定。如果此项为负或为零，则 $\Delta T \leqslant 0$ 成立。因此应重点关注第一项，更详细地写为

$$2\Delta T_1 = +2\begin{bmatrix}\dot{\boldsymbol{g}}_{NE}\\ \dot{\boldsymbol{g}}_{TE}\end{bmatrix}^{T}\left[\begin{bmatrix}\boldsymbol{\Lambda}_{NC}\\ \boldsymbol{\Lambda}_{TC}\end{bmatrix}+\begin{bmatrix}\boldsymbol{\Lambda}_{NE}\\ \boldsymbol{\Lambda}_{TE}\end{bmatrix}\right]$$
$$=2[\dot{\boldsymbol{g}}_{NE}^{T}(\boldsymbol{\Lambda}_{NC}+\boldsymbol{\Lambda}_{NE})+\dot{\boldsymbol{g}}_{TE}^{T}(\boldsymbol{\Lambda}_{TC}+\boldsymbol{\Lambda}_{TE})] \tag{1-29}$$

为了求解这个方程，必须对模型进行讨论。这里考虑的压缩和扩展模型是非常强大的，提供了关于多体系统脉冲过程的必要信息，但没有提供在压缩和扩展阶段考虑能量耗散问题时所必需的细节。我们能够得到 3 处 A, C, E(A 为压缩阶段开始，C 为压缩阶段结束，E 为扩展阶段结束)的信息，但 3 处之间的信息并没有给出。

例如，一方面对于滑动或黏附冲击，法向相对距离和相对速度必须为零，否则不会得到切向冲击和接触运动。另一方面，A, C, E 3 处的结果将给 E 非零法向相对速度，该物理现象只出现在压缩阶段的最后而不是扩展阶段。为了在不干扰模型概念的前提下解决这个问题，必须定义压缩阶段末端(C 和 E 的过渡段)及扩展阶段末端(E 处)的过渡位置；此外，还须假定这种从黏附到滑动或缺陷的转变以及从接触到分离的转变发生在无限小的时间内，且不受能量的影响。

我们可以看出，式(1-29)最后一行的第一项 $\dot{\boldsymbol{g}}_{NE}^{T}(\boldsymbol{\Lambda}_{NC}+\boldsymbol{\Lambda}_{NE})$ 是非零的，原因在于法向脉冲 $(\boldsymbol{\Lambda}_{NC}+\boldsymbol{\Lambda}_{NE})$ 和扩展阶段结束后非零相对速度 $\dot{\boldsymbol{g}}_{NE}^{T}$ 这两项，在物理上将两个接触体分开讨论是合理的。由于接触扩展过程中的滑动或黏附需要为零的法向相对速度 $\dot{\boldsymbol{g}}_{NE}^{T}$，因此上述能量方程[式(1-29)]第一项为零。当 $\boldsymbol{\Lambda}_{NE}$ 值变化至图 1-36 的拐点时，允许系统建立必要的分离速度，由此假设在扩展阶段，$\dot{\boldsymbol{g}}_{NE}^{T}(\boldsymbol{\Lambda}_{NC}+\boldsymbol{\Lambda}_{NE})=0$。

根据以上讨论，再加上冲击期间持续接触的边界条件，可以得到在压缩和扩展阶段，$\boldsymbol{\Lambda}_N>0$ 和$\dot{\boldsymbol{g}}_N=0$，作为补充的一部分，因此简单地可得

$$2\Delta T_1 = 2\dot{\boldsymbol{g}}_{TE}^{T}(\boldsymbol{\Lambda}_{TC}+\boldsymbol{\Lambda}_{TE}) \tag{1-30}$$

我们必须研究式(1-30)的符号，为此从以下四种情况考虑该式，参见图 1-35 和图 1-36。

1) 压缩过程中黏附，扩展过程中黏附

由于切向脉冲必须在适当的摩擦锥内，且切向速度为零。因此不需要考虑脉冲大小，相应表达式为

$$-\mathrm{diag}(\mu_0)\boldsymbol{\Lambda}_{NC}\leqslant\boldsymbol{\Lambda}_{TC}\leqslant+\mathrm{diag}(\mu_0)\boldsymbol{\Lambda}_{NC}$$

$$\boldsymbol{\Lambda}_{\mathrm{TEL}} \leqslant \boldsymbol{\Lambda}_{\mathrm{TE}} \leqslant \boldsymbol{\Lambda}_{\mathrm{TER}}$$

则有

$$\dot{\boldsymbol{g}}_{\mathrm{TE}}^{\mathrm{T}}(\boldsymbol{\Lambda}_{\mathrm{TC}}+\boldsymbol{\Lambda}_{\mathrm{TE}})=0$$

2）压缩过程中滑动，扩展过程中滑动

根据库仑摩擦定律，滑动满足单值脉冲定律，但反向滑动却存在问题，即压缩与扩展过程中切向相对速度符号不同。因此，必须考虑有和没有切向可逆性这两种情况。对于没有切向可逆性的情况，不考虑切向相对速度符号的变化，给出 $\mathrm{sign}(\dot{\boldsymbol{g}}_{\mathrm{TC}})=\mathrm{sign}(\dot{\boldsymbol{g}}_{\mathrm{TE}})$，即

$$\dot{\boldsymbol{g}}_{\mathrm{TE}}^{\mathrm{T}}\boldsymbol{\Lambda}_{\mathrm{TC}}=-\dot{\boldsymbol{g}}_{\mathrm{TE}}^{\mathrm{T}}[\mathrm{diag}(\mu)\mathrm{sign}(\dot{\boldsymbol{g}}_{\mathrm{TE}})\boldsymbol{\Lambda}_{\mathrm{NC}}]=-\mathrm{diag}(\mu)\,|\dot{\boldsymbol{g}}_{\mathrm{TE}}|\,\boldsymbol{\Lambda}_{\mathrm{NC}}\leqslant 0$$

$$\dot{\boldsymbol{g}}_{\mathrm{TE}}^{\mathrm{T}}(\boldsymbol{\Lambda}_{\mathrm{TC}}+\boldsymbol{\Lambda}_{\mathrm{TE}})<0$$

切向可逆性的情况比较复杂，因为它包括切向相对速度符号的变化，即至少在一个非常短的静摩擦阶段定义压缩阶段结束和扩展阶段开始处。在压缩过程中，滑动速度减小，直至达到图 1-35 的拐点。随后从一个拐点到另一个拐点进行了极短的变换，使得接触建立了相反符号的切向相对速度，有效用于扩展阶段。只有通过这样一个很短的静摩擦阶段，才可能使切向相对速度反向。此外，从静摩擦到滑动摩擦过渡的过程短暂，且与下一个黏附和滑动情况遵循相同的过程。因此这个过程是消耗功率的，即

$$\dot{\boldsymbol{g}}_{\mathrm{TE}}^{\mathrm{T}}(\boldsymbol{\Lambda}_{\mathrm{TC}}+\boldsymbol{\Lambda}_{\mathrm{TE}})<0$$

3）压缩过程中黏附，扩展过程中滑动

压缩过程中黏附及扩展过程中滑动的过渡机制如图 1-35 所示。如果 $\boldsymbol{\Lambda}_{\mathrm{TC}}\neq 0$，则滑动只发生在压缩最后的摩擦锥边界上，此时 $\boldsymbol{\Lambda}_{\mathrm{TC}}=\pm\mathrm{diag}(\mu)\boldsymbol{\Lambda}_{\mathrm{NC}}$ 且 $\dot{\boldsymbol{g}}_{\mathrm{TC-at}}\neq 0$（at 为从黏附到滑动的过渡），压缩表达式 $\dot{\boldsymbol{g}}_{\mathrm{TE}}^{\mathrm{T}}\boldsymbol{\Lambda}_{\mathrm{TC}}$ 为负；对于其他情况，假设从黏附到滑动之后符号连续，即 $\mathrm{sign}(\dot{\boldsymbol{g}}_{\mathrm{TE}})=\mathrm{sign}(\dot{\boldsymbol{g}}_{\mathrm{TC-at}})$，则有

$$\dot{\boldsymbol{g}}_{\mathrm{TE}}^{\mathrm{T}}(\boldsymbol{\Lambda}_{\mathrm{TC}}+\boldsymbol{\Lambda}_{\mathrm{TE}})<0$$

4）压缩过程中滑动，扩展过程中黏附

这种情况简单一些，因为黏附出现在扩展阶段的末期，此时切向相对速度为零，所以不用考虑脉冲。则有

$$\dot{\boldsymbol{g}}_{\mathrm{TE}}^{\mathrm{T}}(\boldsymbol{\Lambda}_{\mathrm{TC}}+\boldsymbol{\Lambda}_{\mathrm{TE}})=0$$

5）汇总所有情况结果，则有

$$\dot{\boldsymbol{g}}_{\mathrm{TE}}^{\mathrm{T}}(\boldsymbol{\Lambda}_{\mathrm{TC}}+\boldsymbol{\Lambda}_{\mathrm{TE}})\leqslant 0\rightarrow \Delta T_1\leqslant 0\rightarrow \Delta T\leqslant 0$$

上述讨论对所有同时出现的影响假设了相同的冲击结构，人们可能会认为这不符合事实。但即使是上述四种情况的任意组合并相互影响，也会导致能量耗散。此外，实际经验表明，几种影响同时出现的情况是极其罕见的，甚至几乎不会发生。

上述估算明确了物理过程，即任何影响过程都伴随着能量耗散，这也确认了著名的卡伦(Caron)定律："对于非压缩性碰撞，突然引入永久静止约束，会改变速度、降低动能。因此，对于非弹性体碰撞，总会损失部分动能。"

上述考虑和基本理论已被贝特尔施密特[11]实验室及许多非光滑理论应用项目证明[18-19]，对能量耗散更详细和更进一步的数学证明可参考格洛克尔的研究成果[15-16]。

1.5.2.5 摩擦影响验证

虽然摩擦影响的重大技术应用极为有意义，但真正实用的理论却出现得很晚。包含摩擦影响的大型动力学系统的第一个理论是莫罗在其 1988 年的著作[7]中提出的，该理论或多或少地应用在静态或准静态(较小)问题中。20 世纪 90 年代，将包含多体理论的观点[11-13]应用于大型工业问题时，无一例外地证明了相关理论。此外，贝特尔施密特针对相关理论也进行了全面系统的试验[11]。

下面重点讨论这些试验。设计测量摩擦影响的试验装置时，首先要决定试验和撞击的几何类型是平面的还是空间的。平面运动碰撞体产生线性互补问题；空间接触产生非线性互补问题。选定试验和撞击的几何类型为平面的，其中一个物体是圆盘而另一个是地面，在此基础上定义如下：

(1) 最大平移速度为 10 m/s。

(2) 最大转速为 40 r/s。

(3) 投掷方向为 0°～90°。

(4) 释放时间小于 12 ms。

(5) 编码器主轴为 1 600 点。

(6) 编码器动量轴为 400 点。

(7) 圆盘直径为 50 mm。

(8) 圆盘厚度为 20 mm。

(9) 圆盘重量为 300 g。

(10) 连续变速控制。

(11) 平移和转动解耦。

(12) 支持和释放圆盘无干扰。

(13) 静态和动态的质量平衡。

(14) 电动驱动器(250 步脉冲宽度调制)。

(15) 自动控制投掷过程、释放频闪观察器和相机。

根据以上定义,设计和实现了满足所有要求的投掷装置(见图 1-37)。圆盘释放单元安装在转动摇臂的末端以保持质量平衡;投掷装置自身驱动圆盘,给其一个规定的转速;摇臂驱动和动量驱动是解耦的,允许独立控制;摇臂的旋转用于产生平动,释放单元产生的旋转实现了圆盘的转动,两者都需要对释放过程进行极精确的时间控制。黑暗房间里,在频闪曝光情况下拍摄到物体击中目标前后的过程,通过评估相片可计算出物体撞击前后的速度和位置。

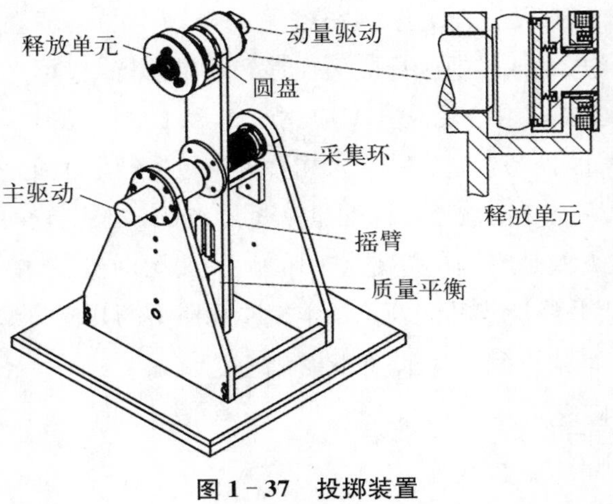

图 1-37　投掷装置

试验装置的完整结构如图 1-38 所示。由计算机执行计算、处理传感器数据、评估扭矩、释放频闪观测仪并记录测量数据。根据上述要求,这一结构对每种驱动器都进行了全面优化,给出了独立的控制方法[11],投掷装置控制项目顺序如图 1-39 所示。由于时间对 PC 模式的活动并不重要,因此所有计算机代码均使用 C++语言。

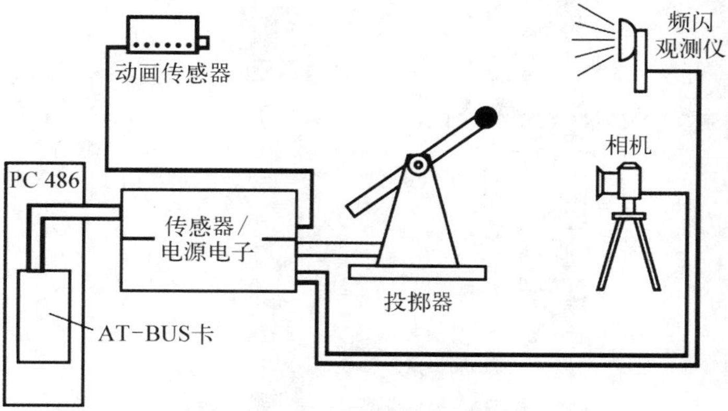

图 1-38　试验装置的完整结构

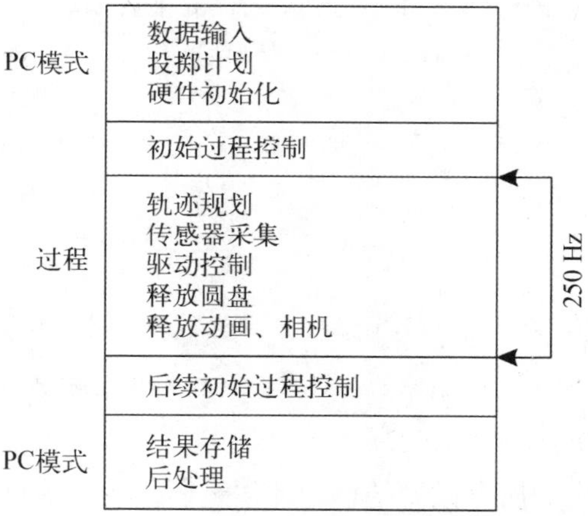

图 1-39　投掷装置控制项目顺序

用相机和处理器记录的试验值进行评估比较明确。试验中的圆盘轨迹如图 1-40 所示。特别是橡胶圆盘试验，表明旋转圆盘的运动轨迹发生了明显反转，该试验过程为确定摩擦影响的特性提供了准确且可复现的基础。

下面从偏心圆盘完成的 600 多次试验中举几个例子，与理论相比，所有情况都得到了较好或很好的对应关系[11]。后续图表将使用下面定义的无量纲速度和脉冲：

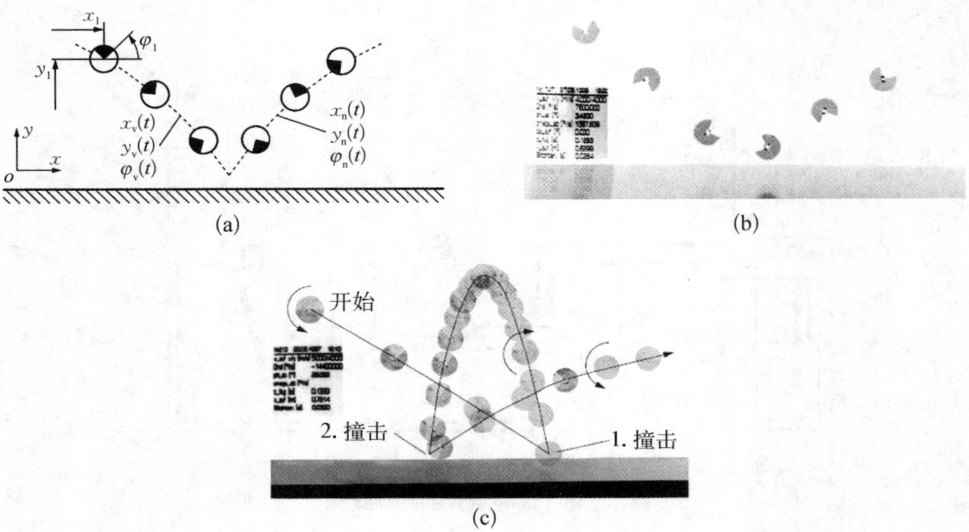

图 1 - 40　试验中的圆盘轨迹

(a) 估算方法；(b) 钢制圆盘照片；(c) 橡胶圆盘照片

$$\gamma = \frac{\dot{g}_{TA}}{-\dot{g}_{NA}}, \quad \gamma_{NC} = \frac{\dot{g}_{NC}}{-\dot{g}_{NA}}, \quad \gamma_{TC} = \frac{\dot{g}_{TC}}{-\dot{g}_{NA}}$$

$$\gamma_{NE} = \frac{\dot{g}_{NE}}{-\dot{g}_{NA}}, \quad \gamma_{TE} = \frac{\dot{g}_{TE}}{-\dot{g}_{NA}}, \quad \gamma_{TE0} = \frac{\dot{g}_{TE0}}{-\dot{g}_{NA}} \tag{1 - 31}$$

其中，下标参数 N, T 表示法向和切向；下标参数 A, C, E 分别表示压缩阶段的开始和结束以及扩展阶段的结束；运动级数 $\dot{g}$ 表示接触区域的相对速度，试验开始时通常产生负的法向相对速度 $-\dot{g}_{NA}$。

图 1 - 40 还给出了所有试验结果的评估过程。轨迹的每个小部分都会记录 3 次频闪动画，以保证测量的可靠性。运动轨迹接近抛物线，速度在 x 轴正向和 y 轴负向上。通过测量圆盘标记区域的频闪可以对圆盘平移和旋转速度进行安全评估。为找到影响时间和影响点，影响前后的测量由统计插值方法获得，并结合结果进行分散性分析从而确定影响。

图 1 - 40 给出了两个示例。钢制材料表现的行为是常规的，可预估的。图 1 - 40(b)表示钢制圆盘以一定平移和旋转速度接近地面并离开地面，其运动轨迹镜像相似。

图 1 - 40(c)表示橡胶圆盘以 5 m/s x 轴方向的水平速度和 4 m/s 负 y 轴方

向的垂直速度从左侧出现，旋转速度的方向为逆时针，速度大小约为 40 r/s (2 400 r/min)，撞击点处可得到 12.5 m/s 的切向相对速度。撞击过程如图 1-40(c)所示，第一次接触后由于受到突然撞击而速度反向，圆盘顺时针向后旋转，第二次撞击时速度方向再次更改，圆盘按最初方向向前旋转运动。

综上所述，对橡胶圆盘这种情况，首先其法向恢复影响系数更多地取决于撞击时的速度，而不是材质；其次得到了切向可逆性的典型特征行为；最后对于软材料(如橡胶)，可得摩擦系数大于 1($\mu>1$)。该理论很好地描述了上述试验，特别是对软材料的修正。聚氯乙烯(polyvinyl chloride，PVC)试验件的试验结果如图 1-41 所示，试验结果用"⊢┼⊣"标记，虚线为理论结果。撞击前 PVC 试验件因切向相对速度小而产生黏附现象，而且碰撞后圆盘与地面之间出现滚动约束。如果相对速度足够大，则物体在整个撞击过程中滑动并在撞击结束时有一个减小的切向相对速度，不会发生切向反转。在零切向速度附近的区域，物体产生黏附。

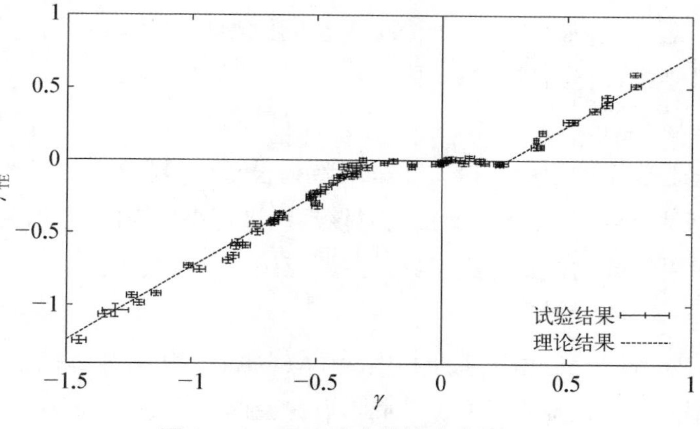

图 1-41　PVC 试验件的试验结果

橡胶试验件的试验结果如图 1-42 所示。对大多数撞击过程而言，切向相对速度在撞击过程中发生了变化，物体以负相对速度碰撞，以正相对速度分离。曲线初始斜率为 $-\varepsilon_N\varepsilon_T$。如果从另一个简单试验得到 ε_N，那么可从该图得到切向可逆性系数。这一系列试验中，$\varepsilon_N=0.75$ 及 $\varepsilon_N=0.9$ 均已被确认。如果切向相对速度增加，撞击过程中滑动在接触点处发生，那么扩展阶段弹性势能就不能恢复。如果切向相对速度很大，则橡胶体在撞击过程中出现滑动，切向可逆性的影响更加不可知。

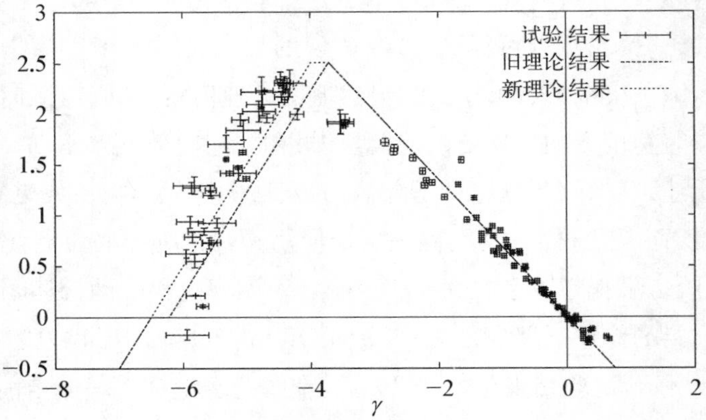

图 1-42　橡胶试验件的试验结果

图 1-42 通过两条曲线进行理论与试验的比较。所谓“旧理论”是对应于早期的撞击摩擦理论，如格洛克尔的论文[12]。所谓“新理论”包括贝特尔施密特[11]提供的相关扩展内容，主要适用于软材料组。如果考虑适用库仑摩擦的两物体的接触点，以及由存储的脉冲产生的弹性力接触点，则可得到两组力法则，并对摩擦锥互补性及最终结果进行了修正。

摩擦影响在机械、力学和生物学中发挥着至关重要的作用。因此，我们需要能被声学试验验证的模型。该试验采用专门设计的投掷机，试验结果与现有理论能够很好地吻合，并能从试验出发对该理论进行小规模的改进，其中涉及扩展过程中摩擦互补性的改进已经实施并主要应用于软材料组。

1.5.2.6　*应用*

摩擦影响被广泛应用于生产和生活中，例如电力传输和步行机，普法伊费尔在其文献中进行了详细描述[4]。下面重点讨论两个典型的例子：振动给料机和烟囱状阻尼器。

1）振动给料机

振动给料机用于自动装配进料小零件，并能够存储、运输、定位和隔离零件。振动给料机有一个频率高达 100 Hz 的振动轨道，运输时各零件和轨道之间会产生碰撞和摩擦。振动给料机适用于各种零件和很多不同的任务，多数情况下，各零件可看作存储在容器中的散装材料。运输过程从这个容器开始，通常与定向装置相结合以定位零件，或只选择已有正确方向的零件。振动给料机及其力学模型如图 1-43 所示，由于每种零件都有其特殊的几何形状和机械性能，因此需要对进料器进行专门的调整，调整内容包括开发合适的轨道及定向装置的形状、调整激励参数如频率及振幅。由于进料过程机制复杂，这种设计通常是在没有任何理论背景条件下通过试错而完成的，因此运输过程完整的动力学模型允许通过理论研究以改善给料机的性能[20]。

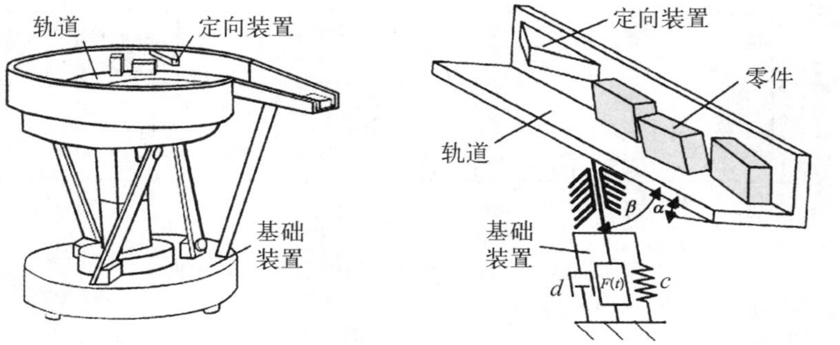

图 1-43　振动给料机及其力学模型

零件与轨道之间的摩擦和碰撞是运输过程中最重要的力学现象，因此动力学模型必须处理该过程中的单边约束、干摩擦和多重影响。振动给料机的力学模型可以分成两部分：运输过程和基础装置，沃尔夫施泰纳(Wolfsteiner)重点对运输过程进行了建模和仿真[20]，基础装置建模可采用众所周知的多体系统标准技术完成。

为了验证运输过程模型，可通过搭建振动给料机试验装置，允许对碰撞模型和平均运输速率进行不同的测量，试验步骤及零件试验如图 1-44 所示。装在叶片弹簧上的轨道被频率约为 50 Hz 的电磁激发，系统特征频率为 52 Hz，由此产生的振幅最大值可达 2 mm，轨道倾斜角 $\alpha=3°$，轨道和振动方向的夹角 $\beta=15°$，采用 6 个激光距离传感器获得运输过程中零件运动的遥测数据，采用涡电流传感器测量轨道振动。

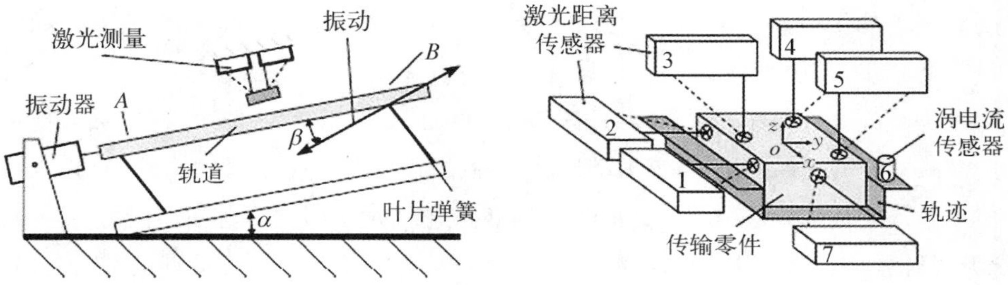

图 1-44　试验步骤及零件试验

使用平均运输速率比较理论值和试验值。平均运输速率的仿真和试验结果如图 1 - 45 所示，从两者的对比结果上看，效果良好。有趣的是，事实上平均运输速率在很大程度上与零件数量及建模类型(如平面或空间)无关[20]，因此设计振动给料机时可以只考虑一个零件，但定向装置的布局需要空间理论支持。

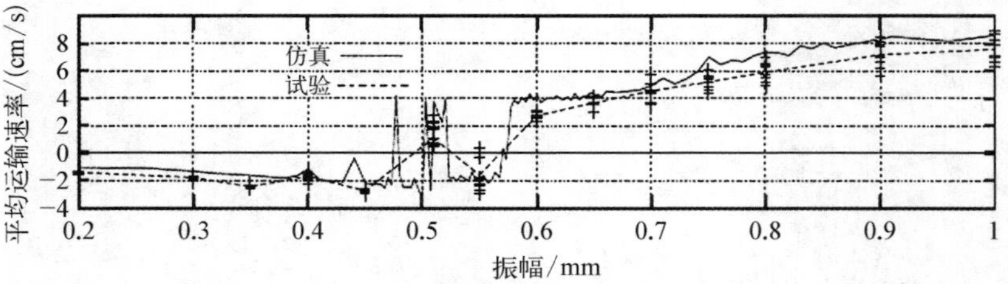

图 1 - 45　平均运输速率的仿真和试验结果

2) 烟囱状阻尼器

类似烟囱的塔状结构可能会由涡道激发振动，如果一阶特征频率非常小，则在不大的风速条件下就可以频繁激发振动，但是这样频繁振动的结构十分危险，因此可以通过在烟囱顶部安装一个钟摆进行抑制。通过经典分析，钟摆的质量和长度被调整至摆动时刚好为烟囱的一阶特征频率，此外通过经典公式对最优黏性阻尼进行评估，邓・哈托格(Den Hartog)理论给出了相应的例子。确定的理想阻尼特性并不是通过黏滞方式实现的，而是通过一组圆盘实现的，这些圆盘通过内部圆孔由摆杆末端驱动。干摩擦黏性阻尼的近似实现伴随着圆盘圆孔处摆杆的碰撞和圆盘之间黏附滑动的过渡。为了在理想黏性情况下实现最佳匹配，应用单边接触的多体理论对整个钟摆-圆盘系统进行优化[21]。

黏性圆盘模型的原理(见图 1 - 46)，即在烟囱顶部放置一个钟摆以抑制振荡。为了获得最佳阻尼效率，阻尼器分两步优化：第一步，假定谐振频率区域有一个经典阻尼器，可根据钟摆的长度、质量和黏性阻尼进行优化。由于阻尼通过圆盘之间的干摩擦实现，因此必须选择阻尼效果尽可能接近最佳黏性阻尼的圆盘。第二步，从阻尼效率方面对圆盘组件进行优化。

为验证这一理论，进行了两种试验。第一个试验类似在带轮小车中放置可周期性激发振动的钟摆组件，该振动试验步骤、原理以及试验结果的比较如图 1 - 47 所示。第二个试验是用一个真正的钢制烟囱进行的，用钢丝绳使烟囱弯曲后再突然松开钢丝绳，烟囱开始振动，测量整个过程并与第 2 章中的相关理论进行比较，通过试验与仿真结果之间的比较(见图 1 - 48)，再次证明了上述理论的正确性。

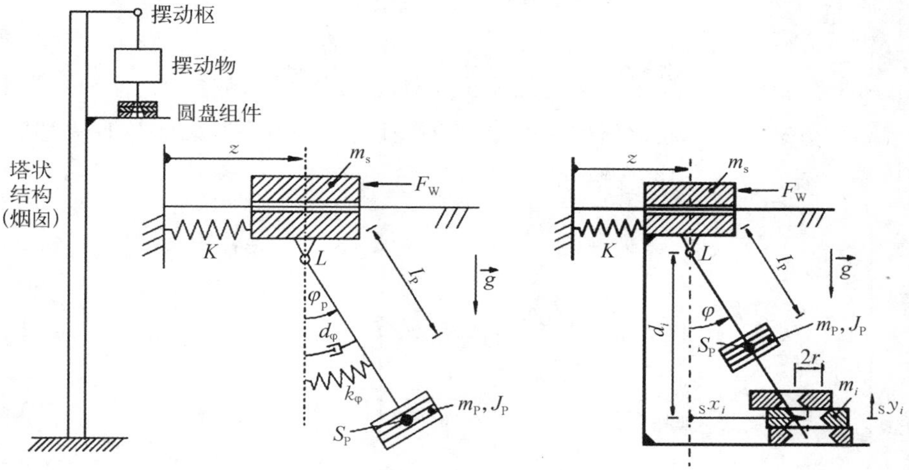

图 1－46　黏性圆盘模型的原理

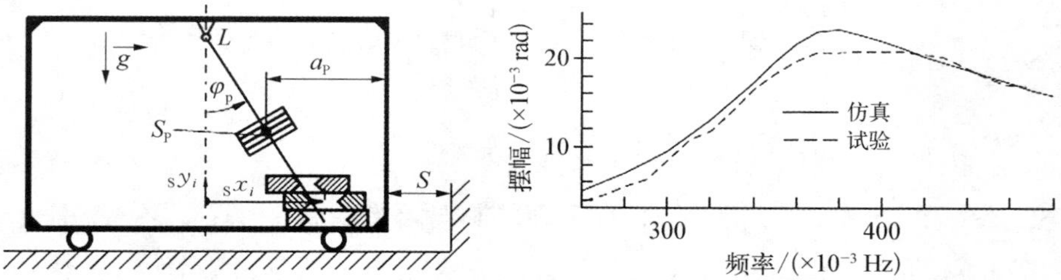

图 1－47　振动试验步骤、原理以及试验结果的比较

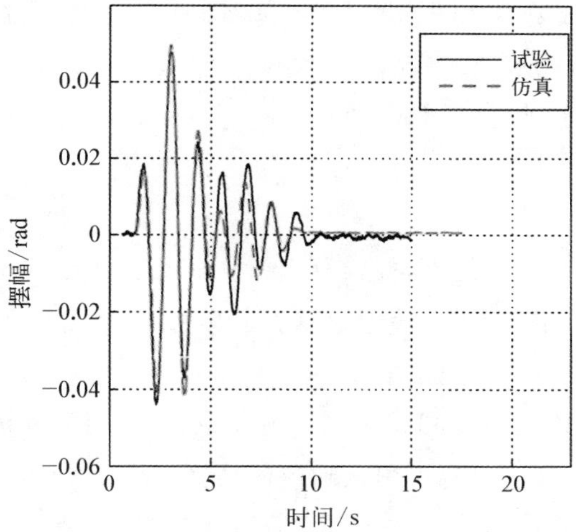

图 1－48　钢制烟囱振动试验与仿真结果之间的比较

想利用圆盘组成最佳黏性系统(见图 1-46),可以通过优化圆盘数量、半径和厚度等方式实现。在这一过程中,圆盘数量只部分影响阻尼效率。图 1-49(a)中圆盘总质量恒定,下部阻尼器平面半径也恒定,圆盘数量从 1~8 不等,圆盘孔径的分布保持线性,当只有一个圆盘时,其孔径是所有其他情况下最大孔径的一半。圆盘数量及分度大小的变化如图 1-49 所示。

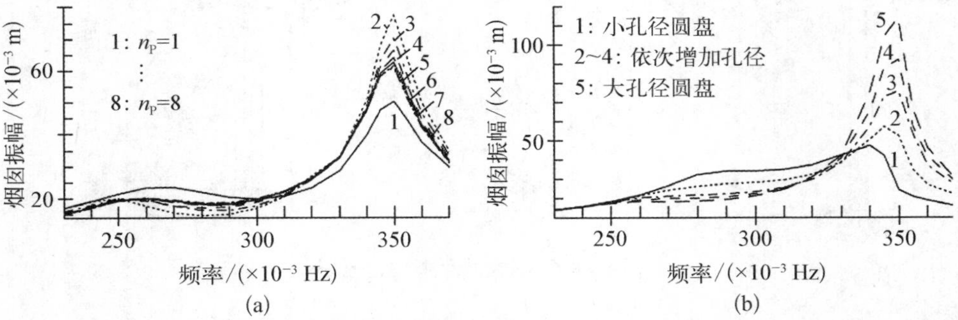

图 1-49 圆盘数量及分度大小的变化

(a) 圆盘数量;(b) 分度大小

图 1-49 表明阻尼机构只有 1 个圆盘时工作最佳,有 2 个圆盘时工作最差。事实上,在 2 个圆盘的情况下,只有上面的圆盘可有效移动,下面的圆盘是无效的,因此它的阻尼很小,应该注意这个结果。应用多个圆盘没有意义,系统的阻尼特性不能通过使用超过 5 个或 6 个圆盘得到改善。

另一合理参数是圆盘上圆孔直径的分布,即所谓的分度。图 1-49(b)给出了具有小分度的 1 号系统结果及具有大分度的 5 号系统结果,其他曲线为中间分度。保持圆盘总质量恒定,逐渐增加分度(从 1~5)导致系统的阻尼减小、烟囱位移增加。

1.5.2.7 实现目标

尽管关于碰撞与摩擦的理论已经存在,且早已没有太多需要解决的问题,但与此相关的研究仍在进行中。该理论涵盖了有无摩擦、接触和分离、滑动和黏附状态及明确的能源分配等不同情况影响的细节。该理论已经通过试验验证,并在许多工业应用中得到考虑和评估。应该注意的是,对非光滑系统进行数值仿真是非常耗时的,但耗时已通过引入阿拉尔/屈尔尼耶(Alart/Curnier)集假设方法中的非光滑约束而缩短[22]。非光滑系统研究团队仍在讨论一般的摩擦定律,包括从库仑摩擦定律到更现代的理论,但简单的库仑摩擦定律仍是描述这种现象的一个有力工具。遗憾的是，该项研究仍在继续（即使是使用分子表面特征），至今未能得出定论。

1.5.3 例子——无级变速齿轮系统

1.5.3.1 目标

无论什么运输系统都需要力矩转换器。例如，可以通过两种方法实现汽车动力与阻力性能的最佳匹配，一种是增加齿轮级数，同时引入控制获得平稳性能；另一种是应用连续齿轮如无级变速齿轮，但会带来如可传输的力矩有限、噪声及磨损等问题。因此，进行更详细的研究是有必要且有意义的。

从建模角度来看，无级变速器（continuously variable transmission, CVT）和其传动链是最复杂的组件，需要详细的建模方法。无级变速器动力学尤其是传动链动力学，代表了非光滑的、有数千个接触点和复杂力矩传递过程的机械系统，该过程通过摩擦独立进行。详细的基础研究是必要的，但与工业界密切合作同样重要，因为这样能够建立可实际应用、令人信服的模型，而模型是否有效则可以通过传动链性能的提高与否来判断。

多年来研究的主要目标是相同的，即了解无级变速器的物理过程，考虑平面和空间情况以现实方式对传动过程建模，通过适当的测试验证所有细节，通过提高硬件开发效率得到结果。显然这些要求不可能在短时间内满足，只能通过几十年的研究逐步实现，这是卡尔·波普尔（Karl Popper）所谓的典型建模，即每个问题的发现都会引发新的问题[3]。

1.5.3.2 引言

在汽车燃料经济适用要求不断提高的背景下，所有关于通过近似或完全连续传动比实现动力传输的构想变得非常具有吸引力。其中一个想法是通过传动带或传动链传输，即无级变速传输，无级变速传输在日本得到了大规模使用，在欧洲也逐渐开始使用。

传动链或传动带在两个圆盘组中工作，其中每一组都由一个固定的和一个可移动的滑轮组成，典型无级变速齿轮及三种链带如图 1-50 所示。可动圆盘根据控制律通过液压控制位移，而这些控制律必须明确给出以便进行系统动力学仿真。无论如何，滑轮必须是弹性建模，因为一方面很小的弹性变形都能显著影响传动链单元与圆盘之间的接触性能；另一方面，这些效应对压力比和无级变速器的传动效率有着极大的影响。整个滑轮轴采用里兹（Ritz）法及从有限元计算得到的形函数表示，链带的二维和三维模型均可用。在使用三维模型前必须知道无规律的细节（如传动链载荷及磨损和噪声），如此三维分析才有意义。

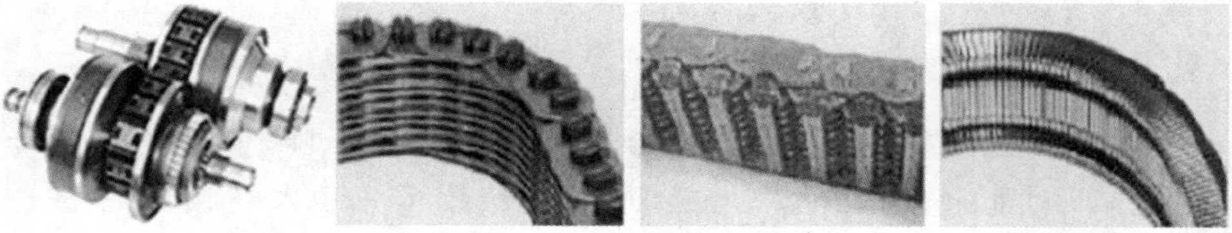

(a)　　(b)　　(c)　　(d)

图 1－50　典型无级变速齿轮及三种链带

(a) 无级变速齿轮；(b) LUK 公司的 PIV 链带；(c) BWD 型链带；(d) VDT 公司的链带

VDT 推送带的情况很复杂，因此我们主要关注这种无级变速器的仿真。每个单元与相邻单元有两个接触点，与圆环系统有两个接触点，与弹性圆盘亦有两个接触点。运用正确的接触动力学理论，可知所有关于接触和分离及黏附和滑动的接触都是单边的，即使用高性能的计算机也难以计算。因此近似使用部分双边接触和部分单边接触，所有摩擦过程都按经试验验证的定值力法建模，确保计算是可实现的。无级变速链带的典型数据如表 1－1 所示。

表 1－1　无级变速链带的典型数据

品　牌	单元数量/个	单元长度(厚度)/mm	单元宽度/mm	多边频率/Hz	单元/个	最小特征频率/Hz	自由度/个，平面情况	接触点/个，平面情况
LUK 公司链带	63	9.85	36	550	550	90	≈200	≈150
VDT 公司链带	382	1.80	29.6	3 000	3 000	120	≈1 300	>1 000

为了弄清楚这种系统的大小，可使用一些典型数据（见图 1－51、图 1－52 和图 1－53）。LUK 链带属摇杆销链，一般长度为 9.85 mm，宽 36 mm。传动链带可能有 60～70 个单元，因此在平面问题中有 180～210 个自由度，空间问题中有 360～420 个自由度。摇杆销链与滑轮之间大约有 150 个单边接触点，当速度为 1 000 r/min、传输比为 1.0 时，每秒有 550 个单元进出滑轮，产生 550 Hz 的多边频率，系统最小特征频率为 90 Hz。

由于单元非常小，因此 VDT 链带数量级更大。单元长度为 1.80 mm，宽 29.6 mm。传动链带通常有 350～420 个单元，平面问题中有 1 050～1 260 个自由度,空间问题中有 2 100～2 520 个自由度。传送带有 9～11 个钢环和约 3 600 个单边接触点,其中单元接触问题包括分布单边接触的连续体,当速度为 1 000 r/min、传输比为 1.0 时,每秒有 3 000 个单元进出滑轮,产生 3 000 Hz 的多边频率,系统最小特征频率为 120 Hz。

在过去的 15 年中,出现了大量关于无级变速器问题的出版物。为减小 CVT 模型,萨特勒(Sattler)[23]提出了一个非常有用的理论,该理论十分适用于模型初始设计,因此通常用他的理论以估计大型模型仿真的初始数据。斯尔尼克(Srnik)[24]开发了第一个详细的、复杂的、包括上述所有接触的无级变速器摇杆销链模型,他的平面理论被泽德尔迈尔(Sedlmayr)[25]扩展到空间问题上,这两种理论模型都被慕尼黑工业大学农业技术主席绍尔(Sauer)[26]成功应用。

20 世纪 90 年代后期,我们开始研究无级变速传输推送带系统,它的动力学性能比摇杆销链系统更复杂。布林格(Bullinger)[27]第一个进行了理论阐述,随后盖尔(Geier)等[28]继续进行研究,普法伊费尔等[29]给出了关于该系统问题的最初描述和仿真。

无级变速器模型的基本问题之一是接触单元的特征,系统中存在几百到成千上万的接触点,其特征决定了系统的噪声和磨损情况。下面将讨论摇杆销链的接触方式并考虑推送带系统对运动方程的贡献。

1.5.3.3 摇杆销链模型

摇杆销的接触情况如图 1－51 所示。变形的摇杆销接入弹性滑轮并与它们进行单边接触。此外还有销子和弹性板之间的接触,以及部分本身没有滑动的摇杆销之间的滚动[25](图 1－51 右侧图)。无级变速器摇杆销链多体系统包括两个活动滑轮、两个固定滑轮以及 63 个传动链。滑轮及传动链是弹性的,这些物体由力单元相互关联[29]。

1) 滑轮组

传动链和滑轮之间的接触力导致滑轮产生大的变形,滑轮特征频率比其工作频率高得多。在这种情况下弹性变形的质量力可以忽略[24]。通过有限元分析,滑轮变形可以用弹性互等定理(麦克斯韦-贝蒂定理)计算,并与胡克定律一起应用于销子,得到标准形式的线性互补问题(linear complementary problem, LCP)。其含义是明确的:如果销子相互接触就有约束力,否则就没有。两个滑轮组有一个转动、两个平面移动和一个轴向外的自由度,滑轮错位主要取决于传输比率 i 和传动链的长度。为了限制销子和滑轮之间的接触压力,圆盘曲率半

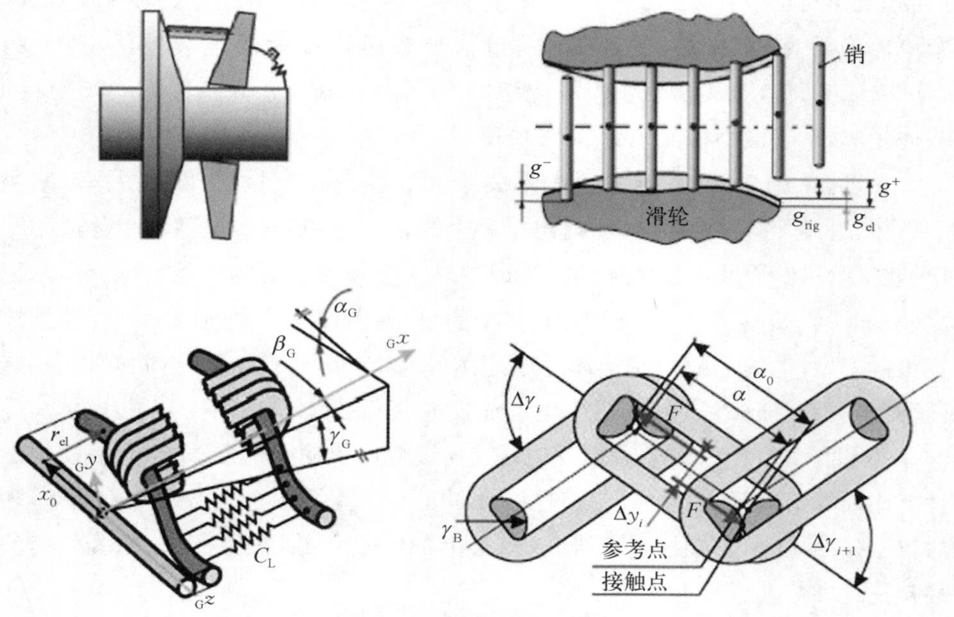

图 1－51　摇杆销的接触情况

径 R 必须有一个较低的限制，例子中是 1.7 m。

2）传动链

每个链节代表一个弹性体，具有 3 个平移刚体及另外的弹性自由度。图 1－51 中的角度 β_G 和 γ_i，其大小主要取决于后续链节的平移。这些链节与摇杆销组之间相互连接。通过连接力单元考虑接头的弹性和平移阻尼，转动阻尼和销子之间的轴向摩擦集中在连接力单元中。连接力单元中，每个弹性板都可视为一个弹簧，移动接触点的影响与摇杆销之间的弹性板弹簧参考点相关，相邻弹性板采用接触力矩建模。

3）刚体和弹性体

刚体和弹性体的经典模型方程如下：

$$\boldsymbol{M}(\boldsymbol{q})\ddot{\boldsymbol{q}}-\boldsymbol{h}(\boldsymbol{q},\dot{\boldsymbol{q}},t)=\boldsymbol{0} \tag{1-32}$$

式中：$\boldsymbol{M}$ 为质量矩阵；$\boldsymbol{q}=(\boldsymbol{q}_{\text{rigid}}^{\text{T}},\boldsymbol{q}_{\text{elastic}}^{\text{T}})^{\text{T}}$ 为广义坐标；矢量 $\boldsymbol{h}$ 包含所有力。弹性广义坐标 $\boldsymbol{q}_{\text{elastic}}$ 从里兹法 $[\boldsymbol{r}_{\text{elastic}}=\boldsymbol{\omega}(\boldsymbol{r})^{\text{T}}\boldsymbol{q}_{\text{elastic}}]$ 得到描述弹性组成的线性假设变形。弹性组成包括滑轮、弹性板和销子。事实证明，至少弹性滑轮可以用准静态方法、麦克斯韦影响因子得到近似表达[24-25]。为了获得与实际测量一致的结

果，必须考虑弹性板和销子的弹性，尤其在空间尺度可能发生倾斜的情况下。

4）接触力和力矩

对组合对（销子端和滑轮表面与销子和弹性板）给定单边接触，这些接触应选择正则化的接触函数组合而不是运用定值力法则和互补性，遵循最少计算次数要求，因此只对这些区域内部的接触使用互补性。这些区域传动链进入或离开滑轮的所有其他接触都是规则的，因此力由力法则和莱姆克互补算法计算。考虑两种类型的力矩，即销子和滑轮的接触中产生的非对称局部压力分布的恢复力矩，以及摇杆销无滑动的滚动运动过程中的恢复力矩[25]。

1.5.3.4 推送带模型

推送带单元的接触更复杂，如图 1－52 所示。我们给定单元和滑轮之间的空间单边接触、一个元素和圆环之间的平面单边接触、单元之间的 5 个接触。最后一个接触由经验的非线性力法则描述，所有其他接触则是由互补性描述的单边接触，并通过逼近函数转换解决[28]。

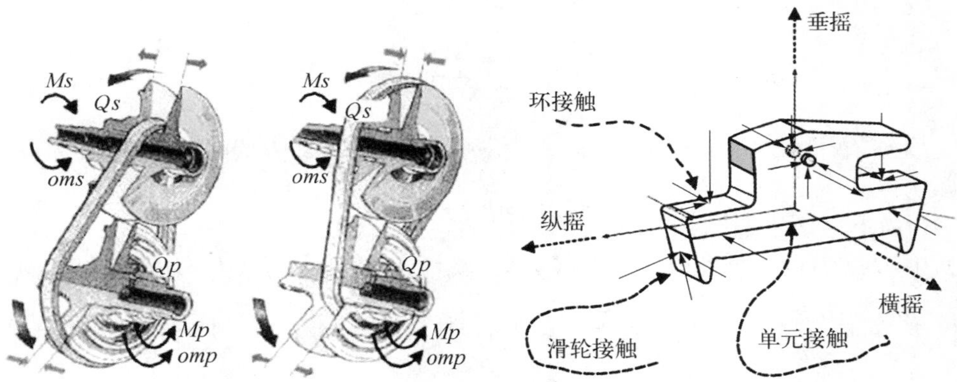

图 1－52　推送带单元的接触

1）滑轮组

弹性滑轮与摇杆销链遵循相同的理念，滑轮变形和与传送带单元接触是相似的。滑轮采用刚性圆锥体建模，对于这两个圆锥，由麦克斯韦因子给出的准静态力法则得到近似变形，同时考虑来自无级变速器环境以及作用在滑轮上的外部激励。主滑轮上，运动激励由角速度 ω_{prim} 发出，如图 1－52 所示。因此该滑轮自由度为零。第二个滑轮的运动激励以外部扭矩 M_{sec} 的形式给出，因此该滑轮有一个自由度 $\boldsymbol{q}_{\mathrm{p}}=(\alpha_{\mathrm{sec}})^{\mathrm{T}}$，运动方程写为

$$\boldsymbol{M}_{\mathrm{p}}\dot{\boldsymbol{u}}_{\mathrm{p}}=\boldsymbol{h}_{\mathrm{p}}+\boldsymbol{W}_{\mathrm{p}}\boldsymbol{\lambda} \tag{1-33}$$

该式具有正的、恒定的对数质量矩阵 $\boldsymbol{M}_{\mathrm{p}}$；矢量 $\boldsymbol{h}_{\mathrm{p}}$ 仅取决于时间 t：$\boldsymbol{h}_{\mathrm{p}}=\boldsymbol{h}_{\mathrm{p}}(t)$，因而数值积分使用的矩阵 $\dfrac{\partial \boldsymbol{h}_{\mathrm{p}}}{\partial \boldsymbol{q}_{\mathrm{p}}}$ 及 $\dfrac{\partial \boldsymbol{h}_{\mathrm{p}}}{\partial \boldsymbol{u}_{\mathrm{p}}}$ 均为零矩阵。

2）单元

单元均由刚体建模，每个单元 m 均由 3 个自由度 $\boldsymbol{q}_{\mathrm{m}}=(y_{\mathrm{m}},\ z_{\mathrm{m}},\ \alpha_{\mathrm{m}})^{\mathrm{T}}$ 描述，单元模型如图 1-53 所示。其质量中心 S 由平移位置 y 和 z 决定。整个无级变速器模型的建立是在包含所有单元的轴 AA 的平面上进行的。

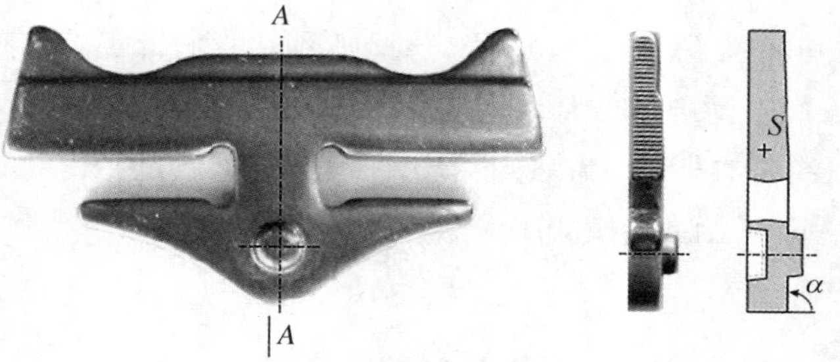

图 1-53　单元模型

M 单元由广义坐标 $\boldsymbol{q}_{\mathrm{e}}=(\boldsymbol{q}_1^{\mathrm{T}},\ \cdots,\ \boldsymbol{q}_M^{\mathrm{T}})^{\mathrm{T}}$ 描述，运动方程则有

$$\boldsymbol{M}_{\mathrm{e}}\dot{\boldsymbol{u}}_{\mathrm{e}}=\boldsymbol{h}_{\mathrm{e}}+\boldsymbol{W}_{\mathrm{e}}\boldsymbol{\lambda} \tag{1-34}$$

式中：$\boldsymbol{M}_{\mathrm{e}}$ 为正的、恒定的对数质量矩阵；矢量 $\boldsymbol{h}_{\mathrm{e}}$ 为重力的合力，为恒值，因此矩阵 $\dfrac{\partial \boldsymbol{h}_{\mathrm{e}}}{\partial \boldsymbol{q}_{\mathrm{e}}}$ 及 $\dfrac{\partial \boldsymbol{h}_{\mathrm{e}}}{\partial \boldsymbol{u}_{\mathrm{e}}}$ 均为零矩阵。

3）环组件

对于平面模型，推送带的两个环组件被认为是一个具有双宽度的虚拟环组件，其中 9～12 层的每个环组件是均匀的。用 EA、EI 和 $A\rho$ 分别表示纵向刚度、弯曲刚度和单位长度质量；E 和 ρ 表示弹性模量和密度；环可看作一维连续体；A 和 I 表示环的横截面面积和转动惯量。一个无压力梁模型的卷曲由自由结构的卷曲半径描述。

采用有限元法及坐标 $\boldsymbol{q}_{\mathrm{i}}=(y_{\mathrm{s}},\ z_{\mathrm{s}},\ \varphi_{\mathrm{s}},\ \tilde{\varepsilon},\ a_{\mathrm{l}},\ \beta_{\mathrm{l}},\ a_{\mathrm{r}},\ \beta_{\mathrm{r}})^{\mathrm{T}}$ 描述环组件单元，通过组合一些单一的有限单元构造更大的环结构单元，整体坐标集为 $\boldsymbol{q}_{\mathrm{g}}=(y_1,\ z_1,\ \varphi_1,\ a_1,\ a_2,\ y_2,\ z_2,\ \varphi_2)^{\mathrm{T}}$。第一个单元集中，$y_{\mathrm{s}}$、$z_{\mathrm{s}}$、$\varphi_{\mathrm{s}}$ 描述了单元

的刚体运动，$\tilde{\varepsilon}$ 为纵向应变近似值，a_1、β_1、a_r、β_r 描述了弯曲斜角。这两个集合的相关性来自关系式 $\boldsymbol{q}_i=\boldsymbol{Q}(\boldsymbol{q}_g)$，其导数可用于建立单个单元(i)及结构单元(g)的运动方程，我们得到

$$\begin{aligned}\boldsymbol{M}_i(\boldsymbol{q}_i)\dot{\boldsymbol{u}}_i-\boldsymbol{h}_i(\boldsymbol{q}_i,\ \boldsymbol{u}_i,\ t)-\boldsymbol{W}_i(\boldsymbol{q}_i)\boldsymbol{\lambda}=\boldsymbol{0}\\ \boldsymbol{M}_g(\boldsymbol{q}_g)\dot{\boldsymbol{u}}_g-\boldsymbol{h}_g(\boldsymbol{q}_g,\ \boldsymbol{u}_g,\ t)-\boldsymbol{W}_g(\boldsymbol{q}_g)\boldsymbol{\lambda}=\boldsymbol{0}\end{aligned} \tag{1-35}$$

式中：广义速度为 $\boldsymbol{u}=\dot{\boldsymbol{q}}$。将这两个方程结合，得到环组件完整方程[18, 28]为

$$\boldsymbol{M}_r\dot{\boldsymbol{u}}_r=\boldsymbol{h}_r+\boldsymbol{W}_r\boldsymbol{\lambda} \tag{1-36}$$

由此可知，环组件和传送带单元之间存在约束 $\boldsymbol{W}_r\boldsymbol{\lambda}$。

4）环组件和单元的接触

弹性结构的约束可利用经典多体系统中刚体约束进行计算[30]。环组件和单元之间的接触如图 1－54 所示。虽然相互作用实体上的接触点在单元上，但是该点可在环组件上滑动，而其位置由材料坐标 s_c 定义。应当提到的是，可以按照相同的几何概念处理单边和双边约束，约束由相应逼近函数给定[17, 31]。

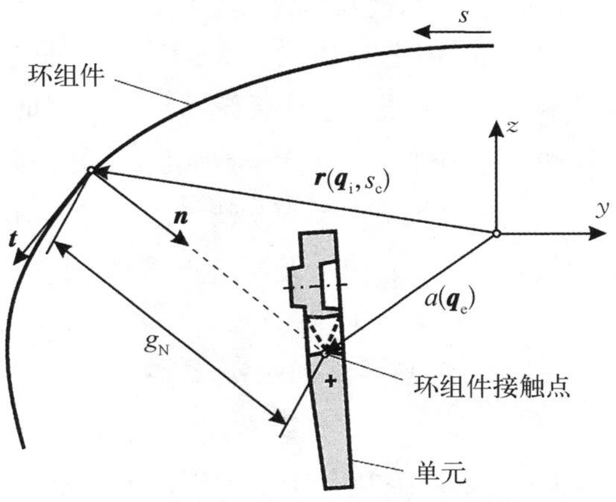

图 1－54　环组件和单元之间的接触

在推送带中，假设环组件与单元之间的接触在环包法向上没有间隙，因此可以由双边约束模拟。考虑切向库仑摩擦时允许单方面定义黏滑过程，得到以下公式：

$$\boldsymbol{\lambda}_{B,\,er}=\mathrm{prox}_{C_B}(\boldsymbol{\lambda}_{B,\,er}-r\boldsymbol{g}_{B,\,er});\quad \boldsymbol{\lambda}_{T,\,er}=\mathrm{prox}_{C_T(\boldsymbol{\lambda}_{B,\,er})}(\boldsymbol{\lambda}_{T,\,er}-r\dot{\boldsymbol{g}}_{T,\,er})$$

式中：下标参数 B，T，er 分别代表双边、切线和单元/环组件。

5）滑轮和单元的接触

单元与滑轮圆盘之间在法向和切向方向都是单边接触。尽管事实上在传送带法向没有单元分离发生，但是这一特性对传送带和滑轮区非常重要。在传送带和滑轮区，传送带进入或离开滑轮，可能得到在法向的接触或分离和在切向的库仑摩擦黏滑，因此，综合考虑这些情况后，接触法则写为

$$\boldsymbol{\lambda}_{\mathrm{U,\ pe}}=\operatorname{prox}_{C_{\mathrm{U}}}(\boldsymbol{\lambda}_{\mathrm{U,\ pe}}-r\boldsymbol{g}_{\mathrm{U,\ pe}});\quad \boldsymbol{\lambda}_{\mathrm{T,\ pe}}=\operatorname{prox}_{C_{\mathrm{T}}(\boldsymbol{\lambda}_{\mathrm{U,\ pe}})}(\boldsymbol{\lambda}_{\mathrm{T,\ pe}}-r\dot{\boldsymbol{g}}_{\mathrm{T,\ pe}})$$

6）单元和单元的接触

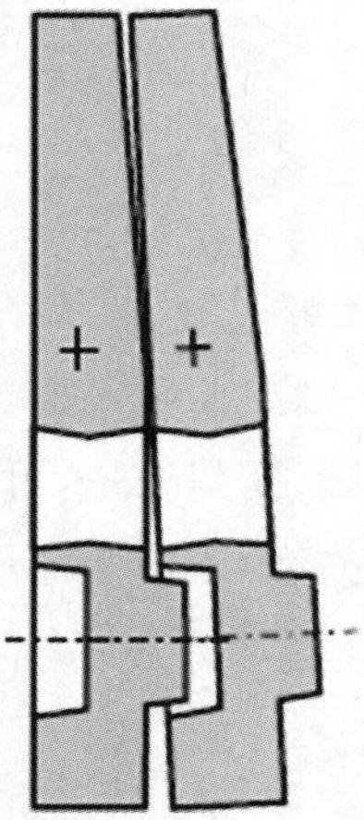

图 1-55　两个单元之间的接触

两个单元之间的接触如图 1-55 所示。此处只考虑法向接触，因为切向的相对运动受到环组件单元及相邻单元之间螺纹孔连接的约束，相邻单元间接触由刚体接触建模，则有

$$\boldsymbol{\lambda}_{\mathrm{U,\ ee}}=\operatorname{prox}_{C_{\mathrm{U}}}(\boldsymbol{\lambda}_{\mathrm{U,\ ee}}-r\boldsymbol{g}_{\mathrm{U,\ ee}})\tag{1-37}$$

式中：$\boldsymbol{g}_{\mathrm{U,\ ee}}$ 为相互作用单元接触点之间的间隙距离。

1.5.3.5　系统模型

本书不涉及单边多体系统理论，而是处理无级变速器链和传送带及描述这些系统动态特性模型的实际问题。关于单边系统理论可以在其他参考资料中找到[4, 7, 13-14, 32]。

摇杆销链的动力学特性由一组运动方程[式(1-32)]、一组在法向和切向的相对运动方程组以及一组互补方程组表示，写为

$$\boldsymbol{M}(\boldsymbol{q},\ t)\ddot{\boldsymbol{q}}(t)+\boldsymbol{h}(\boldsymbol{q},\ \dot{\boldsymbol{q}}t)-[(\boldsymbol{W}_{\mathrm{N}}+\boldsymbol{W}_{\mathrm{R}})\boldsymbol{W}_{\mathrm{T}}]\begin{bmatrix}\boldsymbol{\lambda}_{\mathrm{N}}(t)\\ \boldsymbol{\lambda}_{\mathrm{T}}(t)\end{bmatrix}=\boldsymbol{0}\in IR^{f}$$

$$\begin{aligned}\ddot{\boldsymbol{g}}_{\mathrm{N}}&=\boldsymbol{W}_{\mathrm{N}}^{\mathrm{T}}\ddot{\boldsymbol{q}}+\bar{\boldsymbol{\omega}}_{\mathrm{N}}\in IR^{n_{\mathrm{N}}}\\ \ddot{\boldsymbol{g}}_{\mathrm{T}}&=\boldsymbol{W}_{\mathrm{T}}^{\mathrm{T}}\ddot{\boldsymbol{q}}+\bar{\boldsymbol{\omega}}_{\mathrm{T}}\in IR^{2n_{\mathrm{T}}}\end{aligned}\tag{1-38}$$

$$\ddot{\boldsymbol{g}}_{\mathrm{N}}\geqslant 0,\quad \boldsymbol{\lambda}_{\mathrm{N}}\geqslant 0,\quad \ddot{\boldsymbol{g}}_{\mathrm{N}}^{\mathrm{T}}\boldsymbol{\lambda}_{\mathrm{N}}=0$$

$$\boldsymbol{\lambda}_{\mathrm{T0}}\geqslant 0,\quad \ddot{\bar{\boldsymbol{g}}}_{\mathrm{T}}\geqslant 0,\quad \boldsymbol{\lambda}_{\mathrm{T0}}^{\mathrm{T}}\ddot{\bar{\boldsymbol{g}}}_{\mathrm{T}}=0$$

式中：$\boldsymbol{q}\in IR^{f}$ 为广义坐标；$\boldsymbol{M}\in IR^{f\cdot f}$ 为对称的、正的有限元质量矩阵；$\boldsymbol{W}$ 为约束矩阵；$\boldsymbol{\lambda}$ 为约束力；$\ddot{\boldsymbol{g}}$ 为接触相对加速度；$\bar{\boldsymbol{\omega}}$ 是外部激励项，$\boldsymbol{\lambda}_{\mathrm{T0}}$ 为相对于摩

擦锥边界的摩擦储备[4]。

通过对接触开始或结束时摇杆销链的动力学方程[式(1-38)]进行数值求解，在插入点采用莱姆克(Lemke)互补算法解决互补问题，重新排列约束矩阵并由四阶或五阶朗格-库塔(Runge-Kutta)算法处理接触间的光滑方程。但这种方法已被 prox 算法取代。采用 prox 算法对推送带的问题进行评估的原因是该算法更稳定、更安全，而且计算时间更少。

对单个无级变速传输推送带建模及其互连可导出整体平面系统的运动方程，包括微分方程：

$$\begin{bmatrix}\boldsymbol{M}_{\mathrm{p}} & \mathbf{0} & \mathbf{0}\\ \mathbf{0} & \boldsymbol{M}_{\mathrm{e}} & \mathbf{0}\\ \mathbf{0} & \mathbf{0} & \boldsymbol{M}_{\mathrm{r}}\end{bmatrix}\begin{bmatrix}\dot{\boldsymbol{u}}_{\mathrm{p}}\\ \dot{\boldsymbol{u}}_{\mathrm{e}}\\ \dot{\boldsymbol{u}}_{\mathrm{r}}\end{bmatrix}=\begin{bmatrix}\boldsymbol{h}_{\mathrm{p}}\\ \boldsymbol{h}_{\mathrm{e}}\\ \boldsymbol{h}_{\mathrm{r}}\end{bmatrix}+\boldsymbol{W}_{\mathrm{B,\,er}}\boldsymbol{\lambda}_{\mathrm{B,\,er}}+\boldsymbol{W}_{\mathrm{T,\,er}}\boldsymbol{\lambda}_{\mathrm{T,\,er}}+\boldsymbol{W}_{\mathrm{U,\,pe}}\boldsymbol{\lambda}_{\mathrm{U,\,pe}}+\boldsymbol{W}_{\mathrm{T,\,pe}}\boldsymbol{\lambda}_{\mathrm{T,\,pe}}+\boldsymbol{W}_{\mathrm{U,\,ee}}\boldsymbol{\lambda}_{\mathrm{U,\,ee}} \tag{1-39}$$

约束分别为

$$\boldsymbol{\lambda}_{\mathrm{B,\,er}}=\mathrm{prox}_{C_{\mathrm{B}}}(\boldsymbol{\lambda}_{\mathrm{B,\,er}}-r\boldsymbol{g}_{\mathrm{B,\,er}});\quad \boldsymbol{\lambda}_{\mathrm{T,\,er}}=\mathrm{prox}_{C_{\mathrm{T}}(\boldsymbol{\lambda}_{\mathrm{N,\,er}})}(\boldsymbol{\lambda}_{\mathrm{T,\,er}}-r\dot{\boldsymbol{g}}_{\mathrm{T,\,er}})$$

$$\boldsymbol{\lambda}_{\mathrm{U,\,pe}}=\mathrm{prox}_{C_{\mathrm{U}}}(\boldsymbol{\lambda}_{\mathrm{U,\,pe}}-r\boldsymbol{g}_{\mathrm{U,\,pe}});\quad \boldsymbol{\lambda}_{\mathrm{T,\,pe}}=\mathrm{prox}_{C_{\mathrm{T}}(\boldsymbol{\lambda}_{\mathrm{N,\,pe}})}(\boldsymbol{\lambda}_{\mathrm{T,\,pe}}-r\dot{\boldsymbol{g}}_{\mathrm{T,\,pe}})$$

$$\boldsymbol{\lambda}_{\mathrm{U,\,ee}}=\mathrm{prox}_{C_{\mathrm{U}}}(\boldsymbol{\lambda}_{\mathrm{U,\,ee}}-r\boldsymbol{g}_{\mathrm{U,\,ee}}) \tag{1-40}$$

式中：下标参数 p，e，r 分别代表滑轮、单元和环组件；下标参数 U，B，T 分别表示单边、双边和切线方向；$\boldsymbol{M}$ 为质量矩阵；$\boldsymbol{W}$ 为约束矩阵；$\boldsymbol{u}=\dot{\boldsymbol{q}}$ 为速度；$\boldsymbol{\lambda}$ 为约束力；$\boldsymbol{g}$，$\dot{\boldsymbol{g}}$ 表示接触的相对位移和相对速度；r 为松弛辅助变量[31]。

式(1-39)通过一些包含 prox 算法的时间步进法进行数值求解[28]。这个模型的模块化结构(包括子系统和约束)使系统精炼，甚至可对单个组件和简单交互进行模型替换。因此，两个机构和其间的接触可以以刚性或混合的方式灵活建模，由此产生的微分方程具有刚性特征。

目前，工业界对于系统模型的研究还在继续。空间动力学方面扩展了研究要求，进入设计优化的第一步并经最新试验校核后得到定论，相关论文[33]和一些重要文献均描述了这些进展。

1.5.3.6　结果

1）摇杆销链的结果

计算具有恒定驱动速度 n 和外部输出力矩 T 的动态模型，两个错位滑轮

(不同角误差)在扣环面作用下的平面外拉伸力($T=150$ N·m,$n=600$ r/min,$i=1$)的仿真和试验结果对比分别如图 1-56 和图 1-57 所示。上述对比结果验证了力学模型的可行性[25-26, 29, 33-35]。由于弯曲力错位会导致在一定跨度中拉力的大梯度,因此在接触弧起点和末端会出现力的峰值。

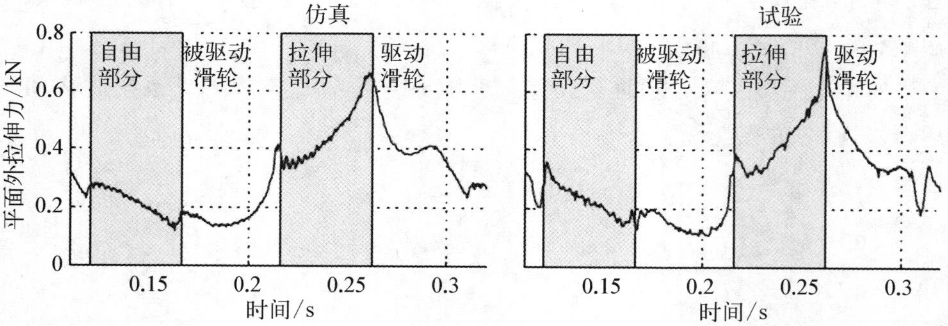

图 1-56　错位滑轮在扣环面作用下的平面外拉伸力的仿真和试验结果对比(角误差 $\Delta z=+1.5$ mm)

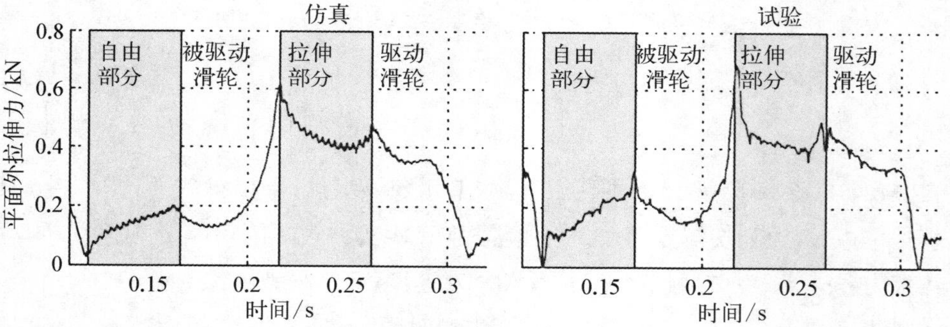

图 1-57　错位滑轮在扣环面作用下的平面外拉伸力的仿真和试验结果对比(角误差 $\Delta z=-0.5$ mm)

在普法伊费尔等的研究中考虑了许多参量变化,表明即使是小的几何变化,对传动链性能仍可能会造成明显影响。为此本书只关注外部板的受力,这是承压最大的一块板,但也可作为传动链性能良好的评价指标。对于更长的摇杆销链和更多的弹性板,由于载荷分布在更多弹性板上,因此弹性板拉力会降低。但如果同时保持销子横截面积相同,则会减少由于销子更大的弯曲而导致部分分布载荷的损失,因此采用更多弹性板连接其增益通常没有预期的那么大,每种连接下弹性板数量的变化如图 1-58 所示。

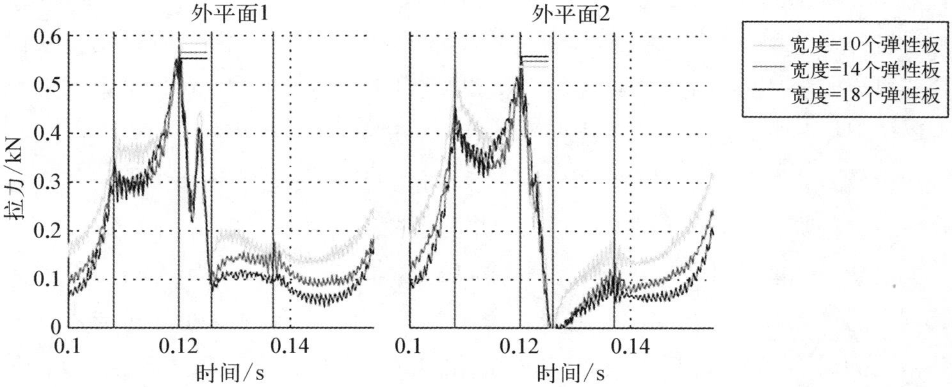

图 1－58　每种连接下弹性板数量的变化 ($i_{red}=1$，$i_{CVT}=2.3$，$n_1=4\,000$ r/min)

2）推送带的结果

多家公司制造摇杆销链，其中德国 LUK 公司引起了我们的关注。推送带系统主要由荷兰 VDT－Bosch 公司制造，这家公司也在日本经营生产设施，并开展相关产品的试验。日本本田(Honda)公司进行了非常好的推送带试验[36-38]，VDT－Bosch 公司也进行了很好的试验。在此我们将给出一些仿真的一般结果及理论，并与本田的试验进行比较。

盖尔[18]通过仿真评估了许多算例，并与试验值进行了相当全面的比较研究。下面给出两个例子。第一个例子描述了单元之间及单元与滑轮之间法向接触力的不同仿真结果(见图 1－59)，图中给出了接触力：区域 1 对应于自由轨迹，区域 2 对应于主滑轮，区域 3 对应于推送带轨迹，区域 4 对应于第二个滑轮。

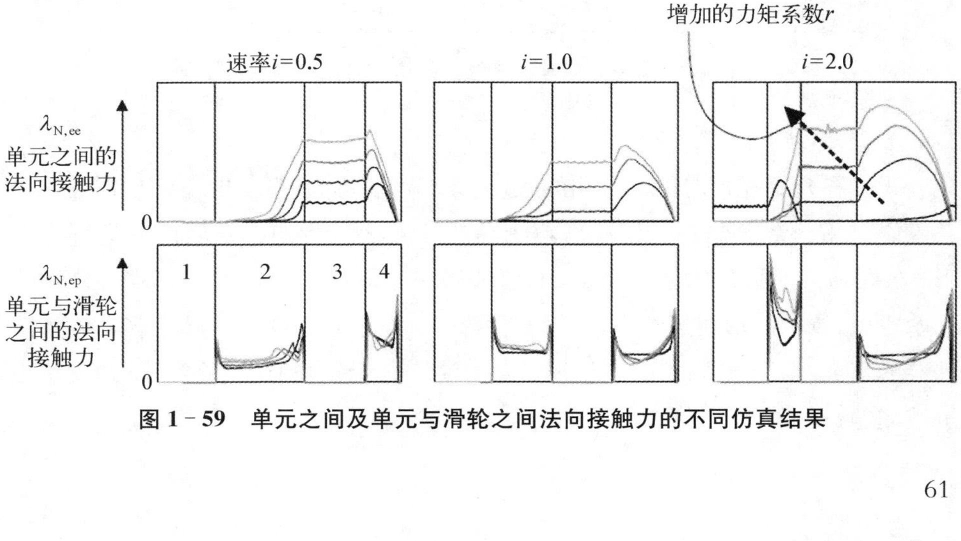

图 1－59　单元之间及单元与滑轮之间法向接触力的不同仿真结果

$\lambda_{N,ee}$反映了单元之间的法向接触力，该力在自由轨迹（区域1）中为零，并在主滑轮（区域2）开始接触处继续保持为零，这是由于进入主滑轮时单元与其保持分离。但随后接触力就建立起来了，主滑轮上就有了一个力值，整个推送过程中该值保持不变，使得这一区域成为压力带。进入第二个滑轮（区域4）后产生$\lambda_{N,ee}$的最大值，产生的原因是压力通过变形滑轮传到传送带和环组件的预应力效应。这些都是非常可信的物理参数，并已通过仿真进行了确认。

区域1和区域3中的单元和滑轮之间的法向接触力$\lambda_{N,ep}$为零，区域2和区域4中的单元和滑轮之间的法向接触力非零。这个结果说明了推送带与摇杆销链相同的典型特征，即进出滑轮时，滑轮和单元之间的法向接触力急剧上升，随后在滑轮包弧内一点点减少。滑轮和单元之间的法向接触力并不依赖力矩系数r，而单元之间的法向接触力$\lambda_{N,ee}$随力矩系数的增加而显著增加。

将第二个例子中的仿真结果与本田的试验结果进行对比[18, 37-38]，即单元之间法向接触力的仿真与试验结果对比（见图1-60）。该结果显示区域3中的试验值不是常值而是有所下降。根据相关文献[37-38]，这个结果与实际不相关。完成这个试验非常复杂，因此无法给出该方法的实际值。

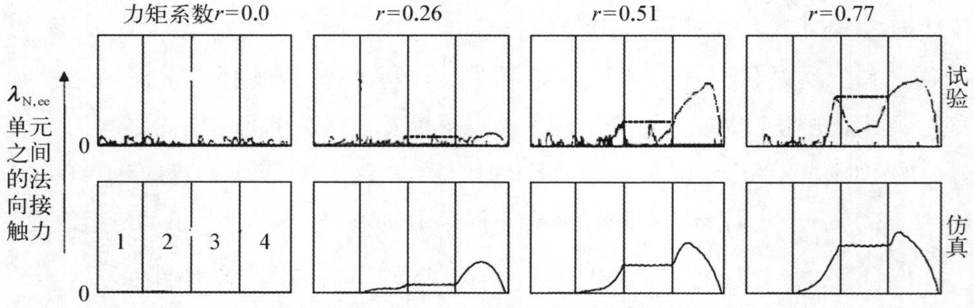

图1-60　单元之间法向接触力的仿真与试验结果对比

1.5.3.7　目标的实现

正如在开始建模时已经说明的，过去20年的理论和算法的发展是伴随着荷兰VDT-Bosch公司无级变速齿轮产品的开发而进行的。发展的典型程序如下：公司从发明形式的创新开始，推动价格和业绩达到一定的市场水准。在这一阶段中，技术的形成经常由纯粹的研究人员完成，这些研究人员大多有着解决问题的直觉，但当这样的过程达到极限时，就需要借助更复杂和更科学的方法去解决问题。

重点是在进入无级变速器开发领域时，一开始并没有令人满意的研发方法。因此研究人员不得不转向对模型进行力学和数学上的改进，其中包括建立第一个应用非光滑动力学的系统模型，随后又出现了更清晰、简洁的模型，数值的额外增加便可以通过集合型约束实现[22, 31]。

随着力学和数学模型的成熟程度越来越高，使得更深入地了解无级变速传输过程成为可能。从平面模型发展到空间模型，研究人员可以更好地解释正常操作的干扰，如平面外动态影响。此外，通过每个单元多达 17 个的局部接触，增加了单元接触细节，提供了更多噪声和磨损过程信息。但是，由于试验十分困难且昂贵，因此长期以来有效的试验结果较少。目前这种情况已经得到改善，所有理论计算值和试验结果的对比都很有说服力，且对此的验证仍在继续[33]。

无级变速传输建模是大型、持续发展迭代特征的典型例子，其目标不仅是开发一款可长期生产的产品，而且是伴随着技术发展不断改进产品。模型随着新问题的出现和解决变得更完善，从而进一步推动无级变速器变得越来越好，卡尔·波普尔的迭代过程（见图 1-61）很好地表述了这一过程[3]。

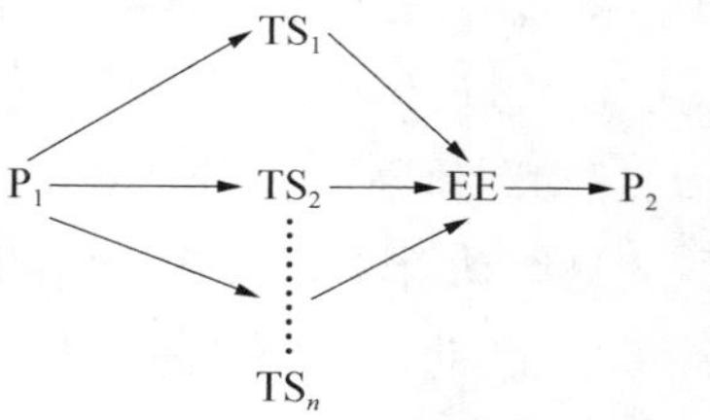

P—问题；TS—尝试解；EE—误差估计。

图 1-61 卡尔·波普尔的迭代过程

1.5.4 例子——偏瘫行走问题

1.5.4.1 目标

偏瘫行走研究是德国研究基金会（German Research Foundation）大型研究项目的部分课题，该基金会由医学、力学和电气工程等领域的科学家组成。偏瘫通常由中风引起，导致或多或少的行走问题，或者其他可能的问题。众所周知，在偏瘫发生后的 3 个月内进行康复治疗，患者行走能力可得到很好的恢复，但之后会变得越来越困难。

行走问题一直是这一研究项目的出发点，其研究目标是通过为医生建立一套基于数据系统的控制系统以提高在 3 个月内的治疗效果。数据库应搜集患者所有的相关信息，使医生能够优化日常治疗方案。建立该系统的一个重点是建立与患者个人数据相适应的偏瘫行走模型，包括对患者偏瘫程度发展的新评估。评估内容可能是关节扭矩或能量，因为这些数据难以测量，所以只能通过建模评估获得。例如，脚部的力和力矩可以测量，一些外部运动体矢量可以测量，其余的则必须通过模型完成。

1.5.4.2 引言

对偏瘫患者的康复治疗进行基于模型的评估，需要的模型包括人类行走、健康行走以及偏瘫行走的有效模型。这样的模型包括42个自由度，并特别允许以评价偏瘫度为目标的运动量级评估。在可行情况下，通过仿真与试验结果的对比，从而提高临床实践中应用的可信度。本书主要基于卢岑贝格尔(Lutzenberger)和普法伊费尔等的研究开展论述[39-40]。

身体一侧运动功能严重受损的偏瘫发生在中风或脑外伤后。在康复开始及过程中，偏瘫患者将接受步态分析。在临床步态分析中，为了做出诊断并给出适当的治疗方法，需要从质量和数量上对失常步态模式进行评估。目前为止，时间变量如步幅长度、步态速度、步行对称性，运动变量如关节角度、肌电图均已被考虑。尽管进行了大量的研究，但是从运动学角度进行分析时加入如关节扭矩、力、运动和地面反作用力因素的研究却很少，其原因在于确定动力学量很困难。因为这些动力学量不能直接测量，所以只能通过使用昂贵的力平台逆向模型计算。然而，动力学能够进一步帮助医生更好地了解病理步态从而得到准确的诊断结果，动量学可以很好地帮助医生分辨初级异常(由神经损伤引起)与继发性异常(适应规避初级异常)，因此在研究中加入动力学量是非常有意义的。

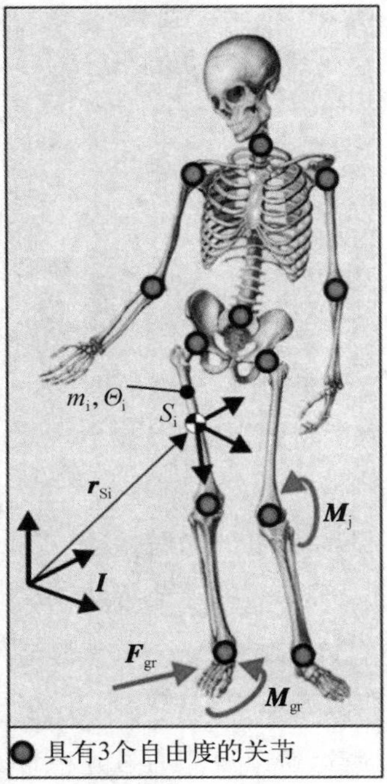

图1-62 力学模型

人体运动机构模型是一个包含多个刚体的三维系统，由理想的球和窝连接。人体分段遵守运动机构解剖结构和人类行走特性。力学模型(见图1-62)包括13段和12个连接，每个都包含3个自由度。躯干有6个自由度，定义了空间位置和方向，该模型有42个自由度，关节间被认为无摩擦。每段分配一个坐标系，x轴指向解剖(直立/站立)位置前方，y轴向上，z轴向一侧，解剖点的坐标轴是平行的，每个关节的旋转顺序为内部/外部旋转—内收/外展—弯曲/伸展。坐标系原点位于每段的质心。

1.5.4.3 力学和数学模型

解剖段由质量、相对于主体坐标轴的转动惯

量、质心矢量及该矢量到末梢的连接描述，由于没有考虑肌肉特性，因此人体运动机构力学模型只是一个骨骼模型。

行走时有几种外力和力矩作用于人体，如图 1-62 所示。地面反作用力 $\boldsymbol{F}_{\mathrm{gr}}$ 和地面反作用力矩 $\boldsymbol{M}_{\mathrm{gr}}$ 由脚与地面的相互作用产生，接触时作用在脚上；关节力矩 $\boldsymbol{M}_{\mathrm{j}}$ 是所有由关节肌肉产生的力矩。

腿和手臂的质量与惯性特性通过近似的几何体形状并使用平均体密度计算。通过这种方法，大腿、小腿、上臂和下臂被近似为具有圆形截面的平截面体，躯干、骨盆、脚和头部均使用回归方程。如此，运动机构的通用模型对每一个病人都适用；而这也是必须使用的方法，其原因是受试者参数变化范围很大。例如，中风后的偏瘫患者与健康训练有素的人相比，肌肉量大幅减少。运动机构的动力学特性可用空间运动方程描述。由以解剖段质心为参考点的牛顿-欧拉方法得到

$$\boldsymbol{M}(\boldsymbol{q},\ t)\ddot{\boldsymbol{q}}(t)-\boldsymbol{h}(\boldsymbol{q},\ \dot{\boldsymbol{q}},\ t)=\sum_{i=1}^{2}(\boldsymbol{J}_{\mathrm{T},\ i}^{\mathrm{T}}\boldsymbol{F}_{\mathrm{gr},\ i}+\boldsymbol{J}_{\mathrm{R},\ i}^{\mathrm{T}}\boldsymbol{M}_{\mathrm{gr},\ i})+\sum_{k=1}^{12}\boldsymbol{J}_{\mathrm{R},\ k}^{\mathrm{T}}\boldsymbol{M}_{\mathrm{j},\ k} \tag{1-41}$$

式中：矢量 $\boldsymbol{q}$，$\dot{\boldsymbol{q}}$，$\ddot{\boldsymbol{q}}\in IR^{42}$（$IR^{42}$ 表示 42 维实矢量空间），分别为广义坐标、速度和加速度；$\boldsymbol{M}\in IR^{42\times42}$ 为质量矩阵，由系统的惯性特性决定；$\boldsymbol{h}\in IR^{42}$ 包含重力、回转力和力矩。如上所述，不考虑肌肉特性。因此如图 1-62 所示，作用在多体系统上的外力为地面反作用力 $\boldsymbol{F}_{\mathrm{gr},\ i}\in IR^{3}$、地面反作用力矩 $\boldsymbol{M}_{\mathrm{gr},\ i}\in IR^{3}$ 及 12 个关节力矩 $\boldsymbol{M}_{\mathrm{j},\ k}\in IR^{3}$，均需与相应的雅可比矩阵的平移量 $\boldsymbol{J}_{\mathrm{T}}\in IR^{3\times42}$ 和旋转量 $\boldsymbol{J}_{\mathrm{R}}\in IR^{3\times42}$ 相乘。

运动方程[式(1-41)]可以用两种不同方法求解。第一种方法是假设给定力和力矩，身体运动使用数值积分(直接动力学)求解。但由于计算正常人行走和患者行走的力和力矩的控制律是未知的，因此只能使用第二种方法，即逆动力学法，逆动力学法假设给定运动直接产生力和力矩。

人类步态及其结构如图 1-63 所示。图中描述了人类步态模式的一些典型细节，包含了单脚支撑和双脚支撑阶段。单脚支撑阶段，即只有一只脚在地面上受到地面反作用力和地面反作用力矩。假设给定广义坐标及其导数，式(1-41)左侧可得 42 个未知量($\boldsymbol{F}_{\mathrm{gr}}$ 的 3 部分、$\boldsymbol{M}_{\mathrm{gr}}$ 的 3 部分、12 个关节力矩 $\boldsymbol{M}_{\mathrm{j}}$ 的 3 部分)，可通过矩阵的逆和乘法计算未知量。

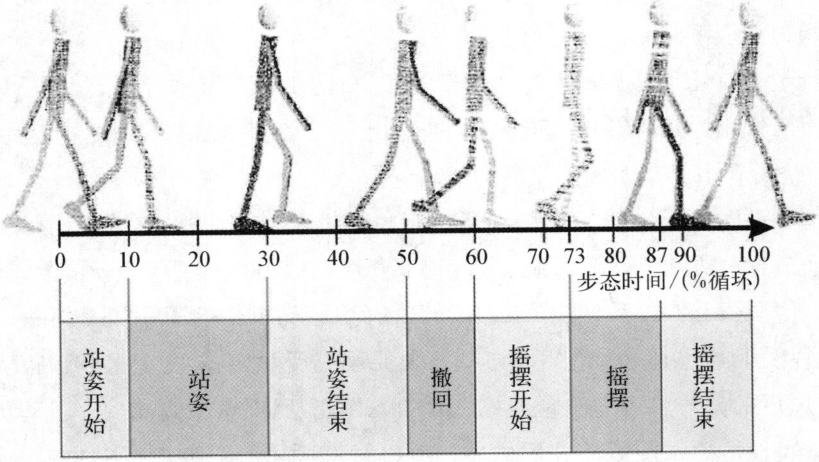

图 1-63　人类步态及其结构

双脚支撑阶段。双脚在地面时，处理两组未知的地面反作用力、地面反作用力矩以及 36 个未知的关节力矩，因此未知量为 48 个，超过了可用方程数量。当要求目标函数数量必须最少时，补充方程可使用优化方法得到。由于人体行走是一个优化运动，因此不仅需要满足运动方程，而且必须考虑生物准则。此方法已应用于竹节虫的步行周期研究中[41]。假设优化准则 C 在未知力和力矩方阵中是线性的，则有

$$C=f(\boldsymbol{F}_{\mathrm{gr}}^{2},\boldsymbol{M}_{\mathrm{gr}}^{2},\boldsymbol{M}_{\mathrm{j}}^{2})=\frac{1}{2}\boldsymbol{F}_{\mathrm{gr}}^{\mathrm{T}}\boldsymbol{C}_{1}\boldsymbol{F}_{\mathrm{gr}}+\frac{1}{2}\boldsymbol{M}_{\mathrm{gr}}^{\mathrm{T}}\boldsymbol{C}_{2}\boldsymbol{M}_{\mathrm{gr}}+\frac{1}{2}\boldsymbol{M}_{\mathrm{j}}^{\mathrm{T}}\boldsymbol{C}_{3}\boldsymbol{M}_{\mathrm{j}} \tag{1-42}$$

式中：矩阵 $\boldsymbol{C}_i$ 与力和力矩加权。

拉格朗日乘子 λ 将式(1-42)与式(1-41)结合，得到拉格朗日函数 L

$$L=C+\boldsymbol{\lambda}^{\mathrm{T}}\left\{(\boldsymbol{J}_{\mathrm{T,\,gr}}^{\mathrm{T}}\mid\boldsymbol{J}_{\mathrm{R,\,gr}}^{\mathrm{T}})\begin{bmatrix}\boldsymbol{f}_{\mathrm{gr}}\\ \boldsymbol{t}_{\mathrm{gr}}\end{bmatrix}+\boldsymbol{J}_{\mathrm{R,\,j}}^{\mathrm{T}}t_{\mathrm{j}}-\boldsymbol{M}\ddot{\boldsymbol{q}}+\boldsymbol{h}\right\} \tag{1-43}$$

根据拉格朗日理论，最小值准则的一个必要条件是 L 对未知量 $\boldsymbol{f}_{\mathrm{gr}}$，$\boldsymbol{t}_{\mathrm{gr}}$，$\boldsymbol{t}_{\mathrm{j}}$，$\boldsymbol{\lambda}$ 的所有偏导数必须为零，得到以下线性方程组

$$\begin{aligned}&\boldsymbol{J}\boldsymbol{f}=\boldsymbol{m}\\&\boldsymbol{f}=[\boldsymbol{f}_{\mathrm{gr}}^{\mathrm{T}},\boldsymbol{t}_{\mathrm{gr}}^{\mathrm{T}},\boldsymbol{t}_{\mathrm{j}}^{\mathrm{T}}]^{\mathrm{T}}\end{aligned} \tag{1-44}$$

通过倒置 $\boldsymbol{J}$，未知地面反作用力 $\boldsymbol{f}_{\mathrm{gr}}$、地面反作用力矩 $\boldsymbol{t}_{\mathrm{gr}}$ 和关节力矩 $\boldsymbol{t}_{\mathrm{j}}$ 可以很容易求解[37-40]。

1.5.4.4　测试和验证

对健康人和偏瘫患者试验的目的首先是评估步行模型所需的参数，其次是以步行运动学作为逆动力学法的基础，所有偏瘫运动学试验只能以这种方式实现。德国巴特艾布林某医院的神经科，使用光电测距仪系统测量偏瘫患者混乱的步态。此运动分析系统在患者皮肤上使用 58 个活动标记、2 个摄像头测量标记笛卡儿坐标，1 台计算机使用几何关系计算关节间相对角度。关节速度和加速度通过区分两次关节角度与四阶巴特沃斯滤波器进行滤波计算。用脚后跟和脚趾标记确定腿的姿势和摆动阶段，包括单支撑阶段和双支撑阶段。3D 模式运动分析系统的人类步态试验如图 1-64 所示。

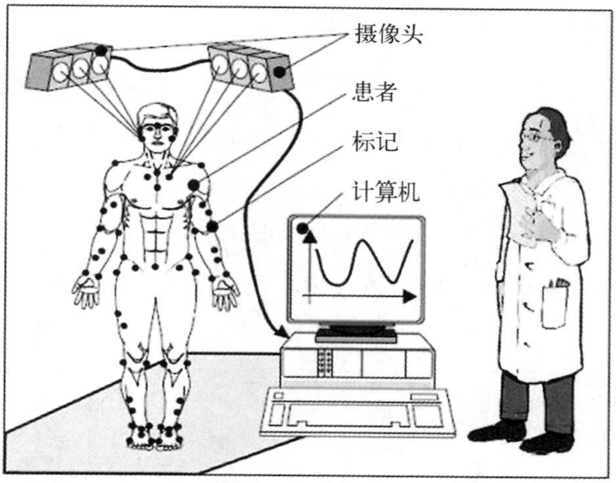

图 1-64　3D 模式运动分析系统的人类步态试验

地面反作用力和关节力矩的测量结果与卢岑贝格尔和普法伊费尔等的研究结果一致。垂直地面反作用力与仿真结果的比较如图 1-65 所示。图中横坐标是步态循环，为步态周期持续时间的归一化，并用百分数表示。步态循环从右脚后跟接触地面(0%)开始，双支撑阶段为 0%～10%和 50%～60%；右脚单支撑阶段为 10%～50%，左脚单支撑阶段为 60%～100%。纵坐标为体重归一化地面反作用力。仿真数据与实际测量数据吻合较好。

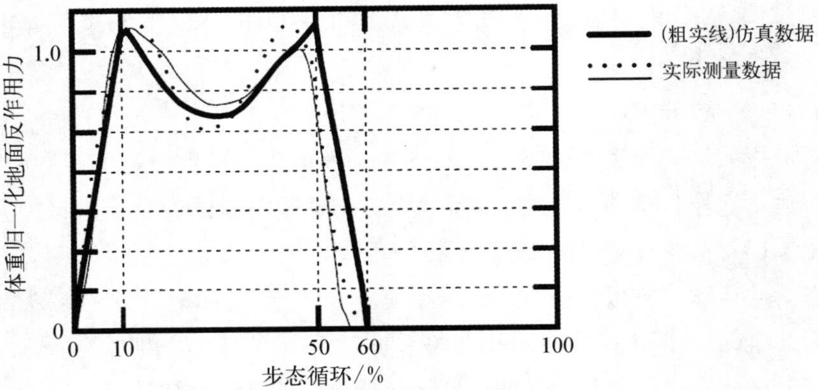

图 1-65　垂直地面反作用力与仿真结果的比较

1.5.4.5　结果

以下各节介绍了逆动力学法在神经科偏瘫步态分析中的应用。

1）动画

患者的运动使用“X 动画”自动进行处理，与常见录制技术如录像带相比，动画具有许多优势。医生或理疗师每次都可以轻松、快速地从不同角度查看步态模式，并对单个片段进行缩放。此外，混乱的和正常的步态模式可以在同一个屏幕上进行对比，从而很快识别出差异。通过身体质心动画医生或理疗师可以判断患者是否存在过度侧向运动。健康受试者和左侧轻微偏瘫患者的步态动画如图 1-66 所示。

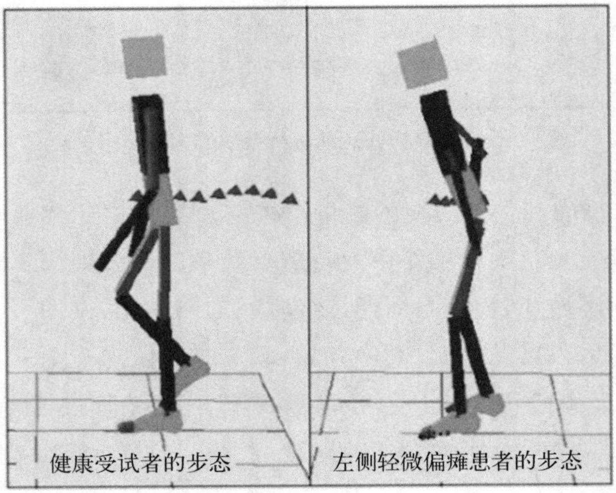

图 1-66　健康受试者和左侧轻微偏瘫患者的步态动画

2）偏瘫程度及治疗结果评价

动力学量可用于量化患者的偏瘫程度并控制治疗结果。四种情况下的踝关节足底弯曲力矩如图 1－67 所示。图中的四种情况分别为健康受试者(A)，中度偏瘫患者(B)，重度偏瘫患者(C 和 D)。由图可知偏瘫程度与运动学之间密切相关，步态模式越正常，力矩越大、左右两侧力矩相差越小。

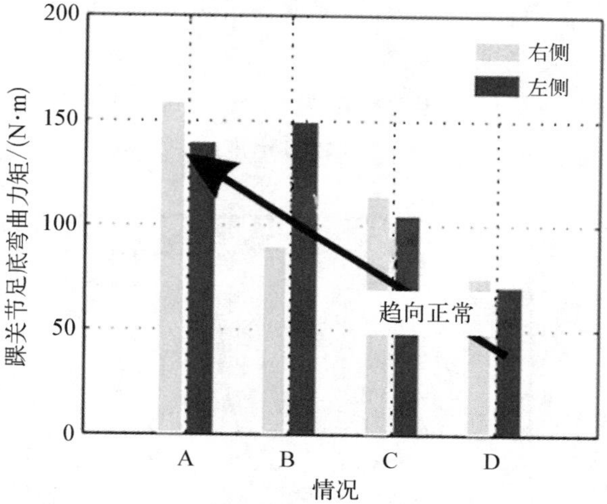

图 1－67　四种情况下的踝关节足底弯曲力矩

康复中逐渐正常的踝关节弯曲工作如图 1－68 所示。图中描述了踝关节的计算力学工作。该工作分两步进行：① 开始(D1)、3 周(D2)和 7 周(D3)物理治

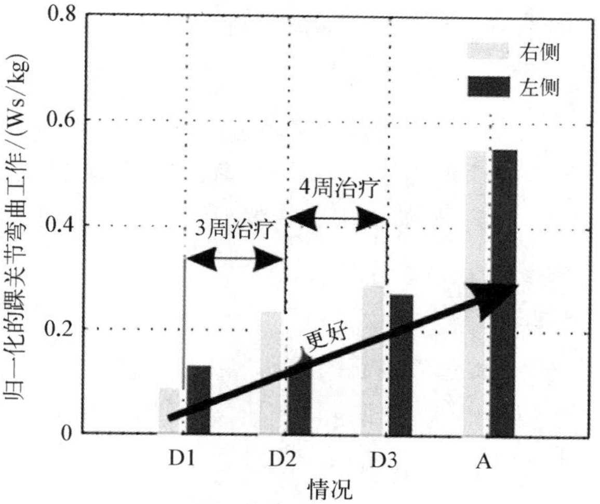

图 1－68　康复中逐渐正常的踝关节弯曲工作

疗后；② 偏瘫患者与健康受试者(A)的比较。随着物理治疗的逐渐推进，归一化的踝关节弯曲工作数值出现了明显变化，从开始时的低值逐渐升高并趋于正常化。该物理治疗结果采用逆动力学法计算而得。

3) 患者步态模式的详细分析

逆动力学法生成一个步态周期所用动力学量的时间历程，这些数据是进行受损步态详细分析的基础。通过研究健康受试者(图 1-69 中实线)和患者如严重左侧偏瘫(图 1-69 中虚线)的左膝弯曲/伸展力矩(见图 1-69)的时间历程，可知患者在左腿单支撑阶段(步态周期为 60%～100%)表现出高且恒定的膝盖弯曲/伸展力矩，而健康受试者的力矩却很快下降到较小值。

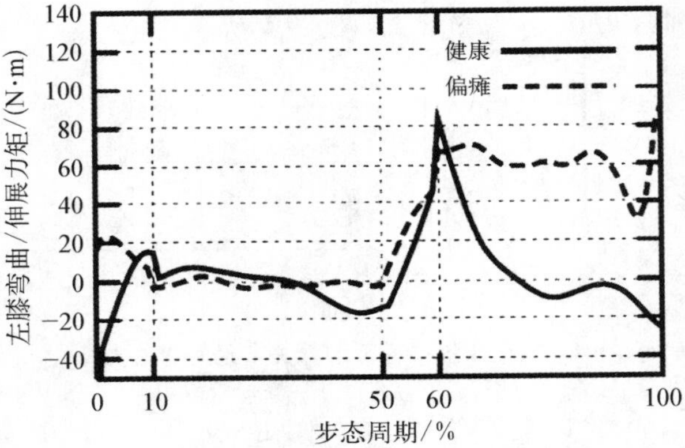

图 1-69　健康受试者及偏瘫患者的左膝弯曲/伸展力矩

健康受试者和偏瘫患者在步态周期(即时间)为 80%时的步态动画如图 1-70 所示。在单支撑阶段，健康受试者的左膝完全伸展。由于行走神经控制完整，因此身体很好地控制了向前坠落从而减少膝盖力矩。与正常的运动神经控制相比，偏瘫患者的膝盖(见图 1-70)是弯曲的，运动神经控制受损导致患者必须在膝盖处产生非常大的伸展力矩才能保持身体直立并前进，动力学量能帮助深入了解运动神经控制的受损情况。

4) 偏瘫步态运动特征

此外，研究还发现偏瘫患者步态的运动学特征：身体质心过度侧向运动，受影响一侧地面反作用力大。与健康身体相比，患者的所有下肢关节为低峰值力矩，受影响一侧比未受影响一侧的峰值力矩更低，身体的推进能量主要来自未受影响的一侧。

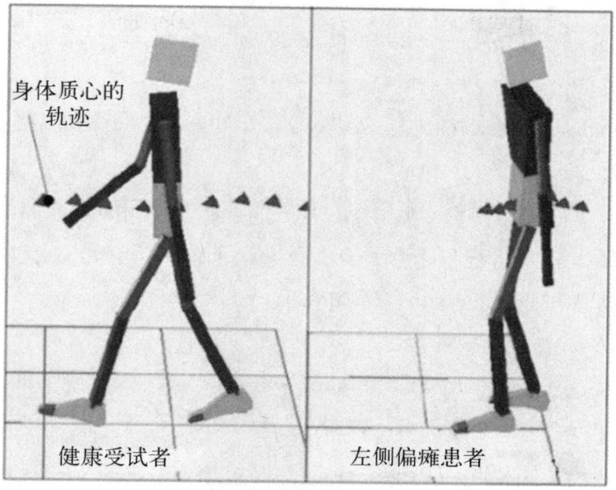

图 1-70 健康受试者和偏瘫患者在步态周期为 80%时的步态动画

1.5.4.6 目标的实现

偏瘫治疗和控制方法在过去和现在都是成功的，电磁刺激的应用可以更好地减少病人的压力。虽然建立全面的控制系统仍然是当前研究的课题，但是其基本概念已被证明是正确的。通过计算测量并结合已验证的偏瘫模型对偏瘫程度进行评估的新方法是真正的创新，该方法能够对偏瘫疾病做出更好的评估。

参考文献

[1] P. E. Duncan, *Simple models for the dynamics of deepwater gravity platforms*. Eng. Struct, 1979, Vol 1, 65-72.

[2] Z. P. Bazant, Y. Zhou, *Why did World Trade Center collapse? — Simple analysis*. Archive of Applied Mechanics 71 (2001) 802-806, Springer 2001.

[3] Karl Popper, *Objective Knowledge*. Clarendon Press Oxford, 1972.

[4] F. Pfeiffer, *Mechanical System Dynamics*, Springer, Berlin, Heidelberg, 2009.

[5] Hans Dresig, *Schwingungen mechanischer Antriebssysteme*. Springer, Berlin, Heidelberg, 2001.

[6] Ahmed Shabana, *Dynamics of multibody systems*. Cambridge University Press, New York, 2005.

[7] J. J. Moreau, *Unilateral Contact and Dry Friction in Finite Freedom Dynamics*, Volume 302 of International Centre for Mechanical Sciences, Courses and Lectures. J.

J. Moreau P. D. Panagiotopoulos, Springer, Vienna (1988).

[8] Günther Ropohl, *Eine Systemtheorie der Technik*. Hanser Verlag, München, Wien, 1979.

[9] John G. Papastavridis, *Analytical Mechanics*. Oxford University Press, Oxford, New York, 2002.

[10] H. Bork, J. Srnik, F. Pfeiffer, E. Negele, R. Hedderich, *Modellbildung, Simulation und Analyse eines leistungsverzweigten Traktorgetriebes*. Tagungsband Simulation im Maschinenbau, Institut fr Werkzeugmaschinen, TUDresden, 2000, pp. 329 - 347.

[11] Michael Beitelschmidt, *Reibstösse in Mehrkörpersystemen*. Fortschritt-Berichte VDI, Reihe 11, Nr. 275, VDI-Verlag Düsseldorf, 1999.

[12] Chr. Glocker, *Dynamik von Starrkörpersystemen mit Reibung und Stössen*. Fortschritt-Berichte VDI, Reihe 18, Nr. 182, VDI-Verlag Düsseldorf, 1995.

[13] F. Pfeiffer, Chr. Glocker, *Multibody Dynamics with Unilateral Contacts*. John Wiley & Sons, INC., New York, 1996.

[14] Chr. Glocker, *Set-Valued Force Laws — Dynamics of Non-Smooth Systems*. Springer Berlin, Heidelberg, New York, 2001.

[15] Chr. Glocker, *Energetic consistency conditions for standard impacts Part I: Newton-type inequality impact laws and Kanes example*. Multibody Syst Dyn (2013) 29: 77117.

[16] Chr. Glocker, *Energetic consistency conditions for standard impacts Part II: Poisson-type inequality impact laws*. Multibody Syst Dyn (2014) 32: 445509.

[17] R. Leine, H. Nijmeijer, *Dynamics and Bifurcations of Non-Smooth Mechanical Systems*. Springer Berlin, Heidelberg, New York, 2004.

[18] Thomas Geier, *Dynamics of Push Belt CVTs*. Fortschritt-Berichte VDI, Reihe 12, Nr. 654, VDI-Verlag Düsseldorf, 2007.

[19] Martin Sedlmayr, *Räumliche Dynamik von CVT-Keilkettengetrieben*. Fortschrittberichte VDI, Reihe 12, Nr. 558, VDI-Verlag Düsseldorf, 2003.

[20] Peter Wolfsteiner, *Dynamik von Vibrationsförderern*. Fortschrittberichte VDI, Reihe 2, Nr. 511, VDI-Verlag Düsseldorf, 1999.

[21] F. Pfeiffer, A. Stiegelmeyr, *Damping Towerlike Structures by Dry Friction*. Proc. of DETC '97, ASME Design Eng. Techn. Conf., 1997.

[22] Alart, P. and Curnier, A., *A Mixed Formulation for Frictional Contact Problems*

Prone to Newton-Like Solution Methods. Computer Methods in Applied Mechanics and Engineering, 92.

[23] H. Sattler, *Stationäres Betriebsverhalten stufenlos verstellbarer Metallumschlingungsgetriebe*, Dissertation, Universität Hannover, 1999.

[24] J. Srnik, *Dynamik von CVT-Keilkettengetrieben*, Fortschritt-Berichte VDI, Reihe 12, Nr. 372, VDI-Verlag Düsseldorf, 1999.

[25] M. Sedlmayr, *Räumliche Dynamik von CVT-Keilkettengetrieben*. Fortschritt-Berichte VDI, Reihe 12, Nr. 558, VDI-Verlag Düsseldorf, 2003.

[26] G. Sauer, *Grundlagen und Betriebsverhalten eines Zugketten-Umschlingungsgetriebes*, Fortschritt-Berichte VDI, Reihe 12, Nr. 293, VDI-Verlag Düsseldorf, 1996.

[27] M. Bullinger, *Dynamik von Umschlingungsgetrieben mit Schubgliederband*, Fortschritt-Berichte VDI, Reihe 12, Nr. 593, VDI-Verlag Düsseldorf, 2005.

[28] Th. Geier, M. Foerg, R. Zander, H. Ulbrich, F. Pfeiffer, A. Brandsma, A. van der Velde, *Simulation of a Push Belt CVT considering uni-and bilateral Constraints*. Second Int. Conf. on Nonsmooth/Nonconvex Mechanics with Applications in Engineering, Thessaloniki, 2003 (ZAMM 86, No. 10, 795 - 806 (2006)/DOI 10.1002/zamm.200610287).

[29] F. Pfeiffer, W. Lebrecht, T. Geier, *State of the Art of CVT-Modelling*, paper 04CVT-46, CVT 2004 Congress, San Francisco (2004).

[30] R. Zander, H. Ulbrich, *Reference-free mixed FE-MBS approach for beam structures with constraints*, Nonlinear Dynamics, Kluwer Academic Publishers, Dordrecht Netherlands, 2006.

[31] M. Foerg, L. Neumann, H. Ulbrich, *r-Factor Strategies for the Augmented Lagrangian Approach in Multi-Body Contact Mechanics*, III European Conference on Computational Mechanics, Lisbon, 2006.

[32] M. Foerg, *Mehrkörpersysteme mit mengenwertigen Kraftgesetzen — Theorie und Numerik*, dissertation TU-Munich, Lehrstuhl für Angewandte Mechanik, 2007.

[33] Th. Schindler, *Spatial Dynamics of Pushbelt CVTs*. Fortschritt-Berichte VDI, Reihe 12, Nr. 730, VDI-Verlag Düsseldorf, 2010.

[34] M. Sedlmayr, M., Pfeiffer, F., *Spurversatz bei CVT-Ketten*, VDI-Berichte 1630 "Schwingungen in Antrieben 2001", pp. 117 - 136, 2001.

[35] Sedlmayr, M., Pfeiffer, F., *Spatial Contact Mechanics of CVT Chain Drives*, 18th ASME Bien. Conf. on Mech. Vibration and Noise DETC01/VIB. 2001.

[36] Fujii, T., Kurakawa, T., Kanehara, S., *A Study of Metal-Pushing V-Belt Type CVT — Part 1: Relation between Transmitted Torque and Pulley Thrust*, Int. Congress and Exposition Detroit, SAE Technical Paper Series, Nr. 930666, pp. 1 - 11, 1993.

[37] Fujii, T., Takemasa, K., Kanehara, S., *A Study of Metal-Pushing V-Belt Type CVT — Part 2: Compression Force between Metal Blocks and Ring Tension*, Int. Congress and Exposition Detroit, SAE Technical Paper Series, Nr. 930667, pp. 13 - 22, 1993.

[38] Kanehara, S., Fujii, T., Kitagawa, T., *A Study of Metal-Pushing V-Belt Type CVT — Part 3: What Forces act on Metal Blocks*, Int. Congress and Exposition Detroit, SAE Technical Paper Series, Nr. 940735, pp. 95 - 105, 1994.

[39] Christian Lutzenberger, *Dynamik des menschlichen Ganges*. Dissertation TU-München, Lehrstuhl für Angewandte Mechanik, 2001.

[40] F. Pfeiffer, E. König, *Modeling Normal and Hemiparetic Walking*. Digital Human Modeling Conference, Mnchen, 18. - 22. 6. 2002, VDI-Berichte 1675, pp. 33 - 43, 2002.

[41] Jürgen Eltze, *Biologisch orientierte Entwicklung einer sechsbeinigen Laufmaschine*. Fortschritt-Berichte VDI, Reihe 17, Nr. 110, VDI-Verlag Düsseldorf, 1994.

[42] F. Pfeiffer, Th. Schindler, *Introduction to Dynamics*. Springer Berlin Heidelberg, 2015.

[43] F. Pfeiffer, *Applications of Unilateral Multibody Dynamics*, Phil. Trans. of the Royal Society, Vol. 359, Nr. 1789, pp. 2609 - 2628, 2001.

[44] von Seherr-Toss, Hans-C., Schmelz, F., Aucktor, E., *Universal Joints and Driveshafts — Analysis, Design, Applications*. second, enlarged edtion, Springer-Verlag Berlin Heidelberg New York, 2006.

2 机械系统建模的魅力：真实—现实—错觉

哈特穆特·布雷梅

2.1 概述

显然，人类思维是建立在对周围环境的想象之上的，这是一种探索，一种抽象，一种模型。模型的正确与否，决定了人类对现实情况的理解，即看到的可能是真理，但也可能是由于观察和想象导致的混乱和错觉。

建模的基本目的是解释，解释引出重建和预测。最简单的重建方式是构建硬件模型并观察在某些情况下会发生什么，例如，在暴风雨中漂浮于水面的船模：帕米尔[1]。这足以制作一部电影，足以制造一种错觉，或许也可以说明事故的原因，但不足以概括如何用于进一步的应用和预测，但通过数学方法却可以做到。硬件模型可用于理论物理建模的试验验证，如普朗特水洞或者风洞，直到今天仍是不可或缺的。验证是建模的最后一步，实物永远是验证对错的仲裁者。

硬件建模有时是不现实的，如开普勒卫星系统。基于观察的物理建模是纯粹的抽象，物理模型描述了行进过程却没有给予相应的解释。胡克让牛顿去验证重力作用与质心距离的平方成反比这一假设——欧拉动量定理（这可能是有史以来最好的模型）使这个问题变得能够概括。由此看来，物理理论的建立始于物理模型的建立，对物理模型的描述则可以应用其数学模型。

然而建模工作也有一定的危险性。例如在政治学和经济学中，一个模型就有可能有意或无意地误导民众（如教皇乌尔班八世为何让伽利略入狱?）；但也正是如此，技术应用中存在相信先验已知而实际并不正确的情况，就像双摆中的小幅混沌运动，由此得到双摆运动无法计算的结论。如果是这样的话，则以双摆运动为基础的机器人模型就走到了末路。但仔细观察双摆运动，假设摆臂细长，就会提出这样一个问题——弹性在其中是不是一个重要的影响因素?

2.2 弹性——建模问题

线性机器人证明了弹性的作用，但线性机器人（只有平移刚体运动）即使通过常见的联合控制[2]也无法达到目标（选择和定位）。为了深入了解建模问题，将空间（快速）刚体运动分解为单轴运动，大多数问题都是由旋转引起的（稍后将讨论线性运动），这表明弹性系统建模中存在模型不准确和/或错误的问题。

处理弹性力的一个常见方法是在已知拉格朗日定理的前提下应用哈密顿原理[3]：

$$\int_{t_0}^{t_1}[\delta T-\delta V]\mathrm{d}t=0 \tag{2-1}$$

式中：T 为动能；V 为势能；t 为时间。

2.2.1 旋转梁

旋转梁有

$$\delta T=\int_o^L(\boldsymbol{v}_\mathrm{c}^\mathrm{T}\rho A\delta\boldsymbol{v}_\mathrm{c}+\boldsymbol{\omega}_\mathrm{c}^\mathrm{T}\rho\boldsymbol{I}\delta\boldsymbol{\omega}_\mathrm{c})\mathrm{d}x$$

$$\delta V=\int_o^L(EI_z v''\delta v''+EI_y w''\delta w'')\mathrm{d}x \tag{2-2}$$

式中：ρ 为质量密度；A 为横截面积；$\boldsymbol{I}$ 为面积惯性矩张量；$\boldsymbol{v}_\mathrm{c}$，$\boldsymbol{\omega}_\mathrm{c}$ 分别为梁单元质心 c 的平动速度和旋转速度；EI_z，EI_y 为弯曲刚度的偏导数 $v(x,t)$，$w(x,t)$，用 $()'=\partial()/\partial x$ 表示。

1）纵向旋转

围绕伸展轴 x 旋转产生速度 $\dot{\alpha}(t)$（二阶），则有

$$\boldsymbol{v}_\mathrm{c}=\begin{bmatrix}0\\ \dot{v}-\dot{\alpha}w\\ \dot{w}+\dot{\alpha}v\end{bmatrix},\ \boldsymbol{\omega}_\mathrm{c}=\begin{bmatrix}\left(1-\dfrac{v'^2}{2}-\dfrac{w'^2}{2}\right) & v' & 0\\ -v' & \left(1-\dfrac{v'^2}{2}\right) & 0\\ -w' & 0 & 1\end{bmatrix}\begin{bmatrix}\dot{\alpha}\\ -\dot{w}'\\ \dot{v}'\end{bmatrix} \tag{2-3}$$

式中：$\boldsymbol{v}_c$ 为旋转参考系。由于惯性张量恒定，$\boldsymbol{\omega}_c$ 被分解到固定参考系，选择欧拉角（$\alpha \rightarrow \beta=-w' \rightarrow \gamma=v'$）描述，“′”代表对时间的导数。

计算和平常一样（虽然过程有点烦琐），即变量变换后对时间进行分部积分。

$$\int_{t_0}^{t_1}[\delta T-\delta V]\mathrm{d}t=\int_{t_0}^{t_1}\Big[\int_o^L\{\delta\alpha[-\rho I_x\ddot{\alpha}]+\delta v[\rho A(-\ddot{v}+2\dot{\alpha}\dot{w}+\ddot{\alpha}w+\dot{\alpha}^2 v)]+\delta w[\rho A(-\ddot{w}-2\dot{\alpha}\dot{v}+\ddot{\alpha}v+\dot{\alpha}^2 w)]+\underline{\delta v'[-\rho I_z\ddot{v}'+\rho(I_z+I_y-I_x)\dot{\alpha}\dot{w}'+\rho(I_y-I_x)\dot{\alpha}^2 v'+\rho I_z w'\ddot{\alpha}]}+\underline{\delta w'[-\rho I_y\ddot{w}'-\rho(I_z+I_y-I_x)\dot{\alpha}\dot{v}'+\rho(I_z-I_x)\dot{\alpha}^2 w'+\rho(I_x-I_y)v'\ddot{\alpha}]}-\underline{\underline{\delta v''EI_z v''}}-\underline{\underline{\delta w''EI_y w''}}\}\mathrm{d}x\Big]\mathrm{d}t+[\cdots]_{t_0}^{t_1}=0 \tag{2-4}$$

接下来将时间边界设为零，如此就没有时间积分了。对下划线部分进行一次分部积分，对双下划线部分进行两次分部积分，根据 δ 对空间和顺序进行积分，得到积分部分和边界部分分别为

$$\int_o^L\{\delta\alpha[-\rho I_x\ddot{\alpha}]+\delta v[\rho A(-\ddot{v}+2\dot{\alpha}\dot{w}+\ddot{\alpha}w+\dot{\alpha}^2 v)+\rho I_z\ddot{v}''-\rho(I_z+I_y-I_x)\dot{\alpha}\dot{w}''-\rho(I_y-I_x)\dot{\alpha}^2 v''\underline{-\rho I_z w''\ddot{\alpha}}-(EI_z v'')'']+\delta w[\rho A(-\ddot{w}-2\dot{\alpha}\dot{v}-\ddot{\alpha}v+\dot{\alpha}^2 w)+\rho I_y\ddot{w}''+\rho(I_z+I_y-I_x)\dot{\alpha}\dot{v}''-\rho(I_z-I_x)\dot{\alpha}^2 w''-\rho(I_x-I_y)v''\ddot{\alpha}-(EI_y w'')'']\}\mathrm{d}x \tag{2-5}$$

$$+[\{\delta v[-\rho I_z\ddot{v}'+\rho(I_z+I_y-I_x)\dot{\alpha}\dot{w}'+\rho(I_y-I_x)\dot{\alpha}^2 v'\underline{+\rho I_z w'\ddot{\alpha}}+(EI_z v'')']\}+\{\delta w[-\rho I_y\ddot{w}'-\rho(I_z+I_y-I_x)\dot{\alpha}\dot{v}'+\rho(I_z-I_x)\dot{\alpha}^2 w'+\rho(I_x-I_y)v'\ddot{\alpha}+(EI_y w'')']\}+[\delta v'(-EI_z v'')]+[\delta w'(-EI_z w'')]]_o^L=0 \tag{2-6}$$

假设 δv，δw，$\delta\alpha$ 独立，式(2-5)是式(2-6)的边界条件。为简化问题，令 $I_y=I_z=I$，$I_x=2I$（圆形或方形截面），得

$$[\rho A(\ddot{v}-2\dot{\alpha}\dot{w}\underline{-\ddot{\alpha}w}-\dot{\alpha}^2 v)-\rho I\ddot{v}''-\rho I\dot{\alpha}^2 v''\underline{\underline{+\rho I w''\ddot{\alpha}}}+(EI_z v'')'']=0$$

$$[\rho A(\ddot{w}+2\dot{\alpha}\dot{v}\underline{+\ddot{\alpha}v}-\dot{\alpha}^2 w)-\rho I\ddot{w}''-\rho I\dot{\alpha}^2 w''\underline{\underline{+\rho I v''\ddot{\alpha}}}+(EI_y w'')'']=0 \tag{2-7}$$

注意，符号改变得到 $+\rho A\ddot{v}$。此外 α 方程与其余部分是解耦的，代表添加了

驱动扭矩 $\left[\int_o^L \rho I_x \mathrm{d}x\right]\ddot{\alpha} - M_x = A\ddot{\alpha} - M_x = 0$。根据式(2－7)得到的结果有点奇怪：平动部分(下划线)一样，旋转部分(双下划线)是斜对称的。

问题是 δv，δw，$\delta \alpha$ 真的相互独立吗？

关于正交性如图 2－1 所示，由图可知 $\dot{\alpha}$ 轴是不垂直于 $\dot{\beta}$-$\dot{\gamma}$ 平面的。假设存在一个小幅度偏转，$\rho I_x \ddot{\alpha}\sin\beta \approx \rho I_x \ddot{\alpha}(-w')$ 以及 $\rho I_x \ddot{\alpha}\cos\beta \approx \rho I_x \ddot{\alpha}$。则式(2－5)需要补充 $\delta W_{\text{add}} = \int_o^L \rho I_x \ddot{\alpha}(-w')\delta v' \mathrm{d}x = \int_o^L \rho I_x \ddot{\alpha} w'' \delta v \mathrm{d}x - [\rho I_x \ddot{\alpha} w' \delta v]_o^L$，式(2－5)下划线部分则变为 $\int_o^L \delta v[-\rho(I_z - I_x)\ddot{\alpha} w'']\mathrm{d}x$，又因为 $I_z = I$，$I_x = 2I$，则有 $\int_o^L \delta v[+\rho I \ddot{\alpha} w'']\mathrm{d}x$，式(2－7)的修正边界项：

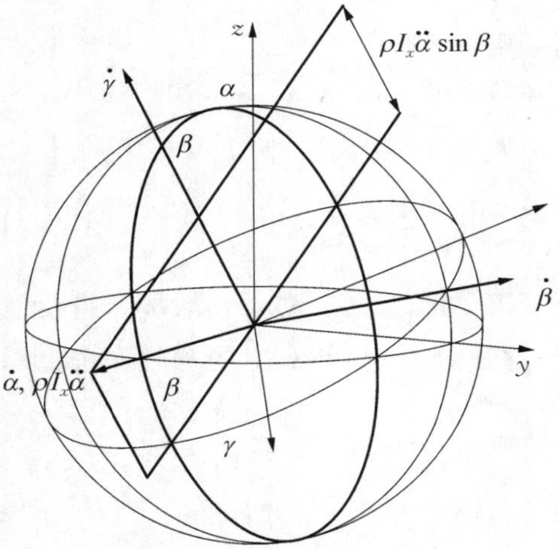

图 2－1　关于正交性

$$
\begin{aligned}
&[\rho A(\ddot{v} - 2\dot{\alpha}\dot{w} - \ddot{\alpha}w - \dot{\alpha}^2 v) - \rho I \ddot{v}'' - \rho I \dot{\alpha}^2 v'' \underline{- \rho I w'' \ddot{\alpha}} + (EI_z v'')''] = 0 \\
&[\rho A(\ddot{w} + 2\dot{\alpha}\dot{v} + \ddot{\alpha}v - \dot{\alpha}^2 w) - \rho I \ddot{w}'' - \rho I \dot{\alpha}^2 w'' \underline{\underline{+ \rho I v'' \ddot{\alpha}}} + (EI_y w'')''] = 0
\end{aligned}
\tag{2-8}
$$

通常情况下，哈密顿原理能够较好地用于计算弹性体，且不会有人质疑其正确性。然而这是基于弹性变形很小的前提，而刚体运动就不一样了，线性化时应该特别注意。

在此，所考虑的梁为瑞利梁，当变成惯性矩忽略不计的欧拉-伯努利梁时，这种困难就不存在了，有

$$
\begin{aligned}
&[\rho A(\ddot{v} - 2\dot{\alpha}\dot{w} - \ddot{\alpha}w - \dot{\alpha}^2 v) + (EI_z v'')''] = 0 \\
&[\rho A(\ddot{w} + 2\dot{\alpha}\dot{v} + \ddot{\alpha}v - \dot{\alpha}^2 w) + (EI_y w'')''] = 0
\end{aligned}
\tag{2-9}
$$

这些方程能够代表真相吗？物理模型需要直觉，“1889 年瑞典工程师拉瓦尔(1845—1913 年)是第一个通过实际实验展示一根轴的旋转速度比当时人们

认为的要快得多的人，拉瓦尔公布结果时人们均表示怀疑。”[4]

将符号改为转子动力学中常用的符号，可从式(2-9)中推导出第一弯曲模态方程[$\ddot{v}\rightarrow\ddot{x}$，$\ddot{w}\rightarrow\ddot{y}$ 有 $\dot{\alpha}=\Omega=\text{const}$(已知旋转对称)]。拉瓦尔转子和其俯视图如图 2-2 所示。

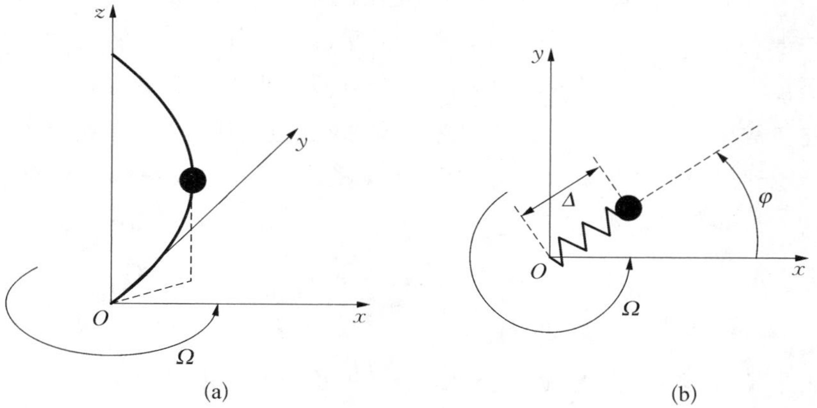

图 2-2　拉瓦尔转子和其俯视图

(a) 拉瓦尔转子；(b) 俯视图

$$\begin{bmatrix}\ddot{x}\\ \ddot{y}\end{bmatrix}+\begin{bmatrix}0 & -2\Omega\\ 2\Omega & 0\end{bmatrix}\begin{bmatrix}\dot{x}\\ \dot{y}\end{bmatrix}+\begin{bmatrix}(w^2-\Omega^2) & 0\\ 0 & (w^2-\Omega^2)\end{bmatrix}\begin{bmatrix}x\\ y\end{bmatrix}=\begin{bmatrix}0\\ 0\end{bmatrix} \tag{2-10}$$

奥古斯特·弗普尔(1854—1924 年)在其 1895 年的一篇文章中给出了这样的解释：W. 朗肯(1820—1872 年)曾使用“不幸的模型”，即某种旋转的无质量导向机构，其内部有一个质点，通过弹簧与原点相连。拉瓦尔转子中，导轨阻止了垂直于弹簧伸长方向的相对速度，因此减少了 1 个自由度，如图 2-2 中 $\varphi=0$。等式剩余部分 $\ddot{x}+(w^2-\Omega^2)x=0$ 表示 Ω 一旦通过第一次弯曲频率 w，运动就变得不稳定，但实际上科里奥利力会使运动稳定下来。

弗普尔的研究成果发表在一本期刊上，他的贡献在现代转子动力学领域可能不太为人所知。1916 年，皇家伦敦社区委托亨利·H. 杰夫考特(1877—1937 年)解决理论研究与实际结果之间的矛盾，3 年后杰夫考特在《哲学杂志》上发表了他的成果[5]。从那时起，“杰夫考特转子”这一技术术语便在英语地区广泛使用，而在其他国家更常使用的是“拉瓦尔转子”。

1890 年前后，拉瓦尔的实验装置彻底改变了乳制品行业，该装置将一些锥形圆盘插入牛奶离心机的分离碗中(阿尔法磁盘，由克莱门斯·冯·毛亨海姆申请专利)。2008 年，阿尔法-拉瓦尔公司庆祝了它 125 岁的生日。这再次说明物理建模需要直觉。

1957 年秋天，苏联发射了第一颗人造卫星，3 个月后美国第一颗人造地球卫星成功进入轨道，该卫星包括一个刚体和几乎没有质量且可以忽略弹性的天线，卫星是自旋稳定的。卫星成功发射后，3 位项目负责人皮克林、冯·阿伦、冯·布劳恩非常开心，但欢乐的氛围并没有蔓延多久，卫星开始变得不稳定了[6]。

考虑到空间中自由刚体的反度量模型，通过设 δv, δw 为零并忽略恢复力，由式(2-4)可得到运动方程：

$$\begin{aligned}&\delta v'[\rho I_z\ddot{v}'-\rho(I_z+I_y-I_x)\dot{\alpha}\dot{w}'-\rho(I_y-I_x)\dot{\alpha}^2v'\underline{-\rho I_z w'\ddot{\alpha}}]+\\&\quad\delta w'[\rho I_y\ddot{w}'+\rho(I_z+I_y-I_x)\dot{\alpha}\dot{v}'-\rho(I_z-I_x)\dot{\alpha}^2w'-\underline{\rho(I_x-I_y)v'\ddot{\alpha}}]=0\end{aligned}$$

由于 $\ddot{\alpha}=0$，对上式下划线部分进行修正已经无意义，因此 $\delta v'$ 和 $\delta w'$ 是独立的。更改轴的符号 ($x\to z$, $y\to x$, $z\to y$, $\alpha'\to\Omega$) 及 $I_y=I_z\to A$, $I_x\to C$，得到同向旋转坐标系中运动方程 $\boldsymbol{M}\ddot{\boldsymbol{y}}+\boldsymbol{G}\dot{\boldsymbol{y}}+\boldsymbol{K}\boldsymbol{y}=0$，除 A 后，得到

$$\begin{bmatrix}\ddot{\alpha}\\\ddot{\beta}\end{bmatrix}+\left(\frac{C}{A}-2\right)\Omega\begin{bmatrix}0&+1\\-1&0\end{bmatrix}\begin{bmatrix}\dot{\alpha}\\\dot{\beta}\end{bmatrix}+\left(\frac{C}{A}-1\right)\Omega^2\begin{bmatrix}+1&0\\0&+1\end{bmatrix}\begin{bmatrix}\alpha\\\beta\end{bmatrix}=\begin{bmatrix}0\\0\end{bmatrix}\tag{2-11}$$

这里 $\boldsymbol{J}=\mathrm{diag}(A,A,C)$ 表示惯性张量，自旋发生在 z 轴附近，并且自旋 $\boldsymbol{y}=(\alpha,\beta)^{\mathrm{T}}$ 考虑小的角度偏差。

式(2-11)的特征多项式为

$$P(\lambda)=\left[\lambda^2+\left(\frac{C}{A}-1\right)\Omega^2\right]^2+\left[\lambda\left(\frac{C}{A}-2\right)\Omega\right]^2=0\Rightarrow\lambda=\begin{cases}\pm i\left(\dfrac{C}{A}-1\right)\Omega\\\pm i\Omega\end{cases}\tag{2-12}$$

因为 $0<\dfrac{C}{A}\leqslant 2\,\forall\,\dfrac{C}{A}$($\forall$ 为全称量词)，所以运动总是稳定的。1879 年的开尔文(1824—1907 年)和泰特(1831—1901 年)的稳定性定理也说明了这一点，即 $\boldsymbol{K}>0$ 是稳定性的保证，而 $\boldsymbol{K}<0$ 时只要 $\det\boldsymbol{G}\neq 0$, $\|\boldsymbol{G}\|$ 足够高，也能保证系统的稳定性。

当有阻尼时，运动方程 $\boldsymbol{M}\ddot{\boldsymbol{y}}+\boldsymbol{D}\dot{\boldsymbol{y}}+\boldsymbol{G}\dot{\boldsymbol{y}}+\boldsymbol{K}\boldsymbol{y}=0$ 写为

$$\begin{bmatrix}\ddot{\alpha}\\ \ddot{\beta}\end{bmatrix}+\left(\frac{d}{A}\right)\begin{bmatrix}\dot{\alpha}\\ \dot{\beta}\end{bmatrix}+\left(\frac{C}{A}-2\right)\Omega\begin{bmatrix}0 & +1\\ -1 & 0\end{bmatrix}\begin{bmatrix}\dot{\alpha}\\ \dot{\beta}\end{bmatrix}+ \left(\frac{C}{A}-1\right)\Omega^2\begin{bmatrix}+1 & 0\\ 0 & +1\end{bmatrix}\begin{bmatrix}\alpha\\ \beta\end{bmatrix}=0 \tag{2-13}$$

1846 年，狄利克雷(1805—1859 年)的研究结果：如果 $\boldsymbol{D}>0$，则 $\boldsymbol{K}>0$ 代表系统稳定，$\boldsymbol{K}<0$ 代表系统不稳定，独立于 $\boldsymbol{G}$。 该结果由沙特威(1902—1959年)描述(相关英语文献翻译于 1961 年[7])。因此由式(2-13)可知，$(C/A)<1$ 表示系统不稳定，对应于图 2-3(b)中的形状，但是阻尼来自哪里？由此得到突破点[8]：不稳定原因(主要)是由于卫星弹性天线的材料阻尼。当然该理论只有在 $\boldsymbol{D}\geqslant 0$ 时才成立。 因此分离状态方程中的阻尼

$$\frac{\mathrm{d}}{\mathrm{d}t}\begin{bmatrix}\boldsymbol{y}\\ \dot{\boldsymbol{y}}\end{bmatrix}=\begin{bmatrix}0 & \boldsymbol{E}\\ -\boldsymbol{M}^{-1}\boldsymbol{K} & -\boldsymbol{M}^{-1}\boldsymbol{G}\end{bmatrix}\begin{bmatrix}\boldsymbol{y}\\ \dot{\boldsymbol{y}}\end{bmatrix}+\begin{bmatrix}0\\ -\boldsymbol{M}^{-1}\boldsymbol{D}\end{bmatrix}\dot{\boldsymbol{y}} \tag{2-14}$$

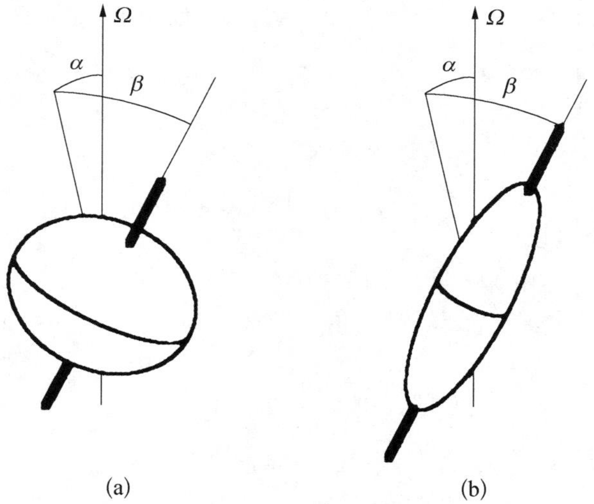

图 2-3　旋转体

(a) $\frac{C}{A}>1$；(b) $\frac{C}{A}<1$

把它当作一个控制输入，则输出

$$\boldsymbol{D}\geqslant 0 \wedge \left\{\begin{bmatrix}0 & \boldsymbol{E}\\ -\boldsymbol{M}^{-1}\boldsymbol{K} & -\boldsymbol{M}^{-1}\boldsymbol{G}\end{bmatrix},\begin{bmatrix}0\\ -\boldsymbol{M}^{-1}\boldsymbol{D}\end{bmatrix}\right\}\text{可控}$$

$$\Rightarrow \begin{cases} \boldsymbol{K} > 0\text{：稳定} \\ \boldsymbol{K} < 0\text{：不稳定} \end{cases}（\wedge \text{ 为逻辑与}） \tag{2-15}$$

显然材料阻尼非常小，但也不容忽视。不稳定意味着最小的参数也会不可避免地导致振幅在短时间内增大，而解决这一问题的建议就是让 $(C/A) > 1$，因为物理建模需要直觉。

2）垂直旋转

旋转梁如图 2-4 所示。考虑到垂直轴旋转的梁，有

$$\left[C_{\mathrm{Hub}} + \int_o^L (\rho A x^2)\right]\ddot{\gamma} + \int_o^L \rho A x \ddot{v} \mathrm{d}x = M_z$$

$$\rho A(\ddot{v} + x\ddot{\gamma} - v\dot{\gamma}^2) + (EI_z v'')'' = 0 \tag{2-16}$$

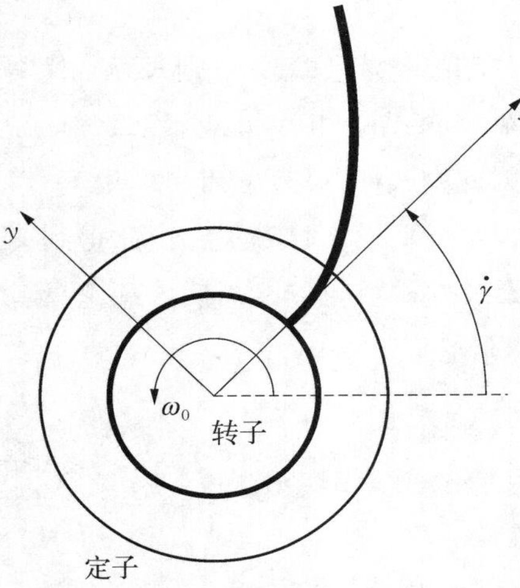

图 2-4　旋转梁

其中，$v(x, t)$代表挠度。为了找到解决方案，可以使用里兹拟设[9]：

$$v(x, t) = \boldsymbol{v}(x)^{\mathrm{T}}\boldsymbol{q}(t) \tag{2-17}$$

再使用伽辽金法[10]，有

$$\begin{bmatrix} C^0 & \int \rho A x \boldsymbol{v}^{\mathrm{T}} \mathrm{d}x \\ \int \rho A x \boldsymbol{v} \mathrm{d}x & \int \rho A \boldsymbol{v}\boldsymbol{v}^{\mathrm{T}} \mathrm{d}x \end{bmatrix} \begin{bmatrix} \ddot{\gamma} \\ \ddot{\boldsymbol{q}} \end{bmatrix} + \begin{bmatrix} 0 & 0 \\ 0 & \int EI_z \boldsymbol{v}\boldsymbol{v}''''^{\mathrm{T}} \mathrm{d}x - \int \rho A \boldsymbol{v}\boldsymbol{v}^{\mathrm{T}} \mathrm{d}x \dot{\gamma}^2 \end{bmatrix} \begin{bmatrix} \gamma \\ \boldsymbol{q} \end{bmatrix} = \begin{bmatrix} M_{\mathrm{M}} \\ 0 \end{bmatrix} \tag{2-18}$$

形函数使用一端夹紧梁的函数，由边界条件 $EI_z[\boldsymbol{v}\boldsymbol{v}''' - \boldsymbol{v}'\boldsymbol{v}''^{\mathrm{T}}]_o^L = 0$，分部积分得到 $\int_o^L EI_z \boldsymbol{v}\boldsymbol{v}''''^{\mathrm{T}} \mathrm{d}x = \int_o^L EI_z \boldsymbol{v}''\boldsymbol{v}''^{\mathrm{T}} \mathrm{d}x$。

形函数满足正交条件，则有

$$v_i(x) = \cosh k_i x - \beta_i \sinh k_i x - \cos k_i x + \beta_i \sin k_i x, \int_o^L v_i v_j \mathrm{d}x = \delta_{ij} L \tag{2-19}$$

$$\frac{v_i(x)''}{k_i^2}=\cosh k_i x-\beta_i\sinh k_i x+\cos k_i x-\beta_i\sin k_i x\,,\int_o^L v_i''v_j''\,\mathrm{d}x=\delta_{ij}k_i^4 L \tag{2-20}$$

式中：δ_{ij} 为克罗内克符号。其中 k_i 来自 $\cosh(k_iL)\cos(k_iL)+1=0$，因此式(2-18)中唯一的未知项是 $\int_o^L \rho Axv\mathrm{d}x$。微分方程 $v_i''''-k_i^4v_i=0$ 中插入 v_i 后分部积分，得

$$\int_o^L xv_i\,\mathrm{d}x=\frac{1}{k_i^4}\int_o^L xv_i''''\,\mathrm{d}x=\frac{1}{k_i^4}[Lv_i'''(L)+v_i''(0)-v_i''(L)]=\frac{2}{k_i^2} \tag{2-21}$$

参见式(2-20)。由于边界条件 $v''(L)=0$，$v'''(L)=0$，因此可假设 EI 和 ρA 恒定，运动方程 $\boldsymbol{M}\ddot{\boldsymbol{y}}+\boldsymbol{K}\boldsymbol{y}=\boldsymbol{Q}$ 可写为

$$\boldsymbol{y}=\begin{bmatrix}\gamma\\ q_1\\ q_2\\ \vdots\\ q_n\end{bmatrix},\ \boldsymbol{M}=m_\mathrm{B}\left[\begin{array}{c|cccc}\dfrac{L^2}{3}+\dfrac{C_\mathrm{Hub}}{m_\mathrm{B}} & \dfrac{2}{k_1^2L} & \dfrac{2}{k_2^2L} & \cdots & \dfrac{2}{k_n^2L}\\ \hline \dfrac{2}{k_1^2L} & & & & \\ \dfrac{2}{k_2^2L} & & \boldsymbol{E} & & \\ \vdots & & & & \\ \dfrac{2}{k_n^2L} & & & & \end{array}\right] \tag{2-22}$$

$$\boldsymbol{K}=EIL\left[\begin{array}{c|cccc}0 & 0 & 0 & \cdots & 0\\ \hline 0 & & & & \\ 0 & & \mathrm{diag}(k_i^4)-\omega_0^2\dfrac{\rho A}{EI}\boldsymbol{E} & & \\ \vdots & & & & \\ 0 & & & & \end{array}\right],\ \boldsymbol{Q}=\begin{bmatrix}M_\mathrm{M}\\ 0\\ 0\\ \vdots\\ 0\end{bmatrix} \tag{2-23}$$

为什么要分析如何计算形函数，而不使用计算机程序呢？很明显，学生非常不喜欢微积分。作者的一个同事认为，如今的学生通常会借助计算机计算求解不定积分 $\int x\,\mathrm{d}x$，因为几年前他询问一个年轻人时，对方表示在没有计算机的情况下其无法通过笔算得到积分值，但笔算求解积分是有好处的。以轧机为例，轧机由几根不均匀的旋转梁、电机和齿轮以及金属弹性元件组成，但这种系统无法套用通用有限元代码进行计算求解。胡宾格(Hubinger)[11] 使用传输矩阵技术将计算时间减少了 2 万倍，即在确定系统可计算的前提下，该技术有效地将计算时间从一年减少至半小时。但过度依赖计算机是科学的毁灭也是人类的威胁[12]，因此在使用计算机前应先让大脑活动起来。

2.2.2 好奇心

1) 奇点

回到这样一个问题：简单的欧拉-伯努利梁是否具有典型性，比如能否表征直升机的桨叶？此时式(2-22)中没有 C_{Hub}，质量矩阵行列式为

$$\det \boldsymbol{M} = m_{\mathrm{B}}\left[\frac{L^2}{3} - \sum\left(\frac{2L}{k_i^2 L^2}\right)^2\right] \tag{2-24}$$

然而 k_i 来自 $\cosh(k_i L)\cos(k_i L) + 1 = 0$，式(2-24)证明为零，因此有必要保留 $C_{\mathrm{Hub}} \neq 0$。

$$\det \boldsymbol{M} = C_{\mathrm{Hub}} \tag{2-25}$$

如果式(2-24)中的形函数[式(2-19)]的级数截断(或更糟糕的是任何其他形函数，问题可能仍然没有被检测到)，则式(2-24)将得到一个非零值，因此结果不可靠。经过仔细观察，这样做的原因很明显：如考虑由变形函数 v，w 代表梁单元的平面运动，对于旋转梁有

$$p \in IR^2,\ \boldsymbol{q} = \begin{bmatrix} v \\ w \\ \alpha \end{bmatrix} \in IR^3, \tag{2-26}$$

式中：p 为动量，$\boldsymbol{q}$ 由最小坐标组成。因此，上述问题在运动学上被过度定义。为了得到正确的表示，还需要角动量 L(这里 $L \in IR^1$，即考虑 C_{Hub} 及一些额外

的假设)，或者将 $\boldsymbol{q}=[v \quad w]^{\mathrm{T}} \in IR^2$ 以及 $\alpha=\alpha(t)$ 作为约束。

2) 不稳定性

对于后者，可以假设 $\gamma=\Omega t$，$\Omega=\text{const}$。由式(2-22)得到运动方程：

$$\begin{bmatrix}\ddot{q}_1\\ \ddot{q}_2\\ \vdots\\ \ddot{q}_n\end{bmatrix}+\left[\frac{EI}{\rho A}\operatorname{diag}(k_i^4)-\omega_0^2\boldsymbol{E}\right]\begin{bmatrix}q_1\\ q_2\\ \vdots\\ q_n\end{bmatrix}=\begin{bmatrix}0\\ 0\\ \vdots\\ 0\end{bmatrix} \tag{2-27}$$

并读取相应的电机转矩(导致 $\Omega=\text{const}$) 得

$$\boldsymbol{M}_{\mathrm{M}}=m_{\mathrm{B}}\left[\frac{2}{k_1^2L} \quad \frac{2}{k_2^2L} \quad \cdots \quad \frac{2}{k_n^2L}\right]\begin{bmatrix}\ddot{q}_1\\ \ddot{q}_2\\ \vdots\\ \ddot{q}_n\end{bmatrix} \tag{2-28}$$

$\Omega=\text{const}$ 是转子动力学中的一个常见假设，在大多数情况下不会解释它从何而来。根据式(2-28)，电机转矩是否可能产生问题？1902 年，佐默费尔德(Sommerfeld)观察到在一定情况下，驱动力矩不再加速转子转速，而是激发轴的弯曲振荡[13]。本例中，即使扭矩可用，运动方程就正确吗？答案显然不是，施加恒定扭矩会在一段时间后导致弯曲不稳定。不稳定梁如图 2-5 所示。

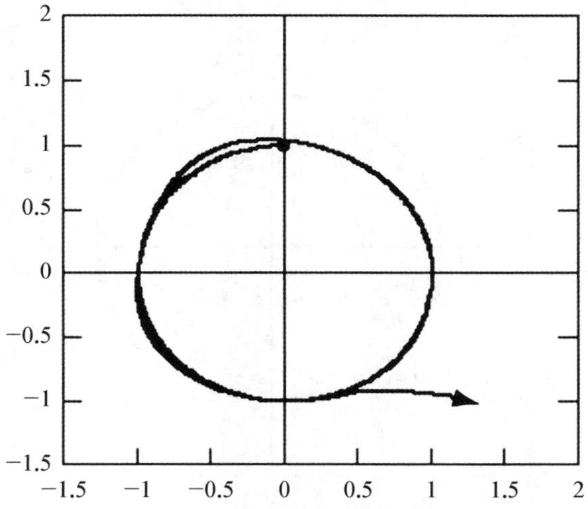

图 2-5 不稳定梁(尖端偏转)

原因很简单：作用在梁单元上的离心力为

$$\mathrm{d}f_{\text{cent}}=\rho A\omega_0^2\mathrm{d}x\begin{bmatrix}x\\v\end{bmatrix} \tag{2-29}$$

线性方法中的偏转只考虑 y 轴方向，但在现实中元素不是直线移动的，而是在圆弧上移动，因此负 x 轴方向上也有一个偏差 $\int_o^x v'^2\mathrm{d}x/2$。欧拉定理已明确纵向力的作用[14]，可以通过虚功计算（以及里兹拟设）

$$\delta W_{\text{cent},\,x}=-\int_o^L\left[\int_o^x v'\delta v'\mathrm{d}\xi\right]\rho A\omega_0^2 x\,\mathrm{d}x=-\delta\boldsymbol{q}^{\mathrm{T}}\int_o^L\boldsymbol{v}'\boldsymbol{v}'^{\mathrm{T}}\frac{\rho A}{2}\omega_0^2(L^2-x^2)\mathrm{d}x\boldsymbol{q} \tag{2-30}$$

由式(2-30)和式(2-27)，可得运动方程为

$$\begin{bmatrix}\ddot{q}_1\\\ddot{q}_2\\\vdots\\\ddot{q}_n\end{bmatrix}+\left[\frac{EI}{\rho A}\mathrm{diag}(k_i^4)-\omega_0^2\left(\boldsymbol{E}-\frac{1}{2L}\int_o^L(L^2-x^2)\boldsymbol{v}'\boldsymbol{v}'^{\mathrm{T}}\mathrm{d}x\right)\right]\begin{bmatrix}q_1\\q_2\\\vdots\\q_n\end{bmatrix}=\begin{bmatrix}0\\0\\\vdots\\0\end{bmatrix} \tag{2-31}$$

施加恒定的电机扭矩后旋转梁运动保持稳定，如图 2-6 所示。

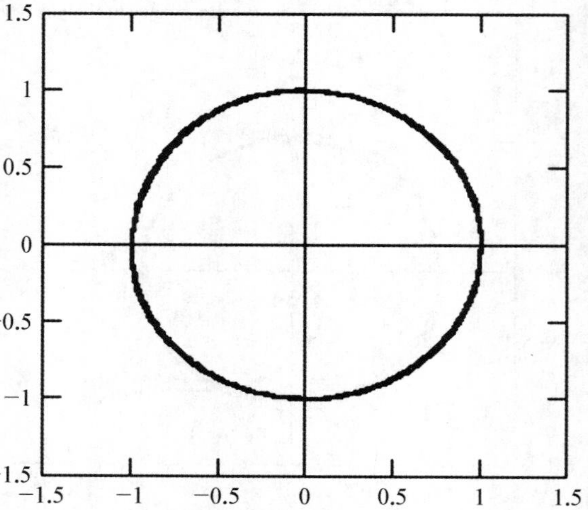

图 2-6　旋转梁运动保持稳定(尖端偏转)

该现象反映了一个事实：直升机桨叶在转子转速增加时不会引起不稳定，相反，叶片却不知为何变得越来越硬。因此，由二阶位移引起的效应有时被称为“动力加强”。然而这种表示法并没有使人们相信这是一种新理论，在对小弯曲振幅方程进行线性化时，也曾因忽略这些效应而导致严重的错误。数学建模需要解释，由于二阶位移引起的此类效应较多，因此可分两步得到。

(1) 从柯西(运动时的波动参考)到特雷夫茨(固定参考)，单位力/扭矩(零阶)得到了正确应用[15]。

(2) 使用富比尼式分部积分法，$\int_o^L g(x)\int_o^x h(\xi)\mathrm{d}\xi\mathrm{d}x=\int_o^L h(x)\left(\int_x^L g(\xi)\mathrm{d}\xi\right)\mathrm{d}x$ 产生独立的负载假设[16]。

二阶位移，即上标(2)为

$$
\begin{aligned}
\boldsymbol{r}^{(2)}&=-\frac{1}{2}\int_o^x\left\{\begin{matrix}v'^2+w'^2\\-2[(x-\xi)\vartheta'w'-\vartheta w']\\+2[(x-\xi)\vartheta'v'-\vartheta v']\end{matrix}\right\}\mathrm{d}\xi\\
\boldsymbol{\varphi}^{(2)}&=+\frac{1}{2}\int_o^x\begin{bmatrix}+(v'w''-w'v'')\mathrm{d}\xi\\+2\vartheta'v'\mathrm{d}\xi\\+2\vartheta'w'\mathrm{d}\xi\end{bmatrix}\mathrm{d}\xi
\end{aligned}
\tag{2-32}
$$

[比较 $\boldsymbol{r}_1^{(2)}$(第一部分)与式(2-30)]。

首先尝试考虑柔性多连杆机器人具有重端负载 m_E 的旋转梁，一阶近似表示邻域子系统[17]，然后再考虑扭转挠度。等式写为

$$
\boldsymbol{M}\ddot{\boldsymbol{y}}+\boldsymbol{K}\boldsymbol{y}=\boldsymbol{Q},\ \boldsymbol{y}=\begin{bmatrix}\gamma(t)\\\boldsymbol{q}_v(t)\\\boldsymbol{q}_\vartheta(t)\end{bmatrix},\ \boldsymbol{Q}=\begin{bmatrix}M_{\mathrm{mot}}\\0\\0\end{bmatrix}
\tag{2-33}
$$

当 $m_E\gg\rho AL$，则有　　(2-34)

$$
\boldsymbol{K}=\int_o^L\begin{bmatrix}0&0&0\\0&EI_z\boldsymbol{v}''\boldsymbol{v}''^{\mathrm{T}}+\gamma^2m_E[L\boldsymbol{v}'\boldsymbol{v}'^{\mathrm{T}}-\boldsymbol{v}_E\boldsymbol{v}_E^{\mathrm{T}}]&0\\0&0&GI_D\boldsymbol{\vartheta}'\boldsymbol{\vartheta}'^{\mathrm{T}}\end{bmatrix}\mathrm{d}x
\tag{2-35}
$$

下标参数 E 代表“结束”，这里的扭转是解耦的。然而对应的(第一)频率与

试验数据却相差约30%，这不能用数值的不简洁性解释。

造成这一结果的原因又是一个二阶效应：如式(2－32)所示，弯曲和扭转之间存在严重的耦合(已知普朗特定理[18])。考虑到这一点，恢复矩阵变为

$$\boldsymbol{K}=\int_{o}^{L}\begin{bmatrix}0 & 0 & 0\\ 0 & EI_z\boldsymbol{v}''\boldsymbol{v}''^{\mathrm{T}}+\underline{\gamma^2 m_{\mathrm{E}}[L\boldsymbol{v}'\boldsymbol{v}'^{\mathrm{T}}-\boldsymbol{v}_{\mathrm{E}}\boldsymbol{v}_{\mathrm{E}}^{\mathrm{T}}]} & m_{\mathrm{E}}g(L-x)\boldsymbol{v}''\boldsymbol{\vartheta}^{\mathrm{T}}\\ 0 & m_{\mathrm{E}}g(L-x)\boldsymbol{\vartheta}\boldsymbol{v}''^{\mathrm{T}} & GI_{\mathrm{D}}\boldsymbol{\vartheta}'\boldsymbol{\vartheta}'^{\mathrm{T}}\end{bmatrix}\mathrm{d}x \tag{2-36}$$

离心效应[式(2－36)的下划线部分]在机器人运动中可能不会起到重要作用。然而从物理角度解释来看，取消“动力加强”部分而保留发散部分是没有意义的。对于非永久旋转，整个离心效应可以忽略不计，得到线性运动方程，当然这些假设必须得到验证。

虽然较小的力通常被忽略，但是一定要注意非线性效应。以T型弹性梁系统为例，在一定参数范围内，弹性梁系统表现出与参数共振对应的平面外运动，虽然共振不会真的发生(因为能量有限，与共振情况一样，运动一开始是指数不稳定的)，但是在一定振幅下效果就会反过来，导致摆动超过β和q波，简化后的模型如图2－7所示。

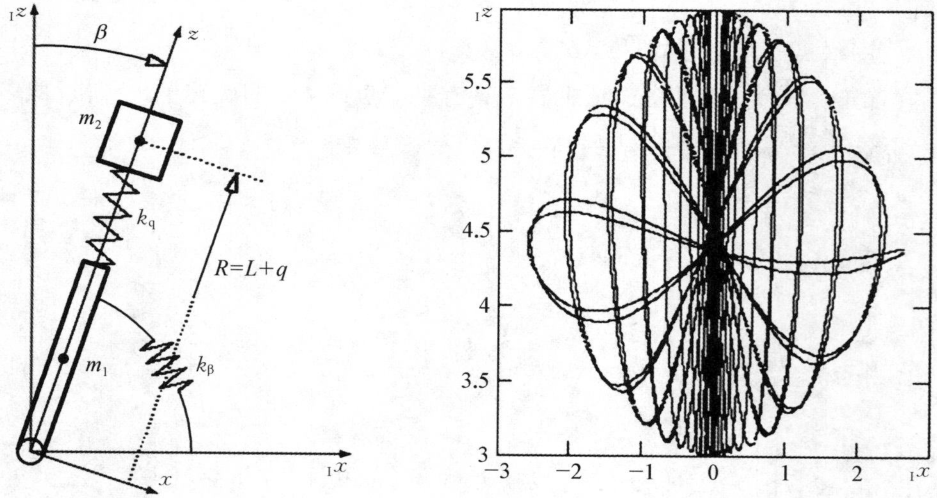

图2－7　简化后的模型

(a) 二自由度振荡器；(b) 尖端运动

综上所述，物理建模需要直觉，数学建模需要解释。

2.2.3　建模问题

(1) 直升机桨叶——例子：科里奥利项在哪里？

参照：颤振的科氏效应。

① 例如天气预报(卡丽、帕米尔飓风)。

② 例如转子动力学(拉瓦尔)。

注意非线性作用：

① 例如天气预报(混沌)。

② 例如 T 型梁(揭示了通常观察到的典型效应)。

(2) 弹性机器人回转机动。

① 试验：科里奥利项是否可以忽略不计？可以。

② 试验：扭转是一种解耦运动？大部分不是。

③ 试验：离心效果是否可以忽略不计？大多可以。

建模告诉我们——到底是真实、现实还是仅仅是错觉？为了得到真实的结果，人们可以使用假设。例如，事实上迦太基已经被消灭了，假定它拥有大规模毁灭性武器是为了证明消灭它是正当的，这符合与真理毫无共同之处的政治正确性。

笛卡儿提出了一个具有影响力的规则：当较小的物体撞击较大的物体时，较小的物体被反弹而较大的物体保持静止。他还认为："如果经验与感知出现矛盾，那么必须相信理性而不是感知。"[19]这在哲学中可能被称为科学的正确性，而哲学与真理毫无共同之处。真理也许永远得不到，但至少是真实的，需要通过试验验证，这是自伽利略时代以来的一种假设。

2.3　建模——基本需求

建模的基本法则是"尽可能简单，必要的复杂"，目标是得到最简单又直接的方法(一个或多个)。

物理模型由物体本身和其相互的作用力组成。例如，尽可能简单的方法：汽车的轮毂运动不应包括驾驶室壳体模型。数学模型既可以基于欧拉定理考虑，也可以根据拉格朗日法考虑。角速度 $\boldsymbol{\omega}$ 的非完整性令一代又一代科学家头痛，通过泊松方程获取 $\boldsymbol{\omega}$，是迄今最为复杂的方法。大多数完整系统中，$\boldsymbol{\omega}$ 是最小坐标 $\boldsymbol{q}$ 及其派生函数——这使得数学模型变得复杂，如果 $\boldsymbol{\omega}$ 是可用的（作为一个整体），则可从测量中获得。

欧拉法使用了动量和动量矩定理及约束力，而拉格朗日法（拉格朗日定理）则将两者有效地结合在一起，可以说这是一个“统一速率”（均为一体），但还需要一些额外的解释。计算方法可以选择函数矩阵（如雅可比矩阵），也可以通过泊松方程计算（用数字代码表示）——这是一个复杂且不必要的弯路。通常建议使用惯性参考系，但这个限制太严格了；雅可比矩阵是运动学的先验知识，不需要任何额外的计算方法加以补充说明。相反运动框架适应于所考虑实际问题的物理和数学建模。

弹性变形通常采用伽辽金法，它的形函数必须满足动力学边界条件，但后者可以考虑用扩展的伽辽金法（推荐）。通过分部积分，边界条件被转换成积分——又回到了研究起点，直接里兹法（虚功）。由此看来，伽辽金提出的重新整合方法已经过时了。

如果出现非完整约束，那么是否还有其他更适合应用的原理[如茹尔丹原理（正如人们经常宣称的那样[20]）]？这个问题引出了对拉格朗日定理的解释，同时利用拉格朗日定理建模可以得到最优化梁。物理模型应考虑相互作用的刚体和类梁弹性体，欧拉-伯努利梁是一个强有力的工具。

2.3.1 物理模型

继续讲述物理建模。两个典型的机器人组件如图 2-8 所示，分别为电机齿轮臂装置和安装在齿轮输出端的伸缩臂。通过观察可看出，物理模型由以下组成。

（1）相互连接的刚体和弹性体。

（2）作用力。

① 被动力：弹簧、阻尼器等。

② 主动力：操纵。

众所周知，现实中不存在刚体，但刚体是完美的基本模型。

2.3.2 数学模型

2.3.2.1 欧拉法

$$\boldsymbol{p}=m\boldsymbol{v}\in IR^3,\ \dot{\boldsymbol{p}}+\tilde{\boldsymbol{\omega}}\boldsymbol{p}=\boldsymbol{f}^{[21]}$$
$$\boldsymbol{L}=\boldsymbol{J}\boldsymbol{\omega}\in IR^3,\ \dot{\boldsymbol{L}}+\tilde{\boldsymbol{\omega}}\boldsymbol{L}=\boldsymbol{M}^{[22]} \tag{2-37}$$

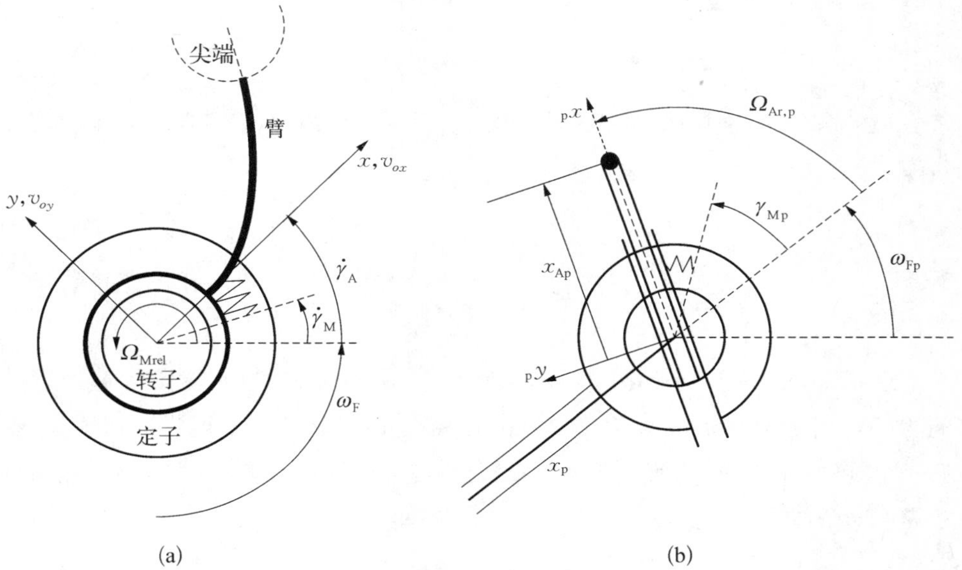

图 2-8　两个典型的机器人组件

(a) 电机齿轮臂；(b) 伸缩臂

式中：m 为质量；$\boldsymbol{v}$ 为速度(物体固定架)；$\boldsymbol{J}$ 为惯性张量(常数)；$\boldsymbol{\omega}$ 为角速度(物体固定架)；$\tilde{\boldsymbol{\omega}}$ 为自旋张量；$\boldsymbol{f}$ 为力；$\boldsymbol{M}$ 为力矩；$\boldsymbol{L}$ 为角动量。

该方法的关键点是 $\boldsymbol{\omega}$。如何获得 $\boldsymbol{\omega}$？令 $Br := r$ 表示固定坐标系 B 中的一个点；令 $\boldsymbol{A} = \boldsymbol{A}_{IB}$ 使 Br 转换为惯性表示的变换矩阵，即 $Ir = \boldsymbol{A}_{IBBr}$。因此 $\boldsymbol{A}_{IB}$ 是正交的：$\boldsymbol{A}_{BI}^{T} = \boldsymbol{A}_{IB} := \boldsymbol{A}$，$\boldsymbol{A}^{T}\boldsymbol{A} = \boldsymbol{E}$(单位)。要得到物体在固定表示法中的绝对速度，首先要将矢量 $\boldsymbol{r}$ 转换到惯性系中，然后对时间微分(得到绝对测量值)，最终转化到(期望的)固定坐标系中，则有

$$\boldsymbol{v} = \boldsymbol{A}^{T} \frac{d}{dt}[\boldsymbol{A}\boldsymbol{r}] = \dot{\boldsymbol{r}} + \left[\boldsymbol{A}^{T} \frac{d\boldsymbol{A}}{dt}\right]\boldsymbol{r} \tag{2-38}$$

从式(2-38)中可以得到

$$\left[\boldsymbol{A}^{T} \frac{d\boldsymbol{A}}{dt}\right] = \tilde{\boldsymbol{\omega}} \tag{2-39}$$

$\tilde{\boldsymbol{\omega}} \in IR^{3,3}$ 是 $\boldsymbol{\omega} \in IR^{3}$ 的斜对称旋转张量。式(2-39)通常被称为“泊松方程”。难道这就是文献中经常提到的用来获得 $\boldsymbol{\omega}$ 的方法吗？显然不是。一旦使

用 $\boldsymbol{A}$，就要预先知道角速度 $\boldsymbol{\omega}$，如令

$$\boldsymbol{A}^{\mathrm{T}}=\boldsymbol{A}_{\mathrm{BI}}=\boldsymbol{A}_{\alpha}\boldsymbol{A}_{\beta}\boldsymbol{A}_{\gamma} \tag{2-40}$$

γ(z 轴)，β(y 轴)，α(x 轴)组成连续初等变换，角速度(固定坐标系下)简化为

$$\boldsymbol{\omega}=[\boldsymbol{e}_1 \mid \boldsymbol{A}_{\alpha}\boldsymbol{e}_2 \mid \boldsymbol{A}_{\alpha}\boldsymbol{A}_{\beta}\boldsymbol{e}_3]\begin{bmatrix}\dot{\alpha}\\ \dot{\beta}\\ \dot{\gamma}\end{bmatrix} \tag{2-41}$$

这意味着第一个旋转是 ($\dot{\gamma}\boldsymbol{e}_3$，$\boldsymbol{e}_3$ 为第 3 单位矢量)通过旋转 β，α 变换后得到的；第二个旋转 ($\dot{\beta}\boldsymbol{e}_2$，$\boldsymbol{e}_2$ 为第 2 单位矢量)是通过旋转 α 变换后得到的，而最后一个旋转 ($\dot{\alpha}\boldsymbol{e}_1$，$\boldsymbol{e}_1$ 为第 1 单位矢量)是最终在坐标系中表示的。从式(2－39)中提取 $\boldsymbol{\omega}$ 的方法太烦琐了，而式(2－41)又可写为

$$\begin{bmatrix}\omega_x\\ \omega_y\\ \omega_z\end{bmatrix}=\begin{bmatrix}1 & 0 & -\sin\beta\\ 0 & \cos\alpha & \sin\alpha\cos\beta\\ 0 & -\sin\alpha & \cos\alpha\cos\beta\end{bmatrix}\begin{bmatrix}\dot{\alpha}\\ \dot{\beta}\\ \dot{\gamma}\end{bmatrix} \tag{2-42}$$

设 $\boldsymbol{\omega}\,\mathrm{d}t := \mathrm{d}\boldsymbol{\pi}$，则第一部分为

$$\begin{aligned}\mathrm{d}\pi_x &= [1]\mathrm{d}\alpha+[0]\mathrm{d}\beta+[-\sin\beta]\mathrm{d}\gamma\\ &=\left(\frac{\partial\pi_x}{\partial\alpha}\right)\mathrm{d}\alpha+\left(\frac{\partial\pi_x}{\partial\beta}\right)\mathrm{d}\beta+\left(\frac{\partial\pi_x}{\partial\gamma}\right)\mathrm{d}\gamma\end{aligned} \tag{2-43}$$

这表明在 $\left(\dfrac{\partial^2\pi_x}{\partial\beta\partial\gamma}\right)=0$ 及 $\left(\dfrac{\partial^2\pi_x}{\partial\gamma\partial\beta}\right)=-\cos\beta$ 条件下，$\boldsymbol{\omega}$(用 $\boldsymbol{v}$ 表示非惯性)基本不可积。

$\boldsymbol{\omega}$ 被称为非完整(速度)变量，其非完整性在过去几十年里虽然很少出现，但是确实造成了许多问题。这也可能是大部分第二类拉格朗日方程被应用于直接将式(2－42)插入动能的原因，当然 $\dot{\boldsymbol{q}}=[\dot{\alpha}\quad\dot{\beta}\quad\dot{\gamma}]^{\mathrm{T}}$ 是完整的，结果对非完整约束根本没用。

“红色男爵”福克 Dr. I 型三翼飞机，这个简单的例子使背景更具启发性：假设飞机模型是空间刚体，其运动表达式为式(2－37)，则其欧拉方程可精确地表达为

$$
\begin{aligned}
A\dot{\omega}_x-(B-C)\omega_y\omega_z&=M_x\\
B\dot{\omega}_y-(C-A)\omega_x\omega_z&=M_y\\
C\dot{\omega}_z-(A-B)\omega_x\omega_y&=M_z
\end{aligned}
\tag{2-44}
$$

飞机模型中的扭矩以及其产生的角速度如图 2－9 所示。飞行时飞行员同时施加扭矩 M_x（副翼）、M_y（方向舵）和 M_z（升降舵），如图 2－9(a)所示，其目的是保持 γ 等于零并将 α 和 β 翻转 180°（殷麦曼翻转）。但陀螺效应表明（“并行性”），γ 垂直旋转会引起飞机围绕 $\boldsymbol{e}_3$ 轴旋进，迫使飞行员抵抗这种现象，殷麦曼翻转对飞行员提出了很大挑战。

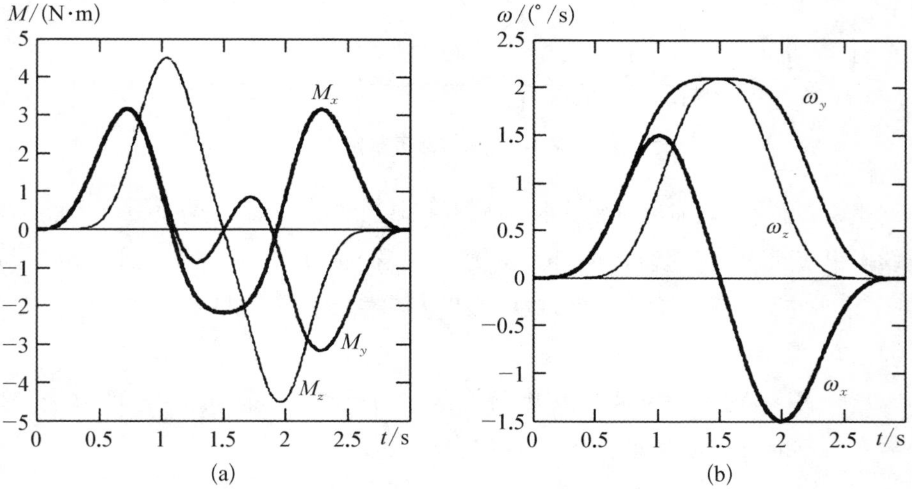

图 2－9 飞机模型中的扭矩以及其产生的角速度

(a) 随时间推移施加的扭矩；(b) 扭矩产生的角速度

扭矩产生的角速度[见图 2－9(b)]，可以用机载速率陀螺在机上进行实测；因为它们不是基本可积的，所以需要参数化，将 $\dot{\boldsymbol{q}}=[\dot{\alpha}\quad\dot{\beta}\quad\dot{\gamma}]^{\mathrm{T}}$ 代入式(2－42)，产生常微分方程：

$$
\begin{bmatrix}\dot{\alpha}\\ \dot{\beta}\\ \dot{\gamma}\end{bmatrix}=\begin{bmatrix}1 & \sin\alpha\tan\beta & \cos\alpha\tan\beta\\ 0 & \cos\alpha & -\sin\alpha\\ 0 & \sin\alpha/\cos\beta & \cos\alpha/\cos\beta\end{bmatrix}\begin{bmatrix}\omega_x\\ \omega_y\\ \omega_z\end{bmatrix}
\tag{2-45}
$$

为了获得方向，必须求解常微分方程，结果如图 2－10 所示。

需要备注的是，马克斯·殷麦曼（1890—1916 年）曾在驾驶一架没有副翼的

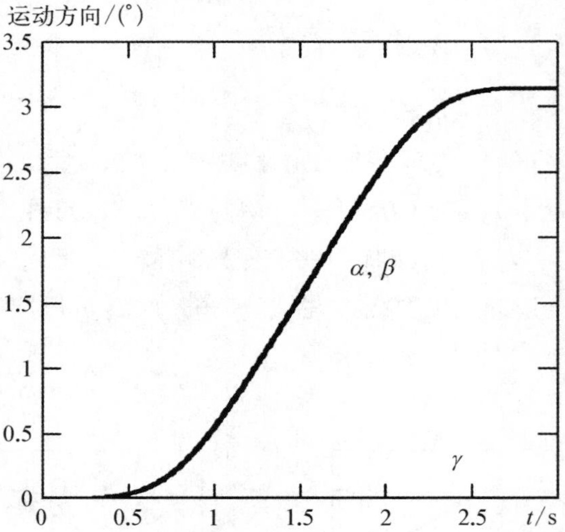

图 2-10　常微分方程的解

福克飞机飞行时，只能通过钢索控制机翼扭转。能做到这一点他很有可能不是连续操纵飞机而是连续机动，即首先进行 β 翻转(0°→180°)，然后进行 α 翻转(0°→180°)，飞机没有 γ 方向的运动，这种方式是基本可积的。

2.3.2.2　拉格朗日法

1764 年，拉格朗日获得了法国科学院的奖励[23]，他发表了《月球天平动研究》，在文章的第 9 页有如下方法(现代表示法)：

$$\int_{(S)} (\mathrm{d}m\ddot{\boldsymbol{r}} - \mathrm{d}\boldsymbol{f}^{\mathrm{e}})^{\mathrm{T}} \delta\boldsymbol{r} = 0 \tag{2-46}$$

现在式(2-46)多指代达朗贝尔公式，然而达朗贝尔原理与式(2-46)并没有太多共同之处：它表明了损失力的平衡条件[24]，这是一种难以用于高阶系统的程序。拉格朗日的研究重点在分析法，他著名的第二类方程于 1780 年问世(《月球天平动研究》)；1788 年，他在著作《分析力学》中使用式(2-46)(动力学一般公式)作为研究的基础。

2.3.2.3　统一化

式(2-46)需要在惯性坐标系中通过 $\ddot{\boldsymbol{r}}$ 才能获得绝对加速度，但对于刚体，可以将 $\boldsymbol{r}$ 分解为 $\boldsymbol{r} = \boldsymbol{I}\boldsymbol{r}_{\mathrm{c}} + \boldsymbol{A}_{\mathrm{IBB}}\boldsymbol{r}_{\mathrm{p}} : \boldsymbol{r}_{\mathrm{c}} + \boldsymbol{A}\boldsymbol{r}_{\mathrm{p}}$，其中 $\boldsymbol{r}_{\mathrm{c}}$ 为质心位置，$\boldsymbol{r}_{\mathrm{p}}$ 为任意点，它们被默认为为常量。随后，$\boldsymbol{A}$ 把 $\boldsymbol{r}_{\mathrm{p}}$ 变换到惯性系上，由于存在

$$\dot{\boldsymbol{r}}=\dot{\boldsymbol{r}}_{\mathrm{c}}+\dot{\boldsymbol{A}}\boldsymbol{r}_{\mathrm{p}}\Rightarrow\delta\boldsymbol{r}=\delta\boldsymbol{r}_{\mathrm{c}}+\delta\boldsymbol{A}\boldsymbol{r}_{\mathrm{p}},\ \boldsymbol{A}^{\mathrm{T}}\dot{\boldsymbol{A}}=\tilde{\boldsymbol{\omega}}\Rightarrow\boldsymbol{A}^{\mathrm{T}}\delta\boldsymbol{A}=\delta\tilde{\boldsymbol{\pi}}\ \text{及}$$

$$\tilde{\boldsymbol{r}}_{\mathrm{p}}\tilde{\boldsymbol{\omega}}\tilde{\boldsymbol{\omega}}+\tilde{\boldsymbol{\omega}}\tilde{\boldsymbol{\omega}}\tilde{\boldsymbol{r}}_{\mathrm{p}}+\tilde{\boldsymbol{\omega}}\tilde{\boldsymbol{r}}_{\mathrm{p}}\tilde{\boldsymbol{\omega}}=0,$$

由 $\int_{(B)}\boldsymbol{r}_{\mathrm{p}}\mathrm{d}m=0$（质心）得到

$$\delta\boldsymbol{\pi}^{\mathrm{T}}[\dot{\boldsymbol{L}}+\tilde{\boldsymbol{\omega}}\boldsymbol{L}-\boldsymbol{M}^{\mathrm{e}}]+\delta\boldsymbol{\rho}^{\mathrm{T}}[\dot{\boldsymbol{p}}+\tilde{\boldsymbol{\omega}}\boldsymbol{p}-\boldsymbol{f}^{\mathrm{e}}]=0 \tag{2-47}$$

式中：$\dot{\boldsymbol{\pi}}=\boldsymbol{\omega}$ 为角速度；$\dot{\boldsymbol{\rho}}=\boldsymbol{v}$ 为平移速度；$\boldsymbol{L}=\boldsymbol{J}\boldsymbol{\omega}$ 为角动量；$\boldsymbol{J}=\int_{B}\tilde{\boldsymbol{r}}\,\tilde{\boldsymbol{r}}^{\mathrm{T}}\mathrm{d}m$（为惯性张量）；$\boldsymbol{p}=m\boldsymbol{v}$ 为动量；m 为质量。

式(2-47)在固定转轴坐标系中表示了所有矢量，适用于单一刚体。这个方程为标量方程，即多体系统只需求和，由此达到了统一化[与式(2-37)比较]。

2.3.2.4　合并

有些地方似乎存在问题。例如，虽然在 1775 年（欧拉首次对动力学作出贡献的 39 年后），莱昂哈德·欧拉发表了他的著作，提出了线性动量和转动动量是相互独立的结论[25]，但是接下来的问题是如何从式(2-46)解释这两个神奇的公理扩充呢？答案为一定数量的粒子（或质量元素 dm）如果不黏在一起则就永远不会形成固体。刚体由于缺少挠度不能做功，因此在刚体中看不到黏附力，只有约束力，该力的存在是为了使粒子可凝聚在一起。

对压力组件 σ_{ij} 而言，可用动量定理得到的约束力矩表示一个对称的压力张量 $\sigma_{ij}=\sigma_{ij}\ \forall i\neq j$。如此就可以反过来说：假设作为第二个公理（也就是在背景中说的那样）的一个对称压力张量，可以通过一个简单的能够正确定义刚体的矢量积来计算角动量。然而对称性随后却被视为公理，称为玻尔兹曼公理（名字可能是由乔治·哈梅尔提出的[26]）。

$\boldsymbol{\omega}$ 是相应的准坐标 $\boldsymbol{\pi}(\boldsymbol{q})$ 的时间导数[同样适用于 $\boldsymbol{v}=\dot{\boldsymbol{\rho}}$ 中的 $\boldsymbol{\rho}(\boldsymbol{q})$]，这是为了计算式(2-47)中最小量 $(\partial\boldsymbol{\pi}/\partial\boldsymbol{q})\delta\boldsymbol{q}$ 及 $(\partial\boldsymbol{\rho}/\partial\boldsymbol{q})\delta\boldsymbol{q}$。由于 $\delta\boldsymbol{q}$ 是任意的，因此得到

$$\left(\frac{\partial\boldsymbol{\pi}}{\partial\boldsymbol{q}}\right)^{\mathrm{T}}[\dot{\boldsymbol{L}}+\tilde{\boldsymbol{\omega}}\boldsymbol{L}-\boldsymbol{M}^{\mathrm{e}}]+\left(\frac{\partial\boldsymbol{\rho}}{\partial\boldsymbol{q}}\right)^{\mathrm{T}}[\dot{\boldsymbol{p}}+\tilde{\boldsymbol{\omega}}\boldsymbol{p}-\boldsymbol{f}^{\mathrm{e}}]=0 \tag{2-48}$$

如何计算 $(\partial\boldsymbol{\pi}/\partial\boldsymbol{q})$ 和 $(\partial\boldsymbol{\rho}/\partial\boldsymbol{q})$ 呢？一些学者假设从泊松方程 $\tilde{\boldsymbol{\omega}}=\dot{\tilde{\boldsymbol{\pi}}}=\boldsymbol{A}^{\mathrm{T}}\dot{\boldsymbol{A}}$ 中提取 $\partial\tilde{\boldsymbol{\pi}}=\boldsymbol{A}^{\mathrm{T}}\partial\boldsymbol{T}$，其中 $\boldsymbol{A}=\boldsymbol{A}_{\mathrm{IB}}$ 由单位矢量 $I\boldsymbol{e}_{\mathrm{B}i}$，$i=1,2,3$ 或简写为 $\boldsymbol{A}=[\boldsymbol{e}_1\quad\boldsymbol{e}_2\quad\boldsymbol{e}_3]$ 组成，从斜对称旋转张量提取 $\partial\boldsymbol{\pi}$ 得到

$$\begin{bmatrix} 0 & -\partial\pi_z & +\partial\pi_y \\ +\partial\pi_z & 0 & -\partial\pi_x \\ -\partial\pi_y & +\partial\pi_x & 0 \end{bmatrix} = \begin{bmatrix} 0 & \boldsymbol{e}_1^{\mathrm{T}}\partial\boldsymbol{e}_2 & \boldsymbol{e}_1^{\mathrm{T}}\partial\boldsymbol{e}_3 \\ \boldsymbol{e}_2^{\mathrm{T}}\partial\boldsymbol{e}_1 & 0 & \boldsymbol{e}_2^{T}\partial\boldsymbol{e}_3 \\ \boldsymbol{e}_3^{\mathrm{T}}\partial\boldsymbol{e}_1 & \boldsymbol{e}_3^{\mathrm{T}}\partial\boldsymbol{e}_2 & 0 \end{bmatrix}$$
$$\Rightarrow [\partial\pi_x \quad \partial\pi_y \quad \partial\pi_z] = [\boldsymbol{e}_3^{\mathrm{T}}\partial\boldsymbol{e}_2 \quad \boldsymbol{e}_1^{\mathrm{T}}\partial\boldsymbol{e}_3 \quad \boldsymbol{e}_2^{\mathrm{T}}\partial\boldsymbol{e}_1] \tag{2-49}$$

根据图 2-3，考虑转子反对称运动以及$\boldsymbol{q}^{\mathrm{T}}=[\alpha \quad \beta]$，转换矩阵[式(2-40)]可写为

$$\begin{aligned} \boldsymbol{A} &= [\boldsymbol{e}_1 \quad \boldsymbol{e}_2 \quad \boldsymbol{e}_3] \\ &= \begin{bmatrix} \cos\beta\cos\gamma & \sin\alpha\sin\beta\cos\gamma-\cos\alpha\sin\gamma & \cos\alpha\sin\beta\cos\gamma+\sin\alpha\sin\gamma \\ \cos\beta\sin\gamma & \sin\alpha\sin\beta\sin\gamma+\cos\alpha\cos\gamma & \cos\alpha\sin\beta\sin\gamma-\sin\alpha\cos\gamma \\ \sin\beta & \sin\alpha\cos\beta & \cos\alpha\cos\beta \end{bmatrix} \end{aligned} \tag{2-50}$$

得到

$$\begin{aligned} \partial\pi_x = {} & (\cos^2\alpha\sin^2\beta\cos^2\gamma+\sin\alpha\cos\alpha\cos\beta\sin\gamma\cos\gamma+ \\ & \sin\alpha\cos\alpha\sin\beta\sin\gamma\cos\gamma+\sin^2\alpha\sin^2\gamma+ \\ & \cos^2\alpha\sin^2\beta\sin^2\gamma-\sin\alpha\cos\alpha\sin\beta\sin\gamma\cos\gamma- \\ & \sin\alpha\cos\alpha\sin\beta\sin\gamma\cos\gamma+\sin^2\alpha\cos^2\gamma+ \\ & \cos^2\alpha\cos^2\beta)\partial\alpha+(\sin\alpha\cos\alpha\sin\beta\cos\beta\cos^2\gamma+ \\ & \sin^2\alpha\cos\beta\sin\gamma\cos\gamma+\sin\alpha\cos\alpha\sin\beta\cos\beta\sin^2\gamma- \\ & \sin^2\alpha\cos\beta\sin\gamma\cos\gamma-\sin\alpha\cos\alpha\sin\beta\cos\gamma)\partial\beta \end{aligned} \tag{2-51}$$

应用众所周知的三角公式化简式(2-51)为$\partial\pi_x=[1]\partial\alpha+[0]\partial\beta$，在此花几分钟时间复习一下过程：必须声明 $\boldsymbol{\pi}$ 本身并不是 $(\partial\boldsymbol{\pi}/\partial\boldsymbol{q})$ 的分量，但 $\boldsymbol{\pi}$ 不会进入计算而只有相应的微分，见式(2-48)，这些是已知的。分解式(2-41)得

$$\boldsymbol{\omega}=\dot{\boldsymbol{\pi}}=[\boldsymbol{e}_1 \quad \boldsymbol{A}_\alpha\boldsymbol{e}_2]\begin{bmatrix}\dot\alpha \\ \dot\beta\end{bmatrix}+[\boldsymbol{A}_\alpha\boldsymbol{A}_\beta\boldsymbol{e}_3]\dot\gamma=\left(\frac{\partial\boldsymbol{\pi}}{\partial\boldsymbol{q}}\right)\dot{\boldsymbol{q}}+\left(\frac{\partial\boldsymbol{\pi}}{\partial t}\right) \tag{2-52}$$

因为有 $\dot\gamma=\Omega$，所以

$$\begin{bmatrix}\omega_x \\ \omega_y \\ \omega_z\end{bmatrix}=\begin{bmatrix}1 & 0 \\ 0 & \cos\alpha \\ 0 & -\sin\alpha\end{bmatrix}\begin{bmatrix}\dot\alpha \\ \dot\beta\end{bmatrix}+\begin{bmatrix}-\sin\beta \\ \sin\alpha\cos\beta \\ \cos\alpha\cos\beta\end{bmatrix}\Omega \tag{2-53}$$

根据式(2-51)确定式(2-53)中下划线的部分：只要 $\boldsymbol{\omega}$ 已知，就不需要额外计算[也不像有时提出的那样使用计算机程序求解式(2-51)]，因为笛卡儿速度 $\dot{\boldsymbol{q}}$ 总是线性的，所求的雅可比矩阵只不过是对于最小速度 $\dot{\boldsymbol{q}}$ 的系数矩阵，由式(2-52)得到

$$\left(\frac{\partial \boldsymbol{\pi}}{\partial \boldsymbol{q}}\right)=\left(\frac{\partial \boldsymbol{\omega}}{\partial \dot{\boldsymbol{q}}}\right)\left[\text{类似于}\quad \left(\frac{\partial \boldsymbol{\rho}}{\partial \boldsymbol{q}}\right)=\left(\frac{\partial \boldsymbol{v}}{\partial \dot{\boldsymbol{q}}}\right)\right] \tag{2-54}$$

将式(2-48)中的雅克比矩阵替换为式(2-54)，得到

$$\left(\frac{\partial \boldsymbol{\omega}}{\partial \dot{\boldsymbol{q}}}\right)^{\mathrm{T}}[\dot{\boldsymbol{L}}+\tilde{\boldsymbol{\omega}}\boldsymbol{L}-\boldsymbol{M}^{\mathrm{e}}]+\left(\frac{\partial \boldsymbol{v}}{\partial \dot{\boldsymbol{q}}}\right)^{\mathrm{T}}[\dot{\boldsymbol{p}}+\tilde{\boldsymbol{\omega}}\boldsymbol{p}-\boldsymbol{f}^{\mathrm{e}}]=0 \tag{2-55}$$

由此那些令人讨厌的准坐标便不再出现。到此为止，在固定转轴坐标系中的计算过程十分烦琐，因此有些学者更喜欢使用惯性坐标系 I（至少是可积的），但依旧不是最简便的方法。式(2-55)包含对任意坐标系(正交)的简单使用，即只需在构成中插入一个单位矩阵 $\boldsymbol{A}_{\mathrm{RB}}^{\mathrm{T}}\boldsymbol{A}_{\mathrm{RB}}$，可得 $\left(\frac{\partial \boldsymbol{\omega}}{\partial \dot{\boldsymbol{q}}}\right)^{\mathrm{T}}\boldsymbol{A}_{\mathrm{RB}}^{\mathrm{T}}\boldsymbol{A}_{\mathrm{RB}}[\dot{\boldsymbol{L}}+\tilde{\boldsymbol{\omega}}\boldsymbol{L}-\boldsymbol{M}^{\mathrm{e}}]+\left(\frac{\partial \boldsymbol{v}}{\partial \dot{\boldsymbol{q}}}\right)^{\mathrm{T}}\boldsymbol{A}_{\mathrm{RB}}^{\mathrm{T}}\boldsymbol{A}_{\mathrm{RB}}[\dot{\boldsymbol{p}}+\tilde{\boldsymbol{\omega}}\boldsymbol{p}-\boldsymbol{f}^{\mathrm{e}}]=0$。$\boldsymbol{A}_{\mathrm{RB}}^{\mathrm{T}}$ 不依赖速度，可能被转换为 $(\partial[\boldsymbol{A}_{\mathrm{RB}}\boldsymbol{\omega}]/\partial\dot{\boldsymbol{q}})^{\mathrm{T}}=(\partial_{\mathrm{R}}\boldsymbol{\omega}/\partial\dot{\boldsymbol{q}})^{\mathrm{T}}$；剩余部分写为 $\boldsymbol{A}_{\mathrm{RB}}[\dot{\boldsymbol{L}}+\boldsymbol{A}_{\mathrm{BI}}\dot{\boldsymbol{A}}_{\mathrm{IB}}L]$，得到 $[{}_{\mathrm{R}}\dot{\boldsymbol{L}}+\tilde{\boldsymbol{\omega}}_{\mathrm{IR}\,\mathrm{R}}\boldsymbol{L}]$ 且 $\boldsymbol{A}_{\mathrm{RB}}\boldsymbol{M}^{\mathrm{e}}$ 转化为 ${}_{\mathrm{R}}\boldsymbol{M}^{\mathrm{e}}$（转化部分类似）。因此任意坐标系 R 表示为

$$\left(\frac{\partial \boldsymbol{\omega}}{\partial \dot{\boldsymbol{q}}}\right)^{\mathrm{T}}[\dot{\boldsymbol{L}}+\tilde{\boldsymbol{\omega}}_{\mathrm{IR}}\boldsymbol{L}-\boldsymbol{M}^{\mathrm{e}}]+\left(\frac{\partial \boldsymbol{v}}{\partial \dot{\boldsymbol{q}}}\right)^{\mathrm{T}}[\dot{\boldsymbol{p}}+\tilde{\boldsymbol{\omega}}_{\mathrm{IR}}\boldsymbol{p}-\boldsymbol{f}^{\mathrm{e}}]=0 \tag{2-56}$$

式中：所有物理量在参考系 R 中均为矢量；$\boldsymbol{\omega}$，$\boldsymbol{v}$ 为质心速度；$\boldsymbol{L}=\boldsymbol{J}\boldsymbol{\omega}$，$\boldsymbol{p}=m\boldsymbol{v}$ 为动量；$\boldsymbol{\omega}_{\mathrm{IR}}$ 为惯性坐标系的角速度，例如下标参数 R= I：惯性表示 ($\boldsymbol{\omega}_{\mathrm{IR}}=\boldsymbol{\omega}_{\mathrm{II}}=0$)，R= B：固定表示 ($\boldsymbol{\omega}_{\mathrm{IR}}=\boldsymbol{\omega}_{\mathrm{IB}}=\boldsymbol{\omega}$)，R≠I≠B：任意表示。

2.3.2.5 运动参考坐标系

运动参考坐标系的优点可以通过一个简单的例子证明：磨边机(已经在古希腊使用，后被罗马人复制使用至今)由两块磨石组成(见图 2-11)，研究的关注点是接触点的反作用力。使用惯性坐标系需要一个反变换，即

$$\boldsymbol{A}_\alpha \dot{\boldsymbol{L}} = -\boldsymbol{M}^{\text{react}}$$

$$= \begin{bmatrix} (A\cos^2\alpha + C\sin^2\alpha)\dot{\gamma}^2\sin\alpha\cos\alpha - (A-C)\dot{\gamma}^2\sin\alpha\cos^3\alpha + \\ (A-C)\dot{\gamma}^2\sin^3\alpha\cos\alpha - (A\sin^2\alpha + C\cos^2\alpha)\dot{\gamma}^2\sin\alpha\cos\alpha \\ \\ (A\cos^2\alpha + C\sin^2\alpha)\dot{\alpha}\dot{\gamma}\cos^2\alpha - (A-C)\dot{\alpha}\dot{\gamma}\sin^2\alpha\cos^2\alpha + \\ A\dot{\alpha}\dot{\gamma}\cos^2\alpha + (A-C)\dot{\alpha}\dot{\gamma}\sin^2\alpha\cos^2\alpha - (A\sin^2\alpha + C\cos^2\alpha)\dot{\alpha}\dot{\gamma}\cos^2\alpha - \\ (A\sin^2\alpha + C\cos^2\alpha)\dot{\alpha}\dot{\gamma}\sin^2\alpha - (A-C)\sin^2\alpha\cos^2\alpha + \\ A\dot{\alpha}\dot{\gamma}\sin^2\alpha + (A-C)\dot{\alpha}\dot{\gamma}\sin^2\alpha\cos^2\alpha - (A\cos^2\alpha + C\sin^2\alpha)\dot{\alpha}\dot{\gamma}\sin^2\alpha \\ \\ -(A\cos^2\alpha + C\sin^2\alpha)\dot{\alpha}\dot{\gamma}\cos\alpha\sin\alpha + (A-C)\dot{\alpha}\dot{\gamma}\sin^3\alpha\cos\alpha - \\ A\dot{\alpha}\dot{\gamma}\cos\alpha\sin\alpha - (A-C)\dot{\alpha}\dot{\gamma}\sin^3\alpha\cos\alpha - \\ (A\sin^2\alpha + C\cos^2\alpha)\dot{\alpha}\dot{\gamma}\sin\alpha\cos\alpha - (A-C)\dot{\alpha}\dot{\gamma}\sin\alpha\cos^3\alpha + \\ A\dot{\alpha}\dot{\gamma}\sin\alpha\cos\alpha + (A-C)\dot{\alpha}\dot{\gamma}\sin\alpha\cos^3\alpha(A\sin^2\alpha + \\ C\cos^2\alpha)\dot{\alpha}\dot{\gamma}\sin\alpha\cos\alpha - (A\cos^2\alpha + C\sin^2\alpha)\dot{\alpha}\dot{\gamma}\sin\alpha\cos\alpha \end{bmatrix} \tag{2-57}$$

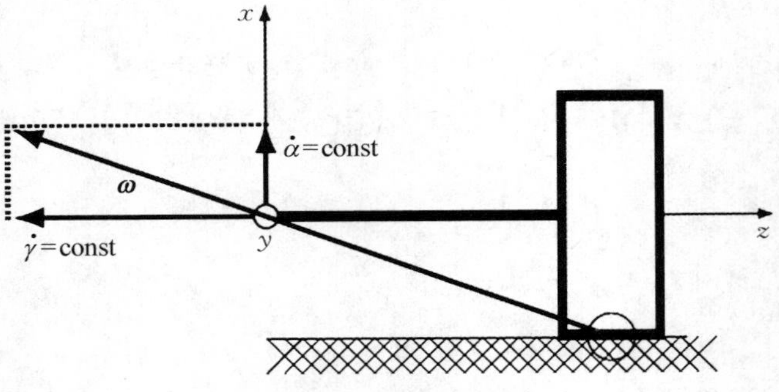

图 2-11　磨边机

通过使用三角公式得到 $-\boldsymbol{M}^{\text{react}} = [0 \quad C\dot{\gamma}\dot{\alpha} \quad 0]^{\text{T}}$，绕 $\dot{\alpha}$ 旋转有 $\dot{\alpha}\,\tilde{\boldsymbol{e}}_1\boldsymbol{L} = -\boldsymbol{M}^{\text{react}}$，则可以得到

$$\begin{bmatrix} 0 & 0 & 0 \\ 0 & 0 & -\dot{\alpha} \\ 0 & +\dot{\alpha} & 0 \end{bmatrix} \begin{bmatrix} A\dot{\alpha} \\ 0 \\ -C\dot{\gamma} \end{bmatrix} = \begin{bmatrix} 0 \\ C\dot{\gamma}\dot{\alpha} \\ 0 \end{bmatrix} \tag{2-58}$$

2.3.2.6 弹性体和不可积

对于弹性体，无论是使用固定坐标系还是惯性坐标系，一般都不能满足要求。例如，弹性机器人，没有人会使用固定坐标系进行计算，而将运动引入惯性坐标系计算过程也十分烦琐。

非完整弹性机器人如图 2－12 所示。由图可知，计算时要选择每个连杆未变形的运动参考坐标系，因此应回到弹性系统，逐步解决这个问题。下面以式(2－8)中运动梁为示例。

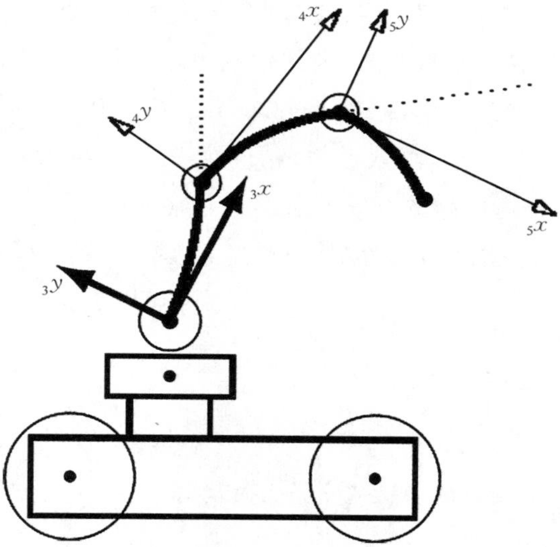

图 2－12 非完整弹性机器人

运动方程为

$$[\rho A(\ddot{v}-2\dot{\alpha}\dot{w}-\ddot{\alpha}w-\dot{\alpha}^2 v)]-[\rho I(\ddot{v}''+\dot{\alpha}^2 v''+\ddot{\alpha}w'')]+EI_z v''''=0$$
$$[\rho A(\ddot{w}+2\dot{\alpha}\dot{v}+\ddot{\alpha}v-\dot{\alpha}^2 w)]-[\rho I(\ddot{w}''+\dot{\alpha}^2 w''-\ddot{\alpha}v'')]+EI_y w''''=0$$

边界条件为

$$\begin{aligned}&[\rho I\ddot{v}'+\rho I\dot{\alpha}^2 v'+\rho I\ddot{\alpha}w'-EI_2 v''']_o^L=0,\ [EI_z v'']_o^L=0\\&[\rho I\ddot{w}'+\rho I\dot{\alpha}^2 w'-\rho I\ddot{\alpha}v'-EI_2 w''']_o^L=0,\ [EI_y w'']_o^L=0\end{aligned}\qquad(2-59)$$

显然，要得到这类偏微分方程的解析解在很大程度上是不可能的。

2.3.2.7 伽辽金-扩展伽辽金-里兹

对于上述问题鲍里斯·伽辽金提出了他的方法[10]。为了得到近似解，我们可以使用瑞利-里兹-布勃诺夫-伽辽金-彼得罗夫法。对于特殊情况，布勃诺夫早在1913年就已经预料到了，因此该方法有时也被称为布勃诺夫-伽辽金法，其最初应用领域集中在他的原创论文《杆板弹性平衡若干问题的级数解》中。但是该方法并不局限于线性弹性问题，在非线性领域也可使用。因此，彼得罗夫在1940年将其推广应用到气体动力学、流体动力学和空气动力学的非线性问题解析中（即伽辽金-彼得罗夫法）。由于该方法是在与里兹法比较的基础上产生的，因此有时也被称为里兹-伽辽金法[9]。里兹在他的方法中明确提到了瑞利[27]及其相关理论，为了保证近似解收敛，他使用（但未知）精确特征频率作为下边界的近似，因此他的方法有时也被称为瑞利-里兹法。瑞利法近似描述了一个频率，而里兹法却解决了一组特征频率问题（46个特征值和特征矢量与49个形函数近似，精度为2%）。尽管瑞利声称这一方法是他原创的，但他仍对里兹的有效方法感到非常惊讶。

布勃诺夫-伽辽金法使用了级数展开（"里兹级数"），其不满足偏微分方程：

$$
\begin{aligned}
&[\rho A(\ddot{v}-2\dot{\alpha}\dot{w}-\ddot{\alpha}w-\dot{\alpha}^2 v)]-[\rho I(\ddot{v}''+\dot{\alpha}^2 v''+\ddot{\alpha}w'')]+EI_z v'''' \neq 0 \\
&[\rho A(\ddot{w}+2\dot{\alpha}\dot{v}+\ddot{\alpha}v-\dot{\alpha}^2 w)]-[\rho I(\ddot{w}''+\dot{\alpha}^2 w''-\ddot{\alpha}v'')]+EI_y w'''' \neq 0
\end{aligned}
\tag{2-60}
$$

对于 $v=\boldsymbol{v}^{\mathrm{T}}\boldsymbol{q}_v$，$w=\boldsymbol{\omega}^{\mathrm{T}}\boldsymbol{q}_w$，抵消"加权差"得

$$
\begin{aligned}
&\int_o^L \boldsymbol{v}\{[\rho A(\ddot{v}-2\dot{\alpha}\dot{w}-\ddot{\alpha}w-\dot{\alpha}^2 v)]-[\rho I(\ddot{v}''+\dot{\alpha}^2 v''+\ddot{\alpha}w'')]+EI_z v''''\}\mathrm{d}x=0 \\
&\int_o^L \boldsymbol{\omega}\{[\rho A(\ddot{w}+2\dot{\alpha}\dot{v}+\ddot{\alpha}v-\dot{\alpha}^2 w)]-[\rho I(\ddot{w}''+\dot{\alpha}^2 w''-\ddot{\alpha}v'')]+EI_y \omega''''\}\mathrm{d}x=0
\end{aligned}
\tag{2-61}
$$

当 $v=\boldsymbol{v}^{\mathrm{T}}\boldsymbol{q}_v$，$w=\boldsymbol{\omega}^{\mathrm{T}}\boldsymbol{q}_w$ 时，满足伽辽金的近似解。

虽然到目前为止这种方法是正确的，但是要找到满足这些要求的形函数几乎不可能[见式(2-59)]。但如果加上伽辽金近似解（$\boldsymbol{v}$，$\boldsymbol{v}'$ 和 $\boldsymbol{\omega}$，$\boldsymbol{\omega}'$ 的乘积），得到扩展的近似方程为

$$
\int_o^L \boldsymbol{v}\{[\rho A(\ddot{v}-2\dot{\alpha}\dot{w}-\ddot{\alpha}w-\dot{\alpha}^2 v)]-[\rho I(\ddot{v}''+\dot{\alpha}^2 v''+\ddot{\alpha}w'')]+EI_z v''''\}\mathrm{d}x+
$$

$$\int_o^L \boldsymbol{\omega}\{[\rho A(\ddot{w}+2\dot{\alpha}\dot{v}+\ddot{\alpha}v-\dot{\alpha}^2 w)]-[\rho I(\ddot{w}''+\dot{\alpha}^2 w''-\ddot{\alpha}v'')]+EI_y w''''\}\mathrm{d}x+$$
$$[\boldsymbol{v}(\rho I\ddot{v}'+\rho I\dot{\alpha}^2 v'+\rho I\ddot{\alpha}w'-EI_z v''')+\boldsymbol{v}'(EI_z v'')]_o^L+$$
$$[\boldsymbol{\omega}(\rho I\ddot{w}'+\rho I\dot{\alpha}^2 w'+\rho I\ddot{\alpha}v'-EI_y w''')+\boldsymbol{\omega}'(EI_z w'')]_o^L=0 \qquad (2-62)$$

对上式进行分部积分，则有

$$\int_o^L \{\boldsymbol{v}[\rho A(\ddot{v}-2\dot{\alpha}\dot{w}-\ddot{\alpha}w-\dot{\alpha}^2 v)]+\boldsymbol{v}'[\rho I(\ddot{v}'+\dot{\alpha}^2 v'+\ddot{\alpha}w')]+$$
$$\boldsymbol{\omega}[\rho A(\ddot{w}+2\dot{\alpha}\dot{v}+\ddot{\alpha}v-\dot{\alpha}^2 w)]+\boldsymbol{\omega}'[\rho I(\ddot{w}'+\dot{\alpha}^2 w'-\ddot{\alpha}v')]+$$
$$\boldsymbol{v}''EI_z v''+\boldsymbol{\omega}''EI_y w''\}\mathrm{d}x=0 \qquad (2-63)$$

上述积分通过分别预乘 $\delta\boldsymbol{q}_v^{\mathrm{T}}$ 和 $\delta\boldsymbol{q}_w^{\mathrm{T}}$ 的先验知识，有

$$\delta\boldsymbol{q}_v^{\mathrm{T}}\boldsymbol{v}=\delta v,\ \delta\boldsymbol{q}_v^{\mathrm{T}}\boldsymbol{v}'=\delta v',\ \delta\boldsymbol{q}_v^{\mathrm{T}}\boldsymbol{v}''=\delta v''$$
$$\delta\boldsymbol{q}_w^{\mathrm{T}}\boldsymbol{\omega}=\delta\omega,\ \delta\boldsymbol{q}_w^{\mathrm{T}}\boldsymbol{\omega}'=\delta\omega',\ \delta\boldsymbol{q}_w^{\mathrm{T}}\boldsymbol{\omega}''=\delta w''$$

得到

$$\delta W=\int_o^L \{\delta v[\rho A(\ddot{v}-2\dot{\alpha}\dot{w}-\ddot{\alpha}w-\dot{\alpha}^2 v)]+\delta v'[\rho I(\ddot{v}'+\dot{\alpha}^2 v'+\ddot{\alpha}w')]+$$
$$\delta w[\rho A(\ddot{w}+2\dot{\alpha}\dot{v}+\ddot{\alpha}v-\dot{\alpha}^2 w)]+\delta w'[\rho I(\ddot{w}'+\dot{\alpha}^2 w'-\ddot{\alpha}v')]+$$
$$\delta v''EI_z v''+\delta w''EI_y w''\}\mathrm{d}x=0 \qquad (2-64)$$

式(2-64)代表了研究的起点[见式(2-4)]：对时间进行分部积分后，为引入边界条件又对空间进行分部积分。现在这些却都被重新整合了，看上去这像是一个完全没有意义的计算过程，但实际并非如此。考虑这样做的主要原因为空间应是一个独立变量(偏微分方程)，而现在它不是(常微分方程)；形函数是预先选定的，只需要满足几何要求(当然还要形成一个完整的函数集)。我们将式(2-64)确定的方法与 $v=\boldsymbol{v}^{\mathrm{T}}\boldsymbol{q}_v$，$w=\boldsymbol{\omega}^{\mathrm{T}}\boldsymbol{q}_w$ 一起称为直接里兹法，并得到以下结论：

(1) 布勃诺夫-伽辽金-彼得罗夫法的过程不合理，因为它们的拟设函数必须满足边界条件，这在很大程度上是不可能的。

(2) 瑞利(最初)的研究成果并不适合用于解决这个问题。

(3) 正如普安卡雷所说，只有在两种情况下才可用里兹法，即狄利克雷和弹性。

因为形函数是预先选定的，所以剩下的变量只有 $\boldsymbol{q}$，由哈密顿原理得到

$$\int_{t_0}^{t_1}[\delta T-\delta V]\mathrm{d}t \Rightarrow \left[\frac{\mathrm{d}}{\mathrm{d}t}\left(\frac{\partial T}{\partial \dot{\boldsymbol{q}}}\right)-\left(\frac{\partial T}{\partial \boldsymbol{q}}\right)+\left(\frac{\partial V}{\partial \boldsymbol{q}}\right)\right]\delta \boldsymbol{q}=0 \quad (2-65)$$

对于完整系统，只剩第二类拉格朗日方程。对于移动梁，从式(2-56)得到

$$\int_B\left\{\left(\frac{\partial \boldsymbol{\omega}}{\partial \dot{\boldsymbol{q}}}\right)^{\mathrm{T}}[\mathrm{d}\dot{\boldsymbol{L}}+\tilde{\boldsymbol{\omega}}_{\mathrm{IR}}\mathrm{d}\boldsymbol{L}-\mathrm{d}\boldsymbol{M}^{\mathrm{e}}]+\left(\frac{\partial \boldsymbol{v}}{\partial \dot{\boldsymbol{q}}}\right)^{\mathrm{T}}[\mathrm{d}\dot{\boldsymbol{p}}+\tilde{\boldsymbol{\omega}}_{\mathrm{IR}}\mathrm{d}\boldsymbol{p}-\mathrm{d}\boldsymbol{f}^{\mathrm{e}}]\right\}=0 \quad (2-66)$$

如前所述，对于多体系统式(2-56)需要求和(即积分)；$\mathrm{d}\boldsymbol{L}$ 和 $\mathrm{d}\boldsymbol{p}$ 分别为参考质量单元 $\mathrm{d}m$ 的动量。

2.3.3 更合适的方法

究竟哪种方法最好？对于非完整系统究竟应该选择哪种方法呢(如图 1-12 所示)？到目前为止，所有的考虑都基于拉格朗日定理[式(2-46)]。但是，是否有更适合的原理来替代拉格朗日定理？拉格朗日定理可以用于非完整系统吗？我们确定需要经常提到的茹尔丹原理吗？要回答这些问题，必须看一看拉格朗日定理中的“$\delta\boldsymbol{r}$”——常被斥为晦涩、深奥(普安索、安杰利斯)，带有神秘色彩的东西(凯恩)。

2.3.3.1 $\delta\boldsymbol{r}$ 是什么意思？

拉格朗日在其 1764 年的论文引言中提到了约翰·伯努利和静力学虚速度原理。拉格朗日表示，伯努利在 1717 年的一封信中与瓦里尼翁交流了这一方法。瓦里尼翁陈述了它与平行四边形力的等价性，从而为静力学发展奠定了坚实的基础[28]。拉格朗日于 1760 年写了一篇关于新方法的文章，并将最大值和最小值的待定积分形式纳入考虑的范围。1755 年，19 岁的他把这种新方法告诉了欧拉，欧拉对此十分认可。随后拉格朗日说道(发表在《牛蒡杂记》中)：“我必须强调，因为这个方法需要用两种方式表述同一表达式，为了不混淆，我引入了 δ。δZ 代表对 Z 的微分，尽管与 $\mathrm{d}Z$ 有着相同的计算规则，但是又不等同于 $\mathrm{d}Z$。如果任意 $\mathrm{d}Z=m\mathrm{d}x$ 存在，则同时有 $\delta Z=m\delta x$，这适用于其他任何方程。”可能正是由于这个新变量，至今仍有人对“虚位移”和“虚速度”的概念存在误解。目前尚不清楚是谁引入(最近一次是厄恩斯特·马赫在 1883 年使用过[29])及为什么引入(可能是因为静力学中速度不可知)。

将式(2-46)与 dW 进行比较得到

$$\delta W=\int_{(S)}(\mathrm{d}m\ddot{\boldsymbol{r}}-\mathrm{d}\boldsymbol{f}^{\mathrm{e}})^{\mathrm{T}}\delta\boldsymbol{r}=0,\ \mathrm{d}W=\int_{(S)}(\mathrm{d}m\ddot{\boldsymbol{r}}-\mathrm{d}\boldsymbol{f}^{\mathrm{e}})^{\mathrm{T}}\mathrm{d}\boldsymbol{r}=0 \quad (2-67)$$

$\delta\boldsymbol{r}$ 无穷小。根据这种解释，$\delta\boldsymbol{r}$ 确实是一种位移，但这样比较有什么好处呢？难道不缺少一个集合吗？积分得到(真实有限的)的功将在外力作用下完成，即

$$W=\int_{o}^{\boldsymbol{r}}\int_{(S)}(\mathrm{d}m\ddot{\boldsymbol{r}}-\mathrm{d}\boldsymbol{f}^{\mathrm{e}})^{\mathrm{T}}\mathrm{d}\boldsymbol{r}=\int_{o}^{t(\boldsymbol{r})}\int_{(S)}(\mathrm{d}m\ddot{\boldsymbol{r}}-\mathrm{d}\boldsymbol{f}^{\mathrm{e}})^{\mathrm{T}}\frac{\mathrm{d}\boldsymbol{r}}{\mathrm{d}t}\mathrm{d}t=0 \quad (2-68)$$

对时间微分得到(实际)工作速率(或功率)为

$$\dot{W}=\int_{(S)}(\mathrm{d}m\ddot{\boldsymbol{r}}-\mathrm{d}\boldsymbol{f}^{\mathrm{e}})^{\mathrm{T}}\dot{\boldsymbol{r}}=0 \quad (2-69)$$

接下来通过比较函数从而取代 $\dot{\boldsymbol{r}}$，则有

$$\dot{\boldsymbol{r}}\rightarrow\dot{\boldsymbol{r}}+\delta\boldsymbol{r}:\ \int_{(S)}(\mathrm{d}m\ddot{\boldsymbol{r}}-\mathrm{d}\boldsymbol{f}^{\mathrm{e}})^{\mathrm{T}}\delta\boldsymbol{r}+\int_{(S)}(\mathrm{d}m\ddot{\boldsymbol{r}}-\mathrm{d}\boldsymbol{f}^{\mathrm{e}})^{\mathrm{T}}\dot{\boldsymbol{r}}=0$$

$$\text{式}(2-69)\Rightarrow\int_{(S)}(\mathrm{d}m\ddot{\boldsymbol{r}}-\mathrm{d}\boldsymbol{f}^{\mathrm{e}})^{\mathrm{T}}\delta\boldsymbol{r}=0 \quad (2-70)$$

回到拉格朗日虚速度拟设，与拉格朗日的解释是一致的：

(1) δZ 表示对 Z 的微分，和 dZ 不同，但是使用了相同的计算规则[30]。

(2) 虚速度是(系统)平衡受到扰动时实际发生的速度[31]。

2.3.3.2 如何计算 $\delta\boldsymbol{r}$？

相同的计算规则意味着 $\dot{\boldsymbol{r}}$ 和 $\delta\boldsymbol{r}$ 拥有相同的矢量空间，如果所研究的系统是通过隐式函数 $\boldsymbol{\Phi}(\boldsymbol{r})=0$ 约束，则有

$$\left(\frac{\partial\boldsymbol{\Phi}}{\partial\boldsymbol{r}}\right)\dot{\boldsymbol{r}}=0,\ \left(\frac{\partial\boldsymbol{\Phi}}{\partial\boldsymbol{r}}\right)\delta\boldsymbol{r}=0,\ \mathrm{d}\boldsymbol{r}=\left(\frac{\partial\boldsymbol{r}}{\partial\boldsymbol{q}}\right)\mathrm{d}\boldsymbol{q},\ \delta\boldsymbol{r}=\left(\frac{\partial\boldsymbol{r}}{\partial\boldsymbol{q}}\right)\delta\boldsymbol{q} \quad (2-71)$$

由于 $\boldsymbol{q}\in IR^f$，完全不受约束(最小坐标)，因此可将 $\delta\boldsymbol{q}$ 视为变量，即

$$\delta\boldsymbol{q}=\left.\frac{\partial\boldsymbol{q}}{\partial\varepsilon}\right|_{\varepsilon=0}\cdot\varepsilon=\varepsilon\cdot\boldsymbol{\eta} \quad (2-72)$$

对应于泰勒展开，由于 ε 线性逼近，扩展是完整的(非高阶项)，因此 $\delta\boldsymbol{q}$ 的

大小是任意的。根据式(2-71)，$\delta \boldsymbol{r}$ 的大小也是任意的。这就为以相同方法开始的优化理论架起了桥梁(如拉格朗日，欧拉，勒让德尔……)，直到魏尔斯特拉斯新思想的出现(大约在1900年)。

综上所述，可以得到如下结论：

(1) 虚位移(如果更喜欢这种表示法)约束平面的任意切向矢量，其定义很明确，没有必要假设是无穷小量。

(2) 不存在强加非完整约束的障碍(见下文)。与上面提到的(被高估的)定理则相同(高斯的"微分"形式也是如此[32])，没有必要在拉格朗日定理中添加任何其他定理。

(3) "在定常(即与时间无关的)约束条件下，$d\boldsymbol{r}$ 和 $\delta \boldsymbol{r}$ 相等"这句话是绝对错误的(这是导致普安索出现严重错误的原因[33])。

(4) "虚位移是无穷小量，发生的速度是无穷大的。"该表述是不可理解的，因此不能接受。

2.3.4 欧拉伯努利梁——强大的模型

式(2-66)引发了研究者对模型方面的几个思考。如果(相对)弹性挠度仅通过弯曲方向的挠度函数建模，则式(2-66)代表了瑞利梁；如果基本运动包含弯曲和剪切，则称为季莫申科弹性梁[34]；在忽略角动量的情况下，可以得到最简单、最强大的模型[式(2-66)中的第一项]，即欧拉伯努利梁。忽略项是需要仔细考虑的，简单地说，它指的是细长梁(转动惯量可以忽略不计)的一个基本经验法则，即 L/D(长度与直径)约为10。除此以外还应记住，相邻系统可能会产生影响，如截止频率和剪切变形。

2.4 解决方案、目标和方法

考虑弹性体问题时，丹尼尔·伯努利法的精确解用无穷级数表示，但在真实的物理场景里，不存在无穷的可观测物理量，因此求解特征函数的数目可以通过材料阻尼的影响来均衡。

近似特征函数需要多少形函数才算足够，又需要什么样的形函数？后者可以通过收敛性来回答，前者取决于实际模型(如控制系统)，总体上是开放的。

快速运动控制系统重新定义了二阶位移场的影响。可忽略运动模型的反作用力，否则加速反应需要分配到质量矩阵中。

基本任务是调谐。例如，在非控制系统中，调谐使得西方音乐中产生了和声模式(从惠更斯、巴赫到现在)；然而在控制系统中，开环控制系统的结果显然适用于闭环控制系统。

所有这些都与所采用的数学方法密切相关，虽然不同方法评估过程的比较已经给出了有价值的参考，但是真正的问题在于非完整约束。

2.4.1 精确解——特征函数的数量

对于简化模型，可以得到精确解。例如具有各种边界条件的单欧拉伯努利梁或紧固梁(见图 2-13)的组合，当压缩力 f_x 有 $x=L$ 时，对应延伸率为式(2-32)。z 轴方向平面运动有 $r_x^{(2)}=-\dfrac{1}{2}\int_o^L w'^2\mathrm{d}x$。因此 f_x 有 $\delta W_f=-\int_o^L f_x w'\delta w'\mathrm{d}x=\int_o^L f_x w''\delta w-[f_x w'\delta w]_o^L$，必须考虑 $\int_o^t(\delta T-\delta V+\delta W_f)\mathrm{d}t=0$ 的情况，因此有

$$\text{运动方程：}\rho A\ddot{w}+EIw''''-f_x w''=0$$

$$\text{边界条件}\begin{cases}[w]_o^L=0 \quad \vee \quad [f_x w'-EIw''']_o^L=0\\ [w']_o^L=0 \quad \vee \quad [EIw'']_o^L=0\end{cases}(\vee\ \text{表示逻辑或}) \tag{2-73}$$

当 $\alpha=0$，$\rho I=0$ 时，比较式(2-5)和式(2-6)。假设：

$$w(x,\ t)=\sum_{n=1}^{\infty}w_n(x)q_n(t) \tag{2-74}$$

得到运动方程的第 n 个求和项为

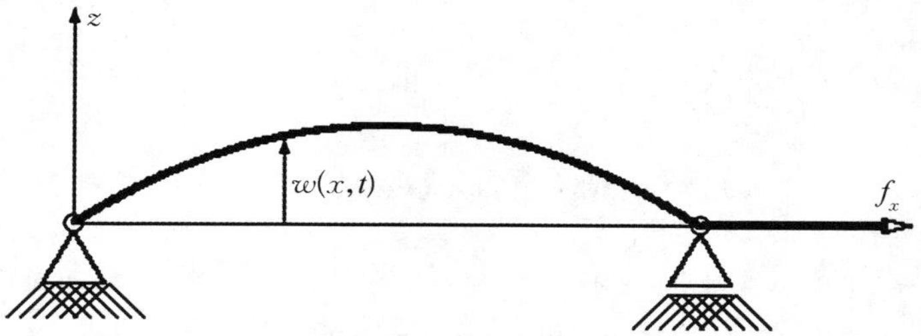

图 2-13 紧固梁

$$\frac{\ddot{q}_n}{q_n}=-\frac{EI}{\rho A}\left(\frac{w_n''''}{w_n}\right)+\frac{f_x}{\rho A}\left(\frac{w''_n}{w_n}\right)=-\omega_n^2 \tag{2-75}$$

由于式(2-75)中的 q_n 依赖于时间，w_n 依赖于空间，因此式(2-75)中的两项只能用常数 ω_n^2 表示，对时间函数则有 $\ddot{q}_n+\omega_n^2 q_n=0$。

考虑到以销钉梁为代表的模型，本书提出了一种新的有限元分析法。假设 $w_n=\sin(n\pi x/L)$，得到 $w''_n=-(n\pi/L)^2 w_n$，满足边界条件 $w(o)=w(L)=0$，$w''(L)=w''(L)=0$；同时 $w''''_n=+(n\pi/L)^4 w_n$，由式(2-75)得

$$\omega_n^2=-\frac{EI}{\rho A}\left(\frac{n\pi}{L}\right)^4+\frac{f_x}{\rho A}\left(\frac{n\pi}{L}\right)^2 \tag{2-76}$$

式(2-74)中第 n 个解为

$$w_n(x)q_n(t)=\sin\left(\frac{n\pi x}{L}\right)\left[q_{\text{on}}\cos\omega_n t+\frac{\dot{q}_{\text{no}}}{\omega_n}\sin\omega_n t\right] \tag{2-77}$$

2.4.1.1　伯努利弦振动

1753 年，D. 伯努利的研究有了新的突破(对弦振动的思考和解释)[19]，即弦的弯曲刚度可以忽略不计。因此式(2-77)仍然成立，但频率减小到：

$$\omega_n=\sqrt{\frac{f_x}{\rho A}}\left(\frac{n\pi}{L}\right) \tag{2-78}$$

正是由于伯努利注意到同时存在的不同频率，因此他得出了傅立叶级数的解[见式(2-74)和式(2-77)]；他的朋友欧拉起初怀疑这个结果，但在 1777 年，欧拉本人也得到了相同的结果。

式(2-74)引出了一个问题：到底有多少种模态？如式(2-74)所示，存在独立满足运动方程[式(2-73)]的无限多种模态，但高阶模态表明伯努利解中的弦振动速度可以比光速更快，建模达到了极限。

有一种可能是根据实际目标调整建模。举个例子，钢琴弦的基本音调是 ω_0，如果想要模拟五重奏的第一个八度音阶 $\left[\omega_5=\frac{3}{2}(2\omega_0)\right]$ 及三重奏的第二个八度音阶 $\left[\omega_3=\frac{5}{4}(4\omega_0)\right]$，则$\sqrt{f_x/\rho A}\,(n\pi/L)\Rightarrow n=5$ 时满足要求，但求解过程相当烦琐：首先需要建模到第五泛音，然后由第三泛音的振动基本弦(C 弦)从第一个八度激发五重奏(G 弦)再从第二个八度激发三重奏(E 弦)。据研究，

通过激发基本音调试验可以证明此效应，让G弦和E弦保持一段时间的共振(但由于结构阻尼，会导致衰减，因此该方法只能在较短的时间内使用)。

2.4.1.2 欧拉梁振动

真实系统中一直存在的结构弯曲问题不能忽略，在结构中引入阻尼 $d(\omega)\dot{w}''''$ (这很实用，符合"方便假设")，则有

$$\rho A\ddot{w}+d(\omega)\dot{w}''''+EIw''''=0 \tag{2-79}$$

以欧拉伯努利梁为例，它可以用于桥梁建模。在夹紧的情况下由式(2-73)得到

$$\frac{\ddot{q}_n}{q_n}+\frac{d(\omega)}{\rho A}\left(\frac{n\pi}{L}\right)^4\frac{\dot{q}_n}{q_n}=-\frac{EI}{\rho A}\left(\frac{n\pi}{L}\right)^4=-\omega_n^2 \tag{2-80}$$

设 $d(\omega)=2\zeta\dfrac{EI}{\omega_n}$，由式(2-74)求解出第 n 个求和项：

$$\frac{\ddot{q}_n}{q_n}+2\zeta\omega_n\frac{\dot{q}_n}{q_n}=-\frac{EI}{\rho A}\left(\frac{n\pi}{L}\right)^4=-\omega_n^2$$

$$\Rightarrow\ddot{q}_n+2\zeta\omega_n\dot{q}_n+\omega_n^2q_n=0,\ \omega_n=\sqrt{\frac{EI}{\rho A}}\left(\frac{n\pi}{L}\right)^2,\ w_n=\sin\left(\frac{n\pi x}{L}\right) \tag{2-81}$$

特征函数 $w_n(x)$ 不受影响，里兹系数 $q_n(t)$ 由阻尼线性振子得到，阻尼随高阶振型增大(经验)：

$$w(x,t)=\sum_{i=1}^{n}w_i(x)q_i(t)=\sum_{i=1}^{n}\sin\left(\frac{i\pi x}{L}\right)e^{-\zeta\omega_i t}\left(q_{oi}\cos v_it+\frac{\dot{q}_{io}}{v_i}\sin v_it\right) \tag{2-82}$$

其中，$v_i=\omega_i\sqrt{1-\zeta^2}$。由于特征模态是解耦的，可以采用类似于上面的方法，即用试验方法(如用锤子激发结构)，通过信号分析估计频率；或者查看不同 n 的时间模拟，并估计其最小请求数。添加一个作用在 $x=\xi$ 的力 f_z，通过式(2-79)得到虚功：

$$\delta W=\int_o^L[\rho A\ddot{w}+d(\omega)\dot{w}''''+EIw''''-f_z\hbar(x-\xi)]\delta w\,dx=0 \tag{2-83}$$

分离式(2-74)得

$$\int_{o}^{L}\left[\rho A\sum w_i\ddot{q}_i+d(\omega)\sum w_i''''\dot{q}_i+EI\sum w_iq_i\right]w_j\,\mathrm{d}x\delta q_j$$
$$=f_z\int_{o}^{L}[w_j\hbar(x-\xi)]\mathrm{d}x\delta q_j\ \forall j \tag{2-84}$$

由于 $w_i=\sin(i\pi x/L)$ 为已知不变量，因此当 $j=i$ 时，有 $\int w_iw_j\,\mathrm{d}x=2L$；当 $j\neq i$ 时，有 $\int w_iw_j\,\mathrm{d}x=0$。对于 $w_i''''=(i\pi/L)^4w_i$，同时 $\int[w_j\hbar(x-\xi)]\mathrm{d}x=w_i(\xi)$（$\hbar$ 为狄拉克分布），则有

$$\ddot{q}_i+2\zeta\omega_i\dot{q}_i+\omega_i^2q_n=\frac{f_z}{2m}w_i(\xi),\ m=\rho AL$$
$$\Rightarrow q_i(t)=w_i(\xi)\mathrm{e}^{-\zeta\omega_it}\ \frac{p}{2mv_i}\sin(v_it),\ v_i=\omega_i\sqrt{1-\zeta^2} \tag{2-85}$$

如果将 f_z 建模为 $p\hbar(t-t_0)$（时间 $t=t_0=0$ 时的脉冲），则有

$$w(x,\ t)=\sum_{i=1}^{n}\mathrm{e}^{\zeta\omega_it}\ \frac{p}{2mv_i}\sin(v_it)\sin[(i\pi/L)\xi]\sin[(i\pi/L)x] \tag{2-86}$$

式(2-86)说明，当 $w_i(\xi)\neq0$ 时每个特征模态 $w_i(x)$ 都有所贡献，但激发更高的模式需要更多的能量。$x=0.15$ ms 时冲击响应如图 2-14 所示。图中 $n=50$，当 $n=20$ 时系统的冲击响应无明显差异。

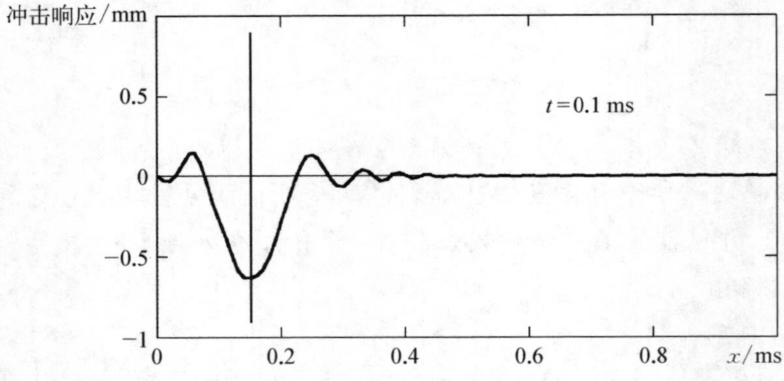

图 2-14　$x=0.15$ ms 时的冲击响应

2.4.1.3　钢琴的弦——紧固梁

事实上，钢琴的弦与其说是一条线，不如说是一根梁(尤其是低音)。利用式(2－76)计算模态，设弦的频率[式(2－78)]为 ω_{sn}，则有

$$\frac{\omega_n}{\omega_{s1}}=\sqrt{\left[\frac{EI\left(\frac{n\pi}{L}\right)^2}{f_x}+1\right]}\cdot n$$

弦泛音 $(\omega_{sn}/\omega_{s1})=n$，$n=1, 2, 3\cdots$ 需要相当大的力 f_x。钢琴中这些力可以达到 1 600 N，由此可知欧拉伯努利梁是一个强大的模型。紧固梁的频率如图 2－15 所示。

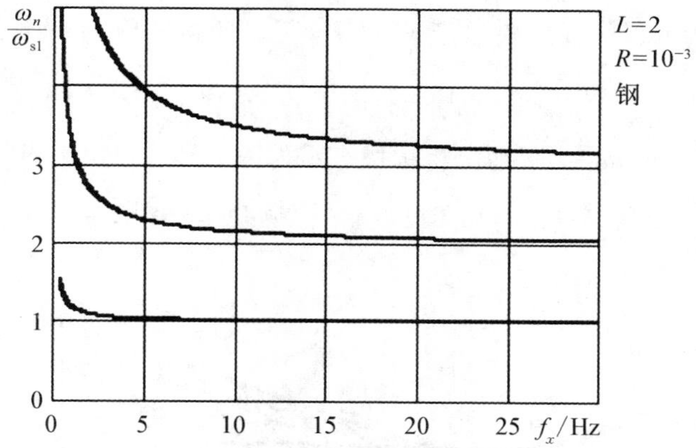

图 2－15　紧固梁的频率

2.4.2　近似解——形函数的数量

尽管能够估计特征函数的个数，但是通常情况下特征函数本身仍然是未知的。读者可能会产生疑问：如何利用级数展开(如里兹近似)表示特征函数？这是指将未知函数 $f(x)$ 用已知函数 $g_i(x)$ 在 $\boldsymbol{a}^{\mathrm{T}}\boldsymbol{g}(x)$ 中展开，例如把一个周期函数展开成傅立叶级数。众所周知的方法是尽量减少误差 $\Delta=\frac{1}{2}\int[\boldsymbol{a}^{\mathrm{T}}\boldsymbol{g}(x)-f(x)]^2\mathrm{d}x$，得到 $\int[\boldsymbol{a}^{\mathrm{T}}\boldsymbol{g}(x)-f(x)]\boldsymbol{g}(x)^{\mathrm{T}}\mathrm{d}x=0$，因此

$$\left[\int\boldsymbol{g}(x)\boldsymbol{g}(x)^{\mathrm{T}}\mathrm{d}x\right]\boldsymbol{a}=\int f(x)\boldsymbol{g}(x)\mathrm{d}x \tag{2-87}$$

使用正交梁函数 $g_i(x)=v_i(x)$ 及 $v_i''''-k_i^4 v_i=0$，通过分部积分得到

$$a_i=\int_o^L f(x)\frac{v_i''''}{k_i^4}\mathrm{d}x=\frac{1}{k_i^4}\left[(f''v_i'-f'v_i''+fv'''_i)\Big|_o^L-\int_o^L f'''v_i'\mathrm{d}x\right]$$

(2-88)

自由边界不存在 $v''_i|_o^L$ 以及 $v'''_i|_o^L$，因此

$$a_i=\frac{1}{k_i^3}\left[f''\left(\frac{v_i'}{k_i}\right)_o^L-\int_o^L f'''\left(\frac{v_i'}{k_i}\right)\mathrm{d}x\right]\leqslant\kappa_i\Rightarrow a_i\leqslant\frac{\kappa_i}{k_i^3}\qquad(2-89)$$

由于 $(v_i'/k_i)\in\{-2,+2\}$，因此假定 f'' 和 f''' 有界且稳定。因为 $k_i\approx\left(i+\dfrac{1}{2}\right)\pi$，$\boldsymbol{a}^{\mathrm{T}}\boldsymbol{v}$ 处的级数收敛于 $(1/i^3)$，所以使得 i 作为一个下边界增加到 $f(x)$ 中。扩展 $f(x,y)=\boldsymbol{a}_{ij}^{\mathrm{T}}u_i(x)v_j(y)$ 及梁函数 $u_i(x)$，$i=1,\cdots,n$；$v_j(y)$，$j=1,\cdots,m$，用里兹法将板块表示为一个具有自由边界的级数，该级数将快速收敛于$[1/ij^3]$的下边界上，可以利用瑞利熵证明它的存在。第一特征函数如图 2-16 所示。

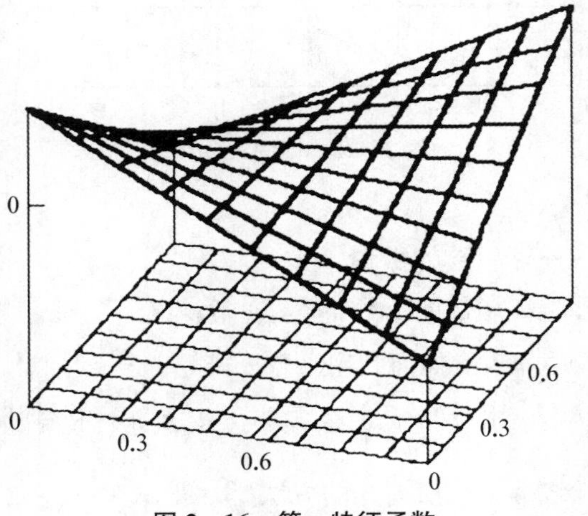

图 2-16　第一特征函数

图 2-17(a)梁模型对应于图 2-8(a)，模型具有刚性齿轮。由式(2-36)可知，恢复矩阵 $\boldsymbol{K}=0$。此时建模方面强调质量矩阵，假设尖端惯性张量 $\boldsymbol{J}_{\mathrm{tip}}$ 可以忽略，由 $\rho I_y\to 0$，$\rho I_z\to 0$(欧拉伯努利梁)得到旋转梁的质量矩阵：

$$\boldsymbol{M}=\begin{bmatrix}\int \frac{\partial m}{\partial x}x^2\mathrm{d}x & \int x\boldsymbol{v}^{\mathrm{T}}\frac{\partial m}{\partial x}\mathrm{d}x & 0\\ \int x\boldsymbol{v}\frac{\partial m}{\partial x}\mathrm{d}x & \int \boldsymbol{v}\boldsymbol{v}^{\mathrm{T}}\frac{\partial m}{\partial x}\mathrm{d}x & 0\\ 0 & 0 & \int \rho I_x\boldsymbol{\vartheta}\boldsymbol{\vartheta}^{\mathrm{T}}\mathrm{d}x\end{bmatrix} \tag{2-90}$$

坐标序列为

$$\boldsymbol{y}=[\gamma\quad \boldsymbol{q}_v^{\mathrm{T}}\quad \boldsymbol{q}_{\vartheta}^{\mathrm{T}}]^{\mathrm{T}} \tag{2-91}$$

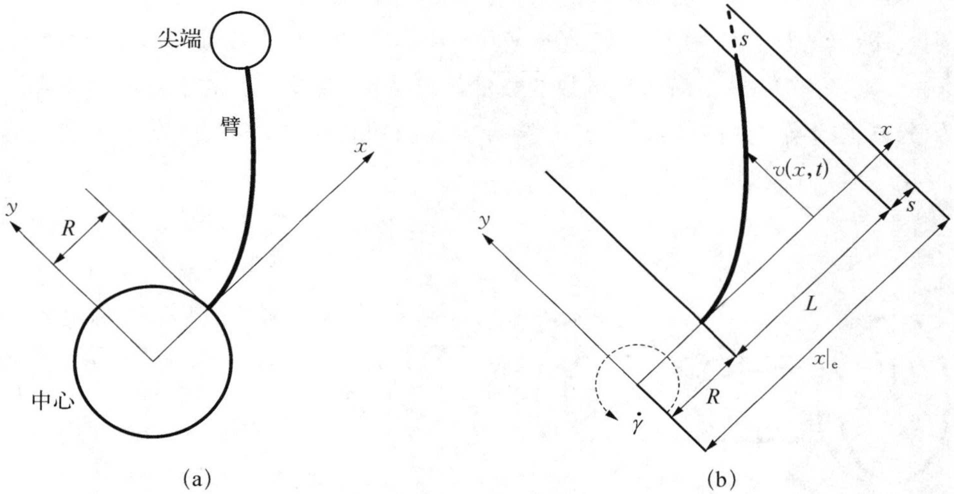

图 2-17 电机齿轮臂

(a) 梁模型；(b) 坐标

欧拉伯努利梁真的是一个有力的模型吗？C_{Hub} 不会出现在式(2-24)中导致符号发生变化的任何地方。

$$\frac{\partial m}{\partial x}=m_{\mathrm{hub}}\hbar(x-0)+m_{\mathrm{tip}}\hbar(x-x\mid_{\mathrm{e}})+\rho A \tag{2-92}$$

由图 2-17(b)可知：

$$x\mid_{\mathrm{e}}=(R+L+s),\ \boldsymbol{v}\mid_{\mathrm{e}}=(\boldsymbol{v}_L+\boldsymbol{v}_L's),\ \boldsymbol{v}'\mid_{\mathrm{e}}=\boldsymbol{v}_L' \tag{2-93}$$

得到

$$
\boldsymbol{M}=\begin{bmatrix} m_{\text{beam}}\dfrac{L^2}{3}+m_{\text{tip}}x\ |_{\text{e}}^{2} & \int(x\boldsymbol{v}^{\text{T}})\rho A\,\text{d}x+(x\boldsymbol{v}^{\text{T}})\ |_{\text{e}}m_{\text{tip}} & 0 \\ \int(x\boldsymbol{v})\rho A\,\text{d}x+(x\boldsymbol{v})\ |_{\text{e}}m_{\text{tip}} & \int(\boldsymbol{v}\boldsymbol{v}^{\text{T}})\rho A\,\text{d}x+(\boldsymbol{v}\boldsymbol{v}^{\text{T}})\ |_{\text{e}}m_{\text{tip}} & 0 \\ 0 & 0 & \int\rho I_x\boldsymbol{\vartheta}\boldsymbol{\vartheta}^{\text{T}}\text{d}x \end{bmatrix} \tag{2-94}
$$

故而 $\boldsymbol{M}>0$。当 $m_{\text{tip}}x\ |_{\text{e}}^{2}\gg C_{\text{beam}}+C_{\text{Hub}}+C_{\text{tip}}$，瑞利梁开始发挥作用，建模时要认真解释。

最初认为应对形函数时，可使用梁特征函数，保证其收敛。例如，对于具有尖端质量的梁[式(2-89)]，级数 $\boldsymbol{a}^{\text{T}}\boldsymbol{v}$ 在 $\boldsymbol{v}\in IR^{n}$ 的条件下收敛于第 n 个弯曲形式 $v_{n,\ \text{eigen}}\sim(1/n)^3$，所求形函数的数量显而易见；然而这里的收敛依赖于四阶微分方程的梁弯曲函数，对于二阶微分方程的扭转挠度，情况则发生了很大的变化。

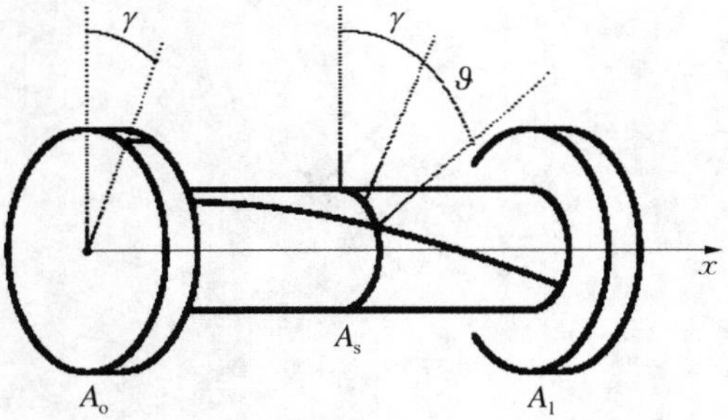

图 2-18 扭转轴

2.4.2.1 形函数的功能——增加收敛性

考虑末端附有圆盘的扭转轴(见图 2-18)，轴应保持在 $x=0$ ($\gamma=\text{const}$)。

已知特征函数 $\vartheta=\sin\left(\dfrac{k_i x}{L}\right)$，有 $\tan k_i=\dfrac{A_s}{A_1}\dfrac{1}{k_i}$，$A_{\text{s}}=\rho I_x L$ (很容易从哈密顿原理中得到)，前三个特征函数如图 2-19(a)所示。由式(2-87)可得

$$
a=\left[\int\boldsymbol{g}(x)\boldsymbol{g}(x)^{\text{T}}\text{d}x\right]^{-1}\int f(x)\boldsymbol{g}(x)\text{d}x \tag{2-95}
$$

使用正交梁函数 $g_i(x)=\vartheta_{\text{bi}}(x)$，$\vartheta''_{\text{bi}}+k_i^2\vartheta_{\text{bi}}=0$，通过分部积分得到

$$
a_i=-\int_o^L f(x)\frac{\vartheta''_{\text{bi}}}{k_i^2}\text{d}x=\frac{1}{k_i}\left[-f\left(\frac{\vartheta'_{\text{bi}}}{k_i}\right)\Bigg|_o^L+\int_o^L f'\left(\frac{\vartheta'_{\text{bi}}}{k_i}\right)\text{d}x\right]\leqslant\frac{\boldsymbol{\kappa}}{k_i} \tag{2-96}
$$

由于 $(\vartheta'_{bi}/k_i)=\cos(k_i x)\in\{-1,+1\}$，$k_i\approx\left(i-\dfrac{1}{2}\right)\pi$，因此假设 f 和 f' 是有界且稳定的，随着 i 增加，$\boldsymbol{a}^{\mathrm{T}}\boldsymbol{\vartheta}_{\mathrm{b}}$ 缓慢收敛于 $(1/i)$。

第二个特征函数 ϑ_{2e} 的右端（放大）如图 2-19(b)所示，近似 $n=50$、100、500 时，梁函数为 $\boldsymbol{\vartheta}_{\mathrm{b}}^{\mathrm{T}}=\left[\sin\left(\dfrac{\pi}{2}x\right)\quad \sin\left(\dfrac{3\pi}{2}x\right)\quad \cdots\quad \sin\dfrac{(2n-1)\pi x}{2}\right]$。因为这些函数的右端都没有斜率，所以显然需要大量的形函数。这就导致了一个众所周知的效应，即近似解在真实解的周围形成某种振荡。

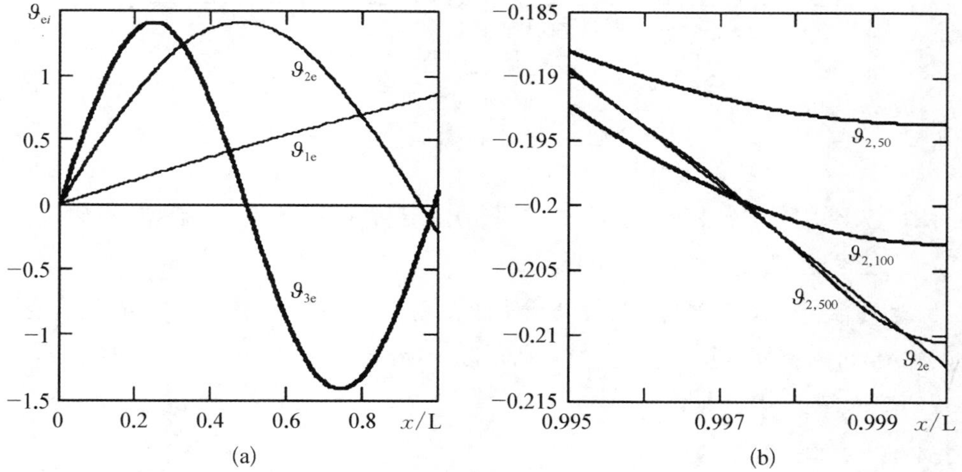

图 2-19　特征函数

(a) 前三个特征函数；(b) 第二个特征函数 ϑ_{2e} 的右端（放大）

意识到这一点，就可以在函数右端添加一个斜率为 0 的辅助函数：$\boldsymbol{\vartheta}_{\mathrm{ab}}^{\mathrm{T}}=\left[\underline{\sin(\pi x)}\quad \sin\left(\dfrac{\pi}{2}x\right)\quad \sin\left(\dfrac{3\pi}{2}x\right)\quad \cdots\quad \sin\dfrac{(2n-1)\pi x}{2}\right]$。这些函数是不正交的，因此考虑式(2-95)中的逆，其收敛性不容易检验。这里只用了四个形函数，图 2-20(b)的结果是极大的。这种情况下的前四个近似特征函数如图 2-20(a)所示；当特征函数最大（第四个）时，偏差变得明显。

如何构造辅助函数呢？物理解释会有所帮助。考虑到快速移动的高阶模态，末端圆盘的惯量越来越大，在极限情况下将起支撑作用（在这种情况下，$\sin\pi x$ 是第一个特征模态）。这种趋势在图 2-19(a)中可以看到：在该图的右端，更高阶的模态越趋近于零。也有处理尖端质量弯曲梁的方法，如图 2-17(a)

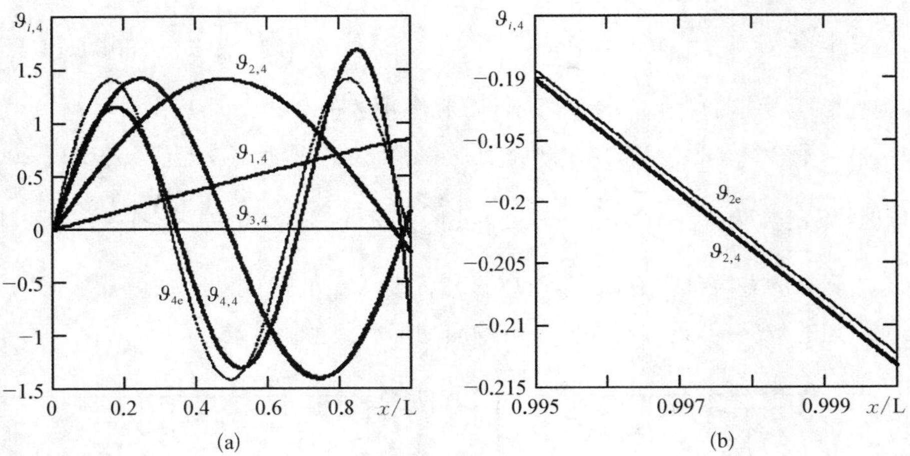

图 2-20　近似特征函数

(a) 前四个近似特征函数;(b) 极大值

所示:尖端质量(忽略转动惯量)的辅助功能对应于系统夹紧状态,具有转动惯量的刚体可用两端夹紧表示。

注意到形函数的质量后,可以开始计算旋转梁运动,如图 2-17 所示。由式(2-94)可求得质量矩阵,由式(2-36)可求得恢复矩阵,其中均包含二阶弹性位移的影响,但后者需要重新考虑。

2.4.2.2　二阶场效应

用一个简单的例子加深对此问题的理解:"线性机器人"(只有线性导向运动,没有旋转)如图 2-21 所示。

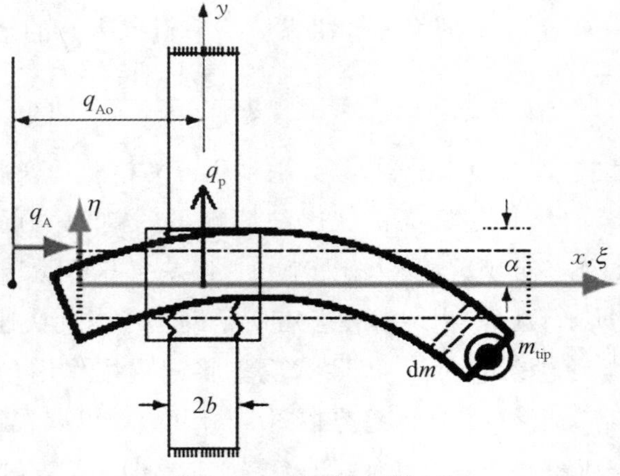

图 2-21　"线性机器人"

与离心力一样由 $\mathrm{d}f_x=\rho A\omega^2\mathrm{d}x$，则有

$$\int_o^L\int_x^L \rho A(\omega^2\xi)\mathrm{d}\xi\boldsymbol{v}'\boldsymbol{v}'^{\mathrm{T}}\mathrm{d}x\boldsymbol{q} \tag{2-97}$$

$$\Rightarrow \boldsymbol{K}_{\mathrm{cent}}\boldsymbol{y}=\begin{bmatrix}0 & 0\\ 0 & \int_o^L \rho A\left[\frac{1}{2}\omega_{\mathrm{o}}^2(L^2-x^2)\right]\boldsymbol{v}'\boldsymbol{v}'^{\mathrm{T}}\mathrm{d}x\end{bmatrix}\begin{bmatrix}\gamma\\ \boldsymbol{q}\end{bmatrix} \tag{2-98}$$

现在有一个反作用力 $\mathrm{d}f_x=-\rho A\ddot{q}_{\mathrm{A}}\mathrm{d}x$ 使得

$$-\int_o^L\int_x^L \rho A(\ddot{q}_{\mathrm{A}}\xi)\mathrm{d}\xi\boldsymbol{v}'\boldsymbol{v}'^{\mathrm{T}}\mathrm{d}x\boldsymbol{q} \tag{2-99}$$

因此

$$\boldsymbol{K}_{\mathrm{acc}}\boldsymbol{y}=\begin{bmatrix}0 & 0 & 0\\ 0 & 0 & 0\\ 0 & 0 & \int_o^L \rho A\ddot{q}_{\mathrm{A}}(x-L)\boldsymbol{v}'\boldsymbol{v}'^{\mathrm{T}}\mathrm{d}x\end{bmatrix}\begin{bmatrix}q_{\mathrm{P}}\\ q_{\mathrm{A}}\\ \boldsymbol{q}\end{bmatrix} \tag{2-100}$$

式(2-100)可以改写为

$$\boldsymbol{M}_{\mathrm{acc}}\ddot{\boldsymbol{y}}=\begin{bmatrix}0 & 0 & 0\\ 0 & 0 & 0\\ 0 & \int_o^L \rho A(x-L)\boldsymbol{v}'\boldsymbol{v}'^{\mathrm{T}}\mathrm{d}x\boldsymbol{q} & 0\end{bmatrix}\begin{bmatrix}\ddot{q}_{\mathrm{P}}\\ \ddot{q}_{\mathrm{A}}\\ \ddot{\boldsymbol{q}}\end{bmatrix} \tag{2-101}$$

式(2-101)很重要。$\boldsymbol{M}_{\mathrm{acc}}$ 必须赋值给质量矩阵，之后倒置。至此，可以得出以下结论。

(1) 将应力增加到质量矩阵(强制)，将科里奥利力和离心力增加到陀螺矩阵。

(2) 将外加作用力增加到恢复矩阵。

在适度简化的情况下，虽然系统所受反作用力的影响可以忽略不计，但是外加作用力的影响不可忽略(如变形)。

2.4.3 频率调整

频率调整在建模中起着重要的作用。以前文提到的钢琴弦为例：和声模型基于弦乐的泛音，可通过紧固梁实现。因此，至少从听觉体验来说，三重奏（$\omega/\omega_0=5/4$）和五重奏（$\omega/\omega_0=3/2$）是最和谐的。五拍序列后，应该满足基本的音调（更确切地说是一个八度音阶），然而有 12 个五重奏为 $(3/2)^{12}=129.75$，7 个八度 $2^7=128$。因此八度音阶的顺序是强制的，无论如何都要调整基调的间隔。从惠更斯、欧拉到达朗贝尔，许多科学家为此忙碌不已[35]。一些人认为伟大的巴赫在他的《平均律钢琴曲集》的第一页给出了一个密码规则，但对这一规则没有人可以确定，故而至今这仍然是一个谜。

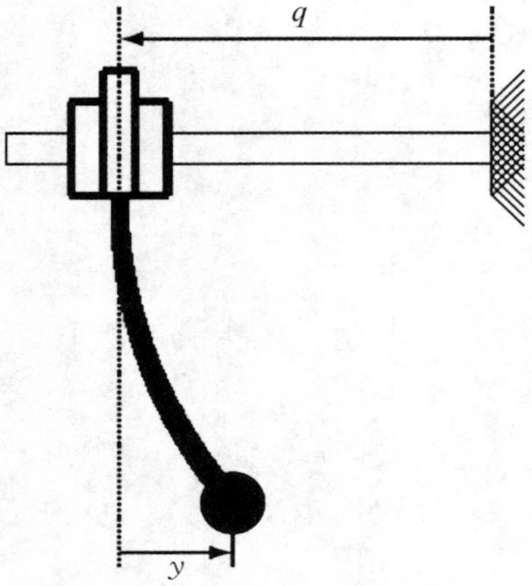

图 2-22 起重机模型

机械建模不允许有秘密。图 2-21 中，设 $q_A=\text{const}$；在机器人模型或起重机模型中（见图 2-22），机器人与刚性齿轮连一起。开环控制系统的建模相当容易：只要梁频率 ω_{beam} 是已知的，那么对应于 q_e 位置、运动时间为 T 的运动 q 可计算为

$$q(t)_d=\frac{q_e}{2\pi}(\Omega t-\sin\Omega t) \qquad (2-102)$$

其中，$\Omega=\frac{2\pi}{T}=\frac{1}{2}\omega_{\text{beam}}$。

起重机负载后的运动结果为

$$y(t)=\frac{q_e}{6\pi}\left(\frac{1}{2}\sin\omega_{\text{beam}}t-\sin\Omega t\right) \qquad (2-103)$$

起重机运动初始阶段和结束阶段所能持续的时长取决于负载的柔度，运动 q 所必需的外力 f_q 与 $\sin\Omega t$ 成正比，这是一种典型的点对点运动模式：以驱动点的视角来看，运动 y 初始时停留在驱动点之后；一段时间后（目前定义为完整运动时间的一半），驱动将由加速状态变为减速状态。

负载前移使得运动结束时起重机能平稳停下来，起重机运动如图 2-23 所示。原则上这是任何点对点的机动特性，也适用于闭环控制系统。研究起重机问题有助于解释结果。特拉肯布罗特模型的回转运动也遵循这些规律[见式(2-33)]；所有的模型假设都进行了试验验证，验证是建模的最后一步。

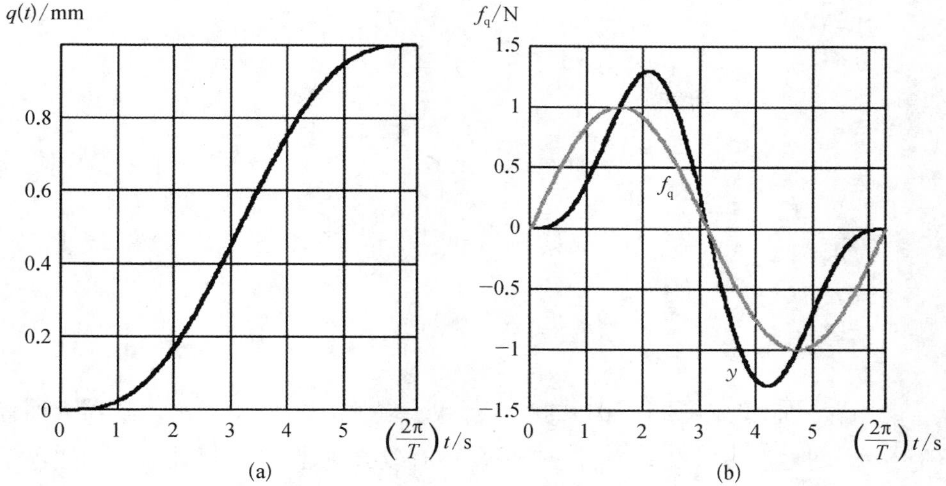

图 2-23 起重机运动

(a) 驱动运动；(b) 力和有效载荷运动

2.4.4 方法

看一下平面弹性双摆铰接式柔性机器人前臂的(偏微分)方程(见图 2-24)：

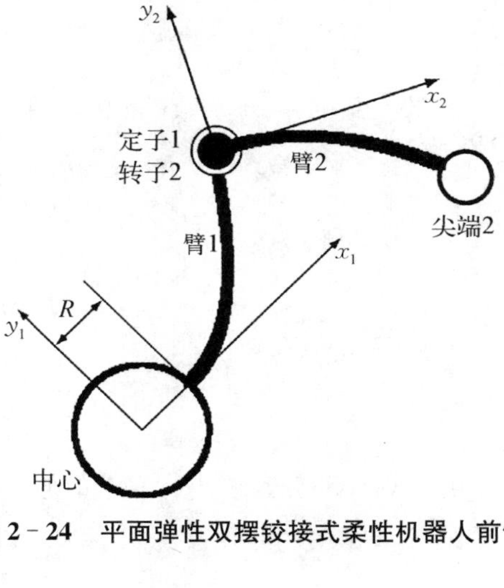

图 2-24 平面弹性双摆铰接式柔性机器人前臂

$$\underline{\frac{\partial m_2}{\partial x_2}\ddot{v}_2-\frac{\partial}{\partial x_2}\left(\frac{\partial J_2}{\partial x_2^2}\ddot{v}_2'\right)+\frac{\partial^2}{\partial x_2^2}[(EI)_2 v_2'']+}$$

$$\frac{\partial m_2}{\partial x_2}\{[L_1\cos\gamma_2-(L_1 v_{1L}'-v_{1L})\sin\gamma_2-x_2]\ddot{\gamma}_1+x_2\ddot{\gamma}_2+$$

$$
\begin{aligned}
&[L_1\sin\gamma_2+(L_1 v'_{1L}-v_{1L})\cos\gamma_2-v_2]\dot{\gamma}_1^2-v_2\dot{\gamma}_2^2+\\
&(2\dot{v}_{1L}\sin\gamma_2-2v_2\dot{\gamma}_2)\dot{\gamma}_1+g[\sin(\gamma_1+\gamma_2)+v'_{1L}\cos(\gamma_1+\gamma_2)]+\\
&(\ddot{v}_{1L}\cos\gamma_2+x_2\ddot{v}''_{1L})\}-\frac{\partial}{\partial x_2}\left[(\ddot{\gamma}_1+\ddot{\gamma}_2+\ddot{v}'_{1L})\frac{\partial J_2}{\partial x_2}\right]-\\
&\frac{\partial}{\partial x_2}\left\{\int_{x_2}^{L_2}[g\cos(\gamma_1+\gamma_2)-L_1\ddot{\gamma}_1\sin\gamma_2+L_1\dot{\gamma}_1^2\cos\gamma_2+\right.\\
&\left.\xi(\dot{\gamma}_1+\dot{\gamma}_2)^2]\frac{\partial m_2}{\partial\xi}\mathrm{d}\xi v'_2\right\}=0 \qquad (2-104)
\end{aligned}
$$

无特殊说明时，式(2－104)的第一行代表瑞利梁方程，其余表示机器人前臂的重力和动力学作用[36]。在考虑选取何种有效方法建模时，伽辽金法因边界条件而退出；虽然逼近过程(扩展伽辽金)在考虑边界条件时是烦琐的，但应用通过积分得到的式(2－64)以及由其所确定的直接里兹法是得到有效解的第一步。

式(2－64)考虑了弹性转子，设 $v(x,t)=\boldsymbol{v}(x)^{\mathrm{T}}\boldsymbol{q}_v(t)$，$\delta v(x,t)=\delta\boldsymbol{q}_v(t)^{\mathrm{T}}\boldsymbol{v}(x)$。如果依赖 $\ddot{\alpha}$，则有

$$
\begin{aligned}
\delta W&=\int_o^L\ddot{\alpha}\rho(-\delta vAw\underline{+\delta v'Iw'}\underline{+\delta wAv}-\delta w'Iv')\mathrm{d}x+\cdots\\
&=(\delta\boldsymbol{q}_v^{\mathrm{T}}\delta\boldsymbol{q}_w^{\mathrm{T}})\int_o^L\ddot{\alpha}\rho\begin{bmatrix}-(A\boldsymbol{v}\boldsymbol{\omega}^{\mathrm{T}}-I\boldsymbol{v}'\boldsymbol{\omega}'^{\mathrm{T}})\boldsymbol{q}_w\\+(A\boldsymbol{\omega}\boldsymbol{v}^{\mathrm{T}}-I\boldsymbol{\omega}'\boldsymbol{v}'^{\mathrm{T}})\boldsymbol{q}_v\end{bmatrix}\mathrm{d}x+\cdots=0 \qquad (2-105)
\end{aligned}
$$

得到 $\boldsymbol{N}$ 矩阵(非保守恢复矩阵)为

$$
\boldsymbol{N}\boldsymbol{q}=\ddot{\alpha}\int_o^L\rho\begin{bmatrix}0 & -[A\boldsymbol{v}\boldsymbol{\omega}^{\mathrm{T}}-I\boldsymbol{v}'\boldsymbol{\omega}'^{\mathrm{T}}]\\+[A\boldsymbol{\omega}\boldsymbol{v}^{\mathrm{T}}-I\boldsymbol{\omega}'\boldsymbol{v}'^{\mathrm{T}}] & 0\end{bmatrix}\mathrm{d}x\begin{bmatrix}\boldsymbol{q}_v\\\boldsymbol{q}_w\end{bmatrix} \qquad (2-106)
$$

但对式(2－105)中的下划线部分需要进行复杂的修正，用式(2－66)求解运动方程。对于无变形系统(运动参考坐标系)，将 v 和 w 定义为函数。运动参考坐标系中质心速度为

$$
\boldsymbol{v}_{\mathrm{c}}=\begin{bmatrix}0\\\dot{v}-\dot{\alpha}w\\\dot{w}+\dot{\alpha}v\end{bmatrix},\ \boldsymbol{\omega}_{\mathrm{c}}=\begin{bmatrix}\dot{\alpha}\\-\dot{w}'\\+\dot{v}'\end{bmatrix} \qquad (2-107)
$$

移动参考坐标系表示的惯性张量 $\mathrm{d}\boldsymbol{J}=[\boldsymbol{E}-\tilde{\boldsymbol{\varphi}}]^{\mathrm{T}}\rho\boldsymbol{I}\mathrm{d}x[\boldsymbol{E}-\tilde{\boldsymbol{\varphi}}]$，$\boldsymbol{I}=I\mathrm{diag}(2,1,1)$（圆形截面），弯曲角度为 $\boldsymbol{\varphi}=[0\quad -w'\quad v']^{\mathrm{T}}$。因此一阶动量为

$$\mathrm{d}\boldsymbol{p}=\begin{bmatrix}0\\ \dot{v}-\dot{\alpha}w\\ \dot{w}+\dot{\alpha}v\end{bmatrix}\rho A\mathrm{d}x\,,\ \mathrm{d}\boldsymbol{L}=\begin{bmatrix}2\dot{\alpha}\\ \dot{\alpha}v'-\dot{w}'\\ \dot{\alpha}w'+\dot{v}'\end{bmatrix}\rho I\mathrm{d}x \tag{2-108}$$

将里兹拟设代入式(2-107)中得到

$$\boldsymbol{v}_{\mathrm{c}}=\begin{bmatrix}0 & 0\\ +\boldsymbol{v}^{\mathrm{T}} & 0\\ 0 & +\boldsymbol{\omega}^{\mathrm{T}}\end{bmatrix}\dot{\boldsymbol{q}}+\begin{bmatrix}0 & 0\\ 0 & -\dot{\alpha}\boldsymbol{\omega}^{\mathrm{T}}\\ +\dot{\alpha}\boldsymbol{v}^{\mathrm{T}} & 0\end{bmatrix}\boldsymbol{q} \tag{2-109}$$

$$\boldsymbol{\omega}_{\mathrm{c}}=\begin{bmatrix}0 & 0\\ 0 & -\boldsymbol{\omega}'^{\mathrm{T}}\\ +\boldsymbol{v}'^{\mathrm{T}} & 0\end{bmatrix}\dot{\boldsymbol{q}}+\begin{bmatrix}\dot{\alpha}\\ 0\\ 0\end{bmatrix} \tag{2-110}$$

函数矩阵（雅可比矩阵）可写为

$$\left(\frac{\partial\boldsymbol{v}_{\mathrm{c}}}{\partial\dot{\boldsymbol{q}}}\right)=\begin{bmatrix}0 & 0\\ +\boldsymbol{v}^{\mathrm{T}} & 0\\ 0 & +\boldsymbol{\omega}^{\mathrm{T}}\end{bmatrix},\ \left(\frac{\partial\boldsymbol{\omega}_{\mathrm{c}}}{\partial\dot{\boldsymbol{q}}}\right)=\begin{bmatrix}0 & 0\\ 0 & -\boldsymbol{\omega}'^{\mathrm{T}}\\ +\boldsymbol{v}'^{\mathrm{T}} & 0\end{bmatrix} \tag{2-111}$$

又有 $\boldsymbol{\omega}_{\mathrm{R}}=[\dot{\alpha}\quad 0\quad 0]$，因此运动方程为

$$\int_{o}^{L}\begin{bmatrix}0 & 0 & +\boldsymbol{v}'\\ 0 & -\boldsymbol{\omega}' & 0\end{bmatrix}\begin{bmatrix}2\ddot{\alpha}\\ -\ddot{w}'-\dot{\alpha}^{2}w'+\ddot{\alpha}v'\\ +\ddot{v}'+\dot{\alpha}^{2}v'+\ddot{\alpha}w'\end{bmatrix}\rho I\mathrm{d}x+$$

$$\int_{o}^{L}\begin{bmatrix}0 & +\boldsymbol{v} & 0\\ 0 & 0 & +\boldsymbol{\omega}\end{bmatrix}\begin{bmatrix}0\\ \ddot{v}-2\dot{\alpha}\dot{w}-\dot{\alpha}^{2}v-\ddot{\alpha}w\\ \ddot{w}+2\dot{\alpha}\dot{v}-\dot{\alpha}^{2}w+\ddot{\alpha}v\end{bmatrix}\rho A\mathrm{d}x \tag{2-112}$$

再来看非保守恢复矩阵 $\boldsymbol{N}$，有

$$\boldsymbol{N}\boldsymbol{q}=\int_{o}^{L}\begin{bmatrix}0 & 0 & +\boldsymbol{v}'\\ 0 & -\boldsymbol{\omega}' & 0\end{bmatrix}\begin{bmatrix}0\\ \ddot{\alpha}v'\\ \ddot{\alpha}w'\end{bmatrix}\rho I\mathrm{d}x+\int_{o}^{L}\begin{bmatrix}0 & +\boldsymbol{v} & 0\\ 0 & 0 & +\boldsymbol{\omega}\end{bmatrix}\begin{bmatrix}0\\ -\ddot{\alpha}w\\ +\ddot{\alpha}v\end{bmatrix}\rho A\mathrm{d}x \tag{2-113}$$

整个过程很简单(矩阵-矢量叉乘,无方向导数),毕竟式(2-66)具有明显优势,但是如何处理非完整约束呢?

2.5 非完整约束和冗余

模型内部的非完整约束会使投影方程变得有效且易于处理。通过动力学方程来比较不同的方法,可以找出哪种方法效率更高。在建模方面,上述工作可以分解为子系统带来的拓扑、子模型的可互换性及其相互作用;相应的动力学方程可以由化简后的最简形式获得,也可由递归法获得,这种建模方式节省了大量的计算时间。现代计算机处理问题时,是否应该用严格的结构分割(或集中质量)模型进行限制?举一个简单的例子:获得具有一定精度的夹紧梁的第一模态需要 100 个弹簧互连的刚性连杆——这种模型显然是不可信的。或者相反:为什么不将商业有限元程序用于梁状(子)结构模型的建立呢?例如,轧机运动无法通过传统公式计算实现,但改用新的建模方法可以将计算时间从原来的一年减少至半小时——这样的效率提升不是很有说服力吗?

2.5.1 分析方法

在非完整变量情况下,有

$$\sum_{n}\left[\frac{\mathrm{d}}{\mathrm{d}t}\frac{\partial T}{\partial \dot{q}_n}-\frac{\partial T}{\partial q_n}-\boldsymbol{Q}_n\right]\delta q_n=0 \tag{2-114}$$

在拉格朗日方程中,由于 δq_n 不是任意的,可得

$$\sum_{n=1}^{f}\left[\frac{\mathrm{d}}{\mathrm{d}t}\frac{\partial T}{\partial \dot{q}_n}-\frac{\partial T}{\partial q_n}-\boldsymbol{Q}_n\right]\sum_{m=1}^{g}\left(\frac{\partial q_n}{\partial s_m}\right)\delta s_m=0 \tag{2-115}$$

因此,$(\partial \boldsymbol{q}/\partial \boldsymbol{s})$ 总是已知的:假设 $\boldsymbol{q}=\boldsymbol{q}(\boldsymbol{s})$,微分后得 $\dot{\boldsymbol{q}}=(\partial \boldsymbol{q}/\partial \boldsymbol{s})$,关于 $\dot{\boldsymbol{s}}$ 可以用 $(\partial \dot{\boldsymbol{q}}/\partial \dot{\boldsymbol{s}})=(\partial \boldsymbol{q}/\partial \boldsymbol{s})$ [与式(2-52)相同]表示。式(2-115)中,f 为位置自由度,g 为速度自由度,$g=f$ 为完整情况,对式(2-115)中拉格朗日部分需要全范围计算,然后置换 $\dot{\boldsymbol{q}}\rightarrow\dot{\boldsymbol{s}}$,但这种计算工作量非常大。

哈梅尔[37](Hamel)得出了著名的欧拉-拉格朗日方程,它的变分形式[推导过程见式(2-128)]:

$$\sum_n\left[\frac{\mathrm{d}}{\mathrm{d}t}\frac{\partial T}{\partial \dot{s}_n}-\frac{\partial T}{\partial s_n}-\boldsymbol{Q}_n\right]\delta s_n+\sum_\nu\frac{\partial T}{\partial \dot{s}_\nu}\left[\frac{\mathrm{d}\delta s_\nu-\delta \mathrm{d}s_\nu}{\mathrm{d}t}\right]=0 \tag{2-116}$$

当然，动能 T 不直接依赖于 s_n，而是有 $T=T(\boldsymbol{q},\dot{\boldsymbol{s}})$。$(\partial T/\partial s_n)$ 中的各项即为 $(\partial T/\partial \boldsymbol{q})(\partial \boldsymbol{q}/\partial s_n)$ 和已知的 $(\partial \boldsymbol{q}/\partial s_n)$ 中的对应项。哈梅尔说：“当我问自己时，我找到了它们[①]。当我代入时，除了位置变量 $\boldsymbol{q}$ 之外，哪些方程代替拉格朗日方程，还有其他 n 个独立的 $\mathrm{d}\boldsymbol{q}/\mathrm{d}t$ 线性组合？”因此，先不考虑非完整约束（相同的数字 n），计算式(2-116)中第一项 δs_n，在第二项中它被隐藏，但随着代入 $\delta s_\nu=\sum_i(\partial s_\nu/\partial q_i)\delta q_i \Rightarrow \mathrm{d}\delta s_\nu=\sum_{i,k}(\partial^2 s_\nu/\partial q_i\partial q_k)\delta q_i \mathrm{d}q_k+\sum_i(\partial s_\nu/\partial q_i)\mathrm{d}\delta q_i$，得到

$$\frac{\mathrm{d}\delta s_\nu-\delta \mathrm{d}s_\nu}{\mathrm{d}t}=\sum_{i,k}\left[\frac{\partial^2 s_\nu}{\partial q_i\partial q_k}-\frac{\partial^2 s_\nu}{\partial q_k\partial q_i}\right]\delta q_i\dot{q}_k+\sum_i\frac{\partial s_\nu}{\partial q_i}(\mathrm{d}\delta q_i-\delta \mathrm{d}q_i) \tag{2-117}$$

使用变分近似 $\delta\boldsymbol{q}=(\partial\boldsymbol{q}/\partial\varepsilon)\big|_{\varepsilon=0}\cdot\varepsilon=\varepsilon\cdot\boldsymbol{\eta}$，得到 $\mathrm{d}\delta\boldsymbol{q}-\delta\mathrm{d}\boldsymbol{q}=\varepsilon\cdot\mathrm{d}\boldsymbol{\eta}-\varepsilon\cdot\mathrm{d}\boldsymbol{\eta}=0$。然后消去式(2-117)最后一个项，其余代表施瓦茨的可积性规则——对于非完整变量，这是不满足初始条件的，不过在这个实例中，$\delta q_i=\sum_n(\partial q_i/\partial s_n)\delta s_n$ 和 $\dot{q}_k=\sum_\mu(\partial q_k/s_\mu)\dot{s}_\mu$ 是已知的，上述等式代入式(2-117)和式(2-116)中，第二项 δs_n 也被排除在外。由于 δs_n 是任意的，因此可以得到第 n 个运动方程：

$$\begin{cases}\sum_n\left[\frac{\mathrm{d}}{\mathrm{d}t}\frac{\partial T}{\partial \dot{s}_n}-\frac{\partial T}{\partial s_n}-\boldsymbol{Q}_n\right]+\sum_n\sum_{\nu,\mu}\left[\frac{\partial T}{\partial \dot{s}_\nu}\dot{s}_\mu\beta_\nu^{\mu,n}\right]=0\\ \beta_\nu^{\mu,n}=\sum_{i,k}\frac{\partial q_k}{\partial s_\mu}\frac{\partial q_i}{\partial s_n}\left(\frac{\partial^2 s_\nu}{\partial q_i\partial q_k}-\frac{\partial^2 s_\nu}{\partial q_k\partial q_i}\right)\end{cases} \tag{2-118}$$

下面来看一个例题。

小车结构和运动分析如图 2-25 所示，参考坐标系原点位于后轴上，后轮不允许侧向滑动（非完整约束）；小车能够到达惯性 xy 平面内的每个点的任意运动方向（角度 γ），使用惯性坐标 $\boldsymbol{q}=[x\quad y\quad \gamma]^{\mathrm{T}}$，后轴速度（车身固定参考坐标

① 指方程式。

系)为

$$\dot{\boldsymbol{s}}=\begin{bmatrix}v_x\\v_y\\\omega_z\end{bmatrix}=\begin{bmatrix}\cos\gamma & \sin\gamma & 0\\-\sin\gamma & \cos\gamma & 0\\0 & 0 & 1\end{bmatrix}\begin{bmatrix}\dot{x}\\\dot{y}\\\dot{\gamma}\end{bmatrix}:=\left(\frac{\partial\boldsymbol{s}}{\partial\boldsymbol{q}}\right)\dot{\boldsymbol{q}}\in IR^{f=3} \quad (2-119)$$

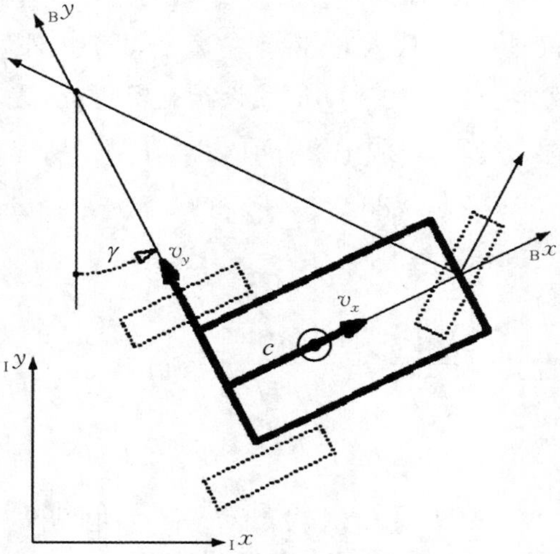

图 2－25　小车结构和运动分析

动能 T 与质量中心速度 v 的关系为

$$T=\frac{m}{2}[v_x^2+(v_y+c\omega_z)^2]+\frac{C^c}{2}\omega_z^2=\frac{m}{2}(v_x^2+v_y^2)+\underline{mcv_y\omega_z}+\frac{C^o}{2}\omega_z^2 \quad (2-120)$$

由于本例中 $(\partial\boldsymbol{s}/\partial\boldsymbol{q})\in IR^{3,3}$ 是正交的,它的逆 $(\partial\boldsymbol{q}/\partial\boldsymbol{s})$ 就是转置。哈梅尔系数[式(2－118)]是

$$\beta_1^{1,2}=0$$

$$\begin{aligned}\beta_1^{1,3}&=-\frac{\partial q_1}{\partial s_1}\frac{\partial^2 s_1}{\partial q_1\partial q_3}-\frac{\partial q_2}{\partial s_1}\frac{\partial^2 s_1}{\partial q_2\partial q_3}\\&=(-\cos\gamma)(-\sin\gamma)-(\sin\gamma)(\cos\gamma)=0\end{aligned} \quad (2-121)$$

$$\begin{aligned}\beta_1^{2,3}&=-\frac{\partial q_1}{\partial s_2}\frac{\partial^2 s_1}{\partial q_1\partial q_3}-\frac{\partial q_2}{\partial s_2}\frac{\partial^2 s_1}{\partial q_2\partial q_3}\\&=(\sin\gamma)(-\sin\gamma)-(\cos\gamma)(\cos\gamma)=-1\end{aligned}$$

依此类推得到当 $\nu=2$ 时：$\beta_2^{1,2}=0$，$\beta_2^{1,3}=1$，$\beta_2^{2,3}=0$ 等，因此运动方程为

$$\left(\frac{\mathrm{d}}{\mathrm{d}t}\frac{\partial T}{\partial v_x}+\underbrace{\beta_2^{3,1}}_{-1}\dot{\gamma}\frac{\partial T}{\partial v_y}-Q_1\right)\delta s_1=(m\dot{v}_x-\underline{mc\dot{\gamma}^2-m\dot{\gamma}v_y}-f_x)\delta s_1=0$$

$$\left(\frac{\mathrm{d}}{\mathrm{d}t}\frac{\partial T}{\partial v_y}+\underbrace{\beta_1^{3,2}}_{+1}\dot{\gamma}\frac{\partial T}{\partial v_x}-Q_2\right)\delta s_2=(\underline{m\dot{v}_y}+mc\ddot{\gamma}+m\dot{\gamma}v_x-f_y)\delta s_2=0$$

$$\begin{aligned}&\left(\frac{\mathrm{d}}{\mathrm{d}t}\frac{\partial T}{\partial\dot{\gamma}}+\underbrace{\beta_1^{2,3}}_{-1}v_y\frac{\partial T}{\partial v_x}+\underbrace{\beta_2^{1,3}}_{+1}v_x\frac{\partial T}{\partial v_Q}-Q_3\right)\delta s_3\\&=(C^{\mathrm{o}}\ddot{\gamma}+\underline{mc\,\dot{v}_y+msv_x\dot{\gamma}}-M_z)\,\delta s_3=0\end{aligned}\tag{2-122}$$

考虑非完整约束 $\dot{s}_2=v_y=0$ 得到 $\delta s_2=0$(不存在！)，而 δs_1 和 δs_3 是任意的，则表达式如下：

$$\begin{bmatrix}m & 0\\0 & C^{\mathrm{o}}\end{bmatrix}\begin{bmatrix}\dot{v}_x\\\ddot{\gamma}\end{bmatrix}+\begin{bmatrix}0 & -mc\dot{\gamma}\\+mc\dot{\gamma} & 0\end{bmatrix}\begin{bmatrix}v_x\\\dot{\gamma}\end{bmatrix}=\begin{bmatrix}f_x\\M_z\end{bmatrix}\tag{2-123}$$

哈梅尔方程也需要一开始就进行全范围计算($f=3$)，之后考虑非完整约束。T[式(2-120)里带下划线的部分]中已经设定的 $v_y=0$ 会导致信息损失从而产生误差。由于所需的偏导数，式(2-122)中带下划线项消失，式(2-123)中的陀螺矩阵丢失。上述的计算过程非常复杂，请读者注意检查计算结果[应记住以前的科学家在微积分方面(也许是在思考方面)受过更多训练]。

2.5.2 综合法

式(2-66)(其中 $\boldsymbol{\omega}=\dot{\boldsymbol{\pi}}\wedge\boldsymbol{\pi}$ 是一个准坐标，而且 $\boldsymbol{v}=\dot{\boldsymbol{\rho}}\wedge\boldsymbol{\rho}$ 也是一个准坐标①)，替换 $(\partial\boldsymbol{\rho}/\partial\boldsymbol{q})=(\partial\boldsymbol{v}/\partial\dot{\boldsymbol{q}})$ 和 $(\partial\boldsymbol{\pi}/\partial\boldsymbol{q})=(\partial\boldsymbol{\omega}/\partial\dot{\boldsymbol{q}})$ 使得准坐标消失并同时表明雅可比行列式是简单的系数矩阵——它们是从运动学中得知的，因此得到没有任何额外计算量的新公式。如果引入新的最小速度 $\dot{\boldsymbol{s}}=\boldsymbol{H}(\boldsymbol{q})\dot{\boldsymbol{q}}$，其中 $\boldsymbol{s}$ 是一个准坐标，那么这也是有用的。上述过程的最终结果被称为投影方程：

$$\sum_{i=1}^{N}\left[\left(\frac{\partial\boldsymbol{v}_i}{\partial\dot{\boldsymbol{s}}}\right)^{\mathrm{T}}\left(\frac{\partial\boldsymbol{\omega}_i}{\partial\dot{\boldsymbol{s}}}\right)^{\mathrm{T}}\right]\begin{bmatrix}\dot{\boldsymbol{p}}+\tilde{\boldsymbol{\omega}}_{\mathrm{R}}\boldsymbol{p}-\boldsymbol{f}^{\mathrm{e}}\\\dot{\boldsymbol{L}}+\tilde{\boldsymbol{\omega}}_{\mathrm{R}}\boldsymbol{L}-\boldsymbol{M}^{\mathrm{e}}\end{bmatrix}_i=0\tag{2-124}$$

① 译者注：∧为逻辑与，准坐标为广义坐标的线性组合。

因为式(2-121)将动量平衡投射到无约束方向[其他投影也是可能的，$\dot{\boldsymbol{s}} \to \dot{\boldsymbol{z}}$ 表征同余变换 ($\dot{\boldsymbol{z}} \in IR^g$) 或任何其他但受约束的矢量空间 ($\dot{\boldsymbol{z}} \in IR^n$, $n > g$)，但需要考虑约束力]。式(2-124)是由 $\boldsymbol{\omega}_R$ 表示的移动帧。这种解题思路可以为不同的物体选择不同的坐标系,也可以为同一物体的动量选择不同的坐标系,从而使得建模过程非常灵活,不存在定向衍生物。式(2-124)适用于非完整变量和非完整约束,即 $\dot{\boldsymbol{s}} \in IR^g$ 须提前考虑约束。

例如,参考如图 2-25 所示内容,小车后轴速度为 $[v_x \quad v_y \quad \omega_z]^T$，将非完整约束 $v_y = 0$ 预先考虑在内,即

$$\dot{\boldsymbol{s}} = \begin{bmatrix} v_x \\ \omega_z \end{bmatrix} = \begin{bmatrix} \cos\gamma & \sin\gamma & 0 \\ 0 & 0 & 1 \end{bmatrix} \begin{bmatrix} \dot{x} \\ \dot{y} \\ \dot{\gamma} \end{bmatrix} \in IR^{g=2} \tag{2-125}$$

质量中心速度$[v_{cx} \quad v_{cy} \quad \omega_{cz}]^T$ 表达式为

$$\begin{bmatrix} v_{cx} \\ v_{cy} \\ \omega_{cz} \end{bmatrix} = \begin{bmatrix} 1 & 0 \\ 0 & c \\ 0 & 1 \end{bmatrix} \begin{bmatrix} v_x \\ \omega_z \end{bmatrix} \Rightarrow \begin{bmatrix} (\partial v_{cx}/\partial \dot{s}) \\ (\partial v_{cy}/\partial \dot{s}) \\ (\partial \omega_{cz}/\partial \dot{s}) \end{bmatrix} = \begin{bmatrix} 1 & 0 \\ 0 & c \\ 0 & 1 \end{bmatrix} \tag{2-126}$$

式(2-126)与动量 (p_x, p_y, L_z) = (mv_{cx}, mv_{cy}, $C^c\omega_{cz}$) 一起得到式(2-127),也可以直接导出式(2-123)而没有任何多余的计算。

$$\begin{bmatrix} 1 & 0 & 0 \\ 0 & c & 1 \end{bmatrix} \left\{ \begin{bmatrix} m & 0 \\ 0 & mc \\ 0 & C^c \end{bmatrix} \begin{bmatrix} \dot{v}_x \\ \dot{\omega}_z \end{bmatrix} + \begin{bmatrix} 0 & -\omega_z & 0 \\ +\omega_z & 0 & 0 \\ 0 & 0 & 0 \end{bmatrix} \begin{bmatrix} m & 0 \\ 0 & mc \\ 0 & C^c \end{bmatrix} \begin{bmatrix} v_x \\ \omega_z \end{bmatrix} - \begin{bmatrix} f_x \\ f_y \\ M_z \end{bmatrix} \right\} \tag{2-127}$$

2.5.3 丰饶角

汇总的结果(包含欧拉、哈梅尔、哈密顿、凯恩、拉格朗日、马吉、曼热罗纳等人的发明)揭示了各种好的计算方法就像丰饶角[①]一样,但事实真的如此吗?例如凯恩[②]的方法被证明是一种仅适合限制性的特殊情况、含有误导性的简化方

① 译者注:希腊神话典故,宙斯出生后被遗弃的地方出现了大量生存必需品令其能够健康成长,人们称这里为丰饶角,引申意为某种事物在限定区域内极其丰富。

② 译者注:即美国斯坦福大学的 T. R. Kane,美国数学家、物理学家。

法。尽管凯恩①[38]足够热衷于将拉格朗日的结论称为“黑魔法”，但是凯恩方程同样存在明显的漏洞。而普安索②则认为拉格朗日方程中的 δ 比较模糊[33]。这些建模方法是否相互关联——如果是，那它们是如何关联的？如此看来，现在是时候为各种方法带来一些秩序，目的只是为了实现公平的比较和恰当的选择。

1）中心动力学方程

有时候，拉格朗日的表述有点模糊，他说：“因为这种方法需要用两种方式表述同一表达式，……我引入了 δ。”但他可能并不知道动量的独立性和动量定理，上面这段话是（希望）通过对 $\delta\boldsymbol{r}$ 的解释和玻尔兹曼公理来解释说明。此时我们可以继续使用拉格朗日的 $\int \mathrm{d}m\,\ddot{\boldsymbol{r}}^{\mathrm{T}}\delta\boldsymbol{r}-\delta W=0$ 作为条件，并提取时间导数（乘积规则需要一个校正项）：

$$\int \mathrm{d}m\ddot{\boldsymbol{r}}^{\mathrm{T}}\delta\boldsymbol{r}=\frac{\mathrm{d}}{\mathrm{d}t}\left(\int \mathrm{d}m\dot{\boldsymbol{r}}^{\mathrm{T}}\delta\boldsymbol{r}\right)-\int \mathrm{d}m\dot{\boldsymbol{r}}^{\mathrm{T}}\ \frac{\mathrm{d}}{\mathrm{d}t}\delta\boldsymbol{r}=0$$

最后一项中，“d”和“δ”的运算可以互换：首先在式(2-117)中代入 $s_\nu\rightarrow r_\nu$，随着 δq_i 的拟设变分变化，最后一项逐渐消失，保留项为施瓦茨定理，其中 r_ν 必须通过建模拟设来实现；然后有 $\int \mathrm{d}m\dot{\boldsymbol{r}}^{\mathrm{T}}\delta\,\frac{\mathrm{d}\boldsymbol{r}}{\mathrm{d}t}=\delta\int\frac{1}{2}\,\dot{\boldsymbol{r}}^{\mathrm{T}}\mathrm{d}m\dot{\boldsymbol{r}}$，在第二项中使用相同的二次形得到 $\frac{\mathrm{d}}{\mathrm{d}t}\int\frac{\partial}{\partial\dot{\boldsymbol{r}}}\left[\frac{1}{2}\,\dot{\boldsymbol{r}}^{\mathrm{T}}\mathrm{d}m\,\dot{\boldsymbol{r}}\right]\delta\boldsymbol{r}$。$\boldsymbol{r}=\boldsymbol{r}[\boldsymbol{q}(\boldsymbol{s})]:=\boldsymbol{r}(\boldsymbol{s})$，其中 $\delta\boldsymbol{r}=(\partial\boldsymbol{r}/\partial\boldsymbol{s})\delta\boldsymbol{s}$，与上面相同，$(\partial\boldsymbol{r}/\partial\boldsymbol{s})=(\partial\dot{\boldsymbol{r}}/\partial\dot{\boldsymbol{s}})$ 成立，得 $\frac{\mathrm{d}}{\mathrm{d}t}\int\frac{\partial}{\partial\dot{\boldsymbol{r}}}\left[\frac{1}{2}\,\dot{\boldsymbol{r}}^{\mathrm{T}}\mathrm{d}m\dot{\boldsymbol{r}}\right]\delta\boldsymbol{r}=\frac{\mathrm{d}}{\mathrm{d}t}\int\frac{\partial}{\partial\dot{\boldsymbol{r}}}\left[\frac{1}{2}\,\dot{\boldsymbol{r}}^{\mathrm{T}}\mathrm{d}m\dot{\boldsymbol{r}}\right]\frac{\delta\dot{\boldsymbol{r}}}{\delta\dot{\boldsymbol{s}}}\delta\boldsymbol{s}=\frac{\mathrm{d}}{\mathrm{d}t}\ \frac{\partial}{\partial\dot{\boldsymbol{s}}}\left[\int\frac{1}{2}\,\dot{\boldsymbol{r}}^{\mathrm{T}}\mathrm{d}m\dot{\boldsymbol{r}}\right]\delta\boldsymbol{s}$（链式规则）。$T=\int\frac{1}{2}\,\dot{\boldsymbol{r}}^{\mathrm{T}}\mathrm{d}m\dot{\boldsymbol{r}}$（动能），得到动力学中心方程[39]：

$$\frac{\mathrm{d}}{\mathrm{d}t}\left[\left(\frac{\partial T}{\partial\dot{\boldsymbol{s}}}\right)\delta\boldsymbol{s}\right]-\delta T-\delta W=0 \tag{2-128}$$

---

① 被称为“掌握运动的人”。

② 译者注：Poinsot，法国物理学家、数学家，1777—1859 年。

2）方法

由式(2－128)经过基本计算可以获得相当多的方法，如式(2－124)对第 N 个子系统的推导(见表 2－1)。如果此时的目的是推导运动方程，那毫无疑问应该选择投影方程，因为投影方程只需要工程人员输入具体参数，就能快捷且完整地开展计算。

表 2－1　式(2－124)对第 N 个子系统的推导

序　号	推　导　方　程
1	$T+V=H$
2	$\left(\dfrac{\partial \boldsymbol{G}}{\partial \ddot{\boldsymbol{s}}}\right)^{\mathrm{T}}=\boldsymbol{Q}$
3	$\delta\int_{t_0}^{t_1}(T-V)\mathrm{d}t=0$
4	$\dot{\boldsymbol{p}}^{\mathrm{T}}=-\left(\dfrac{\partial H}{\partial \boldsymbol{q}}\right)$；$\dot{\boldsymbol{q}}^{\mathrm{T}}=-\left(\dfrac{\partial H}{\partial \boldsymbol{p}}\right)$
5	$\dfrac{\mathrm{d}}{\mathrm{d}t}\dfrac{\partial T}{\partial \dot{\boldsymbol{q}}}-\dfrac{\partial T}{\partial \boldsymbol{q}}-\boldsymbol{Q}^{\mathrm{T}}=0$
6	$\dfrac{1}{m}\dfrac{\partial T^{\mathrm{m}}}{\partial \boldsymbol{q}^{\mathrm{m}}}-\dfrac{m+1}{m}\dfrac{\partial T}{\partial \boldsymbol{q}}-\boldsymbol{Q}^{\mathrm{T}}=0$
7	$\left[\dfrac{\mathrm{d}}{\mathrm{d}t}\dfrac{\partial T}{\partial \dot{\boldsymbol{q}}}-\dfrac{\partial T}{\partial \boldsymbol{q}}-\boldsymbol{Q}^{\mathrm{T}}\right]\left(\dfrac{\partial \dot{\boldsymbol{q}}}{\partial \dot{\boldsymbol{s}}}\right)=0$
8	$\left[\dfrac{\mathrm{d}}{\mathrm{d}t}\dfrac{\partial T}{\partial \dot{\boldsymbol{s}}}-\dfrac{\partial T}{\partial \boldsymbol{s}}-\boldsymbol{Q}^{\mathrm{T}}\right]\delta\boldsymbol{s}+\dfrac{\partial T}{\partial \dot{\boldsymbol{s}}}\left(\dfrac{\mathrm{d}\delta\boldsymbol{s}-\delta\mathrm{d}\boldsymbol{s}}{\mathrm{d}t}\right)=0$
过渡方程	$\dfrac{\mathrm{d}}{\mathrm{d}t}\left[\left(\dfrac{\partial T}{\partial \dot{s}}\right)\delta s\right]-\delta T-\delta W=0$
9	$\sum_{i=1}^{N}\left[\left(\dfrac{\partial \boldsymbol{v}}{\partial \dot{\boldsymbol{s}}}\right)^{\mathrm{T}}(\dot{\boldsymbol{p}}+\tilde{\boldsymbol{\omega}}_{\mathrm{R}}\boldsymbol{p}-\boldsymbol{f}^{\mathrm{e}})+\left(\dfrac{\partial \boldsymbol{\omega}}{\partial \dot{\boldsymbol{s}}}\right)^{\mathrm{T}}(\dot{\boldsymbol{L}}+\tilde{\boldsymbol{\omega}}_{\mathrm{R}}\boldsymbol{L}-\boldsymbol{M}^{\mathrm{e}})\right]_i=0$

2.5.4　结构化问题

2.5.4.1　子系统

系统由多个子系统 N_{sub} 组成，每个子系统包含 N_n 个主体；将式(2－124)和定义为双精度浮点型变量和并(简称“双和”，对应 C 语言/C＋＋编程术语中的

"double sum①"，double 表示双精度浮点型，属于实型变量，可表示数值范围为$-1.797\,693\times10^{308}\sim1.797\,693\times10^{308}$，完全保证的有效数字最高为 15 位)，代入描述的第 n 个子系统 $\dot{\boldsymbol{y}}_n$，根据链式规则得

$$\sum_{n=1}^{N_{\mathrm{sub}}}\sum_{i=1}^{N_n}\left(\frac{\partial\dot{\boldsymbol{y}}_n}{\partial\dot{\boldsymbol{s}}}\right)^{\mathrm{T}}\left\{\left[\left(\frac{\partial\boldsymbol{v}_{\mathrm{c}}}{\partial\dot{\boldsymbol{y}}_n}\right)^{\mathrm{T}}\left(\frac{\partial\boldsymbol{\omega}_{\mathrm{c}}}{\partial\dot{\boldsymbol{y}}_n}\right)^{\mathrm{T}}\right]\begin{bmatrix}\dot{\boldsymbol{p}}+\tilde{\boldsymbol{\omega}}_{\mathrm{IR}}\boldsymbol{p}-\boldsymbol{f}^{\mathrm{e}}\\\dot{\boldsymbol{L}}+\tilde{\boldsymbol{\omega}}_{\mathrm{IR}}\boldsymbol{L}-\boldsymbol{M}^{\mathrm{e}}\end{bmatrix}\right\}_i=0 \tag{2-129}$$

$$\sum_{n=1}^{N_{\mathrm{sub}}}\left(\frac{\partial\dot{\boldsymbol{y}}_n}{\partial\dot{\boldsymbol{s}}}\right)^{\mathrm{T}}\sum_{i=1}^{N_n}\left\{\left[\left(\frac{\partial\boldsymbol{v}_{\mathrm{c}}}{\partial\dot{\boldsymbol{y}}_n}\right)^{\mathrm{T}}\left(\frac{\partial\boldsymbol{\omega}_{\mathrm{c}}}{\partial\dot{\boldsymbol{y}}_n}\right)^{\mathrm{T}}\right]\begin{bmatrix}\dot{\boldsymbol{p}}+\tilde{\boldsymbol{\omega}}_{\mathrm{IR}}\boldsymbol{p}-\boldsymbol{f}^{\mathrm{e}}\\\dot{\boldsymbol{L}}+\tilde{\boldsymbol{\omega}}_{\mathrm{IR}}\boldsymbol{L}-\boldsymbol{M}^{\mathrm{e}}\end{bmatrix}\right\}_i=0 \tag{2-130}$$

$$\sum_{n=1}^{N_{\mathrm{sub}}}\left(\frac{\partial\dot{\boldsymbol{y}}_n}{\partial\dot{\boldsymbol{s}}}\right)^{\mathrm{T}}[\boldsymbol{M}\ddot{\boldsymbol{y}}+\boldsymbol{G}\dot{\boldsymbol{y}}-\boldsymbol{Q}]_n=0 \tag{2-131}$$

在极限情况下得到的挠性子系统：

$$\sum_{n=1}^{N_{\mathrm{sub}}}\int_{B_n}\left(\frac{\partial\dot{\boldsymbol{y}}_n}{\partial\dot{\boldsymbol{s}}}\right)^{\mathrm{T}}\left\{\left[\left(\frac{\partial\boldsymbol{v}_{\mathrm{c}}}{\partial\dot{\boldsymbol{y}}_n}\right)^{\mathrm{T}}\left(\frac{\partial\boldsymbol{\omega}_{\mathrm{c}}}{\partial\dot{\boldsymbol{y}}_n}\right)^{\mathrm{T}}\right]\begin{bmatrix}\mathrm{d}\dot{\boldsymbol{p}}+\tilde{\boldsymbol{\omega}}_{\mathrm{IR}}\mathrm{d}\boldsymbol{p}-\mathrm{d}\boldsymbol{f}^{\mathrm{e}}\\\mathrm{d}\dot{\boldsymbol{L}}+\tilde{\boldsymbol{\omega}}_{\mathrm{IR}}\mathrm{d}\boldsymbol{L}-\mathrm{d}\boldsymbol{M}^{\mathrm{e}}\end{bmatrix}\right\}_n=0 \tag{2-132}$$

在这种情况下，方程的特殊结构是

$$\sum_{n=1}^{N_{\mathrm{sub}}}\int_{B_n}\left(\frac{\partial\dot{\boldsymbol{y}}_n}{\partial\dot{\boldsymbol{s}}}\right)^{\mathrm{T}}[\mathrm{d}\boldsymbol{M}\ddot{\boldsymbol{y}}+\mathrm{d}\boldsymbol{G}\dot{\boldsymbol{y}}-d\boldsymbol{Q}]_n=0 \tag{2-133}$$

对式(2-133)进行积分转化[如式(2-130)中的和]是不可能的。因为 $\boldsymbol{y}_n$ 包含偏转及其空间导数，而 $\boldsymbol{s}$ 仅指偏转，用其结果来定义空间算子，最终推导出的偏微分方程和边界条件[36]并不是研究的目的。为了获得通用(近似通用)方程，必须插入里兹拟设方程 $\dot{\boldsymbol{y}}(\boldsymbol{x},t)=\boldsymbol{\Psi}(\boldsymbol{x})^{\mathrm{T}}\dot{\boldsymbol{y}}_{\mathrm{R}}(t)$，并再次使用链式规则：

$$\sum_{n=1}^{N_{\mathrm{sub}}}\int_{B_n}\left(\frac{\partial\dot{\boldsymbol{y}}_{\mathrm{R}n}}{\partial\dot{\boldsymbol{s}}}\right)^{\mathrm{T}}\left(\frac{\partial\dot{\boldsymbol{y}}_n}{\partial\dot{\boldsymbol{y}}_{\mathrm{R}n}}\right)^{\mathrm{T}}[\mathrm{d}\boldsymbol{M}\ddot{\boldsymbol{y}}+\mathrm{d}\boldsymbol{G}\dot{\boldsymbol{y}}-\mathrm{d}\boldsymbol{Q}]_n=0 \tag{2-134}$$

$(\partial\dot{\boldsymbol{y}}_{\mathrm{R}n}/\partial\dot{\boldsymbol{s}})$ 取决于时间和空间上的 $(\partial\dot{\boldsymbol{y}}_n/\partial\dot{\boldsymbol{y}}_{\mathrm{R}n})=\boldsymbol{\Psi}^{\mathrm{T}}$，积分可以移位，并且

① 译者注：sum 为求和命令。

代入里兹拟设方程 $\boldsymbol{y}$，$\dot{\boldsymbol{y}}$，$\ddot{\boldsymbol{y}}$，得

$$\sum_{n=1}^{N_{\text{sub}}}\left(\frac{\partial \dot{\boldsymbol{y}}_{\mathrm{R}n}}{\partial \dot{\boldsymbol{s}}}\right)^{\mathrm{T}}\left[\left(\int_B \boldsymbol{\Psi}\mathrm{d}\boldsymbol{M}\boldsymbol{\Psi}^{\mathrm{T}}\right)\ddot{\boldsymbol{y}}_{\mathrm{R}}+\left(\int_B \boldsymbol{\Psi}\mathrm{d}\boldsymbol{G}\boldsymbol{\Psi}^{\mathrm{T}}\right)\dot{\boldsymbol{y}}_{\mathrm{R}}-\int_{\mathrm{B}}\boldsymbol{\Psi}\mathrm{d}\boldsymbol{Q}\right]_n=0 \tag{2-135}$$

式(2－135)的结构与式(2－131)相同，一般子系统结果表示为(为计算简便，使用 $N_{\text{sub}}\rightarrow N$)

$$\left[\left(\frac{\partial \dot{\boldsymbol{y}}_1}{\partial \dot{\boldsymbol{s}}}\right)^{\mathrm{T}}\quad\left(\frac{\partial \dot{\boldsymbol{y}}_2}{\partial \dot{\boldsymbol{s}}}\right)^{\mathrm{T}}\quad\cdots\quad\left(\frac{\partial \dot{\boldsymbol{y}}_N}{\partial \dot{\boldsymbol{s}}}\right)^{\mathrm{T}}\right]\begin{bmatrix}\boldsymbol{M}_1\ddot{\boldsymbol{y}}_1+\boldsymbol{G}_1\dot{\boldsymbol{y}}_1-\boldsymbol{Q}_1\\ \boldsymbol{M}_2\ddot{\boldsymbol{y}}_2+\boldsymbol{G}_2\dot{\boldsymbol{y}}_2-\boldsymbol{Q}_2\\ \vdots\\ \boldsymbol{M}_N\ddot{\boldsymbol{y}}_N+\boldsymbol{G}_N\dot{\boldsymbol{y}}_N-\boldsymbol{Q}_N\end{bmatrix}=0 \tag{2-136}$$

2.5.4.2　运动链

从第一个子系统开始，有 $\dot{\boldsymbol{y}}_1=\boldsymbol{F}_1\dot{\boldsymbol{s}}_1$。接下来，计算耦合点处的速度并将结果转换为后续坐标，如 $\boldsymbol{T}_{21}\dot{\boldsymbol{y}}_1$ 形式的后继子系统引导速度(注意 $\dot{\boldsymbol{y}}_i$ 指相应的坐标原点)，这个引导速度是相邻子系统相对速度的叠加，因此 $\dot{\boldsymbol{y}}_2=\boldsymbol{T}_{21}\dot{\boldsymbol{y}}_1+\boldsymbol{F}_2\dot{\boldsymbol{s}}_2$；接着得到 $\dot{\boldsymbol{y}}_i=\boldsymbol{T}_{ip}\dot{\boldsymbol{y}}_p+\boldsymbol{F}_i\dot{\boldsymbol{s}}_i$(其中 $\boldsymbol{F}_i$ 是局部函数矩阵或雅克比矩阵)，p 作为 i 的前身可得到

$$\begin{bmatrix}\dot{\boldsymbol{y}}_1\\ \dot{\boldsymbol{y}}_2\\ \vdots\\ \dot{\boldsymbol{y}}_N\end{bmatrix}=\left[\begin{pmatrix}\boldsymbol{F}_1 & & & \\ \boldsymbol{T}_{21}\boldsymbol{F}_1 & \boldsymbol{F}_2 & & \\ \vdots & \vdots & \ddots & \\ \boldsymbol{T}_{N1}\boldsymbol{F}_1 & \boldsymbol{T}_{N2}\boldsymbol{F}_2 & \cdots & \boldsymbol{F}_N\end{pmatrix}\right]\begin{bmatrix}\dot{\boldsymbol{s}}_1\\ \dot{\boldsymbol{s}}_2\\ \vdots\\ \dot{\boldsymbol{s}}_N\end{bmatrix}:=\boldsymbol{F}\dot{\boldsymbol{s}} \tag{2-137}$$

其中，$\boldsymbol{F}$ 是全局函数矩阵(非标记元素为零)。

2.5.4.3　运动方程

将式(2－137)代入式(2－136)，得

$$\begin{bmatrix}\boldsymbol{F}_1^{\mathrm{T}} & \boldsymbol{F}_1^{\mathrm{T}}T_{21}^{\mathrm{T}} & \cdots & \boldsymbol{F}_1^{\mathrm{T}}\boldsymbol{T}_{N1}^{\mathrm{T}}\\ & \boldsymbol{F}_2^{\mathrm{T}} & \cdots & \boldsymbol{F}_2^{\mathrm{T}}\boldsymbol{T}_{N2}^{\mathrm{T}}\\ & & \ddots & \vdots\\ & & & \boldsymbol{F}_N^{\mathrm{T}}\end{bmatrix}\begin{bmatrix}\boldsymbol{M}_1\ddot{\boldsymbol{y}}_1+\boldsymbol{G}_1\dot{\boldsymbol{y}}_1-\boldsymbol{Q}_1\\ \boldsymbol{M}_2\ddot{\boldsymbol{y}}_2+\boldsymbol{G}_2\dot{\boldsymbol{y}}_2-\boldsymbol{Q}_2\\ \vdots\\ \boldsymbol{M}_N\ddot{\boldsymbol{y}}_N+\boldsymbol{G}_N\dot{\boldsymbol{y}}_N-\boldsymbol{Q}_N\end{bmatrix}=0 \tag{2-138}$$

这里提供了最小形式或递归算法的基础，最小形式是

$$\begin{gathered}\boldsymbol{M}\ddot{\boldsymbol{s}}+\boldsymbol{G}\dot{\boldsymbol{s}}-\boldsymbol{Q}=0\in IR^{g}\\ \boldsymbol{M}=\boldsymbol{F}^{\mathrm{T}}\,\mathrm{blockdiag}(\boldsymbol{M}_1,\ \cdots,\ \boldsymbol{M}_N)\boldsymbol{F}\\ \boldsymbol{G}=\boldsymbol{F}^{\mathrm{T}}\,\mathrm{blockdiag}(\boldsymbol{G}_1,\ \cdots,\ \boldsymbol{G}_N)\boldsymbol{F}+\boldsymbol{F}^{\mathrm{T}}\,\mathrm{blockdiag}(\boldsymbol{M}_1,\ \cdots,\ \boldsymbol{M}_N)\dot{\boldsymbol{F}}\\ \boldsymbol{Q}=\boldsymbol{F}^{\mathrm{T}}[\boldsymbol{Q}_1^{\mathrm{T}}\quad\cdots\quad\boldsymbol{Q}_N^{\mathrm{T}}]^{\mathrm{T}}\end{gathered}\tag{2-139}$$

式(2-137)中的 $\boldsymbol{F}$ 以高斯法求解，而递归形式已经由式(2-138)给出。

举一个例子，如图 2-26 为非完整性约束机器人模型，在距离车架原点(主体 1)距离 a 处，安装机械臂(主体 2)。机械臂在 z 轴方向的运动(垂直于绘图平面)与其余部分分离，得到[参见式(2-125)和式(2-123)]

$$\dot{\boldsymbol{s}}_1=\begin{bmatrix}v_x\\ \omega_z\end{bmatrix}_1=\begin{bmatrix}\cos\gamma_1 & \sin\gamma_1 & 0\\ 0 & 0 & 1\end{bmatrix}\begin{bmatrix}\dot{x}\\ \dot{y}\\ \dot{\gamma}\end{bmatrix}_1=\boldsymbol{H}_1(\boldsymbol{q}_1)\dot{\boldsymbol{q}}_1\tag{2-140}$$

$$\boldsymbol{M}_1=\begin{bmatrix}m & 0\\ 0 & C^{\mathrm{o}}\end{bmatrix}_1\boldsymbol{G}_1=\begin{bmatrix}0 & -mc\dot{\gamma}\\ +mc\dot{\gamma} & 0\end{bmatrix}_1\tag{2-141}$$

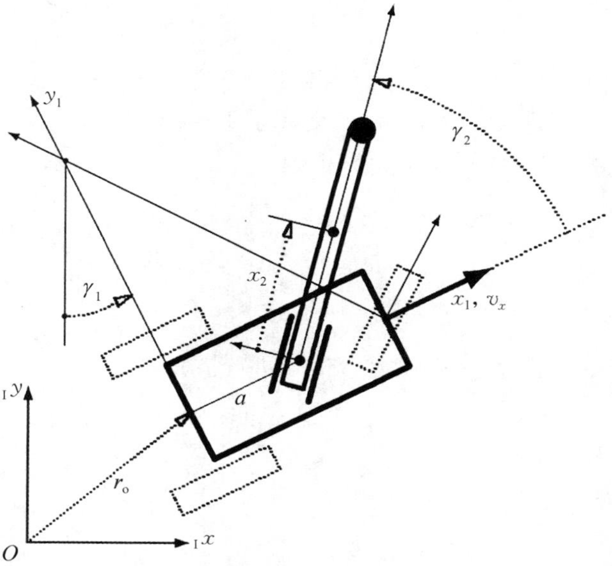

图 2-26　非完整性约束机器人模型(顶部视图)

1）机械臂

就“描述速度” $\dot{\boldsymbol{y}}$（车架 O 点）来说，质量中心速度：

$$\begin{bmatrix} v_{cx} \\ v_{cy} \\ \omega_{cz} \end{bmatrix}_2 = \begin{bmatrix} 1 & 0 & 0 & 1 \\ 0 & 1 & x & 0 \\ 0 & 0 & 1 & 0 \end{bmatrix}_2 \begin{bmatrix} v_{ox} \\ v_{oy} \\ \omega_{oz} \\ \dot{x} \end{bmatrix}_2 := \bar{\boldsymbol{F}}_2 \dot{\boldsymbol{y}}_2 \tag{2-142}$$

注意，$\bar{\boldsymbol{F}}$ 取决于 x_2 引起的转向。

由 $\bar{\boldsymbol{M}} = \text{diag}(m, m, C^c)$，推导得到质量矩阵 $\boldsymbol{M} = \bar{\boldsymbol{F}}^{\text{T}} \bar{\boldsymbol{M}} \bar{\boldsymbol{F}}$ 和陀螺矩阵 $\boldsymbol{G} = \bar{\boldsymbol{F}}^{\text{T}} \bar{\boldsymbol{M}} \dot{\bar{\boldsymbol{F}}} + \bar{\boldsymbol{F}}^{\text{T}} \tilde{\boldsymbol{\omega}}_{\text{R}} \bar{\boldsymbol{M}} \bar{\boldsymbol{F}}$，则有

$$\boldsymbol{M}_2 = \begin{bmatrix} m & 0 & 0 & m \\ 0 & m & mx & 0 \\ 0 & mx & C^o & 0 \\ m & 0 & 0 & m \end{bmatrix}_2,$$

$$\boldsymbol{G}_2 = \begin{bmatrix} 0 & -m & -mx & 0 \\ m & 0 & -0 & 2m \\ mx & 0 & 0 & 2mx \\ 0 & -m & -mx & 0 \end{bmatrix}_2 \omega_{oz2},\ \omega_{oz2} = \dot{\gamma}_1 + \dot{\gamma}_2 \tag{2-143}$$

2）运动链

运动链需要 $\dot{\boldsymbol{y}}_1 = [v_x \quad \omega_z]_1^{\text{T}} = \dot{\boldsymbol{s}}_1$，因此 $\boldsymbol{F}_1$ 只是简单的单位矩阵。机械臂架原点被距离为 a 处的速度引导：对于坐标系 1 为 $[v_x \quad a\dot{\gamma}_1 \quad 0]$。转换成参考坐标系 2 并叠加相对角速度 $\dot{\gamma}_2$ 可以得到

$$\begin{bmatrix} v_{ox} \\ v_{oy} \\ \omega_{oz} \end{bmatrix}_2 = \begin{bmatrix} \cos\gamma_2 & \sin\gamma_2 & 0 \\ -\sin\gamma_2 & \cos\gamma_2 & 0 \\ 0 & 0 & 1 \end{bmatrix} \begin{bmatrix} 1 & 0 \\ 0 & a \\ 0 & 1 \end{bmatrix} \begin{pmatrix} v_x \\ \dot{\gamma}_1 \end{pmatrix} + \begin{bmatrix} 0 \\ 0 \\ 1 \end{bmatrix} \dot{\gamma}_2 \tag{2-144}$$

要获得 $\dot{\boldsymbol{y}}_2$，只需对式(2-144)用 $\dot{x}_2$ 进行扩充：

$$\dot{\boldsymbol{y}}_2 = \begin{bmatrix} v_{ox} \\ v_{oy} \\ \omega_{oz} \\ \dot{x} \end{bmatrix}_2 = \underbrace{\begin{bmatrix} \cos\gamma_2 & a\sin\gamma_2 \\ -\sin\gamma_2 & a\cos\gamma_2 \\ 0 & 1 \\ 0 & 0 \end{bmatrix}}_{\boldsymbol{T}_{21}\boldsymbol{F}_1} \underbrace{\begin{bmatrix} v_x \\ \dot{\gamma}_1 \end{bmatrix}}_{\dot{\boldsymbol{s}}_1} + \underbrace{\begin{bmatrix} 0 & 0 \\ 0 & 0 \\ 0 & 1 \\ 1 & 0 \end{bmatrix}}_{\boldsymbol{F}_2} \underbrace{\begin{bmatrix} \dot{x}_2 \\ \dot{\gamma}_2 \end{bmatrix}}_{\dot{\boldsymbol{s}}_2} \tag{2-145}$$

这样，全局函数矩阵为

$$\boldsymbol{F}=\begin{bmatrix}\boldsymbol{F}_1 & 0\\ \boldsymbol{T}_{21}\boldsymbol{F}_1 & \boldsymbol{F}_2\end{bmatrix}=\begin{bmatrix}1 & 0 & 0 & 0\\ 0 & 1 & 0 & 0\\ \cos\gamma_2 & a\sin\gamma_2 & 0 & 0\\ -\sin\gamma_2 & a\cos\gamma_2 & 0 & 0\\ 0 & 1 & 0 & 1\\ 0 & 0 & 1 & 0\end{bmatrix} \tag{2-146}$$

把 $\dot{\boldsymbol{s}}^{\mathrm{T}}=[v_x \quad \dot{\gamma}_1 \quad \dot{x}_2 \quad \dot{\gamma}_2]$ 代入式(2-139)，可得

$$\boldsymbol{M}=\begin{bmatrix}m_1+m_2 & -m_2x_2\sin\gamma_2 & m_2\cos\gamma_2 & -m_2x_2\sin\gamma_2\\ -m_2x_2\sin\gamma_2 & C_1^{\mathrm{o}}+C_2^{\mathrm{o}}+m_2(a^2+2ax_2\cos\gamma_2) & m_2a\sin\gamma_2 & C_2^{\mathrm{o}}+m_2ax_2\cos\gamma_2\\ m_2\cos\gamma_2 & m_2a\sin\gamma_2 & m_2 & 0\\ -m_2x_2\sin\gamma_2 & C_2^{\mathrm{o}}+m_2ax_2\cos\gamma_2 & 0 & C_2^{\mathrm{o}}\end{bmatrix} \tag{2-147}$$

$$\boldsymbol{G}=\begin{bmatrix}0 & -m_2a\omega_1-m_1c_1\omega_1-m_2x_2\omega_2\cos\gamma_2 & -2m_2\omega_2\sin\gamma_2 & -m_2x_2\omega_2\cos\gamma_2\\ m_2x_2\omega_1\cos\gamma_2+m_2a\omega_1+m_1c_1\omega_1 & -m_2ax_2\dot{\gamma}_2\sin\gamma_2 & 2m_2x_2\omega_2+2m_2a\omega_2\cos\gamma_2 & -m_2ax_2\omega_2\sin\gamma_2\\ m_2\omega_1\sin\gamma_2 & -m_2a\omega_1\cos\gamma_2 & 0 & -m_2x_2\omega_2\\ m_2x_2\omega_1\cos\gamma_2 & m_2ax_2\omega_1\sin\gamma_2 & 2m_2x_2\omega_2 & 0\end{bmatrix} \tag{2-148}$$

状态矢量 $\boldsymbol{x}^{\mathrm{T}}=[\boldsymbol{q}^{\mathrm{T}} \quad \dot{\boldsymbol{s}}^{\mathrm{T}}]$，其中 $\dot{q}_1=\dot{x}=v_x\cos\gamma_1$，$\dot{q}_2=\dot{y}=v_x\sin\gamma_1$（余数是整数）。计算状态方程需要对式(2-147)进行转置，其中 $\boldsymbol{M}\in IR^{4,4}$。然而对于大型系统，高斯形式的重要性增加。对于具有 20 个链路的平面链，应该使用消元法而不是利用式(2-139)去求解方程，所节省的时间因子已超过 10 个。

大约 30 年前，布兰德尔(Brandl)等人提出了一种递归过程（“order-n-algorithm”）用于多体系统数学建模，而不需要（整个）质量矩阵的反演[40]。施韦尔塔泽克(Schwertassek)[41]指出，首次尝试该递归过程的是韦列夏金(Vereshchagin)[42]。从 20 世纪 80 年代至今，仍然有相当多的基于递归过程的计算软件[43]，这一事实表明了递归过程对大型多体系统（刚性）的重要性。

上述内容着眼于单个刚体的子系统，从个体开始逐步消除（广义）约束力，并连续应用欧拉切割原理，这个过程推导出很多非结构化方程。随着时间的推移，

一些学者试图简化方程，如布雷默(Bremer)和普法伊费尔[44]，他们将简化过程扩展到弹性体(以及里兹拟设方程系列扩展)[45]，这样的做法却导致分析工作极端困难，容易出现错误。

20 世纪 90 年代后期，研究者决定放弃使用消元法，转而采用投影过程[46]。一方面，消除多余项意味着通过动量方程逐行消除(广义)约束力(在某种程度上与达朗贝尔原理相似[47])；另一方面，投影意味着将动量方程投影到无约束("最小")空间(应用拉格朗日定理或"虚拟工作")，再用数学评估方法概括高斯方程[式(2-139)]而不是同时考虑单体子系统与非完整变量和约束。当然最简单的子系统是单体本身，但它通常表征了组件组(如图 2-8 所示)。前述内容不仅在建模方面有明显的优势，而且对系统的基本结构表述清晰，简单的子系统的优点之一就是具有互换性而不用重新开始所有的计算("顺序评估"的 3 个步骤：从底部到顶部的运动学→从顶部到底部的动力学→从底部到顶部最小加速度的分辨率[16])。

2.5.5 冗余

如图 2-27 所示，非完整性约束机器人模型(侧视图)还揭示了：末端执行器的运动 z_E 是超定的。定义位置为 $z_E = \bar{x}_1 + b + \bar{x}_2$(如果 $\bar{x}_1 = x$ 且 $\bar{x}_2 = x_2\cos\gamma_2$ 是已知的，则就得到了"正向运动学"结论)；但如果 z_E 已知，那么 $\bar{x}_1$ 和 $\bar{x}_2$ 又分为多少("反向运动学")？

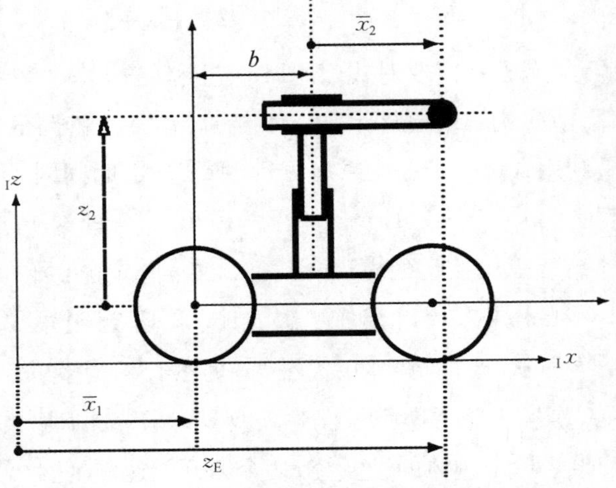

图 2-27 非完整性约束机器人模型(侧视图)

上述问题用数学符号表示为(对于 $\dot{\boldsymbol{s}} \to \dot{\boldsymbol{q}}$，建立了完整性约束)

$$\dot{\boldsymbol{z}}_{\mathrm{E}}=\begin{bmatrix}\left(\dfrac{\partial \boldsymbol{v}_{\mathrm{E}}}{\partial \dot{\boldsymbol{q}}}\right)\\ \left(\dfrac{\partial \boldsymbol{\omega}_{\mathrm{E}}}{\partial \dot{\boldsymbol{q}}}\right)\end{bmatrix}\dot{\boldsymbol{q}}:=\boldsymbol{J}_{\mathrm{E}}\dot{\boldsymbol{q}}\in IR^{6},\ \dot{\boldsymbol{q}}\in IR^{f>6} \tag{2-149}$$

雅可比函数 $\boldsymbol{J}:=\boldsymbol{J}_{\mathrm{E}}\in IR^{6,f}$ 是不可逆的(其中 E 表示简化，不要与惯性张量混淆)。如何解出 $\dot{\boldsymbol{q}}$？答案简单而令人兴奋：$f>6$ 提供了对系统实施附加条件的可能，例如 1989 年，这种可能性已经在步行机上得到了验证[48]。如何解释人类的有效行走？有效性可能是长时间演变而被自然界检测到的。因此，在研究该问题时首先假设最小臀部肌肉张力(为什么人站在非滑动地面上时会产生扭矩?)和腿部最小弯曲潜力(为什么不需要在腿上施加力?)等，然后由生物学家找出这些模型假设是否与现实相符。

附加条件(速度层面上)可以写成

$$\frac{1}{2}\dot{\boldsymbol{q}}\boldsymbol{W}\dot{\boldsymbol{q}}\to \min \tag{2-150}$$

式(2-149)作为最小化约束产生拉格朗日函数：

$$L(\boldsymbol{\lambda},\ \dot{\boldsymbol{q}})=\frac{1}{2}\dot{\boldsymbol{q}}\boldsymbol{W}\dot{\boldsymbol{q}}+\boldsymbol{\lambda}^{\mathrm{T}}(\dot{\boldsymbol{z}}_{\mathrm{E}}-\boldsymbol{J}\dot{\boldsymbol{q}}) \tag{2-151}$$

求得

$$\dot{\boldsymbol{q}}=\boldsymbol{W}^{-1}\boldsymbol{J}^{\mathrm{T}}[\boldsymbol{J}\boldsymbol{W}^{-1}\boldsymbol{J}^{\mathrm{T}}]^{-1}\dot{\boldsymbol{z}}_{\mathrm{E}}:=\boldsymbol{J}^{+}\dot{\boldsymbol{z}}_{\mathrm{E}} \tag{2-152}$$

其中，$\boldsymbol{J}^{+}\in IR^{f,6}$ 是加权伪逆。注意 $\boldsymbol{J}\boldsymbol{J}^{+}=\boldsymbol{E}\in IR^{6,6}$(单位矩阵)，而$\boldsymbol{J}^{+}\boldsymbol{J}\in IR^{f,f}$ 不规则。

最后一步通过初等积分获得 $\boldsymbol{q}$。式(2-152)预设 $\boldsymbol{z}_{\mathrm{E}i}(t)$ 分布在最小坐标 q_j 上，从而让机器人实现如图 2-27 所示的抓小球功能。为了完成任务 z_{E}，系统包含最小冗余坐标，在 $\boldsymbol{q}_N$ 内预选确认零空间，则式(2-150)改写为

$$\frac{1}{2}(\dot{\boldsymbol{q}}-\dot{\boldsymbol{q}}_N)W(\dot{\boldsymbol{q}}-\dot{\boldsymbol{q}}_N)\to \min \tag{2-153}$$

求得[41]

$$\dot{\boldsymbol{q}}=\boldsymbol{J}^{+}\dot{\boldsymbol{z}}_{\mathrm{E}}+[\boldsymbol{E}-\boldsymbol{J}^{+}\boldsymbol{J}]\dot{\boldsymbol{q}}_N,\ \boldsymbol{E}\in IR^{f,f} \tag{2-154}$$

$\boldsymbol{J}$ 乘以式(2-154)得到式(2-149),并且用 $\boldsymbol{J}\boldsymbol{J}^{+}=\boldsymbol{E}$ 表示 z_{E} 不受 $\boldsymbol{q}_N$ 的影响。因此零空间动力学既可以单独使用,也可以如本例般使用,但要注意避免发生碰撞。对于非完整系统,前面的步骤几乎相同,但注意不是 $\dot{\boldsymbol{z}}_{\mathrm{E}}=\boldsymbol{J}\dot{\boldsymbol{q}}$,而是 $\dot{\boldsymbol{z}}_{\mathrm{E}}=\boldsymbol{J}\dot{\boldsymbol{s}}=\boldsymbol{J}\boldsymbol{H}(\boldsymbol{q})\dot{\boldsymbol{q}}$。

例如,将图 2-26 中的机器人放在直轨上并固定坐标 $(y, \gamma_1, \gamma_2)=0$,即如图 2-27 所示。对于 $\bar{x}_1=x:=x_1$, $\bar{x}_2=x_2$(完整性约束),可得

$$\boldsymbol{q}=\begin{bmatrix}x_1\\x_2\end{bmatrix},\ \boldsymbol{M}=\begin{bmatrix}m_1+m_2 & m_2\\ m_2 & m_2\end{bmatrix},\ \boldsymbol{G}=0 \tag{2-155}$$

把 $\boldsymbol{W}=\mathrm{diag}(\omega_1, \omega_2)$ 代入式(2-152),得

$$\dot{\boldsymbol{z}}_{\mathrm{E}}=[1\quad 1]\begin{bmatrix}\dot{x}_1\\ \dot{x}_2\end{bmatrix}\Rightarrow\begin{bmatrix}\dot{x}_1\\ \dot{x}_2\end{bmatrix}=\frac{1}{\omega_1+\omega_2}\begin{bmatrix}\omega_2\\ \omega_1\end{bmatrix}\dot{\boldsymbol{z}}_{\mathrm{E}} \tag{2-156}$$

针对上式有很多解决方案:例如考虑到质量分布,可有 $\omega_1=\omega_2=1$ 满足 $x_1=x_2=z_{\mathrm{E}}/2$,但这不是一个好的方法。通常人们宁愿设 $\omega_1=m_1$, $\omega_2=m_2$,因为 m_2 远小于 m_1,引入只是为了平衡能量流等。

这里必须说明,所有这些考虑因素都是有意义但非摆在明处的,对建模者而言需要敏锐的直觉和洞察力;运动学分析不是全部,对于移动的系统还需要动力学分析。以期望的方式规定执行机构的运动并对作用力进行推断属于开环控制,当干扰发生时,其正确性就没有办法得到保证,因此下面需要简要介绍系统控制。

2.6 控制

过去的几十年以来,系统控制的基本方法并没有太多改变,甚至优化算法也一样。通过对一些基本问题的研究表明,非线性系统需要深入研究,特别是弹性建模领域。25 年前就已经提出的开环修正法[49],目前仍然是一个强大的工具——因为有了计算机,以前的离线计算现在可以在线计算。在“线性弹性机器人”(或龙门式机器人)实例中,得到的结果令人印象深刻:如果非线性是稳定的,不建议采用(面向计算机的)自动程序消除非线性——建模的艺术特点是解释。此外摩擦也是关键,可以通过高增益观测克服,这种系统的电子线路相当简单。意识到这一点后,电机建模时的非线性影响既包含干扰因素也应涵盖能够引起控制发

散的相互作用，这与将计算机视为"黑盒"的理念相似。这种令人印象深刻的技术确实(几乎)不需要任何模型假设，人们可能会将研究转向大数据构成的美好世界。

在一些应用实例中，尽管可能没有任何中间的"物理定律"，计算数据收集和统计评估或许是成功的(至少在经济上)，但在机械工程中它将是失败的(或者已经失败)。研究者仅考虑电机的控制确实可行，但仍需要机械系统模型，建模是必不可少的，因为计算机无法取代人脑来思考。

2.6.1　经典方法

最具指导意义的例子之一可能是早期的火箭控制(如第二次世界大战后研制菲泽力 103—A4 火箭的前身)。火箭的中心有一个位移陀螺仪，用于在空间中保持火箭的运动方向[空气驱动，内部通过钟摆反馈：陀螺一旦偏离，钟摆就会打开类似喷嘴的小孔恢复陀螺功能。陀螺专利由埃尔默・安布罗斯・斯佩里(1860—1930 年)获得]。火箭体受程序控制的外部扭矩作用(电动机)产生螺旋运动，通过凸轮盘将压缩空气引入活塞，再由活塞运动控制升降舵和方向舵。经典控制如图 2 - 28 所示。

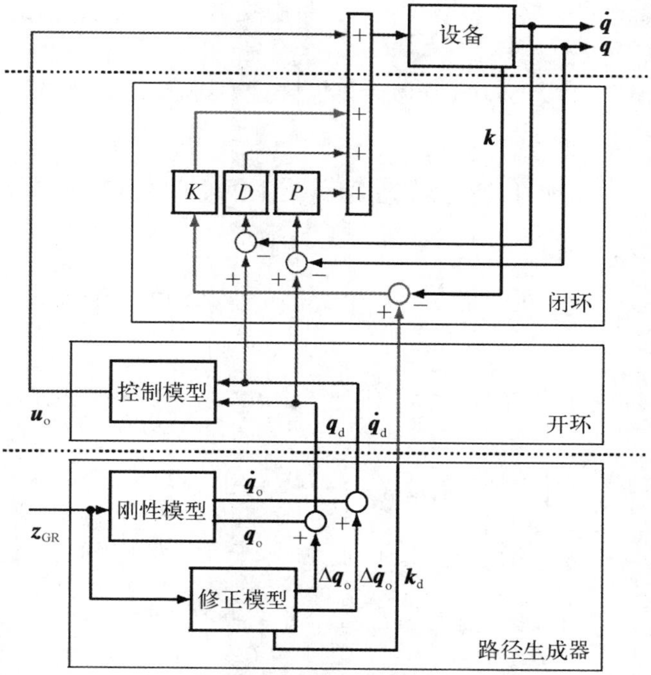

图 2 - 28　经典控制

日常生活中可知,没有什么事是完美的。因此,有必要比较实际路径 $\boldsymbol{q}$ 与期望路径 $\boldsymbol{q}_{\mathrm{d}}$,并将差值反馈回来(增益"比例"$P$,目前已通过凸轮实现)。然而这样做可能会产生不稳定振荡(颤振),因此可通过增加阻尼(增益 D"微分")以避免,而增加阻尼是通过速率陀螺实现的,这就是经典闭环控制。

有时需要重新考虑期望路径 $\boldsymbol{q}_{\mathrm{d}}$,并使用模型修正。如何修正后续再说,目前的问题是如何选择恰当的参数 P 和 D。

除了一些粗略的经验法则,人们往往对最佳选择更感兴趣,然后将相应准则作为函数执行,当然最佳选择同时需要满足一些约束条件。一个典型的例子就是狄多(Dido)问题:狄多是迦太基的公主,她的哥哥皮格马利翁在杀死了她的丈夫西修斯(公元前 9 世纪)后独揽大权。为免遭迫害,狄多带着财宝与仆人漂洋过海寻找栖身之地。当她到达(现在的)突尼斯海岸时,那里的居民向她许诺,她可以拥有一块切片大小的牛皮覆盖住的土地。而她用这块地建立起了迦太基城(公元前 146 年被摧毁)。如何得到最大面积的土地呢?西特鲁姆・西赛诺・迦太基法则是 $J=\int_{x_{\mathrm{o}}}^{x_1} f(y,\ y')\mathrm{d}x \rightarrow \max$ (这里 $f=y$),约束条件 $\int_{x_{\mathrm{o}}}^{x_1} g(y,\ y')\mathrm{d}x=\mathrm{const}$[$g=(1+y'^2)^{1/2}$ 表示牛皮切片的长度]。因此要同时满足 $\int_{x_{\mathrm{o}}}^{x_1}[(\partial f/\partial y)\delta y+(\partial f/\partial y')\delta y']\mathrm{d}x=0$ 和 $\int_{x_{\mathrm{o}}}^{x_1}[(\partial g/\partial y)\delta y+(\partial g/\partial y')\delta y']\mathrm{d}x=0$ 这两个等式。拉格朗日的绝妙想法是结合 $\int_{x_{\mathrm{o}}}^{x_1}\{[(\partial f/\partial y)\delta y+(\partial f/\partial y')\delta y']+\lambda[(\partial g/\partial y)\delta y+(\partial g/\partial y')\delta y']\}\mathrm{d}x=0=\int_{x_{\mathrm{o}}}^{x_1}[(\partial L/\partial y)\delta y+(\partial L/\partial y')\delta y']\mathrm{d}x$ [其中 $L=(f+\lambda g)$:拉格朗日函数],得到 $\int_{x_{\mathrm{o}}}^{x_1}\left[(\partial L/\partial y)-\frac{\mathrm{d}}{\mathrm{d}x}(\partial L/\partial y')\right]\delta y\mathrm{d}x=0$ (分部积分)。δy 是任意的,借助 λ,$\left[(\partial L/\partial y)-\frac{\mathrm{d}}{\mathrm{d}x}(\partial L/\partial y')\right]$ 是无效的(欧拉方程,基本引理)。此外,由于 L 独立于 x,对应的哈密顿函数 $H=(\partial L/\partial y)y'$;$L$ 是连续的,因为 $\mathrm{d}H/\mathrm{d}x=\left[\frac{\mathrm{d}}{\mathrm{d}x}(\partial L/\partial y')-(\partial L/\partial y)y'\right]=0$(见欧拉方程);$H$ 可以分解为 y',再通过分离变量积分 $(x-x_{\mathrm{o}})^2+(y-y_{\mathrm{o}})^2=$

$\lambda^2 := R^2$。由此可知，拥有最大面积的图形是一个圆（部分）——就像人们直觉上认为的那样。那么狄多做过这样的计算吗？可能没有，但上面的关键词已经概括了优化的一般结果，如表 2－2 所示；然而应该记住，在此之前，最佳条件只是必要的。魏尔斯特拉斯（1815—1897 年）获得了充分条件：他从 $(J - J_{\min}) > 0 \forall J$ 推导出他的超越函数 E 是正（半）定的——这很难检查。不过，设 $\boldsymbol{\lambda} = \boldsymbol{\lambda}_{\text{opt}}(\boldsymbol{x} = \boldsymbol{x}_{\text{opt}})$，推出 $(\partial H / \partial \boldsymbol{u}) = 0$ 得到更准确的结果 $H_{\text{opt}} = H_{\max}$ ——它也是有界的 $\boldsymbol{u} \in \{U\}$，这绝不是没有价值的：不受限制的时间最优控制必然会产生 $\boldsymbol{u} \to \infty$，但应该记住这种情况只是必要的，数值检查是不可避免的——它会自动包含在（通常执行的）数值模拟中，至此计算机开始发挥它的作用。

表 2－2　经典优化理论的结果

$\dot{\boldsymbol{x}} = \boldsymbol{a}(\boldsymbol{x}, \boldsymbol{u})$，其中 $\boldsymbol{u}$ 由 $J = \int f(\boldsymbol{x}, \boldsymbol{u})\mathrm{d}t \to \min$ 给出	
$H = \boldsymbol{\lambda}^{\mathrm{T}}\boldsymbol{a}(\boldsymbol{x}, \boldsymbol{u}) - f$（拉格朗日）（哈密顿）	$E = -H(\boldsymbol{x}, \boldsymbol{u}, \boldsymbol{\lambda}) + \boldsymbol{a}^{\mathrm{T}}(\boldsymbol{\lambda} - \boldsymbol{\lambda}_{\text{opt}})$
必要	充分
$H(\boldsymbol{x}_{\text{opt}}, \boldsymbol{u}_{\text{opt}}, \boldsymbol{\lambda}_{\text{opt}}) = 0$ 正则方程： $+\left(\frac{\partial H}{\partial \boldsymbol{\lambda}}\right) = \dot{\boldsymbol{x}}^{\mathrm{T}}$ $-\left(\frac{\partial H}{\partial \boldsymbol{x}}\right) = \dot{\boldsymbol{\lambda}}^{\mathrm{T}}$ $\pm\left(\frac{\partial H}{\partial \boldsymbol{u}}\right) = 0$	超额函数（魏尔斯特拉斯） $E > 0$
$H_{\text{opt}} = \max\limits_{u \in U} H$	$\Leftarrow$

2.6.2　*PD* 控制

PD 控制通常指小偏差控制，如 $\boldsymbol{q}_{\mathrm{d}} - \boldsymbol{q}$ 及 $\dot{\boldsymbol{q}}_{\mathrm{d}} - \dot{\boldsymbol{q}}$ 在火箭控制中叠加到开环控制 $\boldsymbol{u}_{\circ}$ 中（见图 2－28）。因此状态方程 $\dot{\boldsymbol{x}} = \boldsymbol{a}(\boldsymbol{x}, \boldsymbol{u})$ 满足 $\boldsymbol{u} \to \boldsymbol{u}_{\circ} + \boldsymbol{u}$，通过线性化 $\boldsymbol{x} \to \boldsymbol{x}_{\circ} + \boldsymbol{x}$ 得到开环部分，对 $\dot{\boldsymbol{x}}_{\circ} = \boldsymbol{a}_{\circ}(\boldsymbol{x}_{\circ}, \boldsymbol{u}_{\circ})$ 进行线性化：

$$\dot{\boldsymbol{x}} = \boldsymbol{A}\boldsymbol{x} + \boldsymbol{B}\boldsymbol{u} \tag{2-157}$$

对控制器进行优化，则有

$$J=\frac{1}{2}\int_0^\infty(\boldsymbol{x}^{\mathrm{T}}\boldsymbol{Q}\boldsymbol{x}+\boldsymbol{u}^{\mathrm{T}}\boldsymbol{R}\boldsymbol{u})\mathrm{d}t\rightarrow\min \tag{2-158}$$

[$(\boldsymbol{A},\boldsymbol{B})$ 可控,$\boldsymbol{Q}\geqslant 0\wedge(\boldsymbol{A},\boldsymbol{Q})$ 可观测,$R>0$],由表 2-2 中的正则方程得到最优 PD 控制指令为

$$\boldsymbol{u}=-\boldsymbol{R}^{-1}\boldsymbol{B}^{\mathrm{T}}\boldsymbol{P}_{\mathrm{R}}\boldsymbol{x}=-[\boldsymbol{P}\quad\boldsymbol{D}]\begin{bmatrix}\boldsymbol{q}\\ \dot{\boldsymbol{q}}\end{bmatrix} \tag{2-159}$$

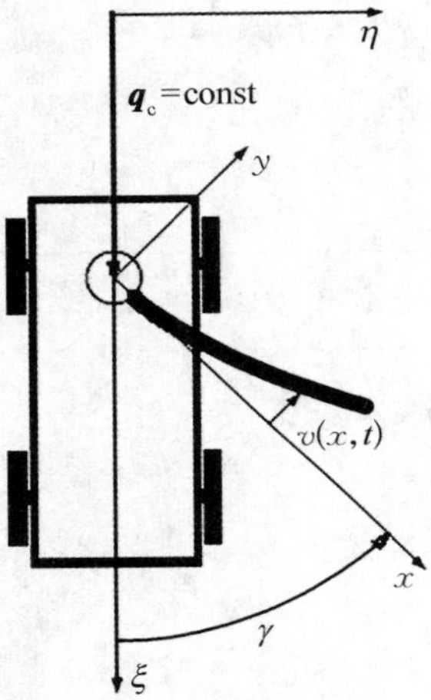

图 2-29 弹性臂机器人

$\dot{\boldsymbol{q}}\rightarrow\dot{\boldsymbol{s}}$ 表示非完整情况,$\boldsymbol{P}_{\mathrm{R}}$ 是里卡蒂方程的解[J. F. 里卡蒂(1676—1754 年)]:

$$\dot{\boldsymbol{P}}_{\mathrm{R}}+\boldsymbol{A}^{\mathrm{T}}\boldsymbol{P}_{\mathrm{R}}+\boldsymbol{P}_{\mathrm{R}}\boldsymbol{A}-\boldsymbol{P}_{\mathrm{R}}\boldsymbol{B}\boldsymbol{R}^{-1}\boldsymbol{B}^{\mathrm{T}}\boldsymbol{P}_{\mathrm{R}}+\boldsymbol{Q}=0 \tag{2-160}$$

求解式(2-160)有几个步骤,布雷默有介绍[50];这里计算机开始发挥作用,而最优反馈(最优 PD 控制指令)是根据式(2-157)得到的线性解。

举一个例子,考虑如图 2-29 所示的弹性臂机器人,车厢在 $\boldsymbol{q}_{\mathrm{c}}=\mathrm{const}$ 的某个位置,弹性臂被夹在它的中心 $\boldsymbol{q}=(\gamma\boldsymbol{q}_{\mathrm{Ritz}}^{\mathrm{T}})^{\mathrm{T}}$,运动方程可写为 $\boldsymbol{M}\ddot{\boldsymbol{q}}+\boldsymbol{K}\boldsymbol{q}=\boldsymbol{b}u$。

考虑到二阶位移[如式(2-32)],有

$$\begin{aligned}&\boldsymbol{M}=\int_o^L\begin{bmatrix}\dfrac{C^o}{L} & \rho Ax\boldsymbol{v}^{\mathrm{T}}\\ \rho Ax\boldsymbol{v} & \rho A\boldsymbol{v}\boldsymbol{v}^{\mathrm{T}}\end{bmatrix}\mathrm{d}x\\ &\boldsymbol{K}=\int_o^L\begin{bmatrix}0 & 0\\ 0 & EI\boldsymbol{v}''\boldsymbol{v}''^{\mathrm{T}}-\dot{\gamma}^2\rho A\left[\boldsymbol{v}\boldsymbol{v}^{\mathrm{T}}-\dfrac{1}{2}(L^2-x^2)\boldsymbol{v}'\boldsymbol{v}'^{\mathrm{T}}\right]\end{bmatrix}\mathrm{d}x\\ &\boldsymbol{b}^{\mathrm{T}}=[1\quad 0],\ u=M_\gamma\end{aligned} \tag{2-161}$$

弹性臂只受轮轴电机 $u=M_\gamma$ 的影响,但能够实现可控性;接下来我们考虑 90°回转问题。

由于存在离心效应 $\boldsymbol{K}$,该装置是非线性的,但线性化的终点是 $\boldsymbol{q}=\boldsymbol{q}_{\mathrm{e}}+\boldsymbol{y}$ 且 $\boldsymbol{q}_{\mathrm{e}}=[\gamma_{\mathrm{e}}\quad\boldsymbol{0}^{\mathrm{T}}]^{\mathrm{T}}$,得到线性方程 $\boldsymbol{M}_{\mathrm{e}}\ddot{\boldsymbol{y}}+\boldsymbol{K}_{\mathrm{e}}\boldsymbol{y}=\boldsymbol{b}_{\mathrm{e}}u$,则有

$$\boldsymbol{M}_{e}=\int_{o}^{L}\begin{bmatrix}\dfrac{C^{o}}{L} & \rho Ax\boldsymbol{v}^{T}\\ \rho Ax\boldsymbol{v} & \rho A\boldsymbol{v}\boldsymbol{v}^{T}\end{bmatrix}dx,\ \boldsymbol{K}_{e}=\int_{o}^{L}\begin{bmatrix}0 & 0\\ 0 & EI\boldsymbol{v}''\boldsymbol{v}''^{T}\end{bmatrix}dx,\ \boldsymbol{b}_{e}=\begin{bmatrix}1\\ 0\end{bmatrix}$$

(2-162)

将控制扭矩指定为 $u=M_{\gamma}=-P(\gamma-\gamma_{e})-D(\dot{\gamma}-\dot{\gamma}_{e})$，电机渐进驱动弹性臂移动到期望结束的位置，如图 2-30 所示（横坐标中 ω_{o} 是标准梁弯曲频率）。

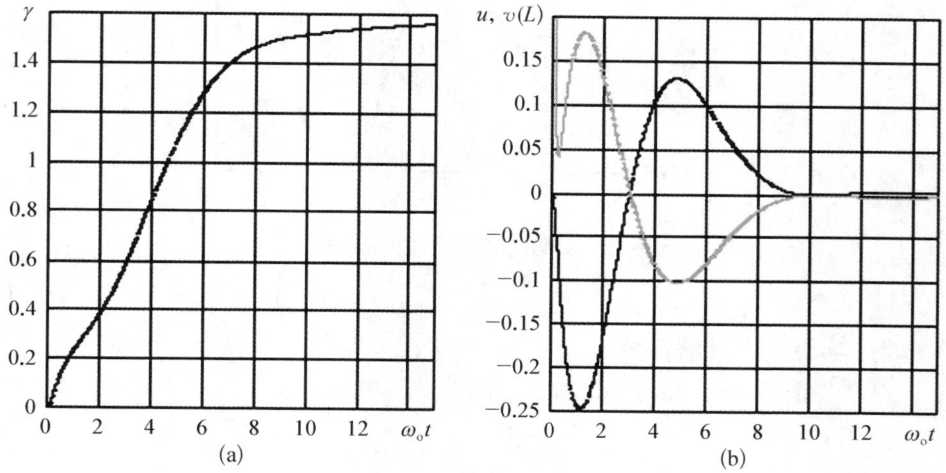

图 2-30 弹性臂的移动

(a) $\gamma(t)$；(b) 尖端偏转 $v(L,t)$ 和控制量 $u(t)$

猛然一看，结果还不错。控制量 u 和尖端偏转 $v(L)$ 的结果与我们所预期的相同（比较图 2-23），存在缺点主要是因为 $u(0)=P\gamma_{e}$：系统反映类似于阶跃响应（在更通用的系统中 $\gamma_{e}=\pi/2$，q_{e} 可能离初始状态很远）。这种现象允许出现在刚性系统中，但在弹性系统中则不允许（会引起系统在大弯曲模态下发生抖动）。这点从图 2-30 中并没有体现，是因为此处暂时只考虑了第一种弯曲模式。

因此，不能没有开环控制，例如通过"计算出来的扭矩"的方法：

$$\boldsymbol{M}\ddot{\boldsymbol{q}}_{d}+\boldsymbol{K}\boldsymbol{q}_{d}=\boldsymbol{u}_{oL} \tag{2-163}$$

$\ddot{\gamma}_{d}=\left(\dfrac{3\pi}{T^{2}}\right)\sin^{3}\left(\dfrac{2\pi}{T}t\right)$（正弦）使得 γ_{d} 的基本要求至少是四阶稳定或者可微稳定，正弦转换轨迹（标准化）如图 2-31 所示。开环部分轨迹平滑，仿真时闭环控制仅需要少量形函数即可，这是因它普遍的阻尼特性（可控性）所致。然而，当再一次遇到非线性环节，又如何去消除非线性呢？

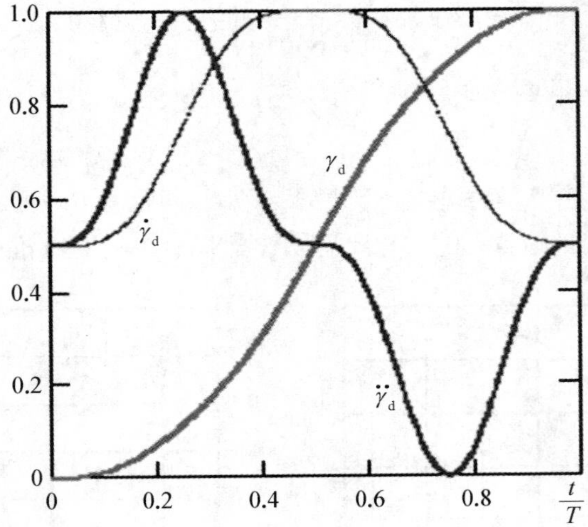

图 2-31 正弦转换轨迹(标准化)

2.6.3 基于平面度的控制

存在一个简单过程,考虑非线性(单输入 u,单输出 y):

$$\dot{\boldsymbol{x}} = \boldsymbol{a}(\boldsymbol{x}) + \boldsymbol{b}u \in IR^n \tag{2-164}$$

$$y = \boldsymbol{c}^{\mathrm{T}}\boldsymbol{x} \tag{2-165}$$

连续对时间进行微分得到

$$\begin{aligned}
&\text{当 } \boldsymbol{c}^{\mathrm{T}}\boldsymbol{b} = 0 \text{ 时}, \dot{y} = \frac{\partial y}{\partial \boldsymbol{x}}[\boldsymbol{a}(\boldsymbol{x}) + \boldsymbol{b}u] = \boldsymbol{c}^{\mathrm{T}}\boldsymbol{a}(\boldsymbol{x}) := \boldsymbol{c}^{\mathrm{T}}\boldsymbol{a}_1 = 0 \\
&\text{当 } \boldsymbol{c}^{\mathrm{T}}\frac{\partial \boldsymbol{a}_1}{\partial \boldsymbol{x}}\boldsymbol{b} = 0 \text{ 时}, \ddot{y} = \frac{\partial \dot{y}}{\partial \boldsymbol{x}}[\boldsymbol{a}(\boldsymbol{x}) + \boldsymbol{b}u] = \boldsymbol{c}^{\mathrm{T}}\frac{\partial \boldsymbol{a}_1}{\partial \boldsymbol{x}}\boldsymbol{a}(\boldsymbol{x}) := \boldsymbol{c}^{\mathrm{T}}\boldsymbol{a}_2 = 0 \\
&\text{当 } \boldsymbol{c}^{\mathrm{T}}\frac{\partial \boldsymbol{a}_2}{\partial \boldsymbol{x}}\boldsymbol{b} = 0 \text{ 时}, \dddot{y} = \frac{\partial \ddot{y}}{\partial \boldsymbol{x}}[\boldsymbol{a}(\boldsymbol{x}) + \boldsymbol{b}u] = \boldsymbol{c}^{\mathrm{T}}\frac{\partial \boldsymbol{a}_2}{\partial \boldsymbol{x}}\boldsymbol{a}(\boldsymbol{x}) := \boldsymbol{c}^{\mathrm{T}}\boldsymbol{a}_3 = 0 \\
&\qquad\vdots
\end{aligned} \tag{2-166}$$

如果第 k 阶导数 $\boldsymbol{c}^{\mathrm{T}}(\partial \boldsymbol{a}_{k-1}/\partial \boldsymbol{x})\boldsymbol{b} \neq 0$,那么

$$y^k = \boldsymbol{c}^{\mathrm{T}}\frac{\partial \boldsymbol{a}_{k-1}}{\partial \boldsymbol{x}}[\boldsymbol{a}(\boldsymbol{x}) + \boldsymbol{b}u]\text{:}\ \bar{a}(\boldsymbol{x}) + \bar{b}u = 0 \tag{2-167}$$

如果 $k=n$，y 被称为“平面输出”，则设 $u=u_{\text{comp}}+u_{\text{CL}}$，用 $u_{\text{comp}}=-\dfrac{\bar{a}}{b}$ 补偿非线性(“精确线性化”)，该闭环部分有

$$u_{\text{CL}}=\frac{1}{b}\left[\frac{\mathrm{d}^n y_{\text{d}}}{\mathrm{d}t^n}+\sum_{i=0}^{n-1}k_i\left(\frac{\mathrm{d}^i y_{\text{d}}}{\mathrm{d}t^i}-\frac{\mathrm{d}^i y}{\mathrm{d}t^i}\right)\right] \tag{2-168}$$

又有 $z=y-y_{\text{d}}$，得到弗洛比尼斯形式[费迪南德·格奥尔格·弗洛比尼斯(1849—1917 年)]为

$$\frac{\mathrm{d}}{\mathrm{d}t}\begin{bmatrix} z \\ \dot{z} \\ \ddot{z} \\ \vdots \\ z^{n-1} \end{bmatrix}=\begin{bmatrix} 0 & 1 & 0 & \cdots & 0 \\ 0 & 0 & 1 & \cdots & 0 \\ \vdots & & & \ddots & \vdots \\ 0 & & & & 1 \\ -k_0 & -k_1 & -k_2 & \cdots & -k_{n-1} \end{bmatrix}\begin{bmatrix} z \\ \dot{z} \\ \ddot{z} \\ \vdots \\ z^{n-1} \end{bmatrix} \tag{2-169}$$

k_i 是 $\lambda^n+k_{n-1}\lambda^{n-1}+\cdots+k_0=0$ 的特征系数，用于极点配置。

求导过程有点复杂，对弹性和摩擦求解时肯定会失败。此外，式(2-161)的例子包含了一个非线性稳定的弯曲振动。真的有必要付出如此巨大的努力来弥补影响吗？当然不是。“精确线性化”过程必须遵循一点——不要依赖没有物理意义的自动化过程。对于受控系统，建模一方面是物理实现(仿真需要)，另一方面是最低程度地控制模型(建模的艺术)，这样利用式(2-162)，我们得到了受控系统的线性对象，其计算结果必须通过仿真测试，且最后一步应该是在硬件上进行验证。

2.6.4　路径修正

对于刚性铰接机器人，夹具位置和姿态 $\boldsymbol{z}_{\text{Gd}}\in IR^6$ 是显而易见的；对于弹性铰接机器人，控制模型可以是纯刚性的，即忽略结构和齿轮弹性。“真实”弹性模型代表仿真模型，而 $\boldsymbol{z}_{\text{Gd}}$ 并没有很好地描述期望目标，故而修正可分为以下两个步骤：

设 $\boldsymbol{q}=[\boldsymbol{q}_{\text{M}}^{\text{T}}\quad \boldsymbol{q}_{\text{A}}^{\text{T}}\quad \boldsymbol{q}_{\text{e}}^{\text{T}}]^{\text{T}}$ (M：电机，A：臂，e：弹性里兹系数)，并定义 $\boldsymbol{q}_{\text{M}}=\boldsymbol{q}_{\text{R}}$ (参考路径)，$\boldsymbol{y}$ 为偏移量，有

$$\boldsymbol{q}=\boldsymbol{q}_{\mathrm{o}}+\boldsymbol{y}=\begin{bmatrix}\boldsymbol{q}_{\mathrm{R}}\\ \boldsymbol{q}_{\mathrm{R}}\\ \boldsymbol{0}\end{bmatrix}+\begin{bmatrix}\boldsymbol{y}_{\mathrm{M}}\\ \boldsymbol{y}_{\mathrm{A}}\\ \boldsymbol{q}_{\mathrm{e}}\end{bmatrix},\ \|\boldsymbol{y}\|\ll\|\boldsymbol{q}\| \tag{2-170}$$

1）参考运动控制

分解 $\boldsymbol{M}(\boldsymbol{q})\ddot{\boldsymbol{q}}+\boldsymbol{g}(\boldsymbol{q},\dot{\boldsymbol{q}})=\bar{\boldsymbol{B}}(\boldsymbol{u}_{\mathrm{ol}}+\boldsymbol{u}_{\mathrm{cl}}+\boldsymbol{u}^{\mathrm{c}})$ 并线性化，得

$$\begin{bmatrix}\boldsymbol{M}_{\mathrm{MM}} & \boldsymbol{M}_{\mathrm{MA}} & \boldsymbol{M}_{\mathrm{Me}}\\ \boldsymbol{M}_{\mathrm{MA}}^{\mathrm{T}} & \boldsymbol{M}_{\mathrm{AA}} & \boldsymbol{M}_{\mathrm{Ae}}\\ \boldsymbol{M}_{\mathrm{Me}}^{\mathrm{T}} & \boldsymbol{M}_{\mathrm{Ae}}^{\mathrm{T}} & \boldsymbol{M}_{\mathrm{ee}}\end{bmatrix}\begin{bmatrix}\ddot{\boldsymbol{q}}_{\mathrm{R}}\\ \ddot{\boldsymbol{q}}_{\mathrm{R}}\\ \boldsymbol{0}\end{bmatrix}+\begin{bmatrix}\boldsymbol{g}_{0\mathrm{M}}\\ \boldsymbol{g}_{0\mathrm{A}}\\ \boldsymbol{g}_{0\mathrm{e}}\end{bmatrix}-\begin{bmatrix}\boldsymbol{u}_{\mathrm{ol}}\\ \boldsymbol{0}\\ \boldsymbol{0}\end{bmatrix}+\boldsymbol{M}_{\mathrm{o}}\ddot{\boldsymbol{y}}+\boldsymbol{P}_{\mathrm{o}}\dot{\boldsymbol{y}}+\boldsymbol{Q}_{\mathrm{o}}\boldsymbol{y}=\begin{bmatrix}\boldsymbol{u}_{\mathrm{cl}}+\boldsymbol{u}^{\mathrm{c}}\\ \boldsymbol{0}\\ \boldsymbol{0}\end{bmatrix} \tag{2-171}$$

设 $\boldsymbol{y}$ 和 $\boldsymbol{u}_{\mathrm{cl}}+\boldsymbol{u}^{\mathrm{c}}$ 均为零，通过 $\delta\boldsymbol{q}^{\mathrm{T}}=\delta\boldsymbol{q}_{\mathrm{R}}^{\mathrm{T}}[\boldsymbol{E}\quad\boldsymbol{E}\quad\boldsymbol{0}]$ 计算虚功的开环控制 $\boldsymbol{u}_{\mathrm{ol}}$，有

$$\boldsymbol{u}_{\mathrm{ol}}=[\boldsymbol{M}_{\mathrm{MM}}+\boldsymbol{M}_{\mathrm{MA}}+\boldsymbol{M}_{\mathrm{MA}}^{\mathrm{T}}+\boldsymbol{M}_{\mathrm{AA}}]\ddot{\boldsymbol{q}}_{\mathrm{R}}+(\boldsymbol{g}_{0\mathrm{M}}+\boldsymbol{g}_{0\mathrm{A}}) \tag{2-172}$$

将 $\boldsymbol{u}_{\mathrm{o}}$（以及 $\boldsymbol{u}_{\mathrm{cl}}=0$）代入式(2-171)，得

$$\begin{bmatrix}-\boldsymbol{f}_{\mathrm{R}}\\ +\boldsymbol{f}_{\mathrm{R}}\\ +\boldsymbol{f}_{\mathrm{eR}}\end{bmatrix}+\boldsymbol{M}_{\mathrm{o}}\ddot{\boldsymbol{y}}+\boldsymbol{P}_{\mathrm{o}}\dot{\boldsymbol{y}}+\boldsymbol{Q}_{\mathrm{o}}\boldsymbol{y}=\begin{bmatrix}\boldsymbol{u}^{\mathrm{c}}\\ \boldsymbol{0}\\ \boldsymbol{0}\end{bmatrix}$$

$$\text{有}\begin{bmatrix}-\boldsymbol{f}_{\mathrm{R}}\\ +\boldsymbol{f}_{\mathrm{R}}\\ +\boldsymbol{f}_{\mathrm{eR}}\end{bmatrix}=\begin{bmatrix}-([\boldsymbol{M}_{\mathrm{MA}}^{\mathrm{T}}+\boldsymbol{M}_{\mathrm{AA}}]\ddot{\boldsymbol{q}}_{\mathrm{R}}+\boldsymbol{g}_{0\mathrm{A}})\\ +([\boldsymbol{M}_{\mathrm{MA}}^{\mathrm{T}}+\boldsymbol{M}_{\mathrm{AA}}]\ddot{\boldsymbol{q}}_{\mathrm{R}}+\boldsymbol{g}_{0\mathrm{A}})\\ +([\boldsymbol{M}_{\mathrm{Me}}^{\mathrm{T}}+\boldsymbol{M}_{\mathrm{Ae}}^{\mathrm{T}}]\ddot{\boldsymbol{q}}_{\mathrm{R}}+\boldsymbol{g}_{0\mathrm{e}})\end{bmatrix} \tag{2-173}$$

式(2-173)可得特殊的“准静态”平衡 $\boldsymbol{y}_{\mathrm{qs}}^{\mathrm{T}}=[\boldsymbol{0}^{\mathrm{T}}\quad\boldsymbol{y}_{\mathrm{A}}^{\mathrm{T}}\quad\boldsymbol{q}_{\mathrm{e}}^{\mathrm{T}}]_{\mathrm{qs}}$，则有

$$\begin{bmatrix}-\boldsymbol{f}_{\mathrm{R}}\\ +\boldsymbol{f}_{\mathrm{R}}\\ +\boldsymbol{f}_{\mathrm{eR}}\end{bmatrix}+\boldsymbol{Q}_{\mathrm{o}}\boldsymbol{y}_{\mathrm{qs}}=\begin{bmatrix}\boldsymbol{u}^{\mathrm{c}}\\ \boldsymbol{0}\\ \boldsymbol{0}\end{bmatrix}\Rightarrow\begin{cases}\boldsymbol{u}^{\mathrm{c}}=[\boldsymbol{Q}_{\mathrm{MA}}\quad\boldsymbol{Q}_{\mathrm{Me}}]\begin{bmatrix}\boldsymbol{y}_{\mathrm{A}}\\ \boldsymbol{q}_{\mathrm{e}}\end{bmatrix}_{\mathrm{qs}}\\ \begin{bmatrix}\boldsymbol{y}_{\mathrm{A}}\\ \boldsymbol{q}_{\mathrm{e}}\end{bmatrix}_{\mathrm{qs}}=-\begin{bmatrix}\boldsymbol{Q}_{\mathrm{AA}} & \boldsymbol{Q}_{\mathrm{Ae}}\\ \boldsymbol{Q}_{\mathrm{eA}} & \boldsymbol{Q}_{\mathrm{ee}}\end{bmatrix}^{-1}\begin{bmatrix}\boldsymbol{f}_{\mathrm{R}}\\ \boldsymbol{f}_{\mathrm{eR}}\end{bmatrix}\end{cases} \tag{2-174}$$

其中，$\boldsymbol{Q}_{\mathrm{o}}$ 分解成类似式(2-171)的子矩阵 $\boldsymbol{Q}_{ij}$，$\{i,j\}\in\{\mathrm{M},\mathrm{A},\mathrm{e}\}$；$\boldsymbol{u}_{\mathrm{c}}$ 为约束

力，使 $\boldsymbol{y}_{\mathrm{M}}$ 在 $\boldsymbol{y}_{\mathrm{qs}}$ 内为零；假设 $\boldsymbol{u}_{\circ}$ 以理想方式跟随 $\boldsymbol{q}_{\mathrm{R}}$，以至于 $\boldsymbol{y}_{\mathrm{M}}$ 消失，则 $\boldsymbol{u}_{\circ}$ 隐含地考虑了 $\boldsymbol{u}^{\mathrm{c}}$。

2）路径匹配

计算结果产生夹具偏差 $\Delta\boldsymbol{z}_{\mathrm{G}}$，通过修正参考路径 $\boldsymbol{q}_{\mathrm{R}}$（泰勒展开）得到偏差 $\Delta\boldsymbol{z}_{\mathrm{GR}}$ 为

$$\Delta\boldsymbol{z}_{\mathrm{G}}=\begin{bmatrix}\dfrac{\partial\boldsymbol{v}_{\mathrm{G}}}{\partial\dot{\boldsymbol{q}}_{\mathrm{A}}} & \dfrac{\partial\boldsymbol{v}_{\mathrm{G}}}{\partial\dot{\boldsymbol{q}}_{\mathrm{e}}}\\ \dfrac{\partial\boldsymbol{\omega}_{\mathrm{G}}}{\partial\dot{\boldsymbol{q}}_{\mathrm{A}}} & \dfrac{\partial\boldsymbol{\omega}_{\mathrm{G}}}{\partial\dot{\boldsymbol{q}}_{\mathrm{e}}}\end{bmatrix}\begin{bmatrix}\boldsymbol{y}_{\mathrm{A}}\\ \boldsymbol{q}_{\mathrm{e}}\end{bmatrix}=\boldsymbol{F}_{\mathrm{G}}\begin{bmatrix}\boldsymbol{y}_{\mathrm{A}}\\ \boldsymbol{q}_{\mathrm{e}}\end{bmatrix},\ \Delta\boldsymbol{z}_{\mathrm{GR}}=\begin{bmatrix}\dfrac{\partial\boldsymbol{v}_{\mathrm{G}}}{\partial\dot{\boldsymbol{q}}_{\mathrm{R}}}\\ \dfrac{\partial\boldsymbol{\omega}_{\mathrm{G}}}{\partial\dot{\boldsymbol{q}}_{\mathrm{R}}}\end{bmatrix}_{\mathrm{R}}\Delta\boldsymbol{q}_{\mathrm{R}}=\boldsymbol{F}_{\mathrm{GR}}\Delta\boldsymbol{q}_{\mathrm{R}} \tag{2-175}$$

$(\Delta\boldsymbol{z}_{\mathrm{G}}+\Delta\boldsymbol{z}_{\mathrm{GR}})=0\Rightarrow\Delta\boldsymbol{q}_{\mathrm{R}}$ 将补偿偏差 $\Delta\boldsymbol{z}_{\mathrm{G}}$：

$$\Delta\boldsymbol{q}_{\mathrm{R}}=-\boldsymbol{F}_{\mathrm{GR}}^{+}\boldsymbol{F}_{\mathrm{G}}\begin{bmatrix}\boldsymbol{y}_{\mathrm{A}}\\ \boldsymbol{q}_{\mathrm{e}}\end{bmatrix}:=\begin{bmatrix}-\boldsymbol{F}_{\mathrm{A,\,corr}} & -\boldsymbol{F}_{\mathrm{e,\,corr}}\end{bmatrix}\begin{bmatrix}\boldsymbol{y}_{\mathrm{A}}\\ \boldsymbol{q}_{\mathrm{e}}\end{bmatrix} \tag{2-176}$$

其中，$\boldsymbol{F}_{\mathrm{GR}}^{+}$ 是广义逆（注意：根据图 2-8 定义，夹持器的运动不依赖于电机坐标）。式(2-176)需要微分方程解[如式(2-173)与式(2-174)：$\boldsymbol{M}_{\circ}\ddot{\boldsymbol{y}}+\boldsymbol{P}_{\circ}\dot{\boldsymbol{y}}+\boldsymbol{Q}_{\circ}(\boldsymbol{y}-\boldsymbol{y}_{\mathrm{qs}})=\boldsymbol{0}$]，这既无意义又费时，因此可以假设 $\ddot{\boldsymbol{y}}$ 和 $\dot{\boldsymbol{y}}$ 很小，根据式(2-174)计算式(2-176)，得到

$$\Delta\boldsymbol{q}_{\mathrm{R}}=\begin{bmatrix}-\boldsymbol{F}_{\mathrm{A,\,corr}} & -\boldsymbol{F}_{\mathrm{e,\,corr}}\end{bmatrix}\begin{bmatrix}\boldsymbol{y}_{\mathrm{A}}\\ \boldsymbol{q}_{\mathrm{e}}\end{bmatrix}_{\mathrm{qs}} \tag{2-177}$$

结果是，我们得到了正确的路径 $\boldsymbol{q}_{\mathrm{R}}+\Delta\boldsymbol{q}_{\mathrm{R}}$。可以考虑使用新的（修正过的）路径并重新启动计算。

然而修正也可以针对偏差，这意味着保留旧的参考并定义一个新目标 $\boldsymbol{q}$：

$$\boldsymbol{q}=\begin{bmatrix}\boldsymbol{q}_{\mathrm{R}}+\Delta\boldsymbol{q}_{\mathrm{R}}\\ \boldsymbol{q}_{\mathrm{R}}+\Delta\boldsymbol{q}_{\mathrm{R}}\\ \boldsymbol{0}\end{bmatrix}+\begin{bmatrix}\boldsymbol{0}\\ \boldsymbol{y}_{\mathrm{A}}\\ \boldsymbol{q}_{\mathrm{e}}\end{bmatrix}\rightarrow\begin{bmatrix}\boldsymbol{q}_{\mathrm{R}}\\ \boldsymbol{q}_{\mathrm{R}}\\ \boldsymbol{0}\end{bmatrix}+\begin{bmatrix}\Delta\boldsymbol{q}_{\mathrm{R}}\\ \boldsymbol{y}_{\mathrm{A}}+\Delta\boldsymbol{q}_{\mathrm{R}}\\ \boldsymbol{q}_{\mathrm{e}}\end{bmatrix} \tag{2-178}$$

由此产生修正模型：

$$\boldsymbol{y}_{\mathrm{d}}=\begin{bmatrix}-\boldsymbol{F}_{\mathrm{A,\,coor}} & -\boldsymbol{F}_{\mathrm{e,\,coor}}\\ \boldsymbol{E}-\boldsymbol{F}_{\mathrm{A,\,coor}} & -\boldsymbol{F}_{\mathrm{e,\,coor}}\\ 0 & \boldsymbol{E}\end{bmatrix}\begin{bmatrix}\boldsymbol{y}_{\mathrm{A}}\\ \boldsymbol{q}_{\mathrm{e}}\end{bmatrix}_{\mathrm{qs}} \tag{2-179}$$

该模型可用于构建闭环控制 $\boldsymbol{u}_{\mathrm{cl}}$，对比图 2－28(下半部分)。因此，弹性挠度本身不能通过轮轴电机消除(如考虑重力引起的弯曲)。然而，引起夹持器位置改变的变形量 $\boldsymbol{q}_{\mathrm{e}}$ 可以从修正模型中得到。因此，建议将 $\boldsymbol{q}_{\mathrm{e}}$ 也作为反馈，最好带有曲率(输出)控制 $\boldsymbol{\kappa}=(\partial\boldsymbol{\kappa}/\partial\boldsymbol{q}_{\mathrm{e}})\boldsymbol{q}_{\mathrm{e}}$，这可以很容易地通过应变测量得到。

由于在得到修正模型的过程中进行了大量的假设，因此硬件实现前要通过数值模拟检查结果，试验验证了该方法在“线性弹性机器人”(或龙门式机器人)上具有有效性[2]。

2.6.5 观察器

如前所述，摩擦有着重要的作用。根据式(2－166)的“精确线性化”，所需的求导过程不成立，则这个问题可以通过观察器解决。

状态观察器本质上是一块能进行计算操作的平板，但其对初始条件一无所知。即使这些初始条件是已知的，短时间内也存在严重的数据波动。因此，如果实际输出 $\boldsymbol{y}=\boldsymbol{Cx}$ 与观测信号 $\hat{\boldsymbol{y}}=\boldsymbol{C}\hat{\boldsymbol{x}}$ 不同，则用适当的增益矩阵 $\boldsymbol{L}_x$ 来反馈差分，保证模型间的相位为零。观测计划如图 2－32 所示。

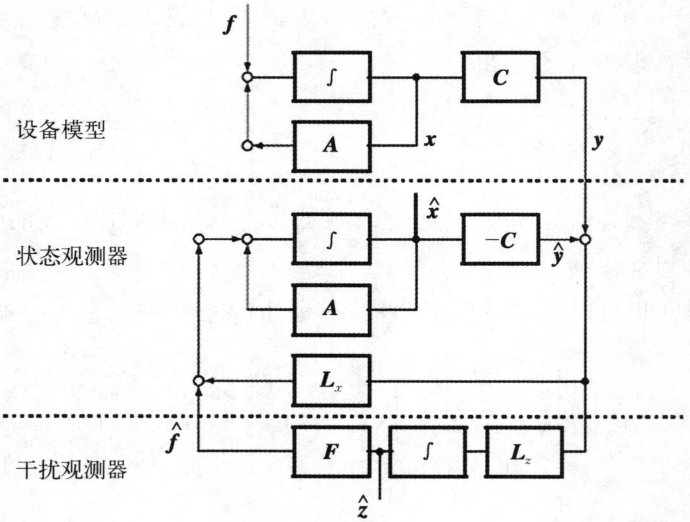

图 2－32 观测计划

众所周知，高增益矩阵 $\boldsymbol{L}_x$ (无干扰重构，$\boldsymbol{L}_x\equiv 0$) 可抑制干扰影响(“高增益观测器”)，这在重力场中对摩擦力的影响研究中得到了印证，如图 2－33 所示。

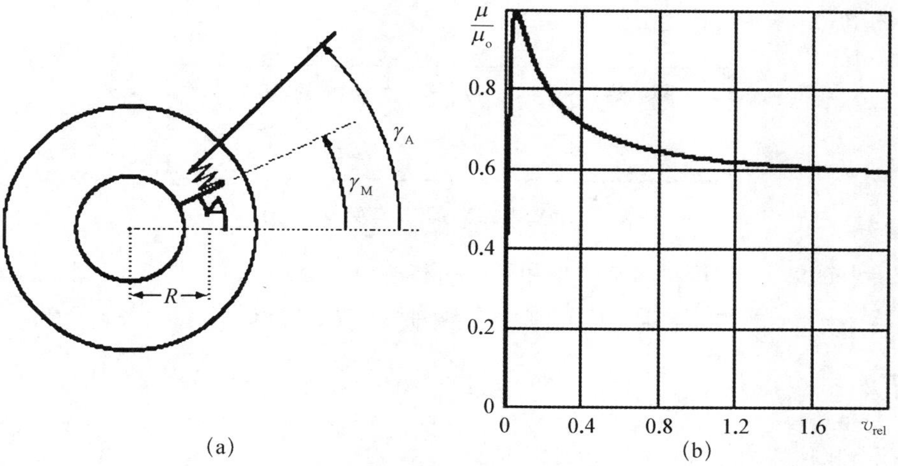

图 2-33　重力场中摩擦力的影响

(a) 带摩擦的单关节；(b) 斯特里贝克(Stribeck)曲线

图 2-34 中的时间历程对应于初始条件 $[\boldsymbol{q}_o^T, \dot{\boldsymbol{q}}_o^T]=[0, 0]$，$\boldsymbol{q}^T=[\gamma_M, \gamma_A]$。由图 2-34(a)可知，$t=1.8$ s 和 $t=3.4$ s 时的摩擦力矩为零，这给系统带来了困难，然而图 2-34(b)是完美的(零交叉 $\dot{\gamma}_M$)。增益矩阵 $\boldsymbol{L}_x=[l_{x1}, l_{x2}]$ 由于测量噪声限制需要高值。本书使用的数值与已成功应用于两足步行机的数值一致[48, 51]。硬件实现很简单。

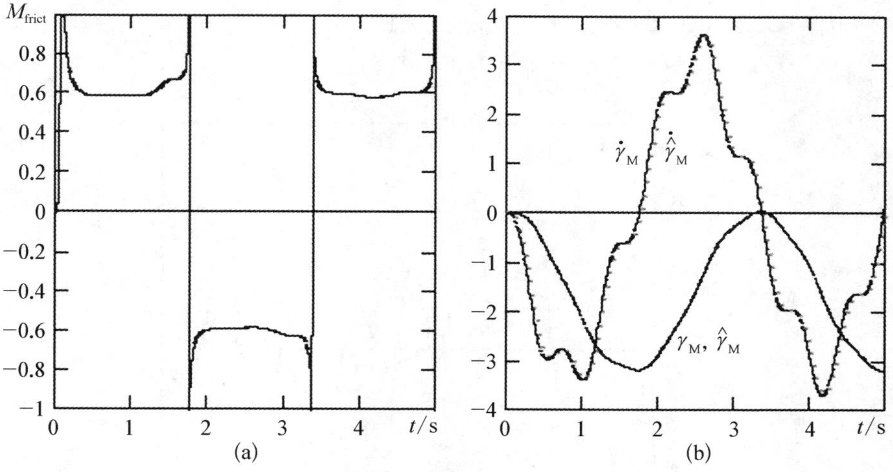

图 2-34　摩擦力研究

(a) M_{frict} 标准化；(b) 变量(实线)和估计(点线)

由图 2-32 可知，对于 $\dot{\hat{\boldsymbol{x}}}=\boldsymbol{A}\hat{\boldsymbol{x}}-\boldsymbol{L}_x(\hat{\boldsymbol{y}}-\boldsymbol{y})$，$\boldsymbol{A}=\begin{bmatrix}0 & 1\\0 & 0\end{bmatrix}$，得到图 2-35 所

示的电路方案(状态变量估计)。

$$\frac{\mathrm{d}}{\mathrm{d}t}\begin{bmatrix}\hat{\gamma}_{\mathrm{M}}\\ \dot{\hat{\gamma}}_{\mathrm{M}}\end{bmatrix}=\begin{bmatrix}0 & 1\\ 0 & 0\end{bmatrix}\begin{bmatrix}\hat{\gamma}_{\mathrm{M}}\\ \dot{\hat{\gamma}}_{\mathrm{M}}\end{bmatrix}-\begin{bmatrix}l_{x1}\\ l_{x2}\end{bmatrix}(\hat{\gamma}_{\mathrm{M}}-\gamma_{\mathrm{M}})$$

图 2-35　电路方案(状态变量估计)

干扰仍未知,包含摩擦力矩和齿轮扭转的应力 $\Delta\gamma=(\gamma_{\mathrm{M}}-\gamma_{\mathrm{A}})$。利用基本函数 $\dot{z}=0$(z 为阶跃函数)对干扰建模,例如 $\boldsymbol{f}=\boldsymbol{F}z$ 使得 $\dot{\hat{\boldsymbol{x}}}=\boldsymbol{A}\hat{\boldsymbol{x}}+\boldsymbol{F}\hat{z}-\boldsymbol{L}_x(\hat{\boldsymbol{y}}-\boldsymbol{y})$ 及 $\dot{\hat{z}}=-\boldsymbol{L}_z(\hat{\boldsymbol{y}}-\boldsymbol{y})$(图 2-32 中的下半部分),$\boldsymbol{A}=\begin{bmatrix}0 & 1\\ 0 & 0\end{bmatrix}$, $\boldsymbol{F}=\begin{bmatrix}0\\ 1\end{bmatrix}$, $\boldsymbol{L}_z=l_z$ 得到图 2-36 的电路方案(干扰估计)。

$$\frac{\mathrm{d}}{\mathrm{d}t}\begin{bmatrix}\hat{\gamma}_{\mathrm{M}}\\ \dot{\hat{\gamma}}_{\mathrm{M}}\\ \hat{z}\end{bmatrix}=\left[\begin{array}{cc|c}0 & 1 & 0\\ 0 & 0 & 1\\ \hline 0 & 0 & 0\end{array}\right]\begin{bmatrix}\hat{\gamma}_{\mathrm{M}}\\ \dot{\hat{\gamma}}_{\mathrm{M}}\\ \hat{z}\end{bmatrix}-\begin{bmatrix}l_{x1}\\ l_{x2}\\ l_z\end{bmatrix}(\hat{\gamma}_{\mathrm{M}}-\gamma_{\mathrm{M}})$$

图 2-36　电路方案(干扰估计)

待评估的干扰含摩擦力和相互作用力。$\boldsymbol{f}$ 是状态方程,因此我们称 $\bar{\boldsymbol{f}}$ 为运动方程,由图 2-32 可知两者都属于外力。因此,总外(反)力和总内(反)力记为 $\bar{\bar{\boldsymbol{f}}}$,干扰及其估计如图 2-37 所示。

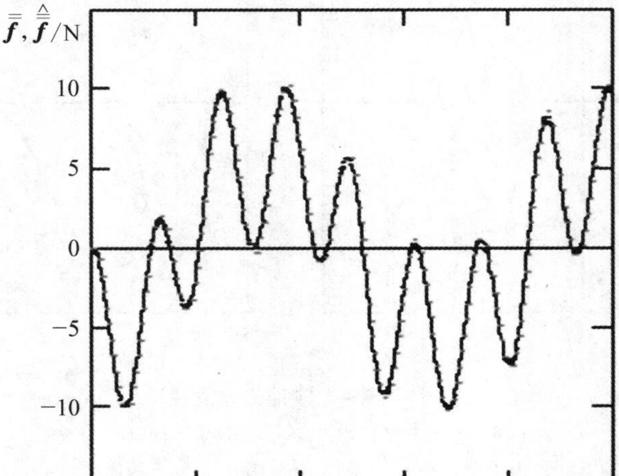

图 2-37　干扰(实线)及其估计(点线)

2.6.6 分散控制

状态变量估计和干扰估计可用于控制和扰动补偿。

运动方程：

$$\boldsymbol{M}\ddot{\boldsymbol{q}}+\boldsymbol{G}\dot{\boldsymbol{q}}-\boldsymbol{Q}=\bar{\boldsymbol{f}} \tag{2-180}$$

式(2-180)可分解成：

$$\mathrm{diag}(M_{\mathrm{oi}})\ddot{\boldsymbol{q}}+\Delta\boldsymbol{M}\ddot{\boldsymbol{q}}+\boldsymbol{G}\dot{\boldsymbol{q}}-\boldsymbol{Q}=\bar{\boldsymbol{f}} \tag{2-181}$$

选择 $M_{\mathrm{oi}}=\cos t$ 表示所需值(或标称的)[52]，则第 i 部分为

$$M_{\mathrm{oi}}\ddot{q}_i+\sum_{j=1}^{f}\Delta M_{ij}\ddot{q}_j+(\boldsymbol{G}\dot{\boldsymbol{s}}-\boldsymbol{Q})_i=\bar{f}_i \tag{2-182}$$

有

$$\ddot{q}_i=\frac{1}{M_{\mathrm{oi}}}\left[-\sum_{j=1}^{f}\Delta M_{ij}\ddot{q}_j-(\boldsymbol{G}\dot{\boldsymbol{q}}-\boldsymbol{Q})_i+\bar{f}_i\right]:=\bar{\bar{f}}_i \tag{2-183}$$

$\bar{\bar{f}}_i$ 包含所有交互项[如果需要，包括 M_i 与其期望(名义)值的参数偏差]以及所有干扰，因此有

$$\frac{\mathrm{d}}{\mathrm{d}t}\begin{bmatrix}q\\ \dot{q}\end{bmatrix}_i=\begin{bmatrix}0&1\\0&0\end{bmatrix}\begin{bmatrix}q\\ \dot{q}\end{bmatrix}_i+\begin{bmatrix}0\\1\end{bmatrix}\bar{\bar{f}}_i \tag{2-184}$$

上面使用的简化的线性部分绝不是特殊的个例，而是某种程度上的普适性。图 2-38 使用关节模型进行测试，代表其在垂直平面上的 90°转动(对重力)，包括关节摩擦和齿轮扭转。

由于是闭环控制 $u_{\mathrm{CL},i}$，式(2-168)的“精确线性化”需要准确地消除干扰，有

$$\ddot{q}_i=u_{\mathrm{CL},i}+(\bar{\bar{f}}_i-\bar{\bar{f}}_i),\ \bar{\bar{f}}_i-\bar{\bar{f}}_i\equiv 0 \tag{2-185}$$

这很难实现，因为需要准确的参数，而一旦关节转动产生摩擦参数就会失效，主要区别是干扰和相互作用是渐近抵消的，即

$$\ddot{q}_i=u_{\mathrm{CL},i}+(\bar{\bar{f}}_i-\hat{\bar{\bar{f}}}_i),\ \bar{\bar{f}}_i-\hat{\bar{\bar{f}}}_i\quad \text{渐近于零} \tag{2-186}$$

此时对于准确可用的参数我们知之甚少，只能是勉强凑合使用。当然，这需要仔细地考察，主要是对增益 $\boldsymbol{L}_x$ 和 $\boldsymbol{L}_z$；这时计算机的强大功能就有了用武之地。

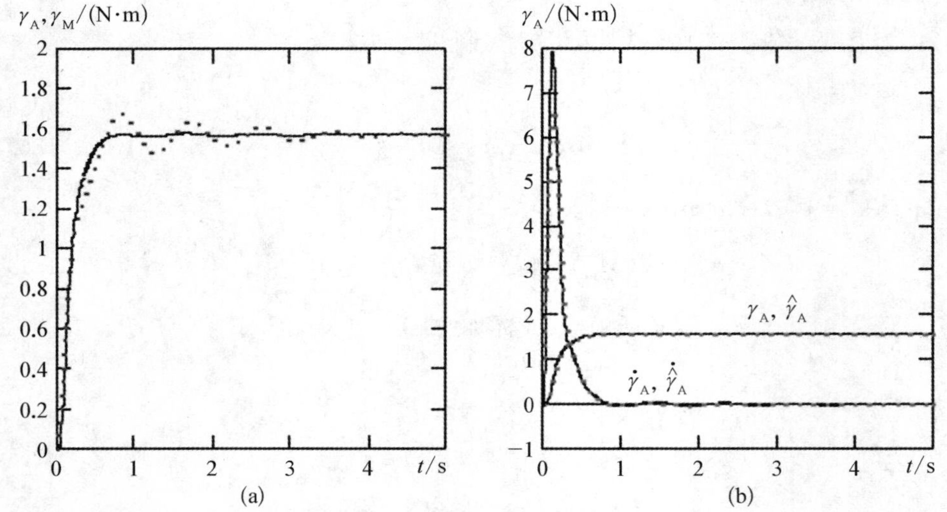

图 2-38　关节模型测试

(a) 回转机动 γ_A（点线：γ_M）；(b) “实际值”(模拟)和估算(点线)

2.6.7　大数据

如今借助处理功能强大的计算机使撇开模型描述干扰和相互作用已成为可能。人们可以不进行建模，而只从黑匣子(见图 2-39)的角度审视硬件的实现，但工程师对此不感兴趣。

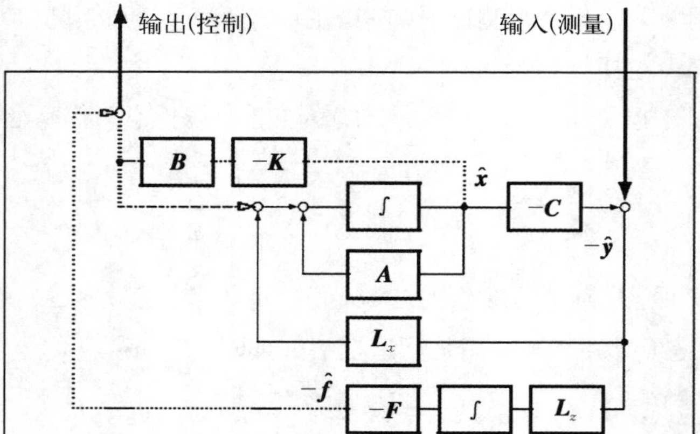

图 2-39　黑匣子

数据收集和统计的确(在经济上)取得了巨大的成功，有学者认为(或许)数据统计使建模变得过时。2009 年，两名美国科学家仅从测量数据中就提取到了双摆的哈密顿函数[53]。但问题是：小幅值振动条件下的类同表现，如何分辨出这是两个旋转双摆还是由弹簧连接的两个质量块的平动双摆？机械工程可避免建模有长久的尝试历程，但仅根据测量数据建立机械系统在 50 年前就已经失败过！没有模型无法进行模拟和控制。

2.7 结论

显然数据统计和数据收集有助于寻找答案，但这并不是故事的结束，只是一个开始。建模领域有一个典型的成功案例(可能也是有史以来最好的模型)：1600 年左右，第谷・布拉赫开始收集天文观测数据；1619 年，约翰尼斯・开普勒提出了物理模型；1686 年，艾萨克・牛顿提出了物理模型；50 年后莱昂哈德・欧拉提出了引力和动量定理的数学模型。在此基础上，1957 年发射了第一颗人造卫星，1969 年登陆月球，1971 年第一个空间站服役。国际空间站从 1998 年服役至今——同样的基础上，互联网、智能手机等又如何发展呢？一步一步地，我们可以获得更多的领悟。

卡尔・波普尔认为将科学声明视为最终验证的人将退出游戏[54]。因此，自然科学和工程科学中：

(1) 建模是必不可少的。

(2) 计算机是有用的，但它只是一个有效的可借助的工具。

我们更应该关注我们所看到的。了解什么是我们相信的以及如何相信？生活中抽象思维无处不在，除了模型，还有什么值得处理的吗？描述现实的模型也许会接近于真理，但不会完全一致。

2.8 符号列表

$\boldsymbol{A}$, A　变换，状态矩阵，面积，惯性矩。

$\boldsymbol{a}$, a　状态函数，最小系数。

$\boldsymbol{B}$, B　输入矩阵，惯性矩。

$\boldsymbol{C}$, C　输出矩阵，惯性矩。

$\boldsymbol{r}$　(惯性)位置矢量。

$\boldsymbol{s}$　拟坐标(最小值)。

T, t　动能，时间。

$\boldsymbol{u}$　控制矢量。

$\boldsymbol{c}$, c　系数矢量,系数,质心距离。

$\boldsymbol{D}$, D　阻尼矩阵,增益。

$\boldsymbol{E}$, E　单位矩阵,杨氏模量,超越函数。

$\boldsymbol{e}$, e　单位矢量,错误。

$\boldsymbol{F}$, $\bar{\boldsymbol{F}}$　函数矩阵(或雅可比矩阵)。

$\boldsymbol{f}$, f　力、干扰、频率、函数(一般)。

$\boldsymbol{G}$, G　陀螺矩阵,扭转弹性,吉布斯函数。

$\boldsymbol{g}$, g　近似函数,重力矢量,重力加速度,常数。

H　哈密顿函数。

ħ　狄拉克分布。

$\boldsymbol{I}$, I　面积惯性矩。

$\boldsymbol{J}$, J　质量惯性矩,雅可比矩阵,最优化准则。

$\boldsymbol{K}$　(保守)恢复矩阵、曲率反馈、状态反馈矩阵。

$\boldsymbol{L}$, L　(角)动量,拉格朗日函数,长度。

$\boldsymbol{M}$, M　质量矩阵,时刻。

m　质量,时间导数。

$\boldsymbol{N}$　非(保守)恢复矩阵。

$\boldsymbol{P}$, P　增益(比例),功率。

$\boldsymbol{p}$　(线性)动力量。

$\boldsymbol{Q}$　力,加权矩阵。

$\boldsymbol{q}$　最小(或广义或拉格朗日)坐标。

$\boldsymbol{R}$, R　加权矩阵,瑞利熵。

V　势能。

$\boldsymbol{v}$　v　v形函数的矢量,弯曲函数。

W　功。

$\boldsymbol{w}$, w　w形函数的矢量,弯曲函数。

x, y, z　空间变量。

$\boldsymbol{x}$, $\boldsymbol{y}$, $\boldsymbol{z}$　状态矢量,描述变量,干扰函数。

α, β, γ　卡丹(或泰特-布赖恩)角度。

Δ　差异(偏差),拉普拉斯算子。

δ　变分。

ε　柯西应变,变分参数。

$\boldsymbol{\vartheta}$　ϑ形函数的矢量,扭转函数。

$\boldsymbol{\kappa}$　(矢量)弯曲度(曲率)。

$\boldsymbol{\lambda}$, λ　拉格朗日参数,特征值。

ν　泊松数、频率。

$\boldsymbol{\pi}$　准坐标(旋转)。

$\boldsymbol{\rho}$, ρ　拟坐标(平移),质量密度。

σ　柯西应力。

τ　切向平面。

$\boldsymbol{\Phi}$, φ　约束,弯曲角度。

$\boldsymbol{\psi}$　形函数和导数的矩阵。

Ω　角速度。

$\boldsymbol{\omega}$, ω　ω形函数的矢量,角速度,频率。

参考文献

[1] *Die Pamir — Untergang eines Gross-Seglers* (*Doku*), YouTube.

[2] Kilian，F.（2013），*Schwingungsdämpfungsmethoden elastischer Linearroboter*，Johannes Kepler Univ.，PhD Thesis.

[3] Klein，F.（1926），*Vorlesungen über die Entwicklung der Mathemathik im 19. Jahrhundert*，Berlin：Springer（Reprint 1979）.

[4] Föppl，A.（1923），*Vorlesungen über Technische Mechanik*，Vol. IV，7th ed.，p. 273. Berlin，Leipzig：Teubner. First edition 1899.

[5] Nelson，F. C.（2003），A Brief History of Early Rotor Dynamics，*Sound & Vibration*，37：9-11.

[6] Likins，P. W.，Bouvier，K. H.（1971），Attitude Control of Nonrigid Spacecraft，*Astronautics & Aeronautics*，Vol. 9：67.

[7] Chetaev，N. G.（1961），*The Stability of Motion*，Pergamon Press.

[8] Müller，P. C.（1971），Asymptotische Stabilität von linearen mechanischen Systemen mit positiv semidefiniter Dämpfungsmatrix，*Zeitschr. Ang. Math. u. Mech.*（*ZAMM*），Vol. 51，T197-T198.

[9] Ritz，W.（1909），Theorie der Transversalschwingungen einer quadratischen Platte mit freien Rändern，*Ann. d. Phys.*，IV：737-786.

[10] Galerkin，B. G.（1915），Series solution of some problems in elastic equilibrium of rods and plates，*Vestn. Inzh. Tech.*，897-908.

[11] Hubinger，S.（2012），*Ein Beitrag zur semi-analytischen Berechnung von Kontinuumsschwingungen*，Johannes Kepler Univ.，PhD Thesis.

[12] Truesdell，C.（1984），*An Idiot's Fugitive Essays on Sience*，Berlin-Heidelberg-New York-Tokyo：Springer.

[13] Sommerfeld，A.（1902），Beiträge über den dynamischen Ausbau der Festigkeitslehre，*Physikalische Zeitschrift*，Vol. 3：266-271.

[14] Euler，L.（1744），*Methodus inveniendi lineas curvas maximi minimive gaudentes sive solutio problematis isoperimetrici latissimo sensu accepti*，2nd appendix. Lausanne & Genf：Marcus Michaelis Bousquet.

[15] Kappus，R.（1939），Zur Elastizität endlicher Verschiebungen，*Z. Ang. Math. u. Mech.*（*ZAMM*），19，Nr. 5：271-285 and Nr. 6：344-361.

[16] Bremer，H.（2008），*Elastic Multibody Systems — A Direct Ritz Approach*. Springer.

[17] Truckenbrodt，A.（1980），*Bewegungsverhalten und Regelung hybrider Mehrkörpersysteme mit Anwendung auf Industrieroboter*，VDI-Fortschr.-Ber. 8，Nr. 33.

[18] Prandtl, L. (1899), *Kipperscheinungen* (PhD thesis), Nürnberg: R. Stich.

[19] Szabó, I (1979), *Geschichte der mechanischen Prinzipien*, 2nd. ed., Stuttgart: Birkhäuser.

[20] Jourdain, P. E. B. (1909), Note on an Analogue of Gauss' Principle of Least Constraints, *The Quarterly Journal of Pure and Applied Mathematics*, XL: 153 - 157.

[21] Euler, L. (1736), *Mechanica sive motus scientia analytice exposita*, German Translation by J. Ph. Wolfers (2 Volumes: 1848, 1850), Greifswald: C. A. Koch.

[22] Euler, L. (1750), Découverte d'un nouveau principe de la mécanique, *Mém. Acad. Sci. Berlin* 6, 185 - 217, printed 1752.

[23] Lagrange, J. L. de (1764), Récherches sur la libration de la lune, *Acad. Royale des Sciences de Paris*, Reprint by Gauthier-Villars 1873.

[24] Heun, K. (1901), Die Bedeutung des d'Alembertschen Prinzips für starre Systeme und Gelenkmechanismen, *Math. Annalen*, III, Nr. II.

[25] Euler, L. (1775), Nova methodus motum corporum rigidorum determinandi, *Mém. Acad. Sci. Petropol.* 20, 208 - 238, printed 1776.

[26] Szabó, I. (1979), Bemerkungen zur Literatur über die Geschichte der Mechanik, *Humanismus und Technik* 22.

[27] Rayleigh, Lord J. W. Strutt (1877), *The Theory of Sound*, London: McMillan.

[28] Varignon, P. (1725) *Nouvelle Mécanique ou Statique 2*, Paris: Claude Jombert.

[29] Mach, E. (1883), *Die Mechanik in ihrer Entwickelung*, Berlin: Springer, [6th edition 1908].

[30] Lagrange, J. L. de (1762), Essai sur une nouvelle méthode por déterminer les maxima et les minima des formules intégrales indéfinies, *Miscellanea Taurinensia*, 173 - 195, German translation by P. Stäckel (ed.): *Variationsrechnung*. Darmstadt: Wiss. Buchges.

[31] Lagrange, J. L. de (1813 - 1815), *Mécanique analytique*, 2nd ed. (posthumous), German transl. by H. Servus. Berlin: Springer 1887.

[32] Gauss, C. F. (1829), Über ein neues allgemeines Grundgesetz der Mechanik, *J. f. Reine u. Ang. Mathematik*, Vol. 4: 232 - 235.

[33] Poinsot, L. (1837), *Elémens de statique*, Paris: Bachellier, 476.

[34] Timoshenko, S. P. (1921), On the correction for shear of the differential equation for the transverse vibrations of prismatic bars, *Philos. Mag.*, series 6, 41: 744 - 746.

[35] d'Alembert, J. (1757), *Musicalische Setzkunst, nach den Lehrsätzen des Herrn Rameau*. Leipzig: Breitkopf.

[36] Bremer, H. (2014), Multiple beam systems — How to obtain the PDEs/BCs? How to solve?, *Acta Mechanica 225*, 1883 - 1900.

[37] Hamel, G. (1904), Die Lagrange-Eulerschen Gleichungen in der Mechanik, *Zeitschr. Ang. Math. u. Phys.*, Vol. 50: 1 - 57.

[38] Radetsky, P. (1986), The Man who Mastered Motion, *Sience*, May 86, 52 - 60.

[39] Bremer, H. (1988), Über eine Zentralgleichung in der Dynamik, *Zeitschr. Ang. Math. u. Mech.* (ZAMM), Vol. 68, 307 - 311.

[40] Brandl, H., Johanni, R., Otter, M. (1986), A Very Efficient Algorithm for the Simulation of Robots and Similar Multibody Systems..., *Proc. IFAC Symp. Vienna/Austria*, 365 - 370.

[41] Schwertassek, R., Wallrapp, O. (1999), *Dynamik flexibler Mehrkörpersysteme*. Vieweg & Sohn, Braunschweig, Wiesbaden.

[42] Vereshchagin, A. F. (1974), Computer Simulation of Complicated Mechanisms of Robot Manimulators, *Engineering and Cybernetics*, 6, 65 - 70.

[43] Oberhuber, B. (2012), *Ein Beitrag zur modularen Modellierung und Regelung redundanter Robotersysteme*, Joh. Kepler Univ., PhD Thesis.

[44] Weidemann, H.-J. (1993), *Dynamik und Regelung von sechsbeinigen Robotern und natürlichen Hexapoden*. VDI-Fortschr.-Ber. 8, 362.

[45] Bremer, H., Pfeiffer, F. (1992), *Elastische Mehrkörpersysteme*. Teubner, Stuttgart.

[46] Bremer, H. (1999), On the dynamics of elastic multibody systems. *Appl. Mech. Rev.*, 52 (9), 275 - 303.

[47] d'Alembert, J. (1758), *traité de dynamique*. 2nd ed., David, Paris.

[48] Pfeiffer, F. (2007), The TUM Walking Machines, *Phil. Trans. R. Soc.* A, Vol. 1850, 109 - 131.

[49] Kleemann, U. (1989), *Regelung elastischer Roboter*, Düsseldorf: Fortschr.-Ber. VDI-Z., 8, Nr. 191.

[50] Bremer, H., (1988), *Dynamik und Regelung mechanischer Systeme*. Teubner, Stuttgart.

[51] Gattringer, H. (2006), *Realisierung, Modellbildung und Regelung einer zweibeinigen Laufmaschine*, Johannes Kepler Univ., PhD Thesis.

[52] Müller, P. C. (1995), Non-Linear Robot Control: Method of Exact Linearization and Decoupling by State Feedback and Alternative Control Methods, *J. Appl. Math. and Comp. Sci.*, Vol. 5, No 2, 359 - 371.

[53] *http://www.heise.de/newsticker/meldung/Wissenschafts-KI-zum-Download-877627.html.*

[54] Pfeiffer, F. (2005), *Mechanical System Dynamics*, Berlin-Heidelberg: Springer, 503.

[55] Bresse, J. A. C. (1859), *Cours de Méchanique Appliquée*, Paris: Mallet Bachelier.

[56] Bublath, J. (1990), *Abenteuer Forschung*, ZDF (2nd German Television).

[57] Euler, L. (1758), Du mouvement de rotations des corps solides autour d'un axe variable, *Mém. Acad. Sci.* Berlin 14, 154 - 193, printed 1765.

[58] Lagrange, J. L. de (1780), Théorie de la libration de la lune, *Academie Royale des Sciences de Berlin*, Reprint by Gauthier-Villars 1870.

[59] Maggi, G. A., (1903), *Principii di Stereodinamica*, Milano: Editore Libraio della Real Casa.

3 柔性体建模

艾哈迈德·谢巴纳

本章将讨论一些广泛应用于柔性多体系统(multi-body system, MBS)的建模方法,具体包括浮动框架参考(floating frame of reference, FFR)公式法和绝对节点坐标公式(absolute nodal coordinate formulation, ANCF)有限元法。同时还将介绍基于计算机辅助设计(computer aided design, CAD)法的应用实例,例如 B 样条曲线和非均匀有理 B 样条(non-uniform rational B-splines, NURBS)曲线等。其中,FFR 公式法适用于小变形问题,而 ANCF 有限元法适用于大变形分析。

3.1 浮动框架参考公式法

不建议使用基于节点的有限元法研究小变形问题,因为该方法对此类问题并不是最有效的。简单外形几何体产生小变形时,可以用低阶维度模型处理。此外,分析小变形问题时,恰当选择坐标系可大幅减少有限元节点坐标的数量。在 FFR 中,可继续使用传统意义上的非等参数元素,如梁、板和壳体等,因此局部线性弹性问题可通过线性化来解决,从而进一步减少模型自由度,消除高频模态振动。解决多体系统小变形、大旋转问题时,有限元/浮动框架参考公式法(FE/FFR)是最常使用的方法,同时 FE/FFR 也是新兴数学计算方法的基础。随着新方法的发展,“柔性多体计算程序”在 20 世纪 80 年代初期应运而生,这些程序广泛应用于工业部门、高校、科研机构等领域。

需要指出的是,FFR 公式法的引入远早于有限元法,但 FFR 公式法的应用一直局限于解决诸如梁、板类简单几何体问题。因此 20 世纪 80 年代前,并没有出现成熟的解决多体系统和有限元小变形问题的综合算法。20 世纪 80 年代早期,引入了有限元中间元素坐标系的概念,用于解决多体系统中非连续性引起的复杂几何特性问题，如汽车底盘部件等复杂几何体。因此理解有限元中间元素坐标系的概念，对于理解广泛应用于多体系统计算机代码中的 FE/FFR 公式法而言也是不可或缺的。

3.1.1 旋转和角速度

本节阐述了绝对角速度矢量的定义。角速度矢量组是一组选定的定向参数函数及它们对时间的导数，这些角速度可以写成定向坐标导数的线性函数。假设 $\boldsymbol{A}$ 是一个正交矩阵，则 $\boldsymbol{A}^{\mathrm{T}}\boldsymbol{A}=\boldsymbol{A}\boldsymbol{A}^{\mathrm{T}}=\boldsymbol{I}$。将 $\boldsymbol{A}^{\mathrm{T}}\boldsymbol{A}$ 对时间微分，根据旋转矩阵的正交特性 $\boldsymbol{A}^{\mathrm{T}}\boldsymbol{A}=\boldsymbol{I}$，可知 $\dot{\boldsymbol{A}}^{\mathrm{T}}\boldsymbol{A}+\boldsymbol{A}^{\mathrm{T}}\dot{\boldsymbol{A}}=\boldsymbol{0}$，该等式可写为

$$\boldsymbol{A}^{\mathrm{T}}\dot{\boldsymbol{A}}=-(\dot{\boldsymbol{A}}^{\mathrm{T}}\boldsymbol{A})=-(\boldsymbol{A}^{\mathrm{T}}\dot{\boldsymbol{A}})^{\mathrm{T}} \tag{3-1}$$

因此，$\boldsymbol{A}^{\mathrm{T}}\dot{\boldsymbol{A}}$ 总是一个斜交对称矩阵，记做 $\tilde{\bar{\boldsymbol{\omega}}}$，则有

$$\boldsymbol{A}^{\mathrm{T}}\dot{\boldsymbol{A}}=\tilde{\bar{\boldsymbol{\omega}}}=\begin{bmatrix}0 & -\bar{\omega}_3 & \bar{\omega}_2\\ \bar{\omega}_3 & 0 & -\bar{\omega}_1\\ -\bar{\omega}_2 & \bar{\omega}_1 & 0\end{bmatrix} \tag{3-2}$$

本节中矢量或矩阵上的横线表示该矢量或矩阵的元素是定义在一个体坐标系或本地坐标系中的。同样 $\boldsymbol{A}\boldsymbol{A}^{\mathrm{T}}=\boldsymbol{I}$ 对时间微分，得到的 $\dot{\boldsymbol{A}}\boldsymbol{A}^{\mathrm{T}}$ 也是一个斜交对称矩阵，则有

$$\dot{\boldsymbol{A}}\boldsymbol{A}^{\mathrm{T}}=\tilde{\boldsymbol{\omega}}=\begin{bmatrix}0 & -\omega_3 & \omega_2\\ \omega_3 & 0 & -\omega_1\\ -\omega_2 & \omega_1 & 0\end{bmatrix} \tag{3-3}$$

刚体运动学描述：研究刚体运动时，刚体上任意点的位置矢量可在全局坐标系中定义为

$$\boldsymbol{r}=\boldsymbol{r}_{\mathrm{O}}+\boldsymbol{A}\bar{\boldsymbol{u}} \tag{3-4}$$

其中，$\boldsymbol{r}_{\mathrm{O}}$ 为体坐标系原点的全局位置矢量，$\boldsymbol{A}$ 为用于定义体坐标系方向的正交转置矩阵，$\bar{\boldsymbol{u}}$ 为任意点相对于体坐标系的局部位置矢量。式(3-4)对时间微分，则刚体上任意点的绝对速度矢量可写作 $\dot{\boldsymbol{r}}=\dot{\boldsymbol{r}}_{\mathrm{O}}+\dot{\boldsymbol{A}}\bar{\boldsymbol{u}}$。由于旋转矩阵 $\boldsymbol{A}$ 是一个正交矩阵，因此绝对速度矢量方程也可写成如下两种等效形式：

$$\dot{\boldsymbol{r}} = \dot{\boldsymbol{r}}_{\mathrm{O}} + \boldsymbol{A}(\bar{\boldsymbol{\omega}} \times \bar{\boldsymbol{u}})$$
$$\dot{\boldsymbol{r}} = \dot{\boldsymbol{r}}_{\mathrm{O}} + \boldsymbol{\omega} \times \boldsymbol{u} \tag{3-5}$$

其中，$\bar{\boldsymbol{\omega}}$ 和 $\boldsymbol{\omega}$ 分别为体坐标系和全局坐标系中的角速度矢量，且有 $\boldsymbol{u} = \boldsymbol{A}\bar{\boldsymbol{u}}$，则$\bar{\boldsymbol{\omega}}$ 和 $\boldsymbol{\omega}$ 可分别写作：

$$\bar{\boldsymbol{\omega}} = \bar{\boldsymbol{G}}\dot{\boldsymbol{\theta}},\ \boldsymbol{\omega} = \boldsymbol{G}\dot{\boldsymbol{\theta}} \tag{3-6}$$

其中，$\bar{\boldsymbol{G}}$ 和 $\boldsymbol{G}$ 是两个根据方向坐标 $\boldsymbol{\theta}$ 的非线性函数得到的矩阵。

3.1.2 浮动框架参考运动学描述

FFR 公式法中引入了与实体总变形量相同的体坐标系 $X_1^{\mathrm{b}}X_2^{\mathrm{b}}X_3^{\mathrm{b}}$，通过三维矢量 $\boldsymbol{r}_{\mathrm{O}}$ 定义体坐标系原点的位置矢量，通过正交转置矩阵 $\boldsymbol{A}$ 定义体坐标系的方向，这样，在体坐标系下不受约束的运动就可以用 6 个独立的坐标来描述：3 个平移坐标 $[\boldsymbol{r}_{\mathrm{O1}} \quad \boldsymbol{r}_{\mathrm{O2}} \quad \boldsymbol{r}_{\mathrm{O3}}]^{\mathrm{T}}$ 和 3 个定义正交转置矩阵 $\boldsymbol{A}$ 的独立旋转参数 $\boldsymbol{\theta}$。利用这些坐标，刚体有限元 j 上任意点的全局位置矢量可写作：

$$\boldsymbol{r}^j = \boldsymbol{r}_{\mathrm{O}} + \boldsymbol{A}\bar{\boldsymbol{u}}^j,\ j = 1,\ 2,\ \cdots,\ n_{\mathrm{e}} \tag{3-7}$$

其中，n_{e} 为刚体离散化时总的有限元数量，$\bar{\boldsymbol{u}}^j$ 为任意有限元 j 相对体坐标系原点的位置。式(3-7)中，$\boldsymbol{r}_{\mathrm{O}}$ 和 $\boldsymbol{A}$ 对所有有限元而言是相同的，因此体坐标系给所有单元提供了相同的参考，并为定义刚体有限元之间的联系提供了基础。

中间元素坐标系：具有复杂几何外形的柔性体建模时，需要用到不变形参考构型下各向异性的有限元。为了将这种不连续性与机械连接导致的不连续性区分开，我们将其定义为结构不连续性。为了描述这些元素的运动学特性，引入中间元素坐标系 $\bar{X}_1^j\bar{X}_2^j\bar{X}_3^j$，将中间元素坐标系的原点与体坐标系的原点刚性固连在一起，其坐标轴初始时与元素坐标系 $X_1^jX_2^jX_3^j$ 的坐标轴平行。假设元素形函数和元素节点坐标能够描述任意一个刚体的平移，则有限元 j 上任意点相对于中间元素坐标系 $\bar{X}_1^j\bar{X}_2^j\bar{X}_3^j$ 的位置矢量可写为 $\bar{\boldsymbol{u}}^{ji} = \boldsymbol{S}^j\,\bar{\boldsymbol{e}}^{ji}$，$j = 1,\ 2,\ \cdots,\ n_{\mathrm{e}}$。该等式中，$\boldsymbol{S}^j$ 为元素形函数，$\bar{\boldsymbol{e}}^{ji}$ 为中间元素坐标系定义的元素节点坐标。基于小变形假设和元素初始无弯曲的假设，可知 $\bar{\boldsymbol{e}}^{ji} = \bar{\boldsymbol{e}}_{\mathrm{o}}^{ji} + \bar{\boldsymbol{e}}_{\mathrm{f}}^{ji}$，其中$\bar{\boldsymbol{e}}_{\mathrm{o}}^{ji}$ 为参考构型的节点坐标矢量，$\bar{\boldsymbol{e}}_{\mathrm{f}}^{ji}$ 为中间元素坐标系定义元素小变形的节点坐标矢量。$\bar{\boldsymbol{e}}^{ji}$ 可用元素坐标 $\boldsymbol{e}^j$ 表示，$\boldsymbol{e}^j$ 在体坐标系 $X_1^{\mathrm{b}}X_2^{\mathrm{b}}X_3^{\mathrm{b}}$ 中通过正交转置矩阵 $\bar{\boldsymbol{T}}_n^{ji}$ 定义，写作 $\bar{\boldsymbol{e}}^{ji} = \bar{\boldsymbol{T}}_n^{ji}\boldsymbol{e}^j$。元素节点坐标 $\bar{\boldsymbol{u}}^{ji}$ 在体坐标系中定义为$\bar{\boldsymbol{u}}^{ji} = \boldsymbol{S}^j\,\bar{\boldsymbol{T}}_n^{ji}\boldsymbol{e}^j$，$j = 1,\ 2,\ \cdots,$

n_e。该等式中，由于假设中间元素坐标系 $\bar{X}_1^j \bar{X}_2^j \bar{X}_3^j$ 相对于体坐标系 $X_1^b X_2^b X_3^b$ 有一个方向常数，因此 $\bar{\boldsymbol{T}}_u^{ji}$ 为该转置常数。同样体坐标系中矢量 $\bar{\boldsymbol{u}}^{ji}$ 的元素可定义为 $\bar{\boldsymbol{u}}^j = \bar{\boldsymbol{T}}_u^{ji} \bar{\boldsymbol{u}}^{ji} = \bar{\boldsymbol{T}}_u^{ji} \boldsymbol{S}^j \bar{\boldsymbol{T}}_n^{ji} \boldsymbol{e}^j$，$j = 1, 2, \cdots, n_e$，其中，$\bar{\boldsymbol{T}}_u^{ji}$ 为定常转置矩阵，维数等于矢量 $\bar{\boldsymbol{u}}^{ji}$ 的维数，有

$$\bar{\boldsymbol{u}}^j = \boldsymbol{S}_b^j \boldsymbol{e}^j, \ j = 1, 2, \cdots, n_e \tag{3-8}$$

式中：$\boldsymbol{S}_b^j = \bar{\boldsymbol{T}}_u^{ji} \boldsymbol{S}^j \bar{\boldsymbol{T}}_n^{ji}$ 是体坐标系定义的元素形函数。

许多机械、结构（如航空部件结构）等连续性系统在进行建模和特征描述时，都必须用到有限元中间坐标系的概念，而有限元中间坐标系概念的引入使得在复杂结构组件上应用 FFR 公式法成为可能。此前，FFR 公式法仅用在非常简单的几何体上。用于耦合非线性分析的柔性多体系统计算机程序，也是由于引入了有限元中间元素坐标概念而实现的，此概念的应用使 FE/FFR 公式法得到了系统性地发展，其用途在 20 世纪 80 年代初期得到了验证。

3.1.3 连通性和参考条件

为了写出 FE/FFR 运动方程，首先要定义连通性条件和参考条件：连通性条件明确了装配元素，参考条件消除了刚体的元素形函数模态，并定义了唯一的位移场。

1) 连通性条件

通过布尔矩阵，元素节点坐标可用实体节点坐标表示，写作 $\boldsymbol{e}^j = \boldsymbol{B}_c^j \boldsymbol{e}_b$，$j = 1, 2, \cdots, n_e$，其中，$\boldsymbol{e}_b$ 为实体节点坐标矢量，$\boldsymbol{B}_c^j$ 为定义有限元 j 连通性条件的定常布尔矩阵，有限元质点位置矢量可定义为 $\bar{\boldsymbol{u}}^j = \boldsymbol{S}_b^j \boldsymbol{B}_c^j \boldsymbol{e}_b$，$j = 1, 2, \cdots, n_e$。

2) 参考条件

对于单一元素，实体节点坐标的矢量可写成两个矢量之和，即 $\boldsymbol{e}_b = \boldsymbol{e}_{bo} + \boldsymbol{e}_{bf}$，其中 $\boldsymbol{e}_{bo}$ 是初始未变换的实体节点坐标矢量，$\boldsymbol{e}_{bf}$ 是变换的节点坐标矢量。加上参考条件后，$\boldsymbol{e}_{bf}$ 可用一个新的简化后的实体节点坐标 $\boldsymbol{e}_f$ 表示，即 $\boldsymbol{e}_{bf} = \boldsymbol{B}_r \boldsymbol{e}_f$，其中 $\boldsymbol{B}_r$ 为参考条件矩阵，用于消除相关节点坐标，并定义相对于体坐标系的变形量，参考条件个数不应少于有限元形函数的刚体模态数量。有限元质点位置矢量 $\bar{\boldsymbol{u}}^j$ 在体坐标系下的定义为

$$\bar{\boldsymbol{u}}^j = \boldsymbol{S}_b^j \boldsymbol{B}_c^j (\boldsymbol{e}_{bo} + \boldsymbol{B}_r \boldsymbol{e}_f), \ j = 1, 2, \cdots, n_e \tag{3-9}$$

该位置矢量可写成未变换状态的位置矢量与变换矢量之和：

$$\bar{\boldsymbol{u}}^j = \bar{\boldsymbol{u}}_o^j + \bar{\boldsymbol{u}}_f^j,\ j = 1,\ 2,\ \cdots,\ n_e \tag{3-10}$$

式(3－10)中

$$\bar{\boldsymbol{u}}_o^j = \boldsymbol{S}_b^j \boldsymbol{B}_c^j \boldsymbol{e}_{bo},\ \bar{\boldsymbol{u}}_f^j = \boldsymbol{S}_b^j \boldsymbol{B}_c^j \boldsymbol{B}_r \boldsymbol{e}_f \tag{3-11}$$

式(3－11)表明，$\bar{\boldsymbol{u}}_o^j$ 与时间无关，而 $\bar{\boldsymbol{u}}_f^j$ 与时间相关。

FFR 公式的有效使用不限制定义实体变形的自然振荡类型。一些商用 MBS 计算机程序将上述模态类型限定为自由——自由模态，并提供了修正选项。事实上，如同本书中所展示的，不同种类的边界条件会得到不同类型的模态，但最终解是一样的。由于线性问题的频率不会影响非线性 MBS 问题的解，因此对于有些商用 MBS 计算机程序使用的所谓“截止频率”可能会产生误导。

3.1.4 虚位移、位置、速度和加速度

使用前文所述的分析和定义，元素 j 上任意质点的全局位置矢量可写为

$$\boldsymbol{r}^j = \boldsymbol{r}_O + \boldsymbol{A}(\bar{\boldsymbol{u}}_o^j + \bar{\boldsymbol{u}}_f^j),\ j = 1,\ 2,\ \cdots,\ n_e \tag{3-12}$$

位置矢量 $\boldsymbol{r}^j$ 中的虚变换可表示为

$$\delta \boldsymbol{r}^j = \delta \boldsymbol{r}_O - \boldsymbol{A}\tilde{\bar{\boldsymbol{u}}}^j \bar{\boldsymbol{G}} \delta \boldsymbol{\theta} + \boldsymbol{A} \boldsymbol{S}_b^j \boldsymbol{B}_c^j \boldsymbol{B}_r \delta \boldsymbol{e}_f \tag{3-13}$$

式(3－13)中，$\tilde{\bar{\boldsymbol{u}}}^j$ 是与矢量$\bar{\boldsymbol{u}}^j$ 联立的斜交对称矩阵，$\bar{\boldsymbol{G}}$是与角速度矢量和定向参数时间导数相关的矩阵，该式可用有限元 j 表示为

$$\delta \boldsymbol{r}^j = \begin{bmatrix} \boldsymbol{I} & -\boldsymbol{A}\tilde{\bar{\boldsymbol{u}}}^j \bar{\boldsymbol{G}} & \boldsymbol{A} \boldsymbol{S}_b^j \boldsymbol{B}_c^j \boldsymbol{B}_r \end{bmatrix} \begin{bmatrix} \delta \boldsymbol{r}_O \\ \delta \boldsymbol{\theta} \\ \delta \boldsymbol{e}_f \end{bmatrix} \tag{3-14}$$

也可写为

$$\delta \boldsymbol{r}^j = \boldsymbol{S}_f^j \delta \boldsymbol{q} \tag{3-15}$$

其中

$$\boldsymbol{S}_f^j = \begin{bmatrix} \boldsymbol{I} & -\boldsymbol{A}\tilde{\bar{\boldsymbol{u}}}^j \bar{\boldsymbol{G}} & \boldsymbol{A} \boldsymbol{S}_b^j \boldsymbol{B}_c^j \boldsymbol{B}_r \end{bmatrix},\ \boldsymbol{q} = \begin{bmatrix} \boldsymbol{r}_O \\ \boldsymbol{\theta} \\ \boldsymbol{e}_f \end{bmatrix} \tag{3-16}$$

包含参考坐标和实体弹性节点坐标的矢量 $\boldsymbol{q}$ 可写为

$$\boldsymbol{q}=\begin{bmatrix}\boldsymbol{q}_{\mathrm{r}}\\ \boldsymbol{q}_{\mathrm{f}}\end{bmatrix} \tag{3-17}$$

其中

$$\boldsymbol{q}_{\mathrm{r}}=[\boldsymbol{r}_{\mathrm{O}}^{\mathrm{T}} \quad \boldsymbol{\theta}^{\mathrm{T}}]^{\mathrm{T}},\ \boldsymbol{q}_{\mathrm{f}}=\boldsymbol{e}_{\mathrm{f}} \tag{3-18}$$

式(3-18)中，$\boldsymbol{q}_{\mathrm{r}}$ 为参考坐标矢量，$\boldsymbol{q}_{\mathrm{f}}$ 为弹性坐标矢量，相应地绝对速度矢量也可写为

$$\dot{\boldsymbol{r}}^{j}=\boldsymbol{S}_{\mathrm{f}}^{j}\dot{\boldsymbol{q}} \tag{3-19}$$

加速度矢量为

$$\ddot{\boldsymbol{r}}^{j}=\boldsymbol{S}_{\mathrm{f}}^{j}\ddot{\boldsymbol{q}}+\dot{\boldsymbol{S}}_{\mathrm{f}}^{j}\dot{\boldsymbol{q}} \tag{3-20}$$

利用虚功原理，可使用位置、速度、加速度等方程建立实体可转换的运动方程。

3.1.5 浮动框架参考惯性力

有限元 j 上惯性力的虚功可写为 $\delta W_{\mathrm{i}}^{j}=\int_{V^{j}}\rho^{j}\ddot{\boldsymbol{r}}^{j\mathrm{T}}\delta\boldsymbol{r}^{j}\mathrm{d}V^{j}$。该等式中，$\rho^{j}$ 为该元素质点的质量密度，V^{j} 为元素的体积。大部分情况下，FFR 公式法被用于小变形问题。对于此类问题，可假设位置矢量梯度矩阵行列式 J 约等于 1，即 $J=|\boldsymbol{J}|\approx 1$，因此可假设有限元密度和体积都是不变的。根据 $\delta\boldsymbol{r}^{j}$ 和 $\ddot{\boldsymbol{r}}^{j}$ 的定义，有限元惯性力虚功可写为

$$\delta W_{\mathrm{i}}^{j}=\int_{V^{j}}\rho^{j}(\boldsymbol{S}_{\mathrm{f}}^{j}\ddot{\boldsymbol{q}}+\dot{\boldsymbol{S}}_{\mathrm{f}}^{j}\dot{\boldsymbol{q}})^{\mathrm{T}}\boldsymbol{S}_{\mathrm{f}}^{j}\delta\boldsymbol{q}\mathrm{d}V^{j} \tag{3-21}$$

式(3-21)中，$\boldsymbol{q}$ 为实体在广义坐标系下的矢量；同时式(3-21)还可写成两个多项式之和，其中一个是加速度的比例表达式，另一个是速度的二次表达式，即

$$\delta W_{\mathrm{i}}^{j}=\left[\ddot{\boldsymbol{q}}^{\mathrm{T}}\left(\int_{V^{j}}\rho^{j}\boldsymbol{S}_{\mathrm{f}}^{j\mathrm{T}}\boldsymbol{S}_{\mathrm{f}}^{j}\mathrm{d}V^{j}\right)+\dot{\boldsymbol{q}}^{\mathrm{T}}\left(\int_{V^{j}}\rho^{j}\dot{\boldsymbol{S}}_{\mathrm{f}}^{j\mathrm{T}}\boldsymbol{S}_{\mathrm{f}}^{j}\mathrm{d}V^{j}\right)\right]\delta\boldsymbol{q} \tag{3-22}$$

或

$$\delta W_{\mathrm{i}}^{j}=(\ddot{\boldsymbol{q}}^{\mathrm{T}}\boldsymbol{M}^{j}-\boldsymbol{Q}_{\mathrm{v}}^{j\mathrm{T}})\delta\boldsymbol{q} \tag{3-23}$$

式(2-23)中，$\boldsymbol{M}^j$ 为有限元 j 的对称质量矩阵，$\boldsymbol{Q}_\mathrm{v}^j$ 为柯氏离心力矢量。质量矩阵 $\boldsymbol{M}^j$ 和矢量 $\boldsymbol{Q}_\mathrm{v}^j$ 的定义如下：

$$\boldsymbol{M}^j=\int_{V^j}\rho^j\boldsymbol{S}_\mathrm{f}^{j\mathrm{T}}\boldsymbol{S}_\mathrm{f}^j\mathrm{d}V^j,\ \boldsymbol{Q}_\mathrm{v}^j=-\left(\int_{V^j}\rho^j\boldsymbol{S}_\mathrm{f}^{j\mathrm{T}}\dot{\boldsymbol{S}}_\mathrm{f}^j\mathrm{d}V^j\right)\dot{\boldsymbol{q}} \tag{3-24}$$

根据矩阵 $\boldsymbol{S}_\mathrm{f}^j$ 的定义，可知元素质量矩阵和柯氏离心力矢量是关于参考坐标和弹性节点坐标高度的非线性函数。

1）实体惯性形状积分

由于元素质量矩阵和柯氏离心力矢量的高度非线性性，因此非线性元素质量矩阵和柯氏离心力矢量可以表示成唯一的有限元惯性形状积分表达式。假设元素形函数可以描述其在各个方向的任意平移运动，在三维分析案例中，有限元的惯性力可以写成以下形式的实体惯性形状积分表达式：

$$\left.\begin{aligned}\bar{\boldsymbol{S}}^j&=\int_{V^j}\rho^j\boldsymbol{S}_\mathrm{b}^j\mathrm{d}V^j\\ \boldsymbol{S}_{kl}^j&=\int_{V^j}\rho^j\boldsymbol{S}_{\mathrm{b}k}^{j\mathrm{T}}\boldsymbol{S}_{\mathrm{b}k}^j\mathrm{d}V^j,\quad k,\ l=1,\ 23\end{aligned}\right\} \tag{3-25}$$

其中，$\boldsymbol{S}_{\mathrm{b}k}^j$ 是元素形函数矩阵 $\boldsymbol{S}_\mathrm{b}^j$ 的第 k 行；$\bar{\boldsymbol{S}}^j$ 与元素形状矩阵具有相同的维度；$\boldsymbol{S}_{kl}^j$ 是维度等于有限元坐标节点数的方形矩阵。

二维分析案例中，式(3-25)可简化为 3 个实体惯性形状积分表达式：

$$\bar{\boldsymbol{S}}^j=\int_{V^j}\rho^j\boldsymbol{S}_\mathrm{b}^j\mathrm{d}V^j,\ \widetilde{\boldsymbol{S}}^j=\int_{V^j}\rho^j S_\mathrm{b}^{j\mathrm{T}}\widetilde{\boldsymbol{I}}\boldsymbol{S}_\mathrm{b}^j\mathrm{d}V^j,\ \boldsymbol{S}_\mathrm{ff}^j=\int_{V^j}\rho^j\boldsymbol{S}_\mathrm{b}^{j\mathrm{T}}\boldsymbol{S}_\mathrm{b}^j\mathrm{d}V^j \tag{3-26}$$

其中，$\widetilde{\boldsymbol{I}}$ 是一个斜交对称矩阵，定义为

$$\widetilde{\boldsymbol{I}}=\begin{bmatrix}0&1\\-1&0\end{bmatrix} \tag{3-27}$$

式(3-26)中的第一个实体惯性形状积分的维度与元素形函数矩阵的维度相同；后两个实体惯性形状积分都是维度与有限元坐标元素节点数相等的方形矩阵，其中矩阵 $\widetilde{\boldsymbol{S}}^j$ 是斜交对称矩阵，$\boldsymbol{S}_\mathrm{ff}^j$ 是对称矩阵。

2）实体惯性力

可通过求解有限元惯性力所做虚功的总和得到实体惯性力做的虚功，即

$$\delta W_{\mathrm{i}}=\sum_{j=1}^{n_{\mathrm{e}}}\delta W_{\mathrm{i}}^{j}=\left[\sum_{j=1}^{n_{\mathrm{e}}}(\ddot{\boldsymbol{q}}^{\mathrm{T}}\boldsymbol{M}^{j}-\boldsymbol{Q}_{\mathrm{v}}^{j\mathrm{T}})\right]\delta\boldsymbol{q} \tag{3-28}$$

也可写为

$$\delta W_{\mathrm{i}}=(\ddot{\boldsymbol{q}}^{\mathrm{T}}\sum_{j=1}^{n_{\mathrm{e}}}\boldsymbol{M}^{j}-\sum_{j=1}^{n_{\mathrm{e}}}\boldsymbol{Q}_{\mathrm{v}}^{j\mathrm{T}})\delta\boldsymbol{q}=(\ddot{\boldsymbol{q}}^{\mathrm{T}}\boldsymbol{M}-\boldsymbol{Q}_{\mathrm{v}}^{\mathrm{T}})\delta\boldsymbol{q} \tag{3-29}$$

其中，$\boldsymbol{M}$ 为实体质量矩阵，$\boldsymbol{Q}_{\mathrm{v}}$ 为实体柯氏离心力矢量，$\boldsymbol{M}$ 和矢量 $\boldsymbol{Q}_{\mathrm{v}}$ 的定义为 $\boldsymbol{M}=\sum_{j=1}^{n_{\mathrm{e}}}\boldsymbol{M}^{j}$，$\boldsymbol{Q}_{\mathrm{v}}=\sum_{j=1}^{n_{\mathrm{e}}}\boldsymbol{Q}_{\mathrm{v}}^{j}$；单个有限元可将实体惯性力表示成唯一的实体惯性形状积分表达式，并通过求该有限元元素的实体惯性形状积分之和得到这组惯性形状积分。三维分析案例中，实体惯性形状积分为

$$\left.\begin{aligned}\bar{\boldsymbol{S}}&=(\sum_{j=1}^{n_{\mathrm{e}}}\bar{\boldsymbol{S}}^{j}\boldsymbol{B}_{\mathrm{c}}^{j})\boldsymbol{B}_{\mathrm{r}}\\ \boldsymbol{S}_{kl}&=\boldsymbol{B}_{\mathrm{r}}^{\mathrm{T}}(\sum_{j=1}^{n_{\mathrm{e}}}\boldsymbol{B}_{\mathrm{c}}^{j\mathrm{T}}\boldsymbol{S}_{kl}^{j}\boldsymbol{B}_{\mathrm{c}}^{j})\boldsymbol{B}_{\mathrm{r}},\quad k,\ l=1,\ 23\end{aligned}\right\} \tag{3-30}$$

二维分析案例中，实体惯性形状积分为

$$\bar{\boldsymbol{S}}=(\sum_{j=1}^{n_{\mathrm{e}}}\bar{\boldsymbol{S}}^{j}\boldsymbol{B}_{\mathrm{c}}^{j})\boldsymbol{B}_{\mathrm{r}},\ \tilde{\boldsymbol{S}}=\boldsymbol{B}_{\mathrm{r}}^{\mathrm{T}}(\sum_{j=1}^{n_{\mathrm{e}}}\boldsymbol{B}_{\mathrm{c}}^{j\mathrm{T}}\tilde{\boldsymbol{S}}^{j}\boldsymbol{B}_{\mathrm{c}}^{j})\boldsymbol{B}_{\mathrm{r}},\ \boldsymbol{S}_{\mathrm{ff}}=\boldsymbol{B}_{\mathrm{r}}^{\mathrm{T}}(\sum_{j=1}^{n_{\mathrm{e}}}\boldsymbol{B}_{\mathrm{c}}^{j\mathrm{T}}\boldsymbol{S}_{\mathrm{ff}}^{j}\boldsymbol{B}_{\mathrm{c}}^{j})\boldsymbol{B}_{\mathrm{r}} \tag{3-31}$$

理解了实体惯性形状积分的作用，就能够开发出一套自动化流程，实现与现有商用 FE 计算机代码及弹性 MBS 计算机程序的无缝对接。

3.1.6 浮动框架参考弹性力

弹性力可用有限元 j 的虚功表示，即 $\delta W_{\mathrm{S}}^{j}=-\int_{V^{j}}\boldsymbol{\sigma}_{\mathrm{P2}}^{j}:\delta\boldsymbol{\varepsilon}^{j}\,\mathrm{d}V^{j}$，其中，$\boldsymbol{\sigma}_{\mathrm{P2}}^{j}$ 为第二皮奥拉-基尔霍夫(Piola-Kirchhoff, P-K)应力张量，$\boldsymbol{\varepsilon}^{j}$ 为格林-拉格朗日(Green-Lagrange, G-L)应变张量。小变形可认为第二 P-K 应力张量等同于柯西(Cauchy)应力张量。利用特征方程，可将上式写为 $\delta W_{\mathrm{S}}^{j}=-\int_{V^{j}}(\boldsymbol{E}^{j}:\boldsymbol{\varepsilon}^{j}):\delta\boldsymbol{\varepsilon}^{j}\,\mathrm{d}V^{j}$，其中 $\boldsymbol{E}^{j}$ 为弹性系数的四阶张量。利用应变-变形位移关系，弹性力的虚

功可写为 $\delta W_S^j = \boldsymbol{Q}_S^{jT}\delta \boldsymbol{e}_f^j$，其中 $\boldsymbol{Q}_S^j$ 为与元素节点坐标相关联的弹性力矢量。元素节点变形坐标矢量 $\boldsymbol{e}_f^j$ 可写为关于实体变形节点坐标的等式，即 $\boldsymbol{e}_f^j = \boldsymbol{B}_c^j \boldsymbol{B}_r \boldsymbol{e}_f$，元素弹性力虚功表达式为 $\delta W_S^j = \boldsymbol{Q}_S^{jT} \boldsymbol{B}_c^j \boldsymbol{B}_r \delta \boldsymbol{e}_f$。实体弹性力的虚功为

$$\delta W_S = \sum_{j=1}^{n_e} \delta W_S^j = \left(\sum_{j=1}^{n_e} \boldsymbol{Q}_S^{jT} \boldsymbol{B}_c^j\right) \boldsymbol{B}_r \delta \boldsymbol{e}_f \tag{3-32}$$

也可写为 $\delta W_S = \boldsymbol{Q}_{Sf}^T \delta \boldsymbol{e}_f$，其中

$$\boldsymbol{Q}_{Sf} = \boldsymbol{B}_r^T \left(\sum_{j=1}^{n_e} \boldsymbol{B}_c^{jT} \boldsymbol{Q}_S^j\right) \tag{3-33}$$

FFR 方程中，刚体运动引起的应变为零，因此弹性力的虚功也可写为 $\delta W_S = \boldsymbol{Q}_S^T \delta \boldsymbol{q}$，其中

$$\boldsymbol{Q}_S = \begin{bmatrix} \boldsymbol{0} \\ (\boldsymbol{Q}_S)_f \end{bmatrix},\ \boldsymbol{q} = \begin{bmatrix} \boldsymbol{q}_r \\ \boldsymbol{q}_f \end{bmatrix} = \begin{bmatrix} \boldsymbol{r}_O \\ \boldsymbol{\theta} \\ \boldsymbol{e}_f \end{bmatrix} \tag{3-34}$$

弹性力矢量 $(\boldsymbol{Q}_S)_f$ 也可写为实体刚度矩阵 $\boldsymbol{K}$ 与实体节点坐标矢量 $\boldsymbol{q}$ 的叉乘，FFR 方程允许在刚度矩阵中添加非线性项，从而获得几何强化效果；对于简单的几何体变形，FFR 方程也可用于分析大变形问题。本例中需要使用应变-变形位移的非线性关系。

3.1.7　浮动框架参考运动方程

利用动力学中的虚功原理，可得到柔性体运动方程，写作 $\delta W_i = \delta W_S + \delta W_e$，其中，$\delta W_i$ 为惯性力所做的虚功，δW_S 为弹性力所做的虚功，δW_e 为如重力、外力、磁力等作用力所做的虚功，作用力的虚功可写为 $\delta W_e = \boldsymbol{Q}_e^T \delta \boldsymbol{q}$。利用前文所述的惯性力虚功和弹性力虚功表达式，动力学虚功原理可写为

$$(\ddot{\boldsymbol{q}}^T \boldsymbol{M} - \boldsymbol{Q}_v^T)\delta \boldsymbol{q} = \boldsymbol{Q}_S^T \delta \boldsymbol{q} + \boldsymbol{Q}_e^T \delta \boldsymbol{q} \tag{3-35}$$

在无约束运动的例子中应用式(3-35)，可得

$$\boldsymbol{M}\ddot{\boldsymbol{q}} = \boldsymbol{Q}_S + \boldsymbol{Q}_e + \boldsymbol{Q}_v \tag{3-36}$$

使用坐标分割法，令 $\boldsymbol{q} = [\boldsymbol{q}_r^T \quad \boldsymbol{q}_f^T]^T$，式(3-36)可写为

$$\begin{bmatrix} \boldsymbol{M}_{\mathrm{rr}} & \boldsymbol{M}_{\mathrm{rf}} \\ \boldsymbol{M}_{\mathrm{fr}} & \boldsymbol{M}_{\mathrm{ff}} \end{bmatrix} \begin{bmatrix} \ddot{\boldsymbol{q}}_{\mathrm{r}} \\ \ddot{\boldsymbol{q}}_{\mathrm{f}} \end{bmatrix} = \begin{bmatrix} \boldsymbol{0} \\ (\boldsymbol{Q}_{\mathrm{S}})_{\mathrm{f}} \end{bmatrix} + \begin{bmatrix} (\boldsymbol{Q}_{\mathrm{e}})_{\mathrm{r}} \\ (\boldsymbol{Q}_{\mathrm{e}})_{\mathrm{f}} \end{bmatrix} + \begin{bmatrix} (\boldsymbol{Q}_{\mathrm{v}})_{\mathrm{r}} \\ (\boldsymbol{Q}_{\mathrm{v}})_{\mathrm{f}} \end{bmatrix} \tag{3-37}$$

式(3-37)中，下标参数 r 和 f 分别表示参考坐标和弹性坐标，参考运动和弹性变形之间的动力学耦合分别用矩阵 $\boldsymbol{M}_{\mathrm{rf}}$ 和 $\boldsymbol{M}_{\mathrm{fr}}$ 表示。

3.1.8 降阶模型

小变形问题中，假设实体单一变形可用几个简单函数进行描述。利用部件模态，可用另一组较小的坐标系表达体坐标系矢量，显著降低所需解决问题的维度，消除高频模态的同时又不会明显影响解的精确性。为了展示部件模态技术的效果，弹性力矢量 $\boldsymbol{Q}_{\mathrm{S}}$ 可写为

$$\boldsymbol{Q}_{\mathrm{S}} = -\begin{bmatrix} \boldsymbol{0} & \boldsymbol{0} \\ \boldsymbol{0} & \boldsymbol{K}_{\mathrm{ff}} \end{bmatrix} \begin{bmatrix} \boldsymbol{q}_{\mathrm{r}} \\ \boldsymbol{q}_{\mathrm{f}} \end{bmatrix} \tag{3-38}$$

其中，$\boldsymbol{K}_{\mathrm{ff}}$ 为与实体弹性坐标联立的刚度矩阵。将式(3-38)代入式(3-37)得到

$$\begin{bmatrix} \boldsymbol{M}_{\mathrm{rr}} & \boldsymbol{M}_{\mathrm{rf}} \\ \boldsymbol{M}_{\mathrm{fr}} & \boldsymbol{M}_{\mathrm{ff}} \end{bmatrix} \begin{bmatrix} \ddot{\boldsymbol{q}}_{\mathrm{r}} \\ \ddot{\boldsymbol{q}}_{\mathrm{f}} \end{bmatrix} + \begin{bmatrix} \boldsymbol{0} & \boldsymbol{0} \\ \boldsymbol{0} & \boldsymbol{K}_{\mathrm{ff}} \end{bmatrix} \begin{bmatrix} \boldsymbol{q}_{\mathrm{r}} \\ \boldsymbol{q}_{\mathrm{f}} \end{bmatrix} = \begin{bmatrix} (\boldsymbol{Q}_{\mathrm{e}})_{\mathrm{r}} \\ (\boldsymbol{Q}_{\mathrm{e}})_{\mathrm{f}} \end{bmatrix} + \begin{bmatrix} (\boldsymbol{Q}_{\mathrm{v}})_{\mathrm{r}} \\ (\boldsymbol{Q}_{\mathrm{v}})_{\mathrm{f}} \end{bmatrix} \tag{3-39}$$

为使用部件模态，首先考虑相对于实体参考坐标系存在自由振动的情况，有如下等式：

$$\boldsymbol{M}_{\mathrm{ff}} \ddot{\boldsymbol{q}}_{\mathrm{f}} + \boldsymbol{K}_{\mathrm{ff}} \boldsymbol{q}_{\mathrm{f}} = \boldsymbol{0} \tag{3-40}$$

假设式(3-40)的解为 $\boldsymbol{q}_{\mathrm{f}} = \boldsymbol{a}\mathrm{e}^{i\beta t}$，其中，$i=\sqrt{-1}$，$\boldsymbol{a}$ 为幅值矢量，t 为时间，β 为频率。将该假设的解代入式(3-40)，得到普遍特征多项式 $(\boldsymbol{K}_{\mathrm{ff}} - \beta^2 \boldsymbol{M}_{\mathrm{ff}})\boldsymbol{a} = \boldsymbol{0}$，该式的特征解是 $\beta_k^2(k=1, 2, \cdots, n_{\mathrm{f}})$，其中 n_{f} 为弹性节点坐标数，同时也可得到与特征解 β_k^2 相关的特征矢量或模态形状。利用特征矢量对物理节点坐标 $\boldsymbol{q}_{\mathrm{f}}$ 进行定常坐标转换，得到新的模态弹性坐标的约化矢量 $\boldsymbol{p}_{\mathrm{f}}$，即 $\boldsymbol{q}_{\mathrm{f}} = \boldsymbol{B}_{\mathrm{m}} \boldsymbol{p}_{\mathrm{f}}$，其中 $\boldsymbol{B}_{\mathrm{m}}$ 为模态转换矩阵，其列为低频 n_{m} 的模态形状。实体节点坐标矢量可以写成新的约化坐标集：

$$\boldsymbol{q} = \begin{bmatrix} \boldsymbol{q}_{\mathrm{r}} \\ \boldsymbol{q}_{\mathrm{f}} \end{bmatrix} = \begin{bmatrix} \boldsymbol{I} & \boldsymbol{0} \\ \boldsymbol{0} & \boldsymbol{B}_{\mathrm{m}} \end{bmatrix} \begin{bmatrix} \boldsymbol{p}_{\mathrm{r}} \\ \boldsymbol{p}_{\mathrm{f}} \end{bmatrix} \tag{3-41}$$

将式(3－41)代入式(3－37)，并在式(3－41)的坐标转换中与转置系数矩阵相乘得：

$$\begin{bmatrix}\boldsymbol{M}_{\mathrm{rr}} & \bar{\boldsymbol{M}}_{\mathrm{rf}}\\ \bar{\boldsymbol{M}}_{\mathrm{fr}} & \boldsymbol{M}_{\mathrm{ff}}\end{bmatrix}\begin{bmatrix}\ddot{\boldsymbol{p}}_{\mathrm{r}}\\ \ddot{\boldsymbol{p}}_{\mathrm{f}}\end{bmatrix}+\begin{bmatrix}\boldsymbol{0} & \boldsymbol{0}\\ \boldsymbol{0} & \bar{\boldsymbol{K}}_{\mathrm{ff}}\end{bmatrix}\begin{bmatrix}\boldsymbol{p}_{\mathrm{r}}\\ \boldsymbol{p}_{\mathrm{f}}\end{bmatrix}=\begin{bmatrix}(\boldsymbol{Q}_{\mathrm{e}})_{\mathrm{r}}\\ (\bar{\boldsymbol{Q}}_{\mathrm{e}})_{\mathrm{f}}\end{bmatrix}+\begin{bmatrix}(\boldsymbol{Q}_{\mathrm{v}})_{\mathrm{r}}\\ (\bar{\boldsymbol{Q}}_{\mathrm{v}})_{\mathrm{f}}\end{bmatrix} \tag{3-42}$$

式中：

$$\left.\begin{aligned}&\bar{\boldsymbol{M}}_{\mathrm{rf}}=\bar{\boldsymbol{M}}_{\mathrm{fr}}^{\mathrm{T}}=\boldsymbol{M}_{\mathrm{rf}}\boldsymbol{B}_{\mathrm{m}},\quad \bar{\boldsymbol{M}}_{\mathrm{ff}}=\boldsymbol{B}_{\mathrm{m}}^{\mathrm{T}}\boldsymbol{M}_{\mathrm{ff}}\boldsymbol{B}_{\mathrm{m}}\\&\bar{\boldsymbol{K}}_{\mathrm{ff}}=\boldsymbol{B}_{\mathrm{m}}^{\mathrm{T}}\boldsymbol{K}_{\mathrm{ff}}\boldsymbol{B}_{\mathrm{m}},\quad (\bar{\boldsymbol{Q}}_{\mathrm{e}})_{\mathrm{f}}=\boldsymbol{B}_{\mathrm{m}}^{\mathrm{T}}(\boldsymbol{Q}_{\mathrm{e}})_{\mathrm{f}},\quad (\bar{\boldsymbol{Q}}_{\mathrm{v}})_{\mathrm{f}}=\boldsymbol{B}_{\mathrm{m}}^{\mathrm{T}}(\boldsymbol{Q}_{\mathrm{v}})_{\mathrm{f}}\end{aligned}\right\} \tag{3-43}$$

在预处理阶段，可通过构建模态转换从而缩小数组的维度。

3.1.9 小变形分析 FE/MBS 程序界面

开发高效的小变形分析 FE/MBS 程序界面的基础是惯性形状积分，三维分析中，实体惯性形状积分的模态表达式为

$$\left.\begin{aligned}&(\bar{\boldsymbol{S}})_{\mathrm{m}}=\bar{\boldsymbol{S}}\boldsymbol{B}_{\mathrm{m}}=\left(\sum_{j=1}^{n_{\mathrm{e}}}\bar{\boldsymbol{S}}^{j}\boldsymbol{B}_{\mathrm{c}}^{j}\right)\boldsymbol{B}_{\mathrm{r}}\boldsymbol{B}_{\mathrm{m}}\\&(\boldsymbol{S}_{kl})_{\mathrm{m}}=\boldsymbol{B}_{\mathrm{m}}^{\mathrm{T}}\boldsymbol{S}_{kl}\boldsymbol{B}_{\mathrm{m}}=\boldsymbol{B}_{\mathrm{m}}^{\mathrm{T}}\boldsymbol{B}_{\mathrm{r}}^{\mathrm{T}}\left(\sum_{j=1}^{n_{\mathrm{e}}}\boldsymbol{B}_{\mathrm{c}}^{j\mathrm{T}}\boldsymbol{S}_{kl}^{j}\boldsymbol{B}_{\mathrm{c}}^{j}\right)\boldsymbol{B}_{\mathrm{r}}\boldsymbol{B}_{\mathrm{m}},\quad k,\ l=1,\ 23\end{aligned}\right\} \tag{3-44}$$

二维分析中，实体惯性形状积分的模态表达式为

$$\left.\begin{aligned}&(\bar{\boldsymbol{S}})_{\mathrm{m}}=\bar{\boldsymbol{S}}\boldsymbol{B}_{\mathrm{m}}=\left(\sum_{j=1}^{n_{\mathrm{e}}}\bar{\boldsymbol{S}}^{j}\boldsymbol{B}_{\mathrm{c}}^{j}\right)\boldsymbol{B}_{\mathrm{r}}\boldsymbol{B}_{\mathrm{m}}\\&(\tilde{\boldsymbol{S}})_{\mathrm{m}}=\boldsymbol{B}_{\mathrm{m}}^{\mathrm{T}}\tilde{\boldsymbol{S}}\boldsymbol{B}_{\mathrm{m}}=\boldsymbol{B}_{\mathrm{m}}^{\mathrm{T}}\boldsymbol{B}_{\mathrm{r}}^{\mathrm{T}}\left(\sum_{j=1}^{n_{\mathrm{e}}}\boldsymbol{B}_{\mathrm{c}}^{j\mathrm{T}}\tilde{\boldsymbol{S}}^{j}\boldsymbol{B}_{\mathrm{c}}^{j}\right)\boldsymbol{B}_{\mathrm{r}}\boldsymbol{B}_{\mathrm{m}}\\&(\boldsymbol{S}_{\mathrm{ff}})_{\mathrm{m}}=\boldsymbol{B}_{\mathrm{m}}^{\mathrm{T}}\boldsymbol{S}_{\mathrm{ff}}\boldsymbol{B}_{\mathrm{m}}=\boldsymbol{B}_{\mathrm{m}}^{\mathrm{T}}\boldsymbol{B}_{\mathrm{r}}^{\mathrm{T}}\left(\sum_{j=1}^{n_{\mathrm{e}}}\boldsymbol{B}_{\mathrm{c}}^{j\mathrm{T}}\boldsymbol{S}_{\mathrm{ff}}^{j}\boldsymbol{B}_{\mathrm{c}}^{j}\right)\boldsymbol{B}_{\mathrm{r}}\boldsymbol{B}_{\mathrm{m}}\end{aligned}\right\} \tag{3-45}$$

其中，下标参数 m 代表模态表达。

处理刚度很大的金属时，推荐将模态扩展为相对于刚度矩阵标准正交的形式，以降低参考坐标和弹性坐标间的量值差异。为进一步解释，将实体应变能量

写成$U=(1/2)\boldsymbol{q}_{\mathrm{f}}\boldsymbol{K}_{\mathrm{ff}}\boldsymbol{q}_{\mathrm{f}}=(1/2)\boldsymbol{p}_{\mathrm{f}}\bar{\boldsymbol{K}}_{\mathrm{ff}}\boldsymbol{p}_{\mathrm{f}}$。如果模态相对于刚度矩阵是标准正交的，则与模态坐标联立的刚度矩阵就成了单位矩阵，即$\bar{\boldsymbol{K}}_{\mathrm{ff}}=\boldsymbol{I}$。对于刚性金属，原始刚度矩阵$\boldsymbol{K}_{\mathrm{ff}}$量值非常大；为了使应变能量不变，即不受坐标转换的影响，模态坐标也必须假设成大量值，这样与$\boldsymbol{q}_{\mathrm{f}}$相比较时，实体应变能量$U=(1/2)\boldsymbol{p}_{\mathrm{f}}\boldsymbol{p}_{\mathrm{f}}$才具有相同的量级。上述模态转换提供了模态坐标的自然标尺，并显著提升了FFR执行时的效率和鲁棒性。

3.2 绝对节点坐标公式

之前的章节，已经讨论了小变形和大旋转柔性体等典型多体系统问题。小变形例子中，如果减少坐标数量，则能够加速计算过程。本节讨论更为普遍的用于大旋转和大变形问题的绝对节点坐标公式（ANCF）有限元法。ANCF不受有限元旋转或变形数量的约束，符合连续介质非线性理论，因此可以推导出定常质量矩阵和零离心力、零柯氏力，同时也解释了刚体运动和弹性变形之间的动力学耦合。派生的弹性力可以用一般连续介质方法中的典型梁、板理论公式来表达，或者为了定义变形和应变可以引入本地参考坐标，无论采用何种方法表示弹性力，最终得到的ANCF都可以用非递增方法来求解。

3.2.1 绝对节点坐标公式假设的位移场

有限元中，用假设多项式描述有限元质点的位置或位移，用具有物理意义的元素节点坐标替代上述多项式系数。ANCF有限元例子中，所有位置矢量的组成部分都用具有相同阶数的多项式进行内插值替换，对于由空间坐标x_1，x_2，x_3定义的给定领域，第k个位置矢量组成部分可写为

$$r_k=a_{0k}+a_{1k}x_1+a_{2k}x_2+a_{3k}x_3+a_{4k}x_1^2+a_{5k}x_2^2+\cdots,\quad k=1,\ 2,\ 3 \tag{3-46}$$

动力学例子中，假设系数a_{ik}，$i=1,\ 2,\ 3,\ \cdots$仅取决于时间，使用变量分割法假定位移场可写成仅取决于空间坐标$\boldsymbol{x}=[x_1\quad x_2\quad x_3]^{\mathrm{T}}$和与坐标相关的时间矢量的乘积。利用该标准过程，位置矢量$\boldsymbol{r}$可写成

$$\boldsymbol{r}(\boldsymbol{x},\ t)=\boldsymbol{S}(\boldsymbol{x})\boldsymbol{e}(t) \tag{3-47}$$

其中，$\boldsymbol{S}(\boldsymbol{x})$ 为形函数矩阵；$\boldsymbol{e}$ 为节点坐标矢量。如果将连续体划分为 n_e 个有限元，那么其中一个元素 j 的位移场可用绝对节点坐标写为

$$\boldsymbol{r}^j(\boldsymbol{x}^j, t)=\boldsymbol{S}^j\boldsymbol{e}^j, \quad j=1, 2, \cdots, n_e \tag{3-48}$$

其中，$\boldsymbol{r}^j$ 为有限元 j 上任意点的全局位置矢量；$\boldsymbol{S}^j=\boldsymbol{S}^j(\boldsymbol{x}^j)$ 为元素参考构型中定义，取决于元素空间坐标 $\boldsymbol{x}^j=[x_1^j \quad x_2^j \quad x_3^j]^{\mathrm{T}}$ 的形函数矩阵；$\boldsymbol{e}^j=\boldsymbol{e}^j(t)$ 为与时间相关的节点坐标矢量，用其定义一组节点的位移和空间导数。根据连续介质的一般定义，三维分析中节点坐标矢量由 3 个平动和 9 个位置矢量梯度组成，本例中，有限元节点 k 的节点坐标矢量 $\boldsymbol{e}^j$ 可写为

$$\boldsymbol{e}^{jk}=\begin{bmatrix}\boldsymbol{r}^{jk\mathrm{T}} & \boldsymbol{r}_{x_1}^{jk\mathrm{T}} & \boldsymbol{r}_{x_2}^{jk\mathrm{T}} & \boldsymbol{r}_{x_3}^{jk\mathrm{T}}\end{bmatrix}^{\mathrm{T}} \tag{3-49}$$

其中，$\boldsymbol{r}^{jk}$ 为有限元 j 在节点 k 上的绝对(全局)位置矢量，$\boldsymbol{r}_{x_l}^{jk}$ 为通过对空间坐标 x_l，$l=1, 2, 3$ 求微分得到的位置矢量梯度。显然，元素坐标矢量中的最后 3 个矢量为 $\boldsymbol{r}_{\boldsymbol{x}}^{jk}=\boldsymbol{J}^{jk}$，即节点 k 的位置矢量梯度矩阵，其中 $\boldsymbol{x}^j=[x_1^j \quad x_2^j \quad x_3^j]^{\mathrm{T}}$。

1）示例

本节讨论元素方程的特例是二维 2 节点 ANCF 梁元素。该元素的每个节点有 6 个坐标：2 个位置坐标和 4 个梯度坐标，则该梁元素共计 12 个坐标。因此，每个位置矢量场都可近似为带有 6 个系数的多项式，即

$$\boldsymbol{r}=\begin{bmatrix}r_1\\r_2\end{bmatrix}=\begin{bmatrix}a_0+a_1x_1^j+a_2x_2^j+a_3x_1^jx_2^j+a_4(x_1^j)^2+a_5(x_1^j)^3\\b_0+b_1x_1^j+b_2x_2^j+b_3x_1^jx_2^j+b_4(x_1^j)^2+b_5(x_1^j)^3\end{bmatrix} \tag{3-50}$$

该多项式系数由具有物理意义的节点坐标替代，对于节点 1 须施加以下条件：

$$\boldsymbol{r}^{j1}=\boldsymbol{r}^j(0, 0)=\begin{bmatrix}e_1\\e_2\end{bmatrix}, \quad \boldsymbol{r}_{x_1}^{j1}=\boldsymbol{r}_{x_1}^j(0, 0)=\begin{bmatrix}e_3\\e_4\end{bmatrix}, \quad \boldsymbol{r}_{x_2}^{j1}=\boldsymbol{r}_{x_2}^j(0, 0)=\begin{bmatrix}e_5\\e_6\end{bmatrix} \tag{3-51}$$

同样对于节点 2 须施加以下条件：

$$\boldsymbol{r}^{j2}=\boldsymbol{r}^j(l, 0)=\begin{bmatrix}e_7\\e_8\end{bmatrix}, \quad \boldsymbol{r}_{x_1}^{j2}=\boldsymbol{r}_{x_1}^j(l, 0)=\begin{bmatrix}e_9\\e_{10}\end{bmatrix}, \quad \boldsymbol{r}_{x_2}^{j2}=r_{x_2}^j(l, 0)=\begin{bmatrix}e_{11}\\e_{12}\end{bmatrix} \tag{3-52}$$

其中，l 为有限元长度。

将 $\boldsymbol{r}^j_{x^j_i}=\partial\boldsymbol{r}^j/\partial x^j_i$，$i=1, 2$，代入上述2个节点的条件，多项式的系数可替代为节点坐标。元素的位移场可写为 $\boldsymbol{r}^j(\boldsymbol{x}^j, t)=\boldsymbol{S}^j(\boldsymbol{x}^j)\boldsymbol{e}^j(t)$，其中，$\boldsymbol{e}^j=[e_1 \quad e_2 \quad \cdots \quad e_{12}]^{\mathrm{T}}$ 为节点坐标矢量，$\boldsymbol{S}^j$ 为元素形函数，可写为

$$\boldsymbol{S}^j=[s_1\boldsymbol{I} \quad s_2\boldsymbol{I} \quad s_3\boldsymbol{I} \quad s_4\boldsymbol{I} \quad s_5\boldsymbol{I} \quad s_6\boldsymbol{I}] \tag{3-53}$$

其中，形函数 s_i，$i=1, 2, \cdots, 6$ 定义为

$$\left.\begin{array}{ll} s_1=1-3\xi^2+2\xi^3, & s_2=l(\xi-2\xi^2+\xi^3) \\ s_3=l\eta(1-\xi), & s_4=3\xi^2-2\xi^3 \\ s_5=l(-\xi^2+\xi^3), & s_6=l\xi\eta \end{array}\right\} \tag{3-54}$$

且 $\xi=x^j_1/l$，$\eta=x^j_2/l$。

2）元素连通性

为了用公式表达连续体的运动方程，必须进行有限元组合。令 $\boldsymbol{e}_{\mathrm{b}}=\left[\boldsymbol{e}^{1\mathrm{T}} \quad \boldsymbol{e}^{2\mathrm{T}} \quad \cdots \quad \boldsymbol{e}^{n_{\mathrm{e}}\mathrm{T}}\right]^{\mathrm{T}}$ 代表组合前所有元素的节点坐标矢量，其中，$\boldsymbol{e}^j$ 为有限元 j 的节点坐标矢量，n_{e} 为有限元的总数。令 $\boldsymbol{e}$ 为组合后实体的全部节点坐标矢量，元素 j 的坐标矢量可用实体节点坐标表示，即 $\boldsymbol{e}^j=\boldsymbol{B}^j\boldsymbol{e}$，其中，$\boldsymbol{B}^j$ 为包含0和1的布尔矩阵，用于描述元素坐标与实体坐标间的关系。如果有限元的方向不同，例如在斜率不连续的情况下，则定常的平动可按如下步骤定义：首先用矢量 $\bar{\boldsymbol{e}}^j$ 定义元素坐标，该矢量可用元素节点坐标表示，如此该坐标与实体节点坐标定义在同一坐标系中，然后用布尔矩阵 $\boldsymbol{B}^j$ 和实体节点坐标表示元素节点坐标矢量，即 $\bar{\boldsymbol{e}}^j=\boldsymbol{T}^j\boldsymbol{B}^j\boldsymbol{e}$。

3.2.2 绝对节点坐标公式中的惯性力和弹性力

与FFR不同的是，ANCF有限元能推导出适用于惯性力的简单表达式和适用于弹性力的复杂表达式，本节将讨论有限元惯性力和其弹性力方程。

3.2.2.1 ANCF 有限元惯性力

为了得到ANCF有限元惯性力，必须先写出加速度矢量表达式，全局位置矢量 $\boldsymbol{r}^j=\boldsymbol{S}^j\boldsymbol{e}^j$ 相对于时间微分，元素 j 上任意质点的绝对速度矢量可写为 $\boldsymbol{v}^j=\dot{\boldsymbol{r}}^j=\boldsymbol{S}^j\dot{\boldsymbol{e}}^j(j=1, 2, \cdots, n_{\mathrm{e}})$，该式再对时间微分，加速度矢量可写为 $\boldsymbol{a}^j=\ddot{\boldsymbol{r}}^j=$

$\boldsymbol{S}^j\ddot{\boldsymbol{e}}^j(j=1, 2, \cdots, n_e)$。代入加速度矢量，有限元惯性力虚功可写为 $\delta W_i^j = \int_{V^j}\rho^j\boldsymbol{a}^{j\mathrm{T}}\delta\boldsymbol{r}^j\mathrm{d}V^j$，其中 ρ^j 和 V^j 分别为有限元的质量密度和体积，任意点位置矢量的虚变化可写为 $\delta\boldsymbol{r}^j=\boldsymbol{S}^j\delta\boldsymbol{e}^j$。利用该式，惯性力虚功可写为

$$\delta W_i^j=\left(\ddot{\boldsymbol{e}}^{j\mathrm{T}}\int_{V^j}\rho^j\boldsymbol{S}^{j\mathrm{T}}\boldsymbol{S}^j\mathrm{d}V^j\right)\delta\boldsymbol{e}^j \tag{3-55}$$

式(3-55)可写为 $\delta W_i^j=(\ddot{\boldsymbol{e}}^{j\mathrm{T}}\boldsymbol{M}^j)\delta\boldsymbol{e}^j$，其中，$\boldsymbol{M}^j$ 为有限元 j 的定常对称质量矩阵，定义为

$$\boldsymbol{M}^j=\int_{V^j}\rho^j\boldsymbol{S}^{j\mathrm{T}}\boldsymbol{S}^j\mathrm{d}V^j \tag{3-56}$$

由于 ANCF 中质量矩阵为常量，因此极大简化了公式。本例中无论 ANCF 有限元的旋转和平移量如何变化，离心力和柯氏力均为零。

3.2.2.2 ANCF 有限元弹性力

由 ANCF 有限元导出定常对称质量矩阵，弹性力是关于元素坐标的高度非线性函数，因此弹性力虚功可用格林-拉格朗日（G-L）应变张量和第二皮奥拉-基尔霍夫（P-K）应力张量算式表达，写为 $\delta W_S^j=-\int_{V^j}\boldsymbol{\sigma}_{P2}^j:\delta\boldsymbol{\varepsilon}^j\mathrm{d}V^j$，其中，$\boldsymbol{\sigma}_{P2}^j$ 为第二 P-K 应力张量，$\boldsymbol{\varepsilon}^j$ 为 G-L 应变张量，虚应变张量可用位置矢量梯度的虚变量表达：

$$\delta\boldsymbol{\varepsilon}^j=\frac{1}{2}[(\delta\boldsymbol{J}^{j\mathrm{T}})\boldsymbol{J}^j+\boldsymbol{J}^{j\mathrm{T}}(\delta\boldsymbol{J}^j)] \tag{3-57}$$

第二 P-K 应力张量和 G-L 应变张量通过连续方程 $\boldsymbol{\sigma}_{P2}^j=\boldsymbol{E}^j:\boldsymbol{\varepsilon}^j$ 相互关联，其中 $\boldsymbol{E}^j$ 为弹性系数的四阶张量。利用上述关系和虚功表达式，有限元 j 的弹性力虚功可写为

$$\delta W_S^j=-\frac{1}{2}\int_{V^j}(\boldsymbol{E}^j:\boldsymbol{\varepsilon}^j):[(\delta\boldsymbol{J}^{j\mathrm{T}})\boldsymbol{J}^j+\boldsymbol{J}^{j\mathrm{T}}(\delta\boldsymbol{J}^j)]\mathrm{d}V^j=-\boldsymbol{Q}_S^{j\mathrm{T}}\delta\boldsymbol{e}^j \tag{3-58}$$

式中：$\boldsymbol{Q}_S^j$ 为与有限元 j 节点坐标相关联的弹性力矢量。

本节描述了使用通用连续体方法得到弹性力的过程，然而通过 ANCF 还有

别的方法可以表述弹性力；除了使用通用连续体方法，在定义本地参考坐标变形和应变时还可以引入典型梁和板理论或另一个本地参考坐标，无论采用何种方法表示弹性力，最终得到的 ANCF 都是可求解的。

3.2.3 绝对节点坐标公式动力学运动方程

无约束运动中，动力学虚功原理可写为 $\delta W_{\mathrm{i}}=\delta W_{\mathrm{S}}+\delta W_{\mathrm{e}}$，其中：$\delta W_{\mathrm{i}}$ 为实体惯性力虚功，δW_{S} 为变形引起的实体弹性力虚功，δW_{e} 为诸如重力和磁力等作用力的虚功。实体上作用力的虚功可用施加在有限元上的作用力虚功总和表示为

$$\delta W_{\mathrm{e}}=\sum_{j=1}^{n_{\mathrm{e}}}\delta W_{\mathrm{e}}^{j}=\sum_{j=1}^{n_{\mathrm{e}}}\boldsymbol{Q}_{\mathrm{e}}^{j\mathrm{T}}\delta\boldsymbol{e}^{j} \tag{3-59}$$

式中：$\boldsymbol{Q}_{\mathrm{e}}^{j}$ 为元素 j 的一般作用节点力矢量。

实体惯性力虚功可表示为有限元惯性力虚功相加，得到

$$\delta W_{\mathrm{i}}=\sum_{j=1}^{n_{\mathrm{e}}}\delta W_{\mathrm{i}}^{j}=\sum_{j=1}^{n_{\mathrm{e}}}(\boldsymbol{M}^{j}\ddot{\boldsymbol{e}}^{j})^{\mathrm{T}}\delta\boldsymbol{e}^{j} \tag{3-60}$$

同样，实体弹性力虚功可写为

$$\delta W_{\mathrm{S}}=\sum_{j=1}^{n_{\mathrm{e}}}\delta W_{\mathrm{S}}^{j}=-\sum_{j=1}^{n_{\mathrm{e}}}\boldsymbol{Q}_{\mathrm{S}}^{j\mathrm{T}}\delta\boldsymbol{e}^{j} \tag{3-61}$$

将这些虚功的表达式代入动力学虚功原理中，得到 $\sum_{j=1}^{n_{\mathrm{e}}}(M^{j}\ddot{\boldsymbol{e}}^{j}+\boldsymbol{Q}_{\mathrm{S}}^{j}-\boldsymbol{Q}_{\mathrm{e}}^{j})^{\mathrm{T}}\delta\boldsymbol{e}^{j}=0$，也可以更明确地写为

$$\left\{\begin{bmatrix}\boldsymbol{M}^{1} & \mathbf{0} & \cdots & \mathbf{0}\\ \mathbf{0} & \boldsymbol{M}^{2} & \cdots & \mathbf{0}\\ \vdots & \vdots & \ddots & \mathbf{0}\\ \mathbf{0} & \mathbf{0} & \cdots & \boldsymbol{M}^{n_{\mathrm{e}}}\end{bmatrix}\begin{bmatrix}\ddot{\boldsymbol{e}}^{1}\\ \ddot{\boldsymbol{e}}^{2}\\ \vdots\\ \ddot{\boldsymbol{e}}^{n_{\mathrm{e}}}\end{bmatrix}+\begin{bmatrix}\boldsymbol{Q}_{\mathrm{S}}^{1}\\ \boldsymbol{Q}_{\mathrm{S}}^{2}\\ \vdots\\ \boldsymbol{Q}_{\mathrm{S}}^{n_{\mathrm{e}}}\end{bmatrix}-\begin{bmatrix}\boldsymbol{Q}_{\mathrm{e}}^{1}\\ \boldsymbol{Q}_{\mathrm{e}}^{2}\\ \vdots\\ \boldsymbol{Q}_{\mathrm{e}}^{n_{\mathrm{e}}}\end{bmatrix}\right\}^{\mathrm{T}}\begin{bmatrix}\delta\boldsymbol{e}^{1}\\ \delta\boldsymbol{e}^{2}\\ \vdots\\ \delta\boldsymbol{e}^{n_{\mathrm{e}}}\end{bmatrix}=0 \tag{3-62}$$

由于 $\delta\boldsymbol{e}^{j}=\boldsymbol{B}^{j}\delta\boldsymbol{e}$，其中：$\boldsymbol{B}^{j}$ 为定义元素关联的布尔矩阵，$\boldsymbol{e}$ 为实体坐标矢量；因此方程 $\sum_{j=1}^{n_{\mathrm{e}}}(\boldsymbol{M}^{j}\ddot{\boldsymbol{e}}^{j}+\boldsymbol{Q}_{\mathrm{S}}^{j}-\boldsymbol{Q}_{\mathrm{e}}^{j})^{\mathrm{T}}\delta\boldsymbol{e}^{j}=0$ 可改写成实体节点坐标方程

$\left[\sum_{j=1}^{n_e}(\boldsymbol{M}^j\boldsymbol{B}^j\ddot{\boldsymbol{e}}+\boldsymbol{Q}_S^j-\boldsymbol{Q}_e^j)^{\mathrm{T}}\boldsymbol{B}^j\right]\delta\boldsymbol{e}=0$。无约束运动中矢量 $\boldsymbol{e}$ 的元素是独立的，上式中它们的系数为零，即 $\sum_{j=1}^{n_e}(\boldsymbol{B}^{j\mathrm{T}}\boldsymbol{M}^j\boldsymbol{B}^j\ddot{\boldsymbol{e}}+\boldsymbol{B}^{j\mathrm{T}}\boldsymbol{Q}_S^j-\boldsymbol{B}^{j\mathrm{T}}\boldsymbol{Q}_e^j)=\boldsymbol{0}$。求该式的和可得到实体运动的有限元方程：

$$\boldsymbol{M}\ddot{\boldsymbol{e}}+\boldsymbol{Q}_S-\boldsymbol{Q}_e=\boldsymbol{0} \tag{3-63}$$

式中：$\boldsymbol{M}$ 为实体对称质量矩阵；$\boldsymbol{Q}_S$ 为实体弹性力矢量；$\boldsymbol{Q}_e$ 为实体作用力矢量。这些矢量和矩阵分别定义为

$$\boldsymbol{M}=\sum_{j=1}^{n_e}\boldsymbol{B}^{j\mathrm{T}}\boldsymbol{M}^j\boldsymbol{B}^j,\quad \boldsymbol{Q}_S=\sum_{j=1}^{n_e}\boldsymbol{B}^{j\mathrm{T}}\boldsymbol{Q}_S^j,\quad \boldsymbol{Q}_e=\sum_{j=1}^{n_e}\boldsymbol{B}^{j\mathrm{T}}\boldsymbol{Q}_e^j \tag{3-64}$$

由于质量矩阵是定常的，因此可应用基于楚列斯基(Cholesky)坐标变换得到特征质量矩阵，进而得到 MBS 算法的优化稀疏矩阵结构；由于弹性力一般是高度非线性的，因此计算这些力时，必须用到数值积分法。

3.2.4 几何和绝对节点坐标公式有限元

有些 ANCF 有限元采用一组完整的梯度矢量代表节点坐标，被称作完全参数化的元素可以直接使用一般连续介质方法来表示弹性力，并可使用张量代换描述非连续特性，完全参数化元素还可以使用更为通用的基本关系。没有使用完全参数化的元素被称作梯度不足，对于这类元素，采用一般连续介质(力学)方法，相较于完全参数化元素而言就没那么直接了，但需要注意的是，约束了某些变形方式的梯度不足元素在特定情况下效率会更高。

为了研究弹性组件的大变形问题，ANCF 有限元中引入了完全参数化元素和梯度不足元素，这两种元素对于弹性体都适用，效率很高，其根本原因在于借助 ANCF 有限元可以采用非增量求解过程；随着结构刚度减小，ANCF 的效率逐渐提高。完全参数化的 ANCF 有限元效率可能会降低，且这些元素使用宏观连续介质(力学)方法分析细薄刚性结构时有可能遇到锁定问题。

3.2.4.1 几何曲线

几何微分概念有助于更好地理解几何变形。例如，梁元素的中心线是一条仅用一个参数就能定义的空间曲线，如果区间 $a \leqslant \alpha \leqslant b$ 上用 α 定义该曲线，则曲线可定义为

$$\boldsymbol{r}(\alpha)=[r_1(\alpha)\quad r_2(\alpha)\quad r_3(\alpha)]^{\mathrm{T}} \tag{3-65}$$

将式(3-65)微分得到曲线在 α 点的正切矢量：

$$\boldsymbol{r}_{\alpha}=\frac{\mathrm{d}\boldsymbol{r}}{\mathrm{d}\alpha}=\left[\frac{\mathrm{d}r_1(\alpha)}{\mathrm{d}\alpha}\quad\frac{\mathrm{d}r_2(\alpha)}{\mathrm{d}\alpha}\quad\frac{\mathrm{d}r_3(\alpha)}{\mathrm{d}\alpha}\right]^{\mathrm{T}} \tag{3-66}$$

如果给定点 α 有 $|\mathrm{d}\boldsymbol{r}(\alpha)/\mathrm{d}\alpha|=0$，则求出奇点；参数 α 指定弧长 s，则 $|\mathrm{d}\boldsymbol{r}/\mathrm{d}s|=|\boldsymbol{r}_s(s)|=1$，因此如果选择弧长作为参数，则正切矢量 $\boldsymbol{r}_{\mathrm{s}}$ 是单位矢量。曲率矢量定义为

$$\boldsymbol{r}_{\mathrm{ss}}(s)=\frac{\mathrm{d}^2\boldsymbol{r}}{\mathrm{d}s^2}=\frac{\mathrm{d}\boldsymbol{r}_{\mathrm{s}}}{\mathrm{d}s} \tag{3-67}$$

曲率矢量幅值 $\boldsymbol{\kappa}(s)=|\boldsymbol{r}_{\mathrm{ss}}(s)|$ 称为“曲率”，可用于衡量曲线的弯曲程度；由于正切矢量与曲率矢量是正交的，因此沿着曲率矢量的单位矢量可定义成曲线的单位法向矢量 $\boldsymbol{n}$，表示为

$$\boldsymbol{n}(s)=\frac{\boldsymbol{r}_{\mathrm{ss}}(s)}{\boldsymbol{\kappa}(s)} \tag{3-68}$$

单位正切矢量和法向矢量组成密切平面，曲线 s 点的曲率半径是 $R=1/\boldsymbol{\kappa}(s)$，与密切平面正交的单位矢量称为副法向矢量，可表示为

$$\boldsymbol{b}(s)=\boldsymbol{r}_{\mathrm{s}}(s)\times\boldsymbol{n}(s) \tag{3-69}$$

3 个正交的单位矢量 $\boldsymbol{r}_{\mathrm{s}}$、$\boldsymbol{n}$ 和 $\boldsymbol{b}$ 组成一个三重轴系，被称为弗勒内标架(Frenet-frame)，可知 $\boldsymbol{b}_{\mathrm{s}}(s)=-\tau(s)\boldsymbol{n}(s)$，其中 τ 为曲线的挠率。

3.2.4.2 曲面几何学

曲面可以通过参数 s_1 和 s_2 描述，定义为

$$\boldsymbol{r}(s_1,s_2)=[r_1(s_1,s_2)\quad r_2(s_1,s_2)\quad r_3(s_1,s_2)]^{\mathrm{T}} \tag{3-70}$$

雅克比矩阵可写为

$$\boldsymbol{J}=\left[\frac{\partial\boldsymbol{r}}{\partial s_1}\quad\frac{\partial\boldsymbol{r}}{\partial s_2}\right]=\begin{bmatrix}\dfrac{\partial r_1}{\partial s_1} & \dfrac{\partial r_1}{\partial s_2}\\ \dfrac{\partial r_2}{\partial s_1} & \dfrac{\partial r_2}{\partial s_2}\\ \dfrac{\partial r_3}{\partial s_1} & \dfrac{\partial r_3}{\partial s_2}\end{bmatrix} \tag{3-71}$$

雅克比矩阵[式(3-71)]的秩必须为2,即$(\partial \boldsymbol{r}/\partial s_1)\times(\partial \boldsymbol{r}/\partial s_2)\neq 0$,表明在坐标系内两条线$s_1$和$s_2$的交点处,两个正切矢量$\boldsymbol{r}_{s_1}=\partial \boldsymbol{r}/\partial s_1$和$\boldsymbol{r}_{s_2}=\partial \boldsymbol{r}/\partial s_2$是线性独立的,该点曲面正交单位矢量$\boldsymbol{n}=(\boldsymbol{r}_{s_1}\times\boldsymbol{r}_{s_2})/|\boldsymbol{r}_{s_1}\times\boldsymbol{r}_{s_2}|$。

3.2.4.3 曲面的第一基本形式

曲面的第一基本形式定义为

$$I=\mathrm{d}\boldsymbol{r}\cdot\mathrm{d}\boldsymbol{r}=\mathrm{d}\boldsymbol{r}^{\mathrm{T}}\mathrm{d}\boldsymbol{r} \tag{3-72}$$

曲面第一基本形式I可以用来衡量距离或长度,因为$\mathrm{d}\boldsymbol{r}=\boldsymbol{r}_{s_1}\mathrm{d}s_1+\boldsymbol{r}_{s_2}\mathrm{d}s_2$,所以曲面第一基本形式可写为

$$\begin{aligned}I&=(\boldsymbol{r}_{s_1}\mathrm{d}s_1+\boldsymbol{r}_{s_2}\mathrm{d}s_2)^{\mathrm{T}}(\boldsymbol{r}_{s_1}\mathrm{d}s_1+\boldsymbol{r}_{s_2}\mathrm{d}s_2)\\&=E_{\mathrm{I}}(\mathrm{d}s_1)^2+2F_{\mathrm{I}}\mathrm{d}s_1\mathrm{d}s_2+G_{\mathrm{I}}(\mathrm{d}s_2)^2\end{aligned} \tag{3-73}$$

式(3-73)中,系数E_{I}, F_{I}, G_{I}为第一基本形式系数($E_{\mathrm{I}}=\boldsymbol{r}_{s_1}^{\mathrm{T}}\boldsymbol{r}_{s_1}$, $F_{\mathrm{I}}=\boldsymbol{r}_{s_1}^{\mathrm{T}}\boldsymbol{r}_{s_2}$, $G_{\mathrm{I}}=\boldsymbol{r}_{s_2}^{\mathrm{T}}\boldsymbol{r}_{s_2}$)。

3.2.4.4 曲面的第二基本形式

曲面的第二基本形式定义为

$$\begin{aligned}II&=-\mathrm{d}\boldsymbol{r}\cdot\mathrm{d}\boldsymbol{n}=-(\boldsymbol{r}_{s_1}\mathrm{d}s_1+\boldsymbol{r}_{s_2}\mathrm{d}s_2)^{\mathrm{T}}(\boldsymbol{n}_{s_1}\mathrm{d}s_1+\boldsymbol{n}_{s_2}\mathrm{d}s_2)\\&=L_{\mathrm{II}}(\mathrm{d}s_1)^2+2M_{\mathrm{II}}\mathrm{d}s_1\mathrm{d}s_2+N_{\mathrm{II}}(\mathrm{d}s_2)^2\end{aligned} \tag{3-74}$$

其中:$L_{\mathrm{II}}=-\boldsymbol{r}_{s_1}^{\mathrm{T}}\boldsymbol{n}_{s_1}$, $M_{\mathrm{II}}=-\dfrac{1}{2}(\boldsymbol{r}_{s_1}^{\mathrm{T}}\boldsymbol{n}_{s_2}+\boldsymbol{r}_{s_2}^{\mathrm{T}}\boldsymbol{n}_{s_1})$, $N_{\mathrm{II}}=-\boldsymbol{r}_{s_2}^{\mathrm{T}}\boldsymbol{n}_{s_2}$为第二基本形式系数。

因为$\boldsymbol{r}_{s_1}$和$\boldsymbol{r}_{s_2}$相对于任意参数值s_1和s_2的单位法向矢量$\boldsymbol{n}$都是垂直的,所以有下列特征式:

$$\left.\begin{aligned}\boldsymbol{r}_{s_1s_1}^{\mathrm{T}}\boldsymbol{n}=-\boldsymbol{r}_{s_1}^{\mathrm{T}}\boldsymbol{n}_{s_1},\ \boldsymbol{r}_{s_1s_2}^{\mathrm{T}}\boldsymbol{n}=-\boldsymbol{r}_{s_1}^{\mathrm{T}}\boldsymbol{n}_{s_2}\\\boldsymbol{r}_{s_2s_1}^{\mathrm{T}}\boldsymbol{n}=-\boldsymbol{r}_{s_2}^{\mathrm{T}}\boldsymbol{n}_{s_1},\ \boldsymbol{r}_{s_2s_2}^{\mathrm{T}}\boldsymbol{n}=-\boldsymbol{r}_{s_2}^{\mathrm{T}}\boldsymbol{n}_{s_2}\end{aligned}\right\} \tag{3-75}$$

利用该特征式,第二基本形式系数可变形成$L_{\mathrm{II}}=\boldsymbol{r}_{s_1s_1}^{\mathrm{T}}\boldsymbol{n}$, $M_{\mathrm{II}}=\boldsymbol{r}_{s_1s_2}^{\mathrm{T}}\boldsymbol{n}$, $N_{\mathrm{II}}=\boldsymbol{r}_{s_2s_2}^{\mathrm{T}}\boldsymbol{n}$,其中$\boldsymbol{r}_{s_is_j}=(\partial^2\boldsymbol{r}/\partial s_i\partial s_j)$。利用这些定义及$\mathrm{d}^2\boldsymbol{r}=\boldsymbol{r}_{s_1s_2}(\mathrm{d}s_1)^2+2\boldsymbol{r}_{s_1s_2}\mathrm{d}s_1\mathrm{d}s_2+\boldsymbol{r}_{s_1s_2}(\mathrm{d}s_2)^2$,曲面第二基本形式可写为

$$II=\mathrm{d}^2\boldsymbol{r}\cdot\boldsymbol{n} \tag{3-76}$$

当 $L_{\mathrm{II}}N_{\mathrm{II}}-M_{\mathrm{II}}^2>0$ 时，曲面为椭圆；当 $L_{\mathrm{II}}N_{\mathrm{II}}-M_{\mathrm{II}}^2<0$ 时，曲面为双曲线；当 $L_{\mathrm{II}}N_{\mathrm{II}}-M_{\mathrm{II}}^2=0$ 时，曲面为抛物线；当 $L_{\mathrm{II}}=N_{\mathrm{II}}=M_{\mathrm{II}}=0$ 时，曲面为二维平面。

令 $\boldsymbol{c}=\boldsymbol{c}[s_1(\alpha),\ s_2(\alpha)]$ 是曲面 $\boldsymbol{r}=\boldsymbol{r}(s_1,\ s_2)$ 定义的正则曲线，其中 α 为参数。弧长为 s 的曲线 $\boldsymbol{c}$ 在点 P 上的法向曲率矢量记做 $\boldsymbol{K}_{\mathrm{n}}$，其定义为曲线的曲率矢量 $\boldsymbol{c}_{\mathrm{ss}}$ 在曲面上 P 点处法向矢量 $\boldsymbol{n}$ 上的投影，即 $\boldsymbol{K}_{\mathrm{n}}=(\boldsymbol{c}_{\mathrm{ss}}\cdot\boldsymbol{n})\boldsymbol{n}$。曲线曲率矢量的法向矢量被称为法曲率，即 $k_{\mathrm{n}}=\boldsymbol{c}_{\mathrm{ss}}\cdot\boldsymbol{n}$。根据曲线的曲率矢量定义，曲面 $\boldsymbol{r}$ 上 P 点处的曲线曲率矢量为

$$\boldsymbol{c}_{\mathrm{ss}}=\frac{\mathrm{d}\boldsymbol{r}_{\mathrm{s}}}{\mathrm{d}s}=\frac{\mathrm{d}\boldsymbol{r}_{\mathrm{s}}}{\mathrm{d}\alpha}\left(\frac{\mathrm{d}\alpha}{\mathrm{d}s}\right)=\frac{1}{|\mathrm{d}\boldsymbol{r}/\mathrm{d}\alpha|}\frac{\mathrm{d}\boldsymbol{r}_{\mathrm{s}}}{\mathrm{d}\alpha} \tag{3-77}$$

式中：$\boldsymbol{r}_{\mathrm{s}}$ 为曲线在 P 点的正切矢量。

式(3-77)中，$|\mathrm{d}\boldsymbol{r}/\mathrm{d}\alpha|=|\boldsymbol{r}_{\mathrm{s}}|(\mathrm{d}s/\mathrm{d}\alpha)=(\mathrm{d}s/\mathrm{d}\alpha)$，其中 $|\boldsymbol{r}_{\mathrm{s}}|=1$。因为 $\boldsymbol{r}_{\mathrm{s}}$ 和 $\boldsymbol{n}$ 是两个正交矢量，有 $\dfrac{\mathrm{d}}{\mathrm{d}\alpha}(\boldsymbol{r}_{\mathrm{s}}^{\mathrm{T}}\boldsymbol{n})=0$，所以可求出 $(\mathrm{d}\boldsymbol{r}_{\mathrm{s}}/\mathrm{d}\alpha)^{\mathrm{T}}\boldsymbol{n}=-\boldsymbol{r}_{\mathrm{s}}^{\mathrm{T}}(\mathrm{d}\boldsymbol{n}/\mathrm{d}\alpha)$。利用本章推导出的曲面关系式，可得

$$k_{\mathrm{n}}=\frac{L_{\mathrm{II}}(\mathrm{d}s_1)^2+2M_{\mathrm{II}}\mathrm{d}s_1\mathrm{d}s_2+N_{\mathrm{II}}(\mathrm{d}s_2)^2}{E_{\mathrm{I}}(\mathrm{d}s_1)^2+2F_{\mathrm{I}}\mathrm{d}s_1\mathrm{d}s_2+G_{\mathrm{I}}(\mathrm{d}s_2)^2}=\frac{II}{I},\quad (\mathrm{d}s_1)^2+(\mathrm{d}s_2)^2\neq 0 \tag{3-78}$$

代入边界条件 $\partial k_{\mathrm{n}}/\partial(\mathrm{d}s_1)=\partial k_{\mathrm{n}}/\partial(\mathrm{d}s_2)=0$，得到法向曲率最大值或最小值的方向，推导出：

$$\begin{bmatrix} L_{\mathrm{II}}-k_{\mathrm{n}}E_{\mathrm{I}} & M_{\mathrm{II}}-k_{\mathrm{n}}F_{\mathrm{I}} \\ M_{\mathrm{II}}-k_{\mathrm{n}}F_{\mathrm{I}} & N_{\mathrm{II}}-k_{\mathrm{n}}G_{\mathrm{I}} \end{bmatrix}\begin{bmatrix}\mathrm{d}s_1\\ \mathrm{d}s_2\end{bmatrix}=\begin{bmatrix}0\\0\end{bmatrix} \tag{3-79}$$

对于非平凡解，特征方程如下：

$$(E_{\mathrm{I}}G_{\mathrm{I}}-F_{\mathrm{I}}^2)(k_{\mathrm{n}})^2-(E_{\mathrm{I}}N_{\mathrm{II}}+G_{\mathrm{I}}L_{\mathrm{II}}-2F_{\mathrm{I}}M_{\mathrm{II}})k_{\mathrm{n}}+L_{\mathrm{II}}N_{\mathrm{II}}-M_{\mathrm{II}}^2=0 \tag{3-80}$$

该二次特征方程的解定义了根 k_1 和 k_2，称作主曲率，用来决定主方向；曲线上 P 点处的平均曲率 K_{m} 和高斯曲率 K_{G} 可用主曲率定义，即 $K_{\mathrm{m}}=\dfrac{1}{2}(k_1+k_2)$，且 $K_{\mathrm{G}}=k_1k_2$。

3.3 计算几何学方法

计算几何学(computational geometry, CG)法,如贝塞尔(Bezier)曲线、B样条曲线、NURBS曲线等。在CAD系统中CG法用于建立带有复杂几何外形部件的实体模型,CAD实体模型转化成有限元网格,进而根据受载的条件进行分析和求解。由于现有的许多有限元对几何外形描述不正确,并且CG法和分析网格的有限元之间没有线性对应关系,因此这种转化可能非常烦琐、耗时,但可以通过线性对应关系将CG法转化为ANCF有限元,本节将讨论用于CAD系统的CG法。

3.3.1 贝塞尔曲线

一条 m 度的贝塞尔曲线定义为

$$\boldsymbol{r}(\xi)=\sum_{i=0}^{m} S_{i,m}(\xi)\boldsymbol{P}_i,\quad 0\leqslant\xi\leqslant 1 \tag{3-81}$$

式中:$S_{i,m}(\xi)$ 为基函数或混合函数;系数 $\boldsymbol{P}_i$ 为控制点。

基函数 $S_{i,m}(\xi)$ 是 m 度的伯恩斯坦(Bernstein)多项式,定义为

$$S_{i,m}(\xi)=\frac{m!}{i!(m-i)!}\xi^i(1-\xi)^{m-i} \tag{3-82}$$

立方曲线($m=3$)是一种特殊情况,基函数 $S_{0,3}$,$S_{1,3}$,$S_{2,3}$,$S_{3,3}$ 定义如下:

$$\left.\begin{array}{ll} S_{0,3}=(1-\xi)^3, & S_{1,3}=3\xi(1-\xi)^2 \\ S_{2,3}=3\xi^2(1-\xi), & S_{3,3}=\xi^3 \end{array}\right\} \tag{3-83}$$

因此,贝塞尔曲线定义如下:

$$\boldsymbol{r}=(1-\xi)^3\boldsymbol{P}_0+3\xi(1-\xi)^2\boldsymbol{P}_1+3\xi^2(1-\xi)\boldsymbol{P}_2+\xi^3\boldsymbol{P}_3 \tag{3-84}$$

该式与使用ANCF索单元并将梯度矢量替代为控制点得到的方程相同。

3.3.2 B样条曲线表达式

一条 p 度的B样条曲线定义如下：

$$\boldsymbol{r}(u)=N_{0,p}(u)\boldsymbol{P}_0+N_{1,p}(u)\boldsymbol{P}_1+\cdots+N_{n,p}(u)\boldsymbol{P}_n=\sum_{i=0}^{n}N_{i,p}(u)\boldsymbol{P}_i \tag{3-85}$$

式中：$N_{i,p}(u)$ 为 p 度B样条曲线的基函数；$\boldsymbol{P}_i$ 为控制点；n 为控制点的数量。B样条曲线基函数 $N_{i,p}(u)$ 定义如下：

$$\left.\begin{aligned}&N_{i,0}(u)=\begin{cases}1 & \text{当 } u_i\leqslant u<u_{i+1}\\0 & \text{其他情况}\end{cases}\\&N_{i,j}(u)=\frac{u-u_i}{u_{i+j}-u_i}N_{i,j-1}(u)+\frac{u_{i+j+1}-u}{u_{i+j+1}-u_{i+1}}N_{i+1,j-1}(u)\end{aligned}\right\} \tag{3-86}$$

式中：u_i，$i=0,1,2,\cdots,n+p+1$ 为结点；对于非减序列而言，即 $u_i\leqslant u_{i+1}$。矢量$\boldsymbol{U}=[u_0\quad u_1\quad\cdots\quad u_{n+p+1}]$ 为结点矢量，结点不一定是各不相同的，独特的结点被称作断点。由非零长度片段定义，每个非零结点跨度对应B样条曲线上的一段片段，一个点上存在多个非独特结点被称作结点的多样性。

3.3.3 绝对节点坐标公式/B样条曲线的线性对应关系

B样条曲线可表示成一系列具有相关性的贝塞尔曲线，因此，B样条曲线可转化成ANCF的表达式。在ANCF索元素例子中，有限元中心线上任意点的全局位置矢量 $\boldsymbol{r}$ 可定义成$\boldsymbol{r}(x)=\boldsymbol{S}(x)\boldsymbol{e}(t)$，其中：$\boldsymbol{S}$ 为由元素空间坐标 x 表示的元素形函数矩阵，$\boldsymbol{e}=\left[\boldsymbol{r}^{A^{\mathrm{T}}}\quad\boldsymbol{r}_x^{A^{\mathrm{T}}}\quad\boldsymbol{r}^{B^{\mathrm{T}}}\quad\boldsymbol{r}_x^{B^{\mathrm{T}}}\right]^{\mathrm{T}}$ 为包含元素第一和第二节点(分别记作 A 和 B)绝对位置与梯度坐标的节点坐标矢量，t 为时间。对于三维的索元素，形函数矩阵可写成 $\boldsymbol{S}=[s_1\boldsymbol{I}\quad s_2\boldsymbol{I}\quad s_3\boldsymbol{I}\quad s_4\boldsymbol{I}]$，其中 $\boldsymbol{I}$ 是特征矩阵；s_i，$i=1,2,3,4$ 是形函数，定义为

$$\left.\begin{aligned}&s_1=1-3\xi^2+2\xi^3,\quad s_2=l(\xi-2\xi^2+\xi^3)\\&s_3=3\xi^2-2\xi^3,\qquad\ \ s_4=l(-\xi^2+\xi^3)\end{aligned}\right\} \tag{3-87}$$

式中：l 为有限元的长度；$\xi=x/l$。

立方贝塞尔曲线控制点 $\boldsymbol{P}_0$，$\boldsymbol{P}_1$，$\boldsymbol{P}_2$ 和 $\boldsymbol{P}_3$ 可写为ANCF节点坐标的表

达式：

$$\begin{bmatrix} \boldsymbol{P}_0 \\ \boldsymbol{P}_1 \\ \boldsymbol{P}_2 \\ \boldsymbol{P}_3 \end{bmatrix} = \begin{bmatrix} \boldsymbol{I} & \boldsymbol{0} & \boldsymbol{0} & \boldsymbol{0} \\ \boldsymbol{I} & \frac{l}{3}\boldsymbol{I} & \boldsymbol{0} & \boldsymbol{0} \\ \boldsymbol{0} & \boldsymbol{0} & \boldsymbol{I} & -\frac{l}{3}\boldsymbol{I} \\ \boldsymbol{0} & \boldsymbol{0} & \boldsymbol{I} & \boldsymbol{0} \end{bmatrix} \begin{bmatrix} \boldsymbol{r}^{\mathrm{A}} \\ \boldsymbol{r}_x^{\mathrm{A}} \\ \boldsymbol{r}^{\mathrm{B}} \\ \boldsymbol{r}_x^{\mathrm{B}} \end{bmatrix} \tag{3-88}$$

利用线性对应关系得到 B 样条曲线具有特征几何的 ANCF，同时也可知 ANCF 形函数与伯恩斯坦多项式 $S_{0,3}$，$S_{1,3}$，$S_{2,3}$ 和 $S_{3,3}$ 之间的关系为

$$\left.\begin{aligned} s_1 &= S_{0,3} + S_{1,3}, \quad s_2 = \frac{l}{3} S_{1,3} \\ s_3 &= S_{2,3} + S_{3,3}, \quad s_4 = -\frac{l}{3} S_{2,3} \end{aligned}\right\} \tag{3-89}$$

参考文献

[1] Bonet, J., and Wood, R. D. (1997). *Nonlinear Continuum Mechanics for Finite Element Analysis*: Cambridge University Press.

[2] Boresi, A. P., and Chong, K. P. (2000). *Elasticity in Engineering Mechanics*, Second Edition.

[3] John Wiley & Sons. Dierckx, P. (1993). *Curve and Surface Fitting with Splines*. New York: Oxford University Press.

[4] Farin, G. (1999). *Curves and Surfaces for CAGD*, A Practical Guide. San Francisco: Morgan Kaufmann, Publishers, Fifth Edition.

[5] Hu, W., Tian, Q., Hu, H. Y. (2014). Dynamics Simulation of the Liquid-Filled Flexible Multibody System via the Absolute Nodal Coordinate Formulation and SPH Method. *Nonlinear Dynamics*, 75: 653 - 671.

[6] Kreyszig, E. (1991). *Differential Geometry*: Dover Publications.

[7] Liu, C., Tian, Q., Hu, H. Y. (2011). Dynamics of Large Scale Rigid-Flexible Multibody System Composed of Composite Laminated Plates. *Multibody System Dynamics*, 26: 283 - 305.

[8] Ogden, R. W. (1984). *Non-Linear Elastic Deformations*: Dover Publications.

[9] Omar, M. A. and Shabana, A. A. (2001). A Two-Dimensional Shear

Deformable Beam for Large Rotation and Deformation Problems. *J. Sound Vibration*, 243. 3：565 - 576.

[10] Piegl, L. , Tiller, W. (1997). *The NURBS Book*. New York：Springer-Verlag, Second Edition.

[11] Rogers, D. F. (2001). *An Introduction to NURBS with Historical Perspective*. San Diego, CA：Academic Press.

[12] Shabana, A. A. (2012). *Computational Continuum Mechanics*：Cambridge University Press, Second Edition.

[13] Shabana, A. A. (2014). *Dynamics of Multibody Systems*：Cambridge University Press, Fourth Edition.

[14] Sanborn, G. G. , and Shabana, A. A. (2009). On the Integration of Computer Aided Design and Analysis Using the Finite Element Absolute Nodal Coordinate Formulation. *Multibody System Dynamics*, 22：181 - 197.

[15] Tian, Q. , Chen, L. P. , Zhang, Y. Q. , Yang, J. Z. (2009). An Efficient Hybrid Method for Multibody Dynamics Simulation Based on Absolute Nodal Coordinate Formulation. *ASME Journal of Computational and Nonlinear Dynamics*, 4：021009 - 1 - 021009 - 14.

[16] Tian, Q. , Sun, Y. L. , Liu, C. , Hu, H. Y. , Paulo, F. (2013). Elasto-Hydro-Dynamic Lubricated Cylindrical Joints for Rigid-Flexible Multibody Dynamics. *Computers & Structures*, 114 - 115：106 - 120.

[17] Tian, Q. , Xiao, Q. F. , Sun, Y. L. , Hu, H. Y. , Liu, H. , Paulo, F. (2015). Coupling Dynamics of a Geared Multibody System Supported by Elasto-Hydro-Dynamic Lubricated Cylindrical Joints. *Multibody System Dynamics*, 33：259 - 284.

4 接触力学建模

米歇尔·拉乌斯

本章首先提出一些关于建模方法和技巧的常规事项——包含内容、概念和方法论等，随后将重点聚焦在接触力学建模上。这将为讨论与非光滑问题相关的研究方向提供契机，同时也可以看到接触定律中非光滑特性给建模带来的困难和特异性。接触力学建模涵盖的内容包括接触定律、接触定律的力学基础、结构和数学分析、求解、参数识别和模型确认，每项内容都将给出一到若干个示例。

4.1 建模基础

为模型和建模过程找到通用定义颇为困难，因为建模既与科学知识产物的一般过程相关，又与科学方法本身紧密联系。它既是一个演绎过程(从普遍到特殊，如亚里士多德定义的那样)，又是一个归纳过程(从如汪洋的原始数据中找到规律)。笛卡儿[1]在科学方法中发现了如何一步一步地接近真理的途径。建模可以被当作是科学方法中一条渐近的捷径，但建模的真实目的一般是为观察或试验结果提供解释，然后根据特定假设条件做出预测。“循序渐进”思想是建模的基础。

本章将检验通常意义上的机械系统模型概念，这类模型的主要特征是它们包含的内容、目的、建模方法、模型使用方法及展望和挑战。本章某些内容的灵感来自加州理工学院的阿瑞斯·卢瑟福(Aris Rutherford)在 20 世纪 80 年代所著的《数学建模技巧》[2]。

4.1.1 目的

“理解”和“预测”是建模的两个主要目的，即建模一方面可以解释试验观测结果，另一方面可以对结果进行预测。

4.1.1.1 理解

模型始于对试验结果的解释(演绎方法)。人们希望能够理解、解释并利用基本力学规律描述试验结果,并为之选择“恰当的”理论要素。在这里,术语“恰当的”是核心,应该严格遵守。

为了“理解”,应采用概念收集法。在做进一步研究前,研究者应该先回答一些问题:模型方程的解是否存在,是否唯一,是否稳定,是否有求解的方法(已存在还是待开发)?换句话说,模型是理论力学和数学框架的一部分,而确定选择这一框架的正确性至关重要;方程和框架需要一致,并给出可能的边界条件。

建模要素源于力学和热动力学的基本规律,除了物理学、电学和化学知识,还需要使用和开发数学工具。本章某些例子中将说明如何使用新的数学方法进行建模,接触问题尤其如此。现如今,研究的问题日益复杂化,不同类型的表象之间会相互影响,建模时需要考虑多场耦合模型。

使用或开发一些科学且协调的模型元素对建模至关重要,并同时关系到建模的“理解(解释)”这一目标。在进一步深入分析建模过程之前,应先了解一下其他的方法。下文提到的建模概念有明确的限制,建模还在多种概念上有差异显著的分支,现在我们先明确其中的两种。

(1) 在将模型和数学方程联系起来时,实际上已经摈弃了其他直接基于试验而缺乏理论支持或至少缺乏规范理论支持的方法。一个基于试验建模的范例——圣家族大教堂。西班牙建筑师高迪(Gaudi)因在巴塞罗那修建的圣家族大教堂而闻名。为了建造教堂拱顶,高迪发明了倒挂链模型,他用链条模拟拱顶,并用小袋重物模拟拱顶承重柱受到的压力,然后在模型底下放了一面镜子,镜中的影像就是真实拱顶的最终形状,如图 4-1 所示。他还用悬挂小袋(装满盐或面粉)的方法模拟穹顶、圆形屋顶、柱子的外形和体积。这个建模过程采用了直接测量模型力学表现的方法,而不像下文那样有完整的理论框架,但高迪的建筑艺术杰作精彩地呈现出倒挂链模型的高效性和对此类结构建模的方法。

(2) 本书涉及的另一种建模方法是基于统计学方法的。例如,从一组试验所得或随机抽取的数据中(样本尽可能地大),利用成熟的统计学工具可以进行行为预测或得到问题的解,蒙特卡洛法是此类方法的基础。蒙特卡洛法是由梅特罗波利斯(Metropolis)和乌拉姆(Ulam)共同发明的[3],此方法的基础是概率分布选择的随机抽取。举个例子:确定任意形状容腔内声源辐射出的声场可以利用射线理论而不是声波方程,声场是声源向随机方向发射出的声波束轨迹的

图 4-1　倒挂链模型和圣家族大教堂拱顶

叠加，墙壁的吸收效果可根据反射定律计算，只要边缘衍射现象不占主导，此方法就会行之有效，发射的声波束数量越多，结果就越准确。

建模过程应用的概率统计和统计学工具及方法包括方差缩减、多项式混沌、克里金(Kriging)法(地质统计学、气象学、环境科学和电磁学等领域均有应用)，以及近年来多领域广泛应用的分形分析法[见切列帕诺夫(Cherepanov)和巴拉金(Balakin)发表的论文[4]]。该方法引用分析对象特征对其表面粗糙度、动态裂纹和聚合物、橡胶弹性、工业过程分析或监控、机器检测等展开分析研究。

4.1.1.2　预测

除了让研究者能更好地理解研究对象，建模的另一个主要目的是“预测”，即用仿真代替试验预测机械系统承受载荷变化时的响应。通过计算和解析分析可知，用仿真代替试验是一项革命性的进步，这么说至少有两个原因。首先，用计算代替耗时且昂贵的试验，不仅解放了人力资源而且更为经济(尽管有时计算也非常昂贵)；其次，当试验无法实施或很难实施时，计算就变得不可或缺，例如对于偶然事件或者自然灾害(如海啸、水坝垮塌、辐射环境下的管路泄露、核爆、龙卷风移动等)，天气预报就是一个典型的例子。某些例子中，试验也会采用模型，但所用模型的尺寸对结果的影响需要详加考虑。

应当明白，对于可靠的行为预测而言，建模的挑战在于模型确认、研究模型的可靠性并确定适用范围。一方面“理解”是“预测”的基石，且“理解”更基础。另一方面“预测”的经济效益是巨大的，经过确认的模型可以极大地减少新品研发周期和研发费用。

建模可作为试错试验的替代方法。试错试验包含显著参数影响性测试和由此得到的试验报告。这种方法对线性系统或许有效，但对非线性系统却很难处理，因为非线性系统需要大量的试验和穷举样本，而做到这一点需要大量的时间和经费投入，所以开发好模型的重要性不言而喻。

确认后的模型可以支持机械系统优化。模型是工程师的利器，利用模型可以快速测试每项参数对系统的影响。当然模型并非万能的，也不能替代专业人士，它仅仅是设计者和研究者在开发或优化产品时的工具，工程研究人员如何开发产品、选取参数、掌握模型使用技巧等才是机械系统建模艺术的核心。

搭建模型的步骤如下。

(1) 对研究对象选择适当的描述方程：做出必要的假设，确定需要考虑的主要因素，选定分析的颗粒度等。

(2) 公式化，并选定公式框架。

(3) 对问题的数学分析给出解是否存在以及解的唯一性、稳定性等相关信息和待解问题的条件信息。

(4) 最关键的一步——问题的求解，这一步的工作量或难度可能非常大。一方面需要借助于近似问题的数值分析结果、离散性、算法等，另一方面需要寻求数学方法的确认。

(5) 一旦数学方法得到确认，就可以确定基本参数并利用模型模拟测试，寻找参数变化的敏感度。

(6) 通过各种试验确认模型的正确性，并且评估理论结果与试验结果之间的误差。

虽然根据不同的实际情况，上述建模步骤的重要性和难度会有差异，但建模步骤是相同的，需要牢记。

4.1.2 搭建模型

建模的技巧在于找出关键点，确定问题现象的本质及各要素在试验中的作用。搭建模型最基础的步骤是要素选择和假设，模型由“方程”和“假设”组成，这一点至关重要。基础假设是确认模型的适用范围，必须定义清楚并时时谨记，但关于这一点却总是被忽视。例如，用基于目前有限的数值积分法求解不可微分问题就是一个典型的错误。

假设条件也存在细微差别。例如简化和忽略的差异：简化可以解决问题但未必合乎规则，而忽略是剔除问题的次要方面(合理的假设)。

在模型搭建和系统方程求解的过程中进行的选择和假设，可以通过尝试使用列表并分类的方法，以便达到正确模拟试验的目的。

(1) 必须考虑的物理学知识。首先要确认建模对象特征现象的实质：力学的、化学的、热学的、电学的效应或其他效应，这决定了模型的复杂程度。正如前文所言，多物理场模型的应用正与日俱增，因此这一步就变得尤为重要。因为非正常地忽略建模对象重要特征(模型不完整所致)和模型过分复杂导致的副作用(模型冗余所致)同样有害。

(2) 方程及结构。方程应该在物理学和热动力学基本准则的指导下采用通用形式书写，方程结构形式的不同会引起视角的不同，比如是选择运动方程还是能量准则、偏微分方程或最小问题等。方程结构形式的概括或抽象程度决定了模型的普遍程度，当这种普遍性很大时，就将谈及模型的类别。基于通用标准材料概念延伸至交互面的形式，4.2.5 节将引入交互面统一模型，用于说明模型类别的概念。

(3) 时间的作用。时间在模型开发过程中扮演了一个特殊角色，而由此引起的若干问题需逐一解答。首先，如果考虑惯性效应，是否就要做动力学特性研究？或当研究对象质量足够小、速度足够慢时，是否仅进行准静态研究就足够了？第二个问题，需要考虑黏性损耗条件下，速度对研究对象自然特性可能造成的影响。第三个问题，时间参数引起的变化是否需要纳入考量，无论是直接的(如老化效应)还是间接的，这些参数均取决于一些变量，如位移、速度。如果研究的现象与传力路径相关(塑性变形、损伤等)，那么时间就会被一个没有维度的变量取代，由该变量描述传力路径，这是一种特殊情况。

(4) 尺度选择。建模的另一个具体问题是选择分析尺度，既可以选用给定的尺度，也可以选用多尺度组合(多尺度模型)。随着计算机性能的显著提升，多尺度模型也正在快速发展。

4.1.3 选择方程

方程的选择关系到几个层面。首先，可以选择离散的或者连续的方程；其次，选取的变量应该与方程形式直接关联(原始的、双重的或混合方程)。

例如一个由质量块、弹簧及其他一般元素组成的离散方程，选择离散方程的目的是为了“理解”。离散方程可以很复杂，包括非线性和特定元素，如 4.1.9 节中所举的例子。若想实现“模拟”和“预测”复杂结构行为，选用能适用于任意几何尺寸的有限元连续方程则更为合理（也可以采用多种变量），复杂组件也常使用离散方程和连续方程组合的方法。

数学框架与方程紧密相关。以连续介质力学为例，光滑问题的一般框架是泛函分析和索伯列夫(Sobolev)空间。一些例子中（如接触问题），凸分析和非凸分析是很便利的框架。多样化的方程分为原始型（位移和速度方程）、双重型（应力方程）和混合型方程，不同情况下这些方程各有利弊。对于时间的不平滑问题而言，分布式和微分测量是更便利的框架。

对于非光滑问题，正则化可以极大简化方程和数学框架，但这一过程将使问题本源变得面目全非，并影响模型的确认工作，后面将用一个章节讨论这一重要问题。

4.1.4 结构和数学分析

尽管数学分析经常被认为是不必要、不相关的，甚至只是数学家们的消遣，但数学分析在物理建模中还是占据了主导地位。光滑问题（既相对于时间变量又相对于空间变量）的数学框架非常经典，无须考虑特殊情况，但须注意只有书写偏微分方程边界条件时，才用到索伯列夫空间的概念。

整个数学领域都是从力学问题延伸出来的：泛函分析、凸分析、Γ 收敛概念等[见多特雷(Dautray)和利翁(Lions)的论著[5]]；力学问题（尤其是非光滑问题）为数学带来了长足的发展，且至今仍未停止。遗憾的是，尽管提供了合适的框架，工程师们有时还是无法直接使用结果，但这些方法无论对理解模型还是对理解计算过程都多有裨益。在正确剔除问题、理解主要理论属性、为求解过程开发方便的数值方法等方面，理论框架和数学分析都非常实用。需要强调的是，将正确的数学方法应用于模型要素（方程）是建模的关键，只有这样才能找到解并正确地求解，有时甚至会有意想不到的收获。

后面将以接触力学建模为例进行说明。这个问题看上去很简单（因为早在18 世纪就发现了库仑摩擦定律），但本质上却非常复杂，因为它与非光滑问题中的阈值定理、接触定律（图谱是多值对应的且不能函数化）等相关。

4.1.5 求解

求解是建模的关键步骤之一。受限于元素的几何尺寸，方程求解得到的可能是解析解，但它简化了参数的研究并能更容易地定位关键对象。通常，解析法有利于“理解”，因此在建模中是不可忽视的。现今涌现了许多数值求解方法，随着计算机性能的大幅提升，也催生了新的建模方法和建模思路。由此可知，建模技术与资源、计算机性能和设计方案之间紧密相关。

需要指出的是，计算机性能的提升也会带来一些负面影响，那就是建模者指望用“大量的自由度”取代“思考”，这也是建模过程中最常见的误区之一。许多用到百万级的自由度(degree of freedom，DOF)计算较之那些对模型进行了充分思考且仅使用少量自由度或离散力学方法的模型而言，在对问题的理解和知识贡献方面都颇有差距。

现有方法的种类非常多且还在不断发展，常用的方法包括有限元法(finite element method，FEM)及其各类变种(如有限元平方法、子域、多重网格法、扩散元素、有限体积法、积分法、光谱法等)，因此必须要再次强调计算方法。

需要牢记的是计算方法必须与假设和数学框架保持一致。另一件极为重要的事是计算方法有效性的确认(见第 4 章)，研究人员可通过其他(基准)解析或评定的标准解法来完成该确认工作。这并非微不足道的琐事，但有时我们会发现通过试验来确认计算方法有效性的这种做法是错误的。通过确认计算方法的有效性，研究人员可借此有效评估和减少计算方法的误差(有别于离散化误差和计算误差)、核查收敛条件、正确选取计算参数等。

逼近问题和离散问题的数学分析由于其难度大而常被忽视，但此类分析往往可为算法的稳定性(还有可能提供确认用的稳定条件)、收敛特性、错误评估及数值应用的其他有价值的特性提供重要信息。

4.1.6　参数识别

参数识别的步骤应与模型确认的步骤区分开——这一点将在下文中进行讨论。模型搭建后就到了参数识别这一关键步骤，它隐含了寻找优化问题的方法：找到试验结果和仿真结果差异最小的参数值。

从一般意义上讲，参数识别是通过试验进行的，而这些试验既包括与研究问题相对独立的，也包括与该问题紧密相关的。例如要搭建一个结构模型，材料的力学特性经常是通过试件试验来获取的，这就是所谓的独立试验。再例如，与系统环境紧密相关的，就要使用不同的方法，这通常要用到分界面模型。

4.1.7 模型确认

模型确认是建模的另一关键步骤，因为这意味着使用经过确认的模型就可以做出可靠的预测。模型的确认是建模过程中最关键的一步，建模者需要确认模型的质量，明确其适用范围并说明其能力。再次重申，此步骤非常重要，需要特别注意。

通过评估一个或多个试验的仿真结果和试验结果之间的误差后，再使用参数识别过程中得到的参数值进行模型的确认。需要说明的是，评估误差时所选用的范数(误差准则)也很重要：选取均方差(L^2)会使差距变得平滑，选取有界范数(L^∞)则可测量出最大差异，某些情况下这将起到决定性作用。需要注意的是，试验条件需要对建模初始时的假设进行确认(如载荷幅值、速度等)。

在这一阶段，应该根据仿真结果和试验结果反复调整模型。可能出现下面两种情况：模型得到改善，理论和试验结果足够接近；反思模型是否可简化，以获得期望的结果，而第二种情况往往容易被忽视。

4.1.8 建模的关键点

本节提到了建模的多个方面。总而言之，建模有两个关键点。第一个关键点："模型既要尽可能地简单，也要可以根据需求变得足够复杂。两者之间要平衡，既不能多也不能少！"

通过一个著名的例子来说明这一点——巴勃罗·毕加索(Pablo Picasso)的名画《公牛》(1945年)。如图 4-2 所示，该画已经成为展示绘画艺术如何从学院派走向抽象派的经典之作。

图 4-2 毕加索名画《公牛》

在这组画作中，毕加索为了探求本质，对公牛这一形象进行了真实地解剖，并对其组成进行逐步分析，每幅画都是探索公牛"精髓"这一连续过程中的一环。

在这幅作品中，毕加索逐渐简化公牛的外形却又保留了其精髓。经过如此的连续过程，画作在尽量精简外观的同时又捕获了生灵的本质，终于在最后一幅画中，毕加索把公牛完全简化成了线条。一个评论家如此说："于起始处终结！毕加索在抽丝剥茧的过程中遍历了所有的公牛。当你凝视这些线条的时候，根本无法想象其背后隐藏的海量工作，他在脑海中找回了公牛的组成要素，那是他梦想中的公牛——由纯粹的线条构成，这是本质的、无实体的、精华的！"

毕加索得到了一头柏拉图式的"牛"，反向推导出最初完整的公牛形象就是获取知识的过程。从事实中获得理想模型的过程就是建模艺术的根本所在，毕加索的方法也是获取知识的不二法门。基于同样的理念，也可引用费尔南多·佩索阿(Fernando Pessoa)的名言："不可化简处便是思想的发源地。"

建模艺术精确地包含了搭建最简模型所需的关键特性，这些特性能够反映现象的本质并支持有效的仿真。对于建模而言，模型保持尽可能的简单和必要的复杂是最基本的要求：过于简单不足以展开分析，过于复杂则会带来不必要的浪费。

建模的第二个关键点：不要陷入思维定式。建模者在面对一个新问题时，必须要规避的陷阱之一是"做会做的"而不是"做该做的"。也就是说，建模者经常会犯的一个错误就是把问题套入已有的知识框架中，用最常用的工具(即使紧跟业界发展)解决问题，而不是用一种更为便利但他不熟悉的方法。抵御使用熟悉方法的诱惑并不容易，因此避免思维定式通常相当困难。由于建模需要各种知识，因此随着模型复杂程度的增加，想要成为建模领域的多面手就越难。更可行的方法是与具备多技能的团队合作或者向专家们取经，同时从试验方法到数学方法扩展自己的知识面，以便能够与领域内的专家对话。工业领域跨部门、多学科合作建模很常见，建模者经常向多个学院、研究机构、实验室提出同一问题，以期得到不同的方案。

除了建模者的知识面外，知识深度、分析问题的完整性及工程直觉都是建模的关键因素。

下面以"聚合物泡沫周期特性"为例阐释本节相关内容。

4.1.9　离散模型——聚合物泡沫周期特性建模示例

本例阐释了以下3个论点：

(1) 离散模型和类比模型(如弹簧、缓冲器等)有助于"理解"和识别起推动作用的现象。在此以一个由非线性弹簧、缓冲器及其他常规元素组合的离散模型为例。建模的目标不是为了模拟材料完整的结构特征,而是为了识别和模拟此类材料承受循环载荷时的工作表现。

(2) 从简到繁。建模过程是循序渐进的,这是建模的理念:够用即可,不多不少,从基本必需元素入手,按需逐步加入其他元素。

(3) 必须清晰地界定"基本参数识别"和"模型确认"之间的区别。

本例恰好是被"理解"的且"简繁适度"的离散模型,细节可查阅德尔·皮耶罗(Del Piero)、潘波利尼(Pampolini)、拉乌斯的论文[6-8]。

4.1.9.1　行为的主要特点——试验

对一块开孔的聚合物泡沫试件施加准静态压载荷,在载荷垂直方向观察试件的局部变形,如图 4-3 所示。相应的聚合物泡沫的恢复情况和间隔时间及载荷速度的影响分别如图 4-4 和图 4-5 所示。

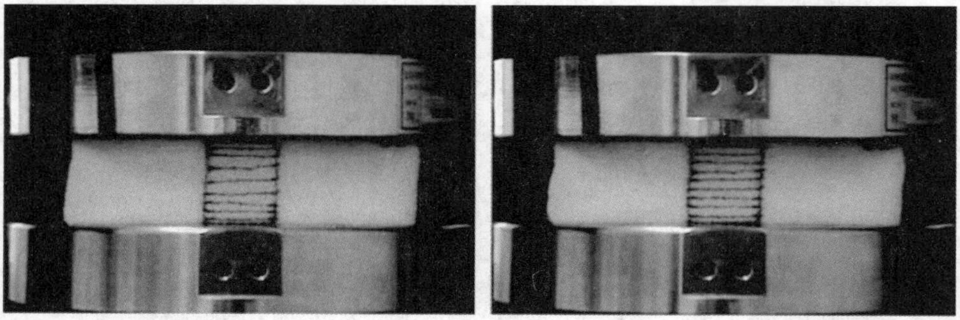

(a)　　(b)

图 4-3　承受压载荷时试件的局部变形

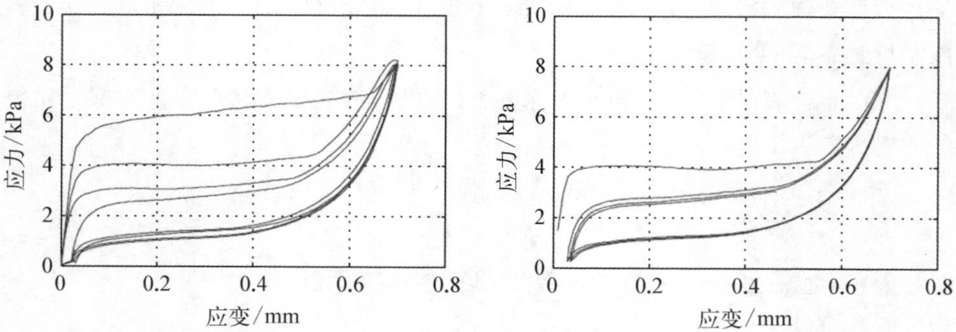

(a)　　(b)

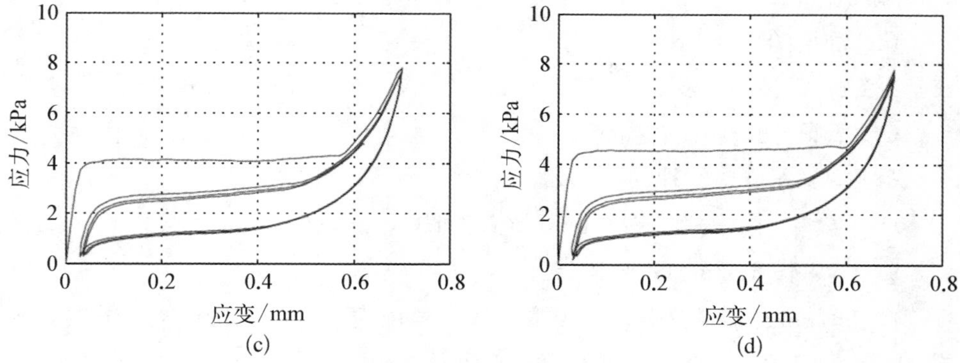

图 4-4　恢复情况及间隔时间

(a) 原材料;(b) 16 小时;(c) 52 小时;(d) 33 天

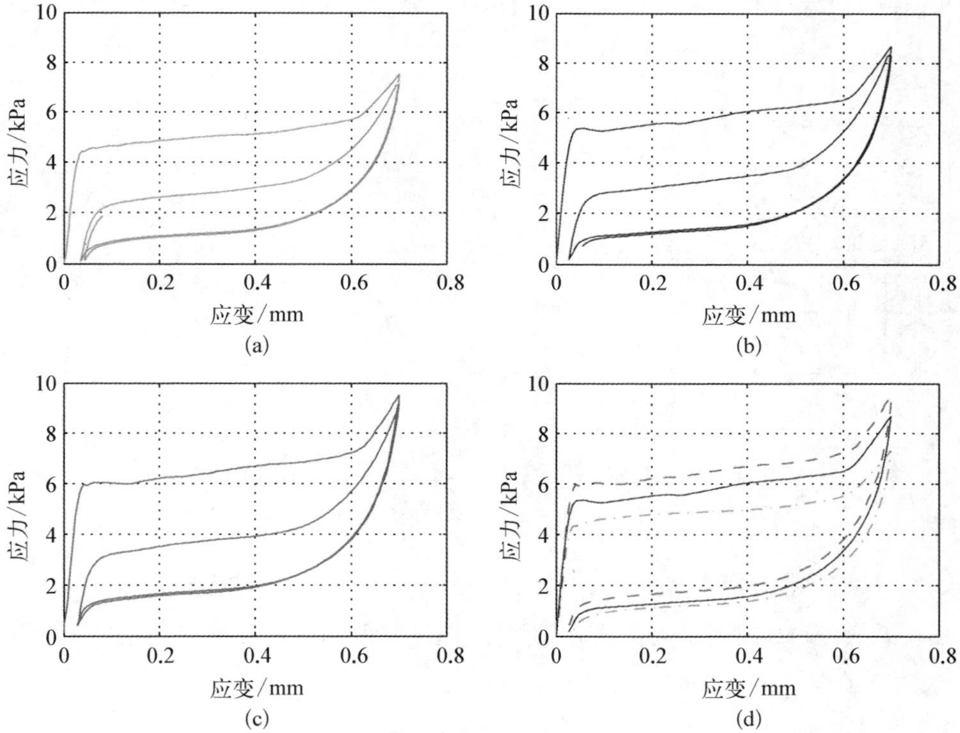

图 4-5　载荷速度的影响

(a) 0.1 mm/min;(b) 5 mm/min;(c) 100 mm/min;(d) 上述 3 种情况的对比

施加循环载荷时,可观察到应力/应变循环表现出下列特征:

(1) 周期的特定形状。

(2) 第一个循环与其后循环不同。

(3) 载荷施加速度产生的影响。

(4) 间隔时间对特性的影响。

(5) 与弹性体马林斯(Mullins)效应相似(应变软化)。

4.1.9.2 离散问题和非线性弹性

由弹簧、缓冲器及其他常规元素构成的离散模型常用来将样本离散成有限层,如图 4-6 所示。建模包括给模型组成元素选取适当的特性。首先要定位模型受载时的局部应变,为了达到这一目的,可假设弹簧会展现出图 4-6 所呈现的基于非凸应变能量密度 ω[6-7]的非线性弹性,关于这一问题的详细分析和计算见潘波利尼等人的研究[8]。在上述研究中描述了两种状态特性,一种是初始网格状态,另一种是完全挤压后的网格。

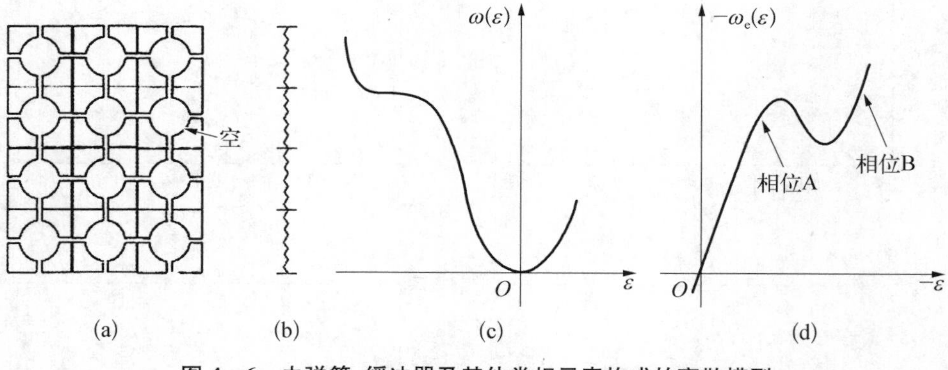

图 4-6 由弹簧、缓冲器及其他常规元素构成的离散模型

(a) 网格层;(b) 弹簧链;(c) 非凸应变能量密度;(d) 每根弹簧的特性

可以看到,首次受载时模型给出的理论计算值与试验结果的吻合度很高,但其后无论是卸载时还是改变载荷幅值,理论计算值和试验结果都存在较大的差异(甚至在本质上有不同),如图 4-7 所示。

4.1.9.3 加入黏度效应

随着其他影响因素的加入,模型逐渐完整起来。建模的理念就是逐步将必要因素吸收进模型从而可以描述试验结果。下面介绍黏度效应。将麦克斯韦(Maxwell)黏度引入齐纳(Zener)模型,既考虑了与加载速率相关的周期黏度效

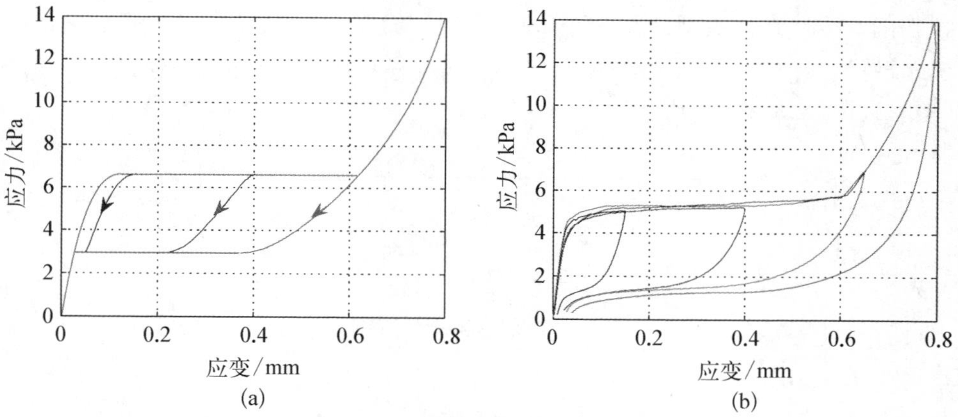

图 4－7　非线性弹性模型在不同幅值载荷下的理论计算值与试验结果的对比

(a) 理论计算值；(b) 试验结果

应，又兼顾了长周期相关性(间隔周期后恢复初始属性，即松弛现象)，为此可以在黏度模型中引入几个时间尺度不同的松弛时间。通过对带黏度的非线性弹性模型的理论计算值与试验结果进行对比(见图 4－8)，根据循环载荷的形状可知，理论计算值(实线)和试验结果(虚线)吻合度很高。尽管第一个循环很好理解，但其后循环之间还是存在无法解释的差异。

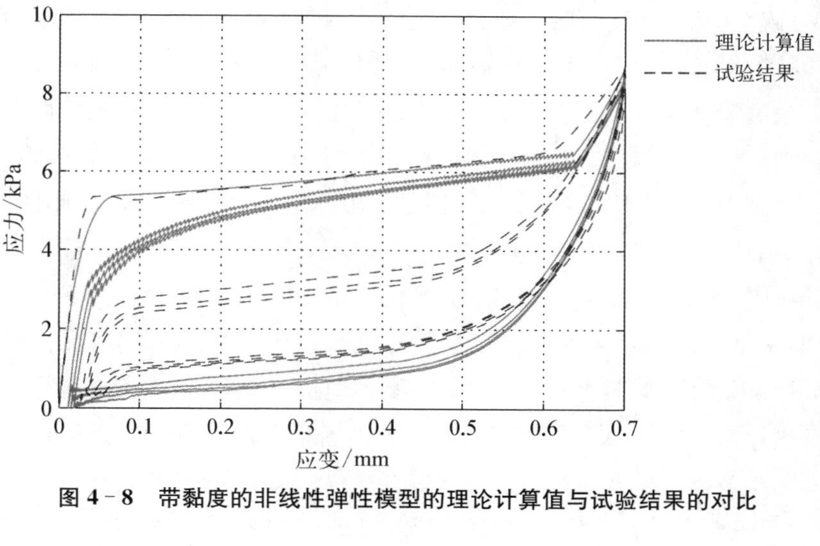

图 4－8　带黏度的非线性弹性模型的理论计算值与试验结果的对比

4.1.9.4　加入损伤

再次向模型引入新的效应(影响因素)——损伤。如图 4－9 所示，带黏度和损伤的非线性弹性模型的理论计算值(实线)与试验结果(虚线)的吻合度较高;为了准确描述试验观察到的现象,可以逐步往模型中加入其他影响因素,最终一步步搭建起完整的模型。

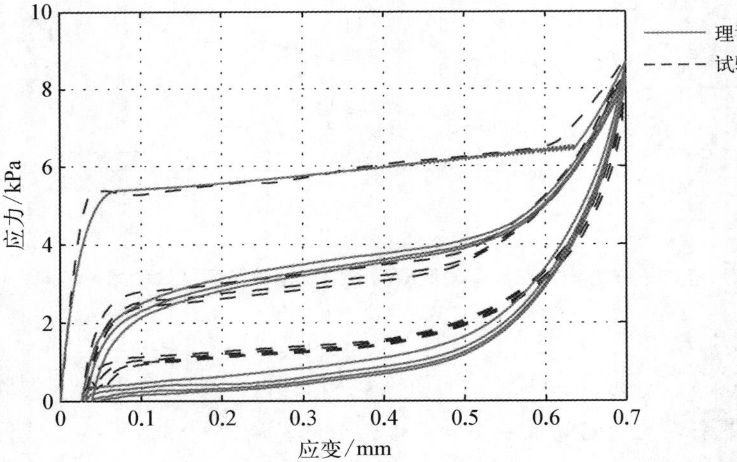

图 4-9 带黏度和损伤的非线性弹性模型的理论计算值与试验结果的对比

4.1.10 用于"理解"的模型

"理解"被认为是建模的首要目的。须注意的是,上述离散模型对理解聚合物泡沫特性很有帮助,可将循环作用行为解释为非线性弹性、黏度和损伤的综合作用。模型清晰地显示出聚合物泡沫受载时的力学相位变化,并据此得出应力-应变曲线。将一个包含120个元素的链路进行仿真,循环载荷下变形条件的演化(相变)如图4-10所示,其中面板颜色给出了该列中变形的级别(此例是一维模型),对应应力-应变曲线上不同的点:A, D, E, G 为单相构型;B, C, F, H 为两相构型(B, C, F 中两相是分离的);C, E, H 表示相同变形下所受应力不同,这是由于载荷路径解的相关性造成的,如此加深了对该现象的理解。

如何确认模型?图4-9所示的理论计算值与试验结果的良好吻合就是参数识别过程追求的结果。参数识别是一个很困难的过程,相关细节和方法论可参阅4.4.4节以及潘波利尼和拉乌斯的论文[8]。关于搭建模型和参数识别的问题,在此仅说明至少有一组参数能匹配模型试验结果,但此时的模型还没有确认,因此无法达到建模的另一个目的——"预测"。为了确认模型,要用该模型和识别过程中评估过的参数对其他载荷进行仿真,若理论计算值和试验结果可以

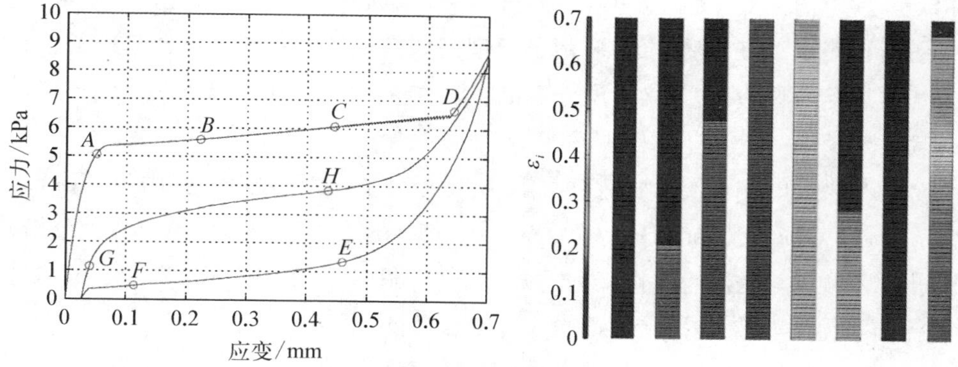

图 4-10　循环载荷下变形条件的演化(相变)

很好地吻合,则说明模型得到了确认,相关内容将在 4.4.4 节中给予详细说明。

4.1.11　结论

本例中的离散模型有助于理解聚合物泡沫在循环载荷作用下的主要力学性能,并提出了一些要素的变化形式:

(1) 非凸应变能量下的非线性弹性(一种建议形式)。

(2) 涉及至少两种时间尺度下的黏度时(循环周期和间隔周期的持续时间),使用齐纳-麦克斯韦模型会很便利。

(3) 损伤。

此外,离散模型还给出了力学模型各种参数量级的顺序。逐步搭建模型的目的是使模型"简繁适度",4.4.4 节会明确参数识别和模型确认的方法。

接下来就该推导问题的连续方程,并用有限元法模拟如吸能器、坐垫、包装材料、轻质三明治复合材料结构等工件中聚合物泡沫结构的特性,这并不简单,但利用现有模型将会有助于理解此类结构在建模时应该考虑哪些主要因素。

4.2　接触力学建模

下面讨论接触力学建模。正如之前所说的,接触力学建模是一个热门领域,因为先前章节涉及的很多内容都涉及接触力学问题。

本节将聚焦于"模型搭建"上,而这一步也是涉及力学问题最多的一部分。本节将概述各种接触面定律(如单侧接触、摩擦、黏附、磨损等),并展示不同领域应用这些定律的差异性。此外,还给出了一些多尺度分析方面的元素和参考,这一方法已得到了极大的扩展,展示了模型是如何在概念基础上搭建起来的。相对于正则化的风险而言,多尺度分析更强调收益,这部分通过以下两个例子进行说明。

(1) 通过单侧接触、摩擦、黏附[拉乌斯-坎杰米-科库-莫内里(Raous-Cangemi-Cocou-Monerie, RCCM)模型]定律阐述新接触模型(热动力学分析)的概念和数学难题的重要性。上述方法非常适用于这样一个工程问题:如何通过控制和优化纤维/矩阵接触面来改善复合材料对裂纹传播的抗性?

(2) 包含单侧接触、摩擦、黏附的统一模型可以用于说明基于基础力学(使用标准材料)建模时所用的归纳/演绎方法。

4.2.1 基本接触面模型

常见特性对应的接触面定律包括不可穿透障碍物、摩擦、黏附、愈合黏附、磨损等[9-12]。

4.2.1.1 单边约束

固体无法穿透刚性障碍物,这是一条需要明确的基本事实,这种情况可视为两个可变形固体间的接触。假定刚性障碍物所占的区域为Ω,Γ_C为初始与障碍物接触的边界Γ的一部分,$\boldsymbol{u}_C$为区域Ω内边界Γ_C上位移$\boldsymbol{u}$的轨迹,$\boldsymbol{R}$为接触力,$\boldsymbol{n}$为边界Γ_C向外的法向矢量。使用后面提到的法向和切向概念,则不可穿透条件可描述为西格诺里尼(Signorini)边值条件,并得到互补方程。不可穿透条件特性:单边约束——西格诺里尼边值条件如图4-11所示,它不是一个函数而是一个多值映像,这正是困难所在!

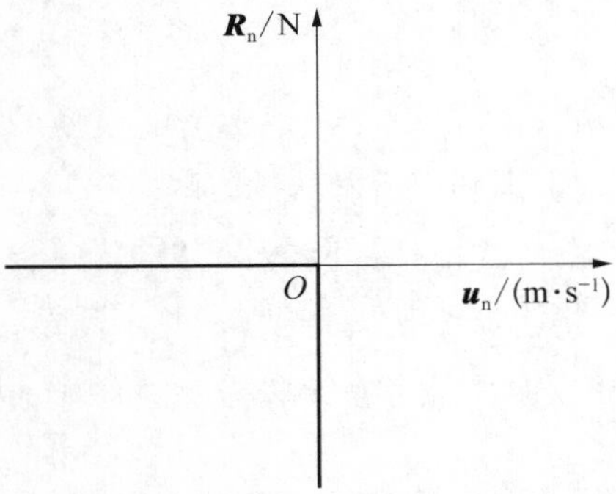

图4-11 单边约束——西格诺里尼边值条件

$$\boldsymbol{u}_C=\boldsymbol{u}_n\boldsymbol{n}+\boldsymbol{u}_t \quad \boldsymbol{R}=\boldsymbol{R}_n\boldsymbol{n}+\boldsymbol{R}_t$$

$$\boldsymbol{u}_n\leqslant 0$$

$$\boldsymbol{R}_n\leqslant 0$$

$$u_n R_n = 0 \tag{4-1}$$

4.2.1.2 摩擦：库仑摩擦定律[13]

1781 年，基于对中等大小力的试验观察结果，发现了摩擦基本定律——库仑摩擦定律。首先，该定律是有门限的，只有当切向力达到了门限值固体间才会发生移动；其次，该门限与法向力成正比；最后，移动方向与切向力施加方向相反。该定律可以用下面的表达式进行描述：

$$\| \boldsymbol{R}_t \| \leqslant \mu \mid \boldsymbol{R}_n \mid \tag{4-2}$$

$$\text{如果 } \| \boldsymbol{R}_t \| < \mu \mid \boldsymbol{R}_n \mid \text{，则} \dot{\boldsymbol{u}}_t = 0 \tag{4-3}$$

$$\text{如果 } \| \boldsymbol{R}_t \| < \mu \mid \boldsymbol{R}_n \mid \text{，则} \dot{\boldsymbol{u}}_t = -\lambda \boldsymbol{R}_t \text{，其中 } \lambda \geqslant 0 \tag{4-4}$$

式中：$\boldsymbol{R}_t$ 为切向力；$\boldsymbol{R}_n$ 为法向力；μ 为摩擦系数；$\dot{\boldsymbol{u}}_t$ 为移动速度。

库仑摩擦定律(见图 4－12)看起来很简单，只涉及摩擦系数 μ 一个参数，但实际上非常复杂，因为它不是一个函数，而是一个由单边条件确定的多值映射。

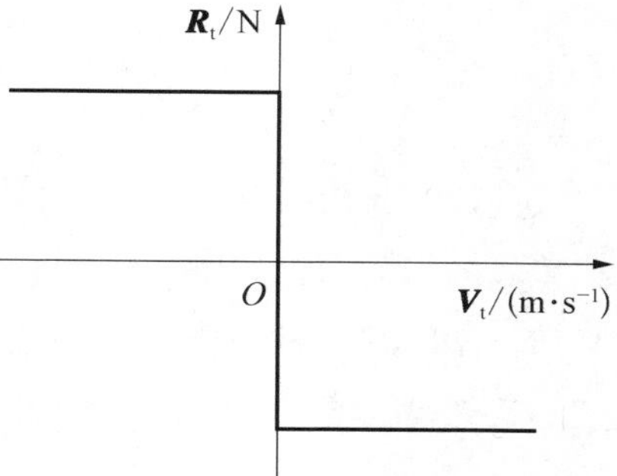

图 4－12 库仑摩擦定律

如果要写出库仑摩擦定律的数学表达式并开发相关的计算方法，那么难度就会陡然增加。应该意识到，非光滑特性恰恰就是该定律多样性的基础，它使得对不稳定特性(如摩擦噪声、黏滑等)建模或模型多解成为可能。因此，此类非光滑特性的简洁处理方法很重要，需要在非光滑力学环境中解决此类问题。

库仑摩擦锥给出了此类问题的空间构型，如图 4－13 所示。当固体落在库仑摩擦锥之内时，不会移动；而当其落在库仑摩擦锥边界上时，则会沿切向发生滑动(且不与该领域边界正交，因为该例是一个典型的塑性问题)。我们可以看出，上述运动没有对应的常用规则，公式化极其困难(没有最小化原则，正如 4.3.3 节所述)。因此，可以利用 4.1.3

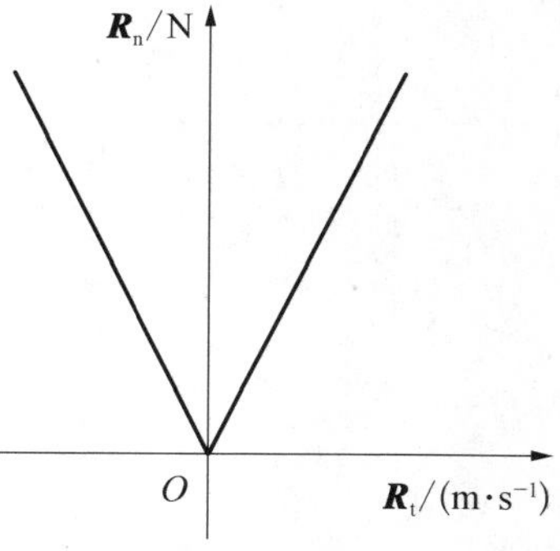

图 4－13 库仑摩擦锥

节中的任意方程进行建模，得到库仑摩擦定律的其他公式，在此简要给出一些例子(详细内容可参阅参考文献[14])。

(1) 最大损耗原则。

$$\boldsymbol{R}_{\mathrm{t}} \in \boldsymbol{C}, \quad \forall \boldsymbol{S}_{\mathrm{t}} \in \boldsymbol{C}, \quad (\boldsymbol{S}_{\mathrm{t}} - \boldsymbol{R}_{\mathrm{t}})\dot{\boldsymbol{u}}_{\mathrm{t}} \geqslant 0 \tag{4-5}$$

其中，二维情况下，$\boldsymbol{C} = [-\mu\boldsymbol{R}_{\mathrm{n}} + \mu\boldsymbol{R}_{\mathrm{n}}]$。

(2) 偏微分方程。

$$-\dot{\boldsymbol{u}}_{\mathrm{t}} \in \partial I_{\boldsymbol{C}_{\mathrm{t}}(\boldsymbol{R}_{\mathrm{n}})}(\boldsymbol{R}_{\mathrm{t}}) \tag{4-6}$$

式中：$\partial I_{\boldsymbol{C}_{\mathrm{t}}(\boldsymbol{R}_{\mathrm{n}})}(\boldsymbol{R}_{\mathrm{t}})$ 是指示函数 $\boldsymbol{C}_{\mathrm{t}}(\boldsymbol{R}_{\mathrm{n}})$ 的偏微分；$\boldsymbol{C}_{\mathrm{t}}(\boldsymbol{R}_{\mathrm{n}}) = \boldsymbol{P}$，且 $\boldsymbol{P} \leqslant -\mu\boldsymbol{R}_{\mathrm{n}}$。

(3) 双重偏微分方程。

$$\boldsymbol{R}_{\mathrm{t}} \in \partial\phi_{\boldsymbol{R}_{\mathrm{n}}}(-\dot{\boldsymbol{u}}_{\mathrm{t}}) \tag{4-7}$$

式中：$\phi_{\boldsymbol{R}_{\mathrm{n}}}(-\dot{\boldsymbol{u}}_{\mathrm{t}}) = \mu\boldsymbol{R}_{\mathrm{n}} \| \dot{\boldsymbol{u}}_{\mathrm{t}} \|$。

4.2.1.3 正则化

处理非光滑问题时，正则化是常用的方法，通过正则化，可以用更简单的形式替代初始问题，而且正则求解也相对容易。但需要强调一点：正则化后的问题与初始问题是有差异的，在对非常复杂的力学现象建模时，建模者对此要有清楚的认知，接触问题会很好地证明这一点。

接触问题的正则化是用函数替换多值映射，从而转换成平滑(但非线性)问题。

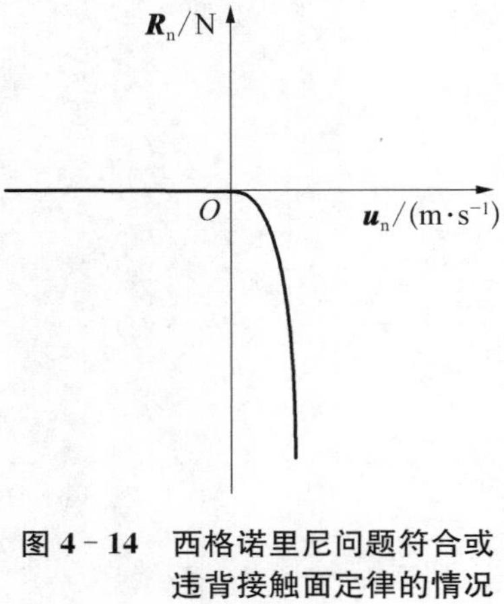

图 4-14　西格诺里尼问题符合或违背接触面定律的情况

(1) 单边约束正则化。

西格诺里尼问题符合或违背接触面定律的情况如图 4-14 所示，用非线性方程描述接触特性：当发生穿透障碍物的情况时，引入一个强作用力将可变形固体从障碍物中推出。其中：$\boldsymbol{R}_{\mathrm{n}}$ 为法向力；$\boldsymbol{u}_{\mathrm{n}}$ 为法向位移。

下面是一个典型的例子，式中 $(\boldsymbol{u}_{\mathrm{n}})_{+}$ 为法向位移的正数部分，$\boldsymbol{C}_{\mathrm{n}}$ 和 m_{n} 为两个指定的正则化参数，则有

$$-\boldsymbol{R}_{\mathrm{n}}=\boldsymbol{C}_{\mathrm{n}}(\boldsymbol{u}_{\mathrm{n}})_{+}^{m_{\mathrm{n}}} \tag{4-8}$$

虽然该式非常便于分析求解,但是我们先来探究一下其力学特性。须注意的是,穿入障碍物的情况无外乎有两种:一种是接触力错误(取决于符合性参数),另一种是不切实际。在这里会用到两种术语:"符合"针对力学模型,"违背"涉及求解器的使用。有时为了给出单边约束正则化的力学解释,会说违背单侧接触(或符合接触面定律)与粗糙表面挤压是同时发生的。事实上,当计算粗糙表面发生的挤压力时(在大尺度塑性变形中[15]),会发现系数 $\boldsymbol{C}_{\mathrm{n}}$ 和 m_{n} 因过大而超出了计算取值范围。所以,如果所考虑问题的量值允许,不推荐用正则化来处理非穿透条件,也不推荐用正则化检查穿透控制,尤其是在使用标准计算程序时。

(2) 正则化库仑摩擦力。图 4-15 使用了多种函数正则化库仑摩擦定律,库仑多值映射再次被函数(非线性的)替代,问题得到极大的简化。图中,$\boldsymbol{R}_{\mathrm{t}}$ 为切向力,$\boldsymbol{V}_{\mathrm{t}}$ 为切向速度。

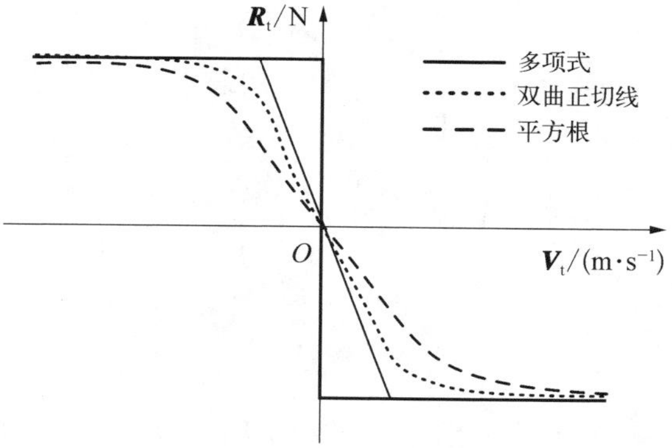

图 4-15 多种函数正则化库仑摩擦定律

需要强调的是,正则化后的力学问题与初始问题大相径庭:总有滑动产生,除非切向力为零!这就意味着即使作用力很小,但只要时间足够长,冰箱就能自己滑过厨房地面,而这样的说法明显是错误的!因此,在选择与时间尺度相关的正则化参数时,必须特别注意。为了能够得到较好的库仑摩擦定律近似结果而选取此类参数时,常会将问题化简为刚性问题,这从数值计算角度来看是很糟的。所以,如果为了计算方便而选取了此类参数,就必须检查解的库仑条件,确认研究对象的解是否充分。此外,正则化参数的选取对切向力的影响很大,因此,这种正则化不适用于精细分析。例如,对不稳定性和摩擦噪声现象的研究,因为其分析结果取决于正则化的参数(正则化很强时,即使是稳定性分析也很难完成)。

总而言之,通常在建模过程中使用正则化可以极大简化相关的数学问题和公式计算,但也使原本的问题转化成了其他问题。因此,使用正则化这一工具时必须非常谨慎(如参数选取和对解的确认等)。当然,如果无须精确而只为确定接触条件,那么正则化还是合理可行的。

4.2.2 分界面模型概述

除了这些看似基础,却包含了描述接触现象精髓的基本定律外,还有许多其他已经被发现或者正在着力研究的定律。本节将对这些定律进行概述,有兴趣的读者可以查阅参考文献[11],以进行深入了解。本节的目的在于展示分界面模型的种类。

4.2.2.1 其他摩擦定律

图 4-16 给出了库仑摩擦定律摩擦锥变种的构型空间,这些变种定律表明,当法向力很大时,摩擦力就不再取决于法向力。这是一种摩擦饱和现象,在金属成型中经常遇到。此时,库仑摩擦锥会变成一个截锥体[库仑-奥罗万(Coulomb-Orowan)和肖(Shaw)]或者圆柱体[特雷斯卡(Tresca)]。图中,$\boldsymbol{R}_n$ 为法向力,$\boldsymbol{R}_t$ 为切向力。

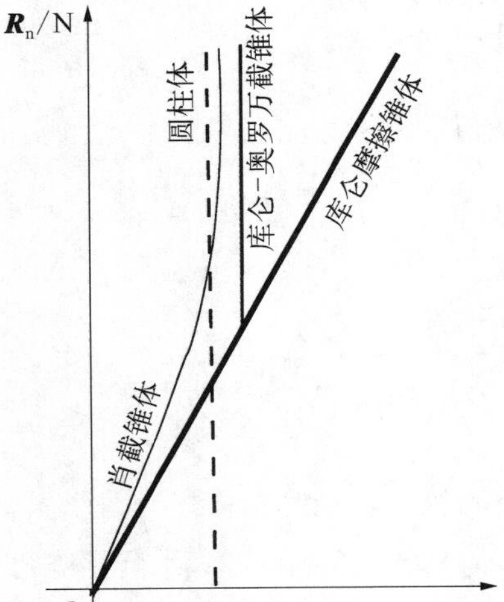

图 4-16 库仑摩擦定律摩擦锥变种的构型空间

4.2.2.2 黏附

现在要考虑在分界面阻止固体从障碍物上分离的情况(伴随着阻力),即接触法向力可能是正值。随着接触法向力的增加,黏附逐渐减小,直至回到一般性的单侧摩擦问题。黏附强度可以看作是一个损伤变量,可以用这些定律描述分界面和裂纹扩展[内聚区模型(cohesive zone model, CZM)],更多内容见拉乌斯[11]和绍尔(Sauer)[12]的论文。

(1) 法向黏附(抵抗牵引力)。压力也有严格的单边约束(西格诺里尼问题),这不是正则化,图 4-17 给出了一些模型示例。

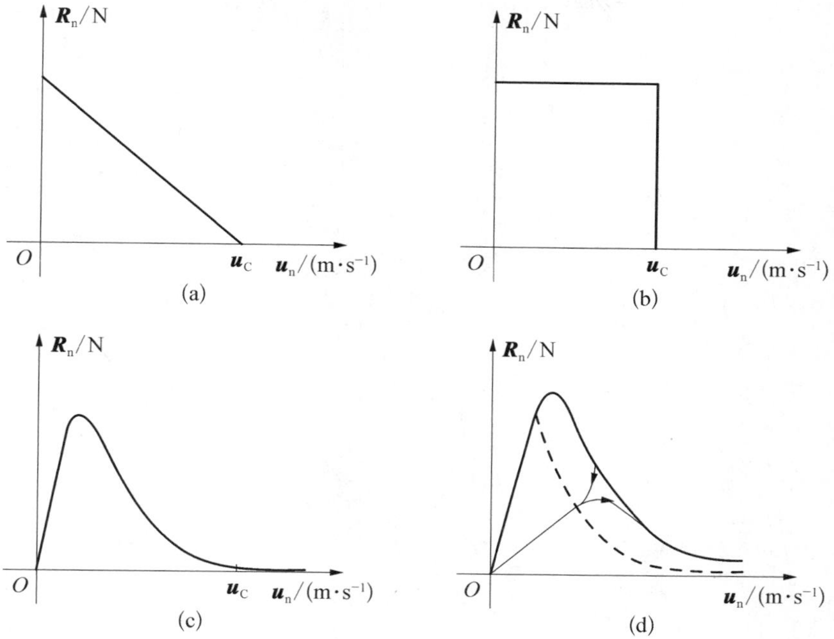

图 4-17 法向黏附模型

(a) Barenblatt 模型;(b) Dugdale 模型;(c) Needlman 模型;(d) 拉乌斯等人的 RCCM 模型

(2) 切向黏附。这些模型还是基于黏附强度的概念,即分界面的损伤。当黏附完全破坏时,就回到了通常的库仑摩擦定律,其中一些模型与摩擦力无关,如图 4-18 所示。

(3) 可恢复黏附。固体与障碍物完全分离后(黏附完全被破坏),当两者再次接触时,部分黏附可以恢复,如图 4-19 所示;这可能是范·德瓦尔斯(Van der Waals)力的作用或愈合现象,拉乌斯、施里夫(Schryve)和科库(Cocou)对此进行了建模[16-17]。例如胶带可以多次使用,但每次使用后其黏性都会降低一些,就是该情况的一个实例。

4.2.2.3 磨损,剐蹭模型

本书中可以找到一些关于磨损和剐蹭现象的定律,其中最著名的是阿查德(Archard)定律[18]:磨损产生的磨屑数量与摩擦力所做的功成正比。

4.2.2.4 不同摩擦系数的摩擦定律

有时需要引入与速度、正压力或其他变量相关的摩擦系数。用于金属成型的斯特里贝克(Stribeck)定律就是一个经典定律(见图 4-20),它考虑了摩擦系

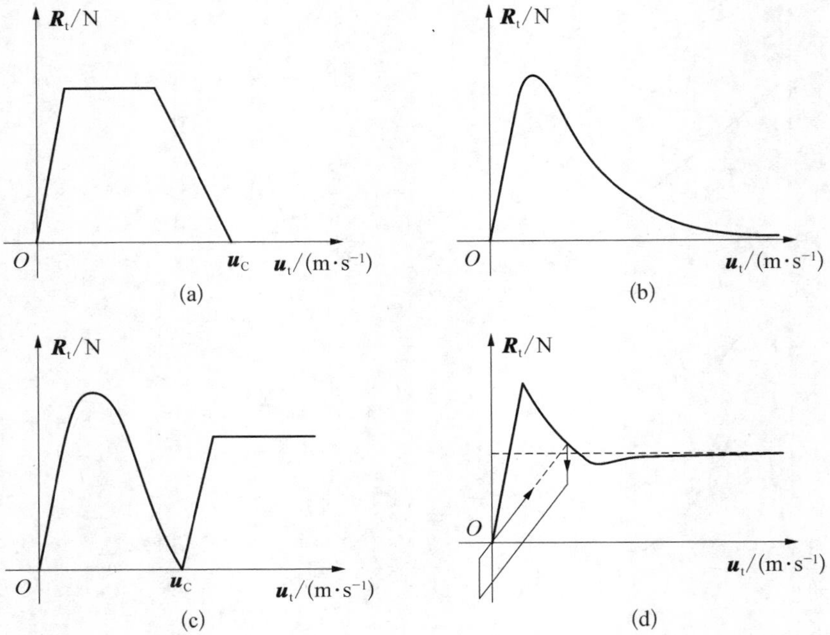

图 4-18　切向黏附模型

(a) Tvergaard-Hutchinson 模型；(b) XU-Needlman 模型；
(c) Tverggard 模型；(d) 拉乌斯等人的 RCCM 模型

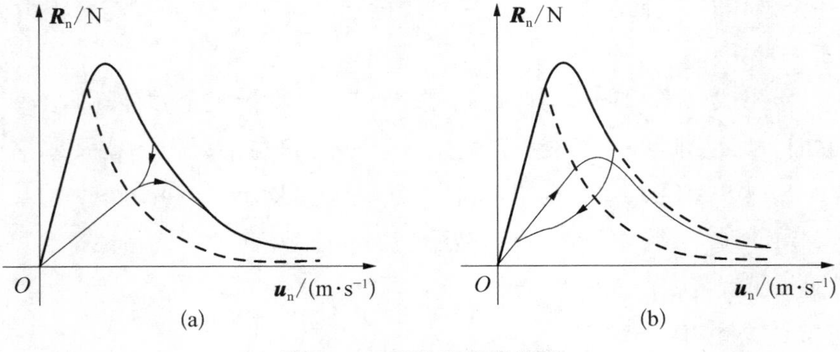

图 4-19　可恢复黏附模型

(a) 标准 RCCM 模型；(b) 可恢复黏附的 RCCM 模型

数与运动速度 $\mathbf{V}_t$、正压力 p 和润滑黏度 b 之间的关联性。

摩擦系数与运动速度的关联性也是一个典型特征，如图 4-21 所示。然而，当接触模型涉及此类相关性时（特别是对运动速度的相关性），需要多加注意。

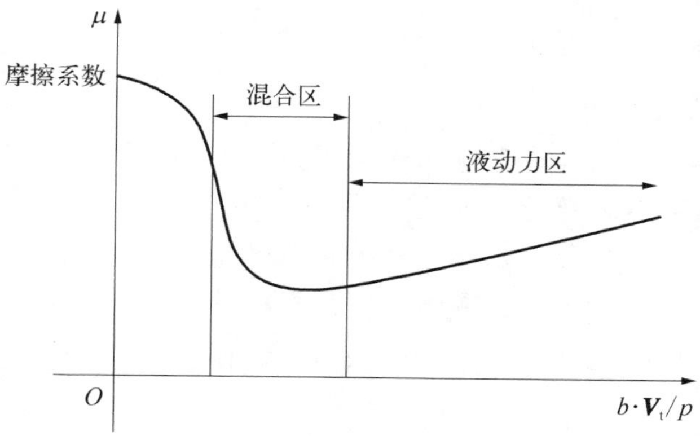

图 4 - 20　斯特里贝克定律

如果对运动速度的关联性可以通过试验来准确测量，则上述说法是合理的，但实际上在模型中引入的相关性往往没有那么清晰。例如，在很长一段时间内人们都认为，运动速度增加时摩擦系数减小（或仅考虑静摩擦系数或动摩擦系数）是黏滑现象发生的必要条件，但实际上这种想法是错误的。在 4.3.11 节中所举的例子说明了这一点。

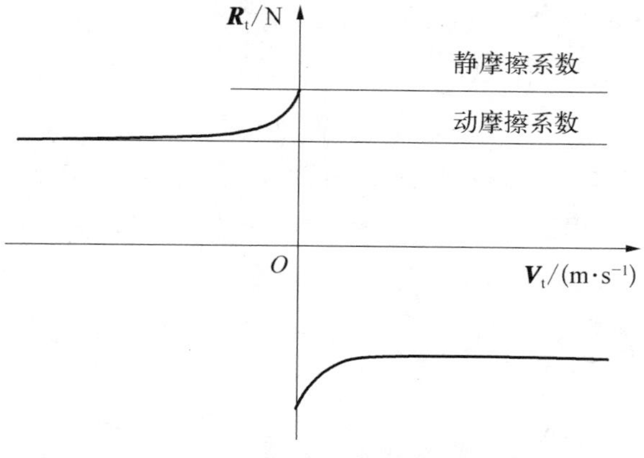

图 4 - 21　摩擦系数与运动速度的关联性

4.2.2.5　地球物理学中使用的失效分界面模型

地震中的断裂可用典型摩擦过程建模，断裂失效两侧粗糙的接触面间的相互挤压和碰撞会产生摩擦，从而引发地震的初始阶段。研究人员为了定义不稳定条件和地震最开始时的特征（聚集持续时间和长度）做了大量的工作，对地震聚集和震波产生进行建模，关键在于选取合适的摩擦定律。在众多可供选择的

摩擦定律中,有两条值得注意:

(1) 滑动弱化摩擦定律[19-20]。

(2) 速率状态摩擦定律[21-23]。

这些定律使用了大量参数,从侧面表明了建模对象的复杂性。通常不推荐使用包含多个参数的摩擦定律,因为且不说为这些参数赋值(识别步骤)时所面临的困难,就光识别主要特征也是一个很大的挑战,这与前文所述的"简繁适度"的基本论点一致。使用单侧接触、摩擦、黏附模型(RCCM模型,含有 4 个参数)描述地球物理学中失效分界面特性的方法还在研究中[24-25]。

4.2.2.6 结论

本节对最常见的分界面模型进行了概述,目的是为了说明摩擦接触建模的复杂性。在此,需要注意接触建模的下列主要事项:

(1) 接触分析的关键是非光滑特性(多值映射),因此不建议使用正则化消除这些非光滑特性。

(2) 建模要简繁适度。根据主要现象,尽可能减少变量和参数的数量(如非必要时,不要使用变化的摩擦系数)。

(3) 假设是模型的一部分。必须牢记建模是为了实现某一特定目标(并不是万能的),是在特定的条件(磁力、速度等)下对物理系统的详细描述。

4.2.3 接触力学中的尺度选择——可变尺度和多尺度分析

从纳米级(如薄膜)到千米级(如地球物理学)的研究对象,其尺度存在极大差异,但无论在何种尺度下都会发生摩擦和黏附现象,当然它们的物理和力学实质也存在很大的差别,这意味着模型中包含的物理要素会随着尺度的不同而大相径庭。

对于给定的物理现象,另一个需要注意的是全局特性和局部特性之间的相互作用,例如岩石和地理断层之间、粗糙表面和金属板之间、分子和保护层薄膜之间等。

对于大多数模型而言,定律是在全局尺度下设置的,而今也发展出了局部和全局混合分析的新方法,目的是向全局模型注入更多的物理量,这一变化归功于摩擦学计量技术的进步以及计算机计算能力的飞速发展,使百万级自由度数值模拟成为可能。

4.2.3.1 局部尺度下的试验技术——微观摩擦学和粗糙度计量

摩擦学是一种关于摩擦、磨损、润滑的研究和测试学科。在微尺度(毫米、微米、纳米级)下进行试验和精确计量为更好地理解法向力、速度、温度以及其他环境因素对摩擦特性的影响提供了支撑,也更好地解释了分界面上碎屑产生和运动的机理。里昂 LaMCos 实验室的伊夫・贝尔捷(Yves Berthier)[26]在他的研究成果中展示了一些非常有趣的关于分界面寿命的视频,并提出了分界面第三体理论,这一理论为解释全局现象作出了极大贡献,但贝尔捷在模型中使用的方法和试验计量技术却并不容易实现。测量表面粗糙度时,为了定义金属板成型和模锻表面特征花费了相当长的时间。这些特征通过统计特性进行描述,研究者希望通过这些相关统计数据来推断出摩擦系数的大小,而将局部数据代入全局模型是一个很大的挑战。

4.2.3.2 解析法

解析法完全是以经验为基础。F. P. 鲍登(F. P. Bowden)和 D. 泰伯(D. Tabor)从物理学角度对库仑摩擦定律进行了修正[27]。而 J. F. 阿查德(J. F. Archard)[28-29]和 J. A. 格林伍德(J. A. Greenwood)[30]通过局部分析也对库仑摩擦定律进行了修正。阿查德的模型是第一个多尺度模型。他用一系列球模拟曲线与面的接触,又把这些球按照半径不同进行划分,然后对每个小球的赫兹(Hertz)接触问题求解析解,获得分界面的全局定律,赫兹解是刚性球与弹性半平面接触问题的解析解[31]。基于离散化球的阿查德模型和赫兹模型如图 4-22 所示。

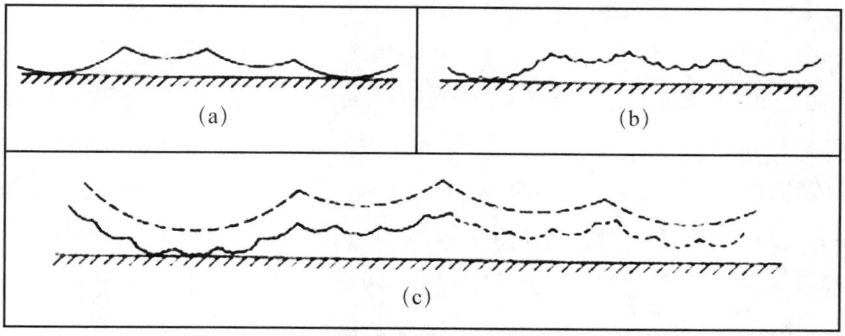

图 4-22 基于离散化球的阿查德模型和赫兹模型

另一个例子是格林伍德-威廉森(Greenwood-Williamson)法[30],该方法基于高斯粗糙度分布[亦可参看 B. N. J. 佩尔松(B. N. J. Persson)的论文[32]]。

4.2.3.3 数学方法

考虑第三体理论的自身特性。当厚度接近零时，可以通过评估极限解获得接触定律，这称为第三体简单特性定律（无论线性还是非线性），用来修正各种接触定律。其中的数学过程很复杂，因为在修正过程中需要处理非光滑环境下的极限问题，而其复杂程度则取决于所选取的特性定律[33-37]。

4.2.3.4 数值方法——多尺度仿真

多年来，研究者们开发出了一些可求取局部精确解的数值方法，在这些情况下必须考虑一些特殊现象，并对网格进行局部改良。随后又发展出将计算和多等级网格结合的迭代方法：次级结构化、FAQ 法、有限元平方法等。这些方法避免了全局性的改良网格，从而减少了所需自由度的数量，可用于求包含局部效应问题的精确解。计算机计算能力的大幅提升使得对极大数量自由度的计算成为可能，也使对不同区域用改良因子划分网格成为可能，这些方法都是近些年开发和使用的，很适合解决接触问题。下面将引用汉诺威国际大学生建模竞赛上彼得·维格斯（Peter Wriggers）研究团队及洛桑联邦理工学院的让-弗朗索瓦·莫利纳里（Jean-Franois Molinari）研究团队的成果。

为了研究轮胎与路面间的接触问题并考量其粗糙度，彼得·维格斯研究团队使用了多等级法，该方法结合了中间等级均质化技术。由此，上述问题被分割成宏观尺度问题和微观尺度问题，这些局部效应可以纳入计算，而计算时间也可被控制在合理范围内，因为中间等级均质化极大地降低了计算时间（约 80%）。在特米泽尔（Temizer）和维格斯[38]、维格斯和赖内尔特（Reinelt）[39]、德·劳伦兹（De Laurenzis）和维格斯[40]、卓索波罗斯（Drosopouilos）等人[41]、瓦格纳（Wagner）等人[42]的论文中，可以找到更多的细节、应用和参考。

这种多等级法使计算局部相互作用成为可能。例如，轮胎与粗糙路面之间的接触，或者接触建模中涉及第三体微粒的相互作用，如图 4-23 所示。

洛桑联邦理工学院的让-弗朗索瓦·莫利纳里、纪尧姆·安西奥（Guillaume Anciaux）及其他合作者开发出从原子级到宏观的多等级模型。观察表明，许多表面都表现出接近自仿射分形的趋势（自仿射分形表面被放大时会保持其统计属性）。许多数字化研究中，从原子尺度到地球物理尺度，通过表面光谱仪可将原始表面的接触属性和统计分形特性联系起来，并使用典型表面和雅斯特烈博夫（Yastrebov）等人[43]提出的表面变形力学的最终推论展开研究，粗糙表面的离散化如图 4-24 所示。尺度选择对建模极为重要，正如 4.1.2 节中提到的。

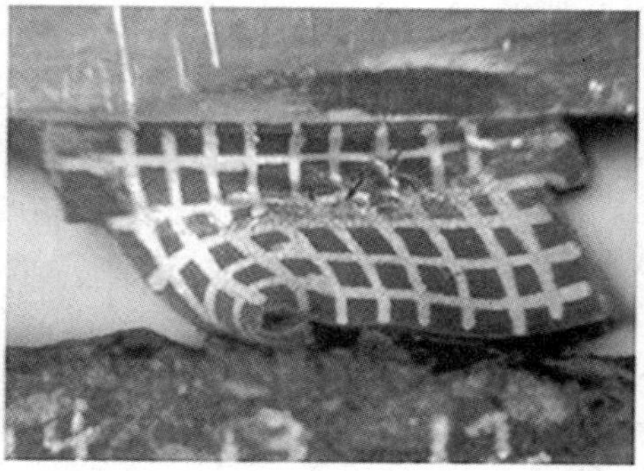

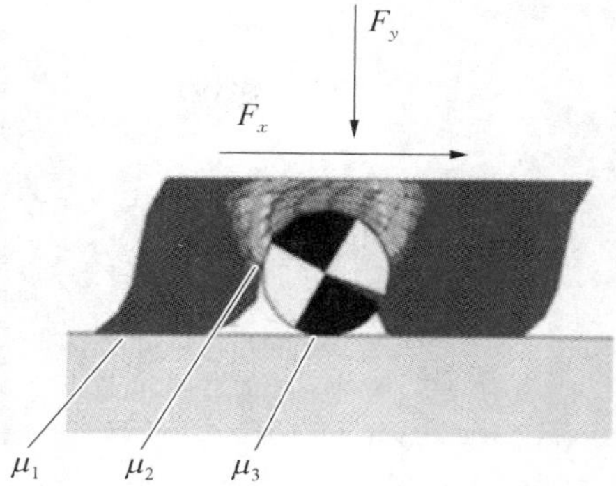

图 4－23 接触问题中多等级方法的应用

（资料来源：彼得・维格斯）

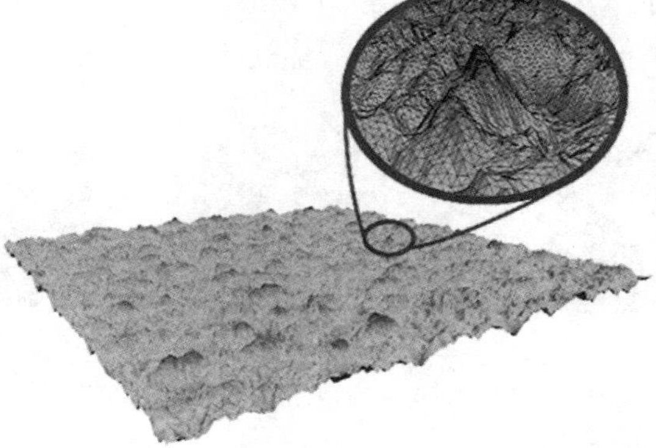

图 4－24 粗糙表面的离散化

（资料来源：纪尧姆・安西奥）

分子层级使用这种多等级模型，就可以表现出由冲击造成的所有种类永久变形的表面拓扑结构，例如滑动中纳米尺度粗糙面的修平可降低磨损率和摩擦系数[44-45][见图 4－25(a)]。为了限制仿真所需的费用，照例使用了粗糙表面的分子动力学和有限元模型相结合的方法[46]，如图 4－25(b)所示。

多等级模型勾勒出两个特征：热通量的重要性[48]以及塑性变形的作用，表现为结晶金属中缺陷集中运动的形式（变位）。图 4－26 是对一台匀速运动的刮擦刻压机的仿真，在运动中机器使底板产生变形和变位，展现出变位效应[49]。分子动力学、有限元和离散变位耦合的最新研究发展催生了强大的多等级建模

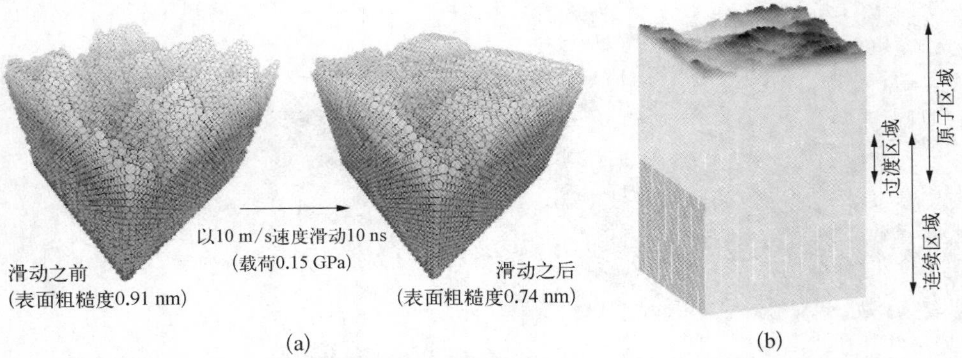

图 4－25　纳米尺度粗糙面及分子动力学和有限元模型结合的示意

（资料来源：纪尧姆·安西奥[47]）

技术，并使连续表面拓扑结构滑动接触的高精度仿真成为可能。而在此之前，想从试验观察中揭示机理通常被认为是不可能的[50]。

图 4－26　对一台匀速运动的刮擦刻压机的仿真

（资料来源：纪尧姆·安西奥）

4.2.3.5　建模中尺度选择的结论

在建模尤其是接触建模中，试验计量技术、数学分析以及计算能力等方面都取得了巨大的进步。通过使用局部/全局的方法，为更好地理解接触问题和建模创造了契机。

（1）更好地理解并量化摩擦、磨损及相关的局部特点。

（2）针对局部效应建模：如固体和粗糙面之间的强相互作用（局部变形量值相同的阶数和粗糙面的尺寸）；轮胎与路面的接触情景中，例如下雨时水膜的演变和围绕轮胎的水流（多种规则），路面结冰、融冰和低温（结合热效应）情况；金属成型，激光板刻中残余润滑油的流动。

（3）全局摩擦（摩擦系数和新的全局摩擦定律）与局部表面特征（几何尺寸、粗糙度、耦合情况等）之间的联系。

4.2.4 单侧接触、摩擦、黏附的耦合建模：热力学及其基础

下面用两个例子给出模型基础概念的结论，第一个例子是包含单侧接触、摩擦和黏附的 RCCM 模型的构建，第二个例子对该领域的大多数模型进行了归纳。

模型基于一般定律和保守原则，由描述媒介特征的基本关系补充，并遵循一些基本原则(如因果关系等)。RCCM 模型是一个结合单侧接触、摩擦和黏附的模型，其基础是 M. 弗雷蒙(M. Fremond)[51]提出的黏附强度概念，读者可以在拉乌斯[9]、拉乌斯和莫内里(Monerie)[52]以及科库等人[53]的论文中找到关于该模型的细节描述。需要关注的是，该模型由于热力学及非光滑特性而存在一些问题，例如在工业应用中如何通过控制纤维/基体界面的特性减缓裂纹在复合材料中的传播。

4.2.4.1 RCCM 模型：热力学基础

这里要讨论两个弹性体间的接触问题，$\boldsymbol{u}_{\mathrm{n}}$ 为法向位移(间隙)，$\boldsymbol{u}_{\mathrm{t}}$ 为切向位移；由于惯例，单边约束与式(4-1)中给出的条件相反[见互补问题式(4-9)]。界面变量包括：$\boldsymbol{u}_{\mathrm{n}}$ 和 $\boldsymbol{u}_{\mathrm{t}}$(分别为法向位移和切向位移)；$\boldsymbol{R}_{\mathrm{n}}$，$\boldsymbol{R}_{\mathrm{t}}$ 分别为法向力和切向力 ($\boldsymbol{R}_{\mathrm{t}}^{\mathrm{r}}=\boldsymbol{C}_{\mathrm{t}}\boldsymbol{u}_{\mathrm{t}}\beta^2$ 是 $\boldsymbol{R}_{\mathrm{t}}$ 的可逆部分)；β 为黏附强度(界面破坏)。

带黏附的单边约束为

$$-\boldsymbol{R}_{\mathrm{n}}+\boldsymbol{C}_{\mathrm{n}}\boldsymbol{u}_{\mathrm{n}}\beta^2\geqslant 0,\quad \boldsymbol{u}_{\mathrm{n}}\geqslant 0,\quad (-\boldsymbol{R}_{\mathrm{n}}+\boldsymbol{C}_{\mathrm{n}}\boldsymbol{u}_{\mathrm{n}}\beta^2)\boldsymbol{u}_{\mathrm{n}}=0 \tag{4-9}$$

带黏附的库仑摩擦 $\|\boldsymbol{R}_{\mathrm{t}}-\boldsymbol{R}_{\mathrm{t}}^{\mathrm{r}}\|\leqslant\mu(1-\beta)\mid\boldsymbol{R}_{\mathrm{n}}-\boldsymbol{C}_{\mathrm{n}}\boldsymbol{u}_{\mathrm{n}}\beta^2\mid$，有

$$\begin{aligned}&\|\boldsymbol{R}_{\mathrm{t}}-\boldsymbol{R}_{\mathrm{t}}^{\mathrm{r}}\|<\mu(1-\beta)\mid\boldsymbol{R}_{\mathrm{n}}-\boldsymbol{C}_{\mathrm{n}}\boldsymbol{u}_{\mathrm{n}}\beta^2\mid\Rightarrow\dot{\boldsymbol{u}}_{\mathrm{t}}=0\\&\|\boldsymbol{R}_{\mathrm{t}}-\boldsymbol{R}_{\mathrm{t}}^{\mathrm{r}}\|=\mu(1-\beta)\mid\boldsymbol{R}_{\mathrm{n}}-\boldsymbol{C}_{\mathrm{n}}\boldsymbol{u}_{\mathrm{n}}\beta^2\mid\Rightarrow\exists\lambda\geqslant 0,\quad\dot{\boldsymbol{u}}_{\mathrm{t}}=\lambda(\boldsymbol{R}_{\mathrm{t}}-\boldsymbol{R}_{\mathrm{t}}^{\mathrm{r}})\end{aligned} \tag{4-10}$$

黏附强度演化为

$$\dot{\beta}=-(1/b)[\omega-(\boldsymbol{C}_{\mathrm{n}}\boldsymbol{u}_{\mathrm{n}}^2+\boldsymbol{C}_{\mathrm{t}}\|\boldsymbol{u}_{\mathrm{t}}\|^2)\beta]^- \tag{4-11}$$

上述模型的参数包括：μ 为摩擦系数；$\boldsymbol{C}_{\mathrm{n}}$，$\boldsymbol{C}_{\mathrm{t}}$ 为界面的初始刚度；ω 为黏附能量(Dupre 能量)；b 为界面黏度。

从图 4-27 到图 4-30 说明了 RCCM 模型的界面特性，图 4-31 描述了加载和卸载过程中的能量变化。从前文中可以看出，能量是模型分析的根本！下

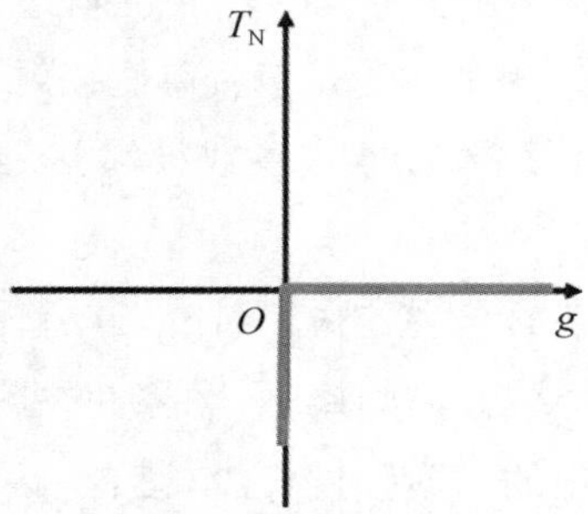

图 4－27　西格诺里尼图

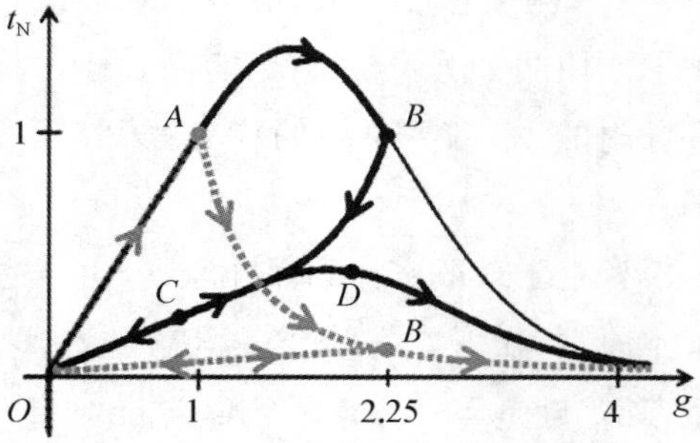

图 4－28　RCCM 模型的法向特性

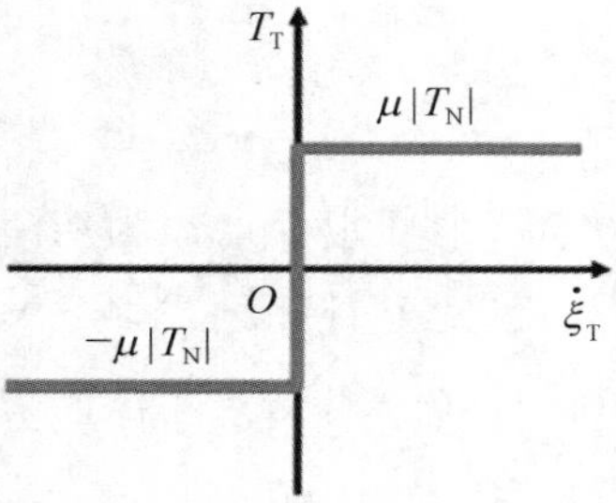

图 4－29　库仑图

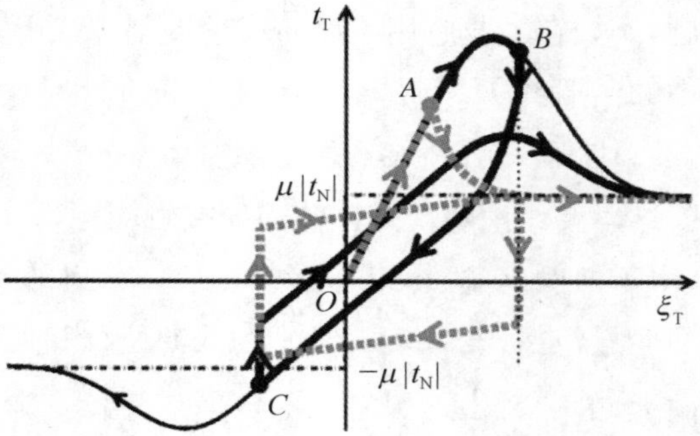

图 4－30　RCCM 模型的切向特性

面是热力学基础。

(1) 针对接触区域提出的材料边界假设：这意味着可以给这部分边界关联一个面能量(系统内能)E 和特殊熵 S，因此亥姆霍兹自由能为 $\Psi = E - ST$。

(2) 变量为 $\boldsymbol{u}_n$，$\boldsymbol{u}_t$，β。

(3) 热力学力参数为 $\boldsymbol{R}_n$，$\boldsymbol{R}_t$，$\boldsymbol{G}_\beta$。

(4) 选取亥姆霍兹自由能 Ψ。可以认为它与 ($\boldsymbol{u}_n$，β) 是非凸相关且不可微分，在偏微分和微分方程中可以应用状态法则，得到可逆部分。

(5) 选取与克劳修斯-迪昂(Clausius-Duhem)不等式兼容的势能损耗 Φ，可认为它是不可微分的，因此互补定律可写作可微分表达式，获得不可逆部分(损耗)。由于本书的目的不是探讨所有细节而是强调模型的理论基础[无论是力学方面(关于能量的选择)还是数学方面(由于非凸特性的次微分和微分方程)]。因此，下面只给出了上述过程的主要步骤，细节可查阅拉乌斯等人的相关论文[9, 54]。

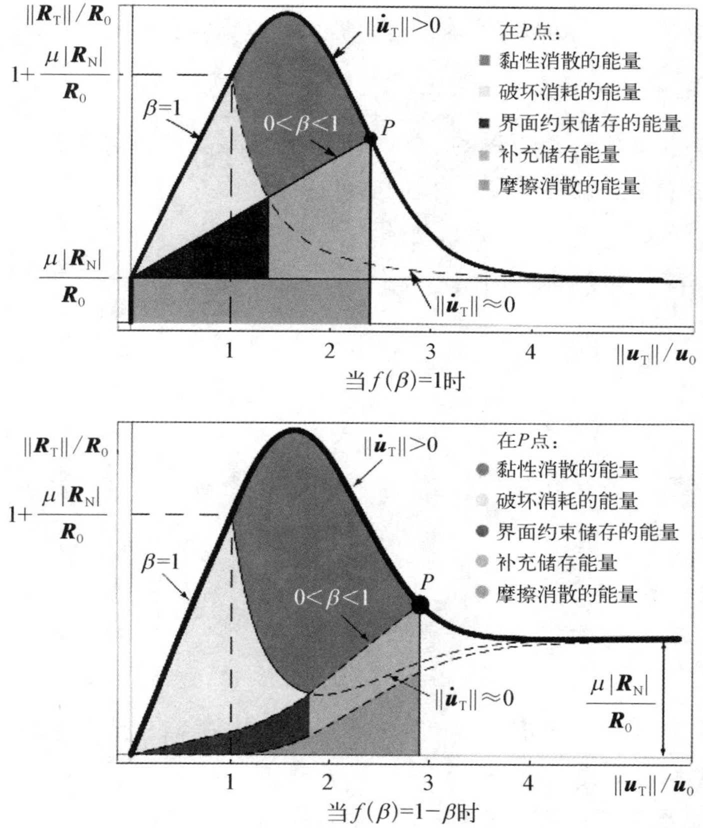

图 4-31　加载和卸载过程中的能量变化

1）特性的可逆部分：选取亥姆霍兹自由能 Ψ

$$\Psi(\boldsymbol{u}_n, \boldsymbol{u}_t, \beta) = \frac{\boldsymbol{C}_n}{2}\boldsymbol{u}_n^2\beta^2 + \frac{\boldsymbol{C}_t}{2}\|\boldsymbol{u}_t\|^2\beta^2 - \omega h(\beta) + I_{\widetilde{K}}(\boldsymbol{u}_n) + I_P(\beta) \tag{4-12}$$

其中，下标参数 $\widetilde{K}=\{v/v\geqslant 0\}$；$P=\{\gamma/0\leqslant\gamma\leqslant 1\}$。

上式中引入指标函数 $I_{\widetilde{K}}$ 和 I_P，强制实行单边约束 $\boldsymbol{u}_n\geqslant 0$ 和 $\beta\in[0, 1]$。书写状态法则时，可以通过表征局部特点或次微分克服缺少凸特性和微分特性这两个难题，状态法则表示为

$$\boldsymbol{R}_{\mathrm{n}}^{\mathrm{r}} \in \partial_{\boldsymbol{u}_{\mathrm{n}}} \Psi(\boldsymbol{u}_{\mathrm{n}}, \boldsymbol{u}_{\mathrm{t}}, \beta) \tag{4-13}$$

$$\boldsymbol{R}_{\mathrm{t}}^{\mathrm{r}} \in \partial_{\boldsymbol{u}_{\mathrm{t}}} \Psi(\boldsymbol{u}_{\mathrm{n}}, \boldsymbol{u}_{\mathrm{t}}, \beta) \tag{4-14}$$

$$-\boldsymbol{G}_{\beta} \in \partial_{\beta} \Psi(\boldsymbol{u}_{\mathrm{n}}, \boldsymbol{u}_{\mathrm{t}}, \beta) \tag{4-15}$$

式中：$\partial_{\boldsymbol{u}}$ 和 ∂_{β} 分别表示对变量 $\boldsymbol{u}$ 和 β 的次微分；$\boldsymbol{G}_{\beta}$ 为与黏附强度 β 相关的热动力学力，状态法则给出了 RCCM 模型的可逆部分。

2）特性的不可逆部分：选取势能损耗 Φ

该势能符合克劳修斯-迪昂不等式，有

$$\Phi(\dot{\boldsymbol{u}}_{\mathrm{t}}, \dot{\beta}, \chi_{\mathrm{n}}) = \mu \mid \boldsymbol{R}_{\mathrm{n}} - \boldsymbol{C}_{\mathrm{n}} \boldsymbol{u}_{\mathrm{n}} \beta^{2} \mid \| \dot{\boldsymbol{u}}_{\mathrm{t}} \| + \frac{b}{p+1} |\dot{\beta}|^{p+1} + I_{C^{-}}(\dot{\beta}) \tag{4-16}$$

其中，下标参数 $C^{-} = \{\gamma \in W / \gamma \leqslant 0\}$；$p \leqslant 1$。互补定律可写为

$$\boldsymbol{R}_{\mathrm{n}}^{ir} = 0 \tag{4-17}$$

$$\boldsymbol{R}_{\mathrm{t}}^{ir} \in \partial_{\dot{\boldsymbol{u}}_{\mathrm{t}}} \Phi(\dot{\boldsymbol{u}}_{\mathrm{t}}, \dot{\beta}, \chi_{\mathrm{n}}) \tag{4-18}$$

$$\boldsymbol{G}_{\beta} \in \partial_{\dot{\beta}} \Phi(\dot{\boldsymbol{u}}_{\mathrm{t}}, \dot{\beta}, \chi_{\mathrm{n}}) \tag{4-19}$$

这就是 RCCM 模型的不可逆部分(控制摩擦和黏附)，至此得出本章描述的分界面模型的全部关系式。

综上所述，分两步搭建模型：第一步，选取适当的亥姆霍兹自由能和与克劳修斯-迪昂不等式兼容的势能损耗；第二步，将状态法则代入亥姆霍兹自由能表达式，将互补定律代入势能损耗表达式，得到特征规律。

4.2.4.2 SiC/SiC 复合材料中纤维/基体分界面上的 RCCM 模型对减缓裂纹传播的应用

工业领域中，如何控制 SiC/SiC 复合材料中纤维/基体分界面的特性，从而提高材料对裂纹传播的抗性是一个很重要的问题。本例的目的是搭建一个能模拟纤维/基体分界面特性的模型，检查该特性对裂纹传播的影响，并给出改善复合材料裂纹抗性成型工艺的建议(如酶、温度等)。为了实现这一目的，搭建了综合单侧接触、摩擦和黏附的模型(前面的章节已对其进行了说明)。本节聚焦于建模过程的 3 个步骤：参数识别、模型确认和模型预测，更多细节将在 4.4.2 节、4.4.3 节和 4.4.5 节中给出。

1）参数识别

本模型包含的 4 个参数的识别由法国航空航天实验室进行的纤维微压痕试验完成，试验模型如图 4－32 所示。纤维微压痕试验中所含参数的识别与确认如图 4－33 所示，由图可知参数的试验结果与模型理论值吻合得很好。

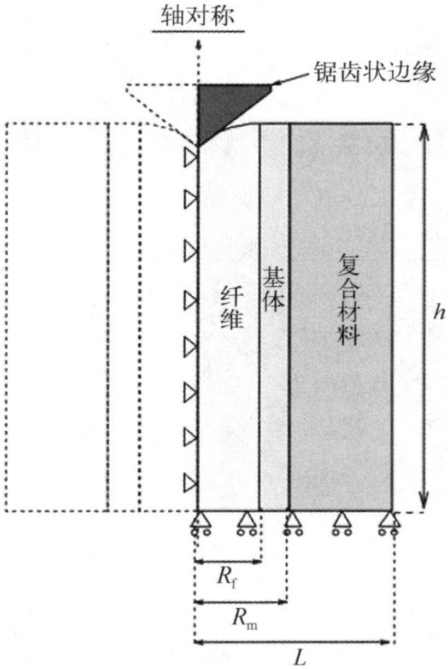

图 4－32 试验模型

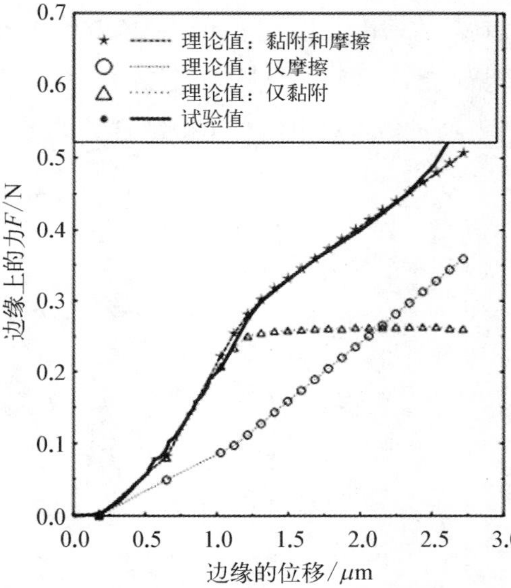

图 4－33 纤维微压痕试验中所含参数的识别与确认

2）模型确认

通过使用一些更大的纤维、改变纤维容积率(完全由基体包围的单根纤维)、改变残余热应力等方法进行纤维微压痕试验，确认模型，结果获得了很好的吻合度。

3）模型预测

该模型被视为分界面特性的优化工具，以期提高复合材料对裂纹传播的抗性，通过仿真给出了分界面特性的推荐值，改善了材料的裂纹抗性。

当复合材料中的裂纹在与纤维方向正交平面中传播时，基体裂纹桥接、一排纤维对基体裂纹的捕获、纤维断裂这 3 个因素之间相互影响，完全由基体包围的单根纤维发生了三维离散化。在试验件两端施加预设好的位移，用具有延展性的模型描述裂纹传播，然后用模型参数值评估全局特性，图 4－34 和图 4－35 分别显示了强分界面下与柔性分界面下裂纹传播(深色)和分界面分离的试验结果，两者间特性迥异。由于试验件是对称的，只表达其中一半即可；在水平板中的裂纹传播，深色的区域表示黏附完全被破坏。如图 4－34 所示，模型使用的参数对应强分界面，可以看到裂纹不仅在基体中传播，而且也在纤维中传播。沿着纤维/基体分界面，试验件几乎没有发生断裂，当预设位移达到 0.12 mm 时，发生整体断裂。如图 4－35 中所示，模型使用的参数对应柔性分界面，此例中基体裂纹沿着纤维走向传播但不破坏纤维，纤维/基体分界面逐渐分离（能量损耗）。当预设位移超过 0.4 mm 时，开始发生整体断裂。此对比试验中，后者的裂纹抗性是前者的 3 倍多，意味着柔软的纤维/基体分界面能改善复合材料的裂纹传播抗性，通过仿真可以给出精确结果[52]。

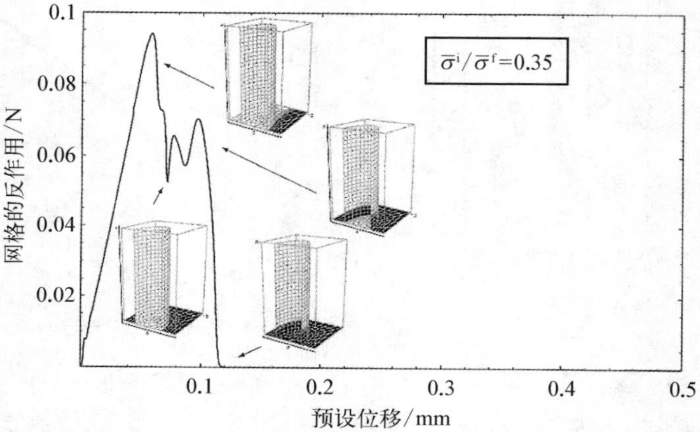

图 4－34　强分界面下的裂纹传播（深色）和分界面分离的试验结果

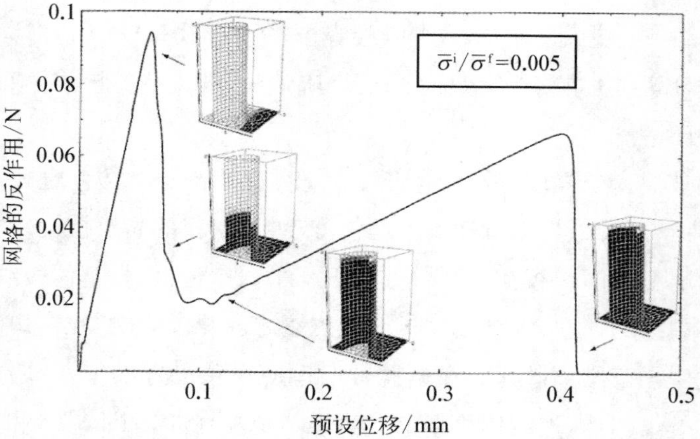

图 4－35　柔性分界面下裂纹传播（深色）和分界面分离的试验结果

4.2.5 黏附的统一模型：归纳-演绎建模过程

本项成果详见德尔·皮耶罗和拉乌斯发表的论文[11,55]，这里仅给出其主要特点。此项工作中，演示了如何将一组不同的模型（内聚区模型）合并成统一模型，基于最基本的概念（热力学、状态空间、能量和损耗的选取）捕获现象的主要特征。

鉴于4.1.1节中所述，本项工作以一系列有序过程呈现：首先是归纳过程（建立资料数据），建立普遍性模型；然后由普遍性模型获得统一模型，这是演绎过程（从普遍到特殊）。

本工作的目的是用最少的变量对复杂分界面响应（单侧接触、摩擦、黏附、黏度，等等）建模，可以通过以下方法实现：

（1）普遍定律，尤其是关于能量守恒和损耗（转化）的热力学第一、第二定律。

（2）选取：① 一组状态变量，即一组独立变量数组，用这些变量可以完全确定变形过程中所有可能的响应；② 一组弹性势能和势能损耗，是普遍定律特殊形式的状态函数；③ 一组假设。

按下列步骤建立黏附的统一模型。

（1）一组假设：① 一条给定的载荷曲线（既可以是试验所得，也可以是预先设定的）；② 弹性特性（包含破坏）；③ 单边约束。

（2）一组与模型模拟效应相关的弹性势能和势能损耗的设定：① 破坏损耗；② 黏性损耗；③ 摩擦损耗；④ 其他。

在计算需要时可以使用幂方程及变形，从而确定破坏变量的演化情况；选取便利的载荷曲线和弹性势能、势能损耗后，从一般方程可以得到常规黏附模型，德尔·皮耶罗和拉乌斯完成了RCCM模型的此类研究[55]。

4.3 方程、数学方面、求解器

在4.1节，我们讨论了方程及相关数学分析方法的选择，这是4.1节的重要内容。本节我们将强调接触力学中由于法则不光滑特征带来的难点，难点有以下几种：① 接触法则是多值（不可微分）映射，且不是函数；② 摩擦法则是不关联的（无常态法则）；③ 变量由边界（迹空间）定义；④ 可能发生振动，也可能产生时间不连续现象，那么此时解将不可微。

方程在数学上并不是初级的，因此我们需要使用变分不等式、微分法则及微分包含的相关法则等。解必须处理接触法则的非光滑特点，此外还会出现更多的难点和问题。

然而这可能是本节要强调的最重要的一点，在对摩擦效应进行建模时，这个非光滑特点是必要的。对一些在接触力学中观察到的现象进行建模时需要考虑并正确处理这些与非光滑特点相关的专业理论，这意味着对接触行为的正确描述应尽可能避免规则化，4.3.11 节将用一个减少或避免车窗升降时车窗胶条产生啸叫的例子来说明。当然，某些情况下，使用接触行为的简化模型可能就足够了(例如撞击试验模型)。我们首先给出位移形式的静态问题，它没有物理意义，因为摩擦应该用速度来表达，但它是一个中间问题，对解决用速度表达的问题非常有用，此外主要难点也可以用这种形式来识别。

4.3.1 静态问题方程

如图 4-36 所示，物体区域 Ω，受到 Γ_D 上的边界条件约束及作用在 Ω 上的体载荷、作用在 Γ_F 上的面载荷。在边界 Γ 上的部分边界 Γ_C，我们给定单边和摩擦条件。假设物体为弹性体。

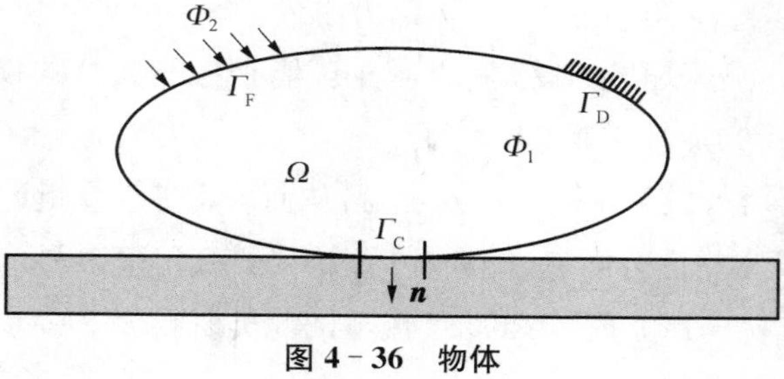

图 4-36　物体

问题 P_{stat}：给定载荷 Φ_1、Φ_2，位移场 $\boldsymbol{u}$，应力 σ，应变 ε，接触力 $\boldsymbol{R}$ 存在如下关系。

物理方程及平衡方程：

$$\varepsilon = \mathbf{grad}_s \boldsymbol{u}$$

$$\sigma = K\varepsilon$$

$$\mathrm{div}\sigma = -\Phi_1$$

边界条件：

在边界 Γ_D 上，　　　　　　$\boldsymbol{u}=0$

在边界 Γ_F 上，　　　　　　$\sigma\boldsymbol{n}=\Phi_2$

单边摩擦接触(在边界 Γ_C 上)：

$$\sigma\boldsymbol{n}=\boldsymbol{R}$$

$$\boldsymbol{u}_n\leqslant 0$$

$$\boldsymbol{R}_n\leqslant 0$$

$$\boldsymbol{u}_n\boldsymbol{R}_n=0$$

$$\|\boldsymbol{R}_t\|\leqslant\mu\,|\boldsymbol{R}_n|$$

若 $\|\boldsymbol{R}_t\|<\mu\,|\boldsymbol{R}_n|$,则 $\boldsymbol{u}_t=0$

若 $\|\boldsymbol{R}_t\|=\mu\,|\boldsymbol{R}_n|$,则 $\exists\lambda>0,\ \boldsymbol{u}_t=-\lambda\boldsymbol{R}_t$

4.3.2　变分方程

对没有接触条件的经典弹性问题,可将变分公式写作变分方程的形式。对摩擦接触问题,在考虑双重公式时[56],我们可得到一个绝对变分不等式[9, 57]或一个准变分不等式。

假设 K 为可接受位移(二维公式)的凸形,在边界 Γ_C 上,$K=\{\boldsymbol{v}\in U/\boldsymbol{v}_n\leqslant 0\}$;在边界 Γ_D 上,$U=\{\boldsymbol{v}\in[\boldsymbol{H}^1(\Omega)]^2/\boldsymbol{v}=0\}$。

问题 P_{var}：假设 Φ_1、Φ_2 同问题 P_{stat} 中定义的一样,给定 $\boldsymbol{u}\in K$ 可得

$$a(\boldsymbol{u},\ \boldsymbol{v}-\boldsymbol{u})+J_1(\boldsymbol{u},\ \boldsymbol{v})-J_1(\boldsymbol{u},\ \boldsymbol{u})\geqslant L(\boldsymbol{v}-\boldsymbol{u})\quad\forall\boldsymbol{v}\in K\tag{4-20}$$

$$a(\boldsymbol{u},\ \boldsymbol{v})=\int_\Omega\sigma(\boldsymbol{u})\varepsilon(\boldsymbol{u})\mathrm{d}x=\int_\Omega E_{ijkl}\varepsilon_{ij}(\boldsymbol{u})\varepsilon_{kl}(\boldsymbol{v})\mathrm{d}x\quad\forall\boldsymbol{u},\ \boldsymbol{v}\in U\tag{4-21}$$

$$L(\boldsymbol{v})=\int_\Omega\Phi_1\boldsymbol{v}\mathrm{d}x+\int_\Omega\Phi_2\boldsymbol{v}\mathrm{d}s\quad\forall\boldsymbol{v}\in U\tag{4-22}$$

$$J_1(\boldsymbol{v},\ \boldsymbol{\omega})=\int_{\Gamma_C}\mu\,|F_n(\boldsymbol{v})|\,\|\boldsymbol{\omega}_t\|\mathrm{d}s\tag{4-23}$$

式中：$a(\cdots,\ \cdots)$ 为与弹性运算符 E 相关的经典双线性形式；$L(\cdots)$ 为与载荷(此处指在虚位移 $\boldsymbol{v}$ 上作用的载荷)相关的线性形式；$J_1(\cdots,\ \cdots)$ 为与摩

擦(此处指切向接触力,由于存在补充条件,此时并无法向接触力)相关的线性形式。

4.3.3 最小值问题(固定点理论)

由于库仑摩擦定律的不相关特点,我们不可能像在经典弹性问题中那样将最小值问题与变分问题 P_{var} 相关联,因此滑动速度不满足正态性法则。出于数学和数值两方面原因,可利用滑动极限内的一个固定点来建立与前面问题的等价形式,这与特雷斯卡问题相关。对特雷斯卡摩擦,滑动极限并不取决于法向接触力,滑动速度满足正态性法则,因为库仑摩擦锥体已被特雷斯卡圆柱体取代(见图 4-16)。因此我们得到下面的问题。

问题 P_{fp}:给定 S 上的固定点,有

$$S(g) = -\mu \boldsymbol{F}_{n}(\boldsymbol{u}_{g}) \tag{4-24}$$

式中:$\boldsymbol{u}_g$ 为下面的问题 $P_{varTresca}$ 的解。

问题 $P_{varTresca}$:对一个给定的 g,由 $\boldsymbol{u}_g \in K$ 可得

$$a(\boldsymbol{u}_g,\ \boldsymbol{v}-\boldsymbol{u}_g)+j(\boldsymbol{v})-j(\boldsymbol{u}_g) \geqslant L(\boldsymbol{v}-\boldsymbol{u}_g) \quad \forall\, \boldsymbol{v} \in K \tag{4-25}$$

式中:$j(\boldsymbol{v}) = \int_{\Gamma_C} g \, \| \boldsymbol{v}_t \| \, \mathrm{d}s$。

前面的特雷斯卡问题与下面的最小值问题等价。

问题 P_{mini}:对一个给定的 g,由 $\boldsymbol{u}_g \in K$ 可得

$$J(\boldsymbol{u}_g) \leqslant J(\boldsymbol{v}) \quad \forall\, \boldsymbol{v} \in K \tag{4-26}$$

式中:$J(\boldsymbol{v}) = \frac{1}{2}a(\boldsymbol{v},\ \boldsymbol{v})+j(\boldsymbol{v})-L(\boldsymbol{v})$。

现在问题成为一个在非微分函数约束下最小值问题,需要对在固定点处每一步的每个滑动临界值进行求解。

4.3.4 其他方程

对初始问题 P_{stat} 可以给出很多其他方程,每个都需要不同类型的解。结合 4.1.3 节中所述,现在非常容易理解为什么方程的选择是建模中非常重要的一步。当不考虑细节时,我们可引用下面的方程。

1）补充问题

该方法是以线性补充问题[58]的形式描述初始问题，通过将切向位移分为左、右滑动部分[9]来引入两个新的摩擦变量。在二维情况下，在有限元离散并归纳初始问题到接触变量（线性部分偏微分转置）后，该问题可以写为 P_{compl}。

问题 P_{compl}：由 $\boldsymbol{F} \in \Re^p$，$\boldsymbol{u} \in \Re^p$ 可得

$$\begin{aligned} &\boldsymbol{Mu} = \boldsymbol{F}^* + \boldsymbol{R} \\ &\boldsymbol{R}_i \leqslant 0,\ \boldsymbol{u}_i \leqslant 0 \quad i = 1, \cdots, p \\ &\boldsymbol{R}_i \boldsymbol{u}_i = 0 \quad i = 1, \cdots, p \end{aligned} \tag{4-27}$$

式中：$\boldsymbol{M}$ 和 $\boldsymbol{F}^*$ 分别为通过归纳（考虑与新变量选择相关的变量的变化）、从有限元问题推导来的一个非对称矩阵及一个载荷矩阵，$\boldsymbol{R}$ 和 $\boldsymbol{u}$ 分别为接触力和接触位移，p 为接触的自由度数。克拉布林[59]通过使用库仑摩擦锥的多边化将该二维方程拓展至三维问题上。

2）无摩擦接触的罚函数

罚法则增加了定义在接触边界上的外力 $\boldsymbol{G}_\epsilon$ 以满足条件 $\boldsymbol{u}_n \leqslant 0$；罚参数 ϵ 被引入，得到一个非线性变分方程。

问题 P_{penal}：

由 $\boldsymbol{u} \in U$ 可得 $\forall \boldsymbol{v} \in U$，则有

$$a(\boldsymbol{u}, \boldsymbol{v}) = L(\boldsymbol{v}) + \boldsymbol{G}(\boldsymbol{v}) \tag{4-28}$$

式中：$\boldsymbol{G}(\boldsymbol{v}) = \int_{\Gamma_C} \boldsymbol{G}_\epsilon \boldsymbol{v} \mathrm{d}s$。

法向罚函数可以认为是前面介绍的柔度法则的一种数值形式。

3）拉格朗日乘子

在这种情况下，接触力保持为一个变量（拉格朗日乘子），该变量为一个混合方程，我们可以得到一个最小/最大值问题的极点方程。

4）增强的拉格朗日乘子

这是罚函数和拉格朗日乘子的混合。

所有这些方程的更详细内容参见劳尔森（Laursen）及维格斯的相关著作和论文[60-62]。

4.3.5 准静态问题方程

库仑摩擦定律要用速度来表示，有学者指出，该问题可写成两个变分不等式的组合形式（一个是隐式的）[63-67]。该问题可写成以下形式。

问题 P_{qs}：对 t 属于$[0, T]$及结合给定的初始条件，由 $\boldsymbol{u}(t) \in K$ 可得

$$
\begin{aligned}
a[\boldsymbol{u}(t), \boldsymbol{v}-\dot{\boldsymbol{u}}(t)]+J_1[\boldsymbol{u}(t), \boldsymbol{v}]-J_1[\boldsymbol{u}(t), \dot{\boldsymbol{u}}(t)] \\
\geqslant L[\boldsymbol{v}-\dot{\boldsymbol{u}}(t)]+\{\boldsymbol{R}_{\mathrm{n}}[\boldsymbol{u}(t)], \boldsymbol{v}_n-\dot{\boldsymbol{u}}_{\mathrm{n}}(t)\} \quad \forall \boldsymbol{v} \in V \\
\{\boldsymbol{R}_{\mathrm{n}}[\boldsymbol{u}(t)], \boldsymbol{z}_{\mathrm{n}}-\boldsymbol{u}_{\mathrm{n}}(t)\} \geqslant 0 \quad \forall \boldsymbol{z} \in K
\end{aligned}
\tag{4-29}
$$

4.3.6 动力学问题方程

本节主要参考莫罗[14, 68]对有限尺寸问题（颗粒中等）的论述。在问题 P_{stat} 中，平衡方程应被运动方程代替：

$$
\rho \ddot{\boldsymbol{u}}(x, t)=\operatorname{div}_x \sigma[\boldsymbol{u}(x, t)]+\Phi_1(x, t) \tag{4-30}
$$

正如前文所述，在接触问题中，必须要考虑碰撞和冲击的发生，速度并不是连续的（也不可微）。加速度不能用通常的理解来定义，必须使用微分度量的概念。出于简洁的目的，我们直接给出该问题的离散形式。

问题 P_{dyn}：由 U 可得 $\forall t \in [0, t]$, $U(t) \in V_{\mathrm{h}}$, $U(t) \in V_{\mathrm{h}}$, $\dot{U}(0)=V_0$，则有

$$
\boldsymbol{M} \mathrm{d} \dot{U}+K U+C U=\boldsymbol{F}+\boldsymbol{R} \mathrm{d} v \tag{4-31}
$$

接触点应满足西格诺里尼条件和库仑摩擦定律（见 4.2.1 节）。

其中，$\mathrm{d}\dot{U}$ 为一个微分测度，表示离散的加速度；$\mathrm{d}v$ 为一个非负实测度，与决定 $\mathrm{d}\dot{U}$ 发生的权函数相关。考虑到阶跃，微分形式是导数概念的泛化，导数 $\dot{\boldsymbol{u}}=\mathrm{d}\boldsymbol{u}/\mathrm{d}t$ 由一个微分测度 $\mathrm{d}\boldsymbol{u}$（斯蒂尔切斯测度）代替。在光滑情况下（$\boldsymbol{u}$ 连续），可得 $\mathrm{d}\boldsymbol{u}=\dot{\boldsymbol{u}}\mathrm{d}t$，其中：$\mathrm{d}t$ 为勒贝格测度，实际上是实函数 t 的微分测度。一般情况下，在任何小区间$[a, b]$，我们可得

$$
\int_a^b \mathrm{d} \dot{U}=\dot{U}^{+}(b)-\dot{U}^{+}(a) \tag{4-32}
$$

式中：右连续 $\dot{U}=\dot{U}^{+}$。

就微分测度来说，用该式处理基于接触动力学的可能发生的阶跃和振动很

实用。4.3.8 节将给出用式(4-32)去解决该问题的实用数值方法。

4.3.7　数学分析

本节需要强调的是，考虑到运算符和解决方法的数学特性，有些问题的刚性可能非常大，因此建模要进行如下选择。

(1) 改变初始问题(如通过正则化等)，得到一个更简单的模型(这样更容易解决问题)。但正如前文强调的，正则化后的问题与初始问题会存在差异，应该注意这个现象，因为目前大多数计算机软件都使用了正则化。

(2) 解决初始问题的实际困难，虽然这不容易做到且很复杂，但却是获得解决方案的正确方式。

对接触现象建模时，非光滑问题的数学分析非常重要，它对较好地理解解决方案、克服方程及求解器带来的困难是必不可少的。正如前文所述，全面的科学基础是必要的(个人的或团队的)，一个人不可能是全方位的专家，但应该具备解决这些问题的基础知识，包括本节介绍的数学问题。

1) 主要困难和备选方案

(1) 特征行为由多值映射表示。

结果：变分不等式。

备选方案：正则化，但会得到一个完全不同的问题。

(2) 库仑摩擦定律不相关。

结果：没有最小原则。

备选方案：特雷斯卡问题(中间问题)＋在滑动阈值上的不动点。

(3) 接触力在 $H^{-\frac{1}{2}}$ 分布(下面将强调这一点)。

结果：数学分析中出现紧凑性问题。

备选方案：由紧凑支撑(非局部摩擦)的光滑函数的卷积定义接触力。

(4) 对于动态问题：撞击会导致速度不连续。

结果：微分试验方程。

备选方案：一般情况下没有替代方法，对刚体动力学可以使用恢复系数。

2) 数学框架和困难

以下框架(三维)给出了接触问题的数学表达式，这有助于了解接触问题数学分析中遇到的困难的原因。

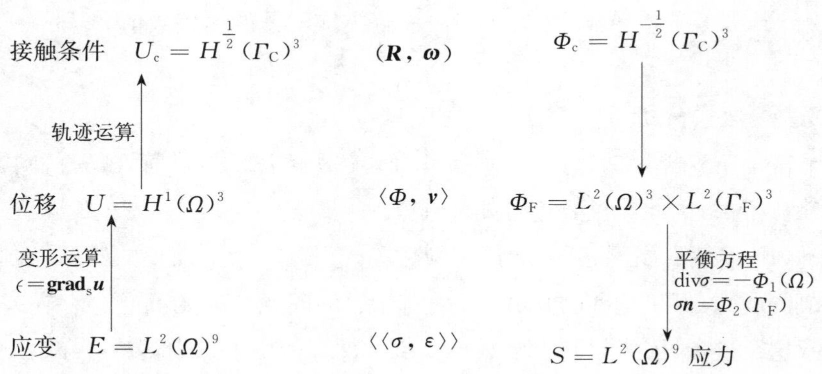

$$\langle\langle \sigma, \varepsilon \rangle\rangle = \int_\Omega \sigma(\boldsymbol{u})\varepsilon(\boldsymbol{v})\mathrm{d}x \quad \forall \boldsymbol{v} \in U$$ （$\forall$ 表示任意，$\langle\langle \cdots, \cdots \rangle\rangle$ 指代这个函数）

(4-33)

$$\langle \Phi, \boldsymbol{v} \rangle = \int_\Omega \Phi_1 \boldsymbol{v} \mathrm{d}x + \int_{\Gamma_F} \Phi_2 \boldsymbol{v} \mathrm{d}s \quad \forall \boldsymbol{v} \in U \tag{4-34}$$

$$(\boldsymbol{R}, \boldsymbol{\omega}) = \int_{\Gamma_C} \mu \mid \boldsymbol{R}_n(\boldsymbol{u}) \mid \ \| \boldsymbol{\omega}_t \| \mathrm{d}s \quad \forall \boldsymbol{\omega} \in U_c \tag{4-35}$$

该框架有 3 个级别，级别 2 和级别 3（在底部）给出了弹性问题的经典结构。

(1) 级别 3 中，应力空间 S 和应变空间 E 为 $L^2(\Omega)^9$；由于应力 σ 在应变 ε 上所做的功 $\langle\langle \sigma, \varepsilon \rangle\rangle$ 是二元的，因此 S 和 E 也是二元的。

(2) 级别 2 中，接触位移空间 U 为 $H^1(\Omega)^3$，对二元产物 $\langle \Phi, \boldsymbol{v} \rangle$ 加载空间 Φ_F 应该是 $H^1(\Omega)^3$ 的二元[代表在位移 $\boldsymbol{u}$ 上载荷 (Φ_1, Φ_2) 工作]；但作为给出的载荷，我们可以在更有规律的空间内自由选择，选择 $L^2(\Omega)^3 \times L^2(\Gamma_F)^3$，这是小变形弹性问题的数学问题的结果存在、求解唯一性的关键点。

(3) 级别 1 中，类似于接触变量级。但由于接触力已知，不可能选择更有规律的空间。接触位移空间 U 为 $H^{\frac{1}{2}}(\Gamma_C)^3$（在边界 Γ_C 上的位移 $\boldsymbol{u}$），加载空间为 $H^{-\frac{1}{2}}(\Gamma_C)^3$。对二元产物 $(\boldsymbol{R}_c, \boldsymbol{u}_c)$，它是 U 的二元；$H^{-\frac{1}{2}}(\Gamma_C)^3$ 是一个分布空间，这将使数学分析更加复杂。

为了完成此框架，我们给出了从一个空间到另一个空间的映射。需再次注意，每个二元产物都代表了一项工作，这很好地反映了数学状态。

3) 非局部摩擦介绍

古典弹性力学中，基于强制性与运算符连续性的存在性和唯一性定理，证明了拉克斯-米尔格拉姆(Lax-Milgram)定理和柯西-施瓦茨(Cauchy-Schwarz)不等式(准则等价性)。接触力学的第一个困难是接触力在 $H^{-\frac{1}{2}}(\Gamma_C)$ 上的分布，存在一些紧凑性困难，可以通过卷积产物正则化 $\boldsymbol{R}^{\text{reg}}$ 来解决这一问题：

$$\boldsymbol{R}^{\text{reg}}=\boldsymbol{R}\times\Psi \tag{4-36}$$

其中，Ψ 为具有紧凑特性的光滑函数，该接触力空间更光滑，这对数学分析非常有帮助：$\boldsymbol{R}$ 分布于 $H^{-\frac{1}{2}}(\Gamma_C)$ 上；$\boldsymbol{R}^{\text{reg}}$ 是 $L^2(\Gamma_C)$ 上的一个函数。

然而从力学角度来看，接触力是通过使用非局部力的概念来定义的。

4) 关于解决方案的存在性和唯一性的概述

对接触问题的数学结果进行概述，应注意法则的非光滑特性。已经指出的数学困难对建模有直接影响，包括能够观察到的现象及计算时可能遇到的困难。

(1) 静态问题(没有力学意义但过程有趣)，需要解决隐式变分方程问题 P_{var} 中的不等式[式(4-20)]。

西格诺里尼问题(无摩擦)[69]：解决方案的存在性和唯一性——参见菲舍拉(Fichera)的论文[70]。

西格诺里尼问题＋库仑摩擦：如果 μ 很小且不唯一，则解决方案的存在性——参见内卡斯、亚鲁谢克、哈斯林格(Necas、Jarusek、Haslinger)[71]，亚鲁谢克[72]，埃克(Eck)和亚鲁谢克[73]的论文。

西格诺里尼问题＋库仑摩擦(非局部摩擦)：如果 μ 很小，则解决方案的存在性和唯一性——参见科库[74]，迪沃(Duvaut)[57]，德姆克维奇(Demkowicz)和奥登(Oden)[75]的论文和著作。

法向柔度＋库仑摩擦：如果 μ 很小，则解决方案的存在性和唯一性——参见克拉布林、米凯利奇、席勒(Klarbring、Mikelic、Shillor)的论文[76]。

(2) 准静态问题。两个耦合变分不等式(其中一个是隐式的)需要解决——参见问题 P_{qs}。

西格诺里尼问题＋库仑摩擦：如果 μ 很小(在 L^{∞} 中且在 $H^{-\frac{1}{2}}$ 为乘数)，解不唯一，则解决方案的存在性——参见安德森(Andersson)[77]、科库和罗卡(Rocca)的论文[78-80]。

西格诺里尼问题＋库仑摩擦(非局部摩擦)：如果 μ 很小(仅在 L^{∞})且解不唯一，则解决方案的存在性——参见科库、普拉特(Pratt)和拉乌斯的论文[63-64]。

柔度＋库仑摩擦：如果 μ 很小且解没有唯一性(仅少数工作)，则解决方案的存在性——参见安德森[81]，克拉布林、米凯利奇和席勒的论文[76]。

离散问题的不唯一性示例——参见巴拉德(Ballard)的论文[67]。

(3) 动态问题。问题 P_{dyn} 采用微分形式来表述。弹性问题的数学结果很少，更多的结果在黏弹性问题中。

① 连续问题。

弹性无摩擦。法向柔度：解决方案的存在性——参见马丁斯(Martins)和奥登的论文[82-83]。

西格诺里尼问题：在特定几何形状上的一些结果(轴对称)——参见穆诺茨-里韦拉和拉克(Munoz-Rivera 和 Racke)的论文[84]。

黏弹性中的法向和切向柔度：解决方案的存在性和唯一性——参见马丁斯和奥登[82-83]，库特勒(Kuttler)的论文[85]。

西格诺里尼问题＋黏弹性问题中的非局部摩擦：解决方案的存在性——参见科库[86]，科库和斯卡雷利亚(Scarella)的论文[87]。

西格诺里尼问题＋黏弹性问题中的特雷斯卡摩擦：解决方案的存在性——参见亚鲁谢克的论文[88]。

② 离散问题。

一维分析载荷的存在性和唯一性。无摩擦——参见巴拉德的论文[89]；有摩擦——参见巴拉德和巴瑟维尔(Basseville)的论文[90]。

5) 关于数学公式的总结

与非光滑力有关的接触和摩擦：界面法则是多值映射，方程根据动力学问题得到的隐式变分不等式或微分测量，在大多数情况下其解没有唯一性，有时解甚至不存在，有些问题仍待解决(无结果)。

必须注意的是，出现多个解决方案并不是数学家的幻想，而是真实存在的。例如，克拉布林[91]和一些其他学者利用几个不同质量的弹簧的例子，表明准静态问题存在两种解，具体得到何种解则取决于 μ。而 μ 的数学条件设置取决于数学常数，如强制性或连续性常数等这些建模者难以通过估算得到的常数。

此外，当 μ 增加时，问题的不利条件就会增加，这也可以通过计算分辨率观察到，所有这些都与上面给出的数学结果相关。从力学角度来看，稳定性研究中可以观察到这种大 μ 值带来的不利条件。4.3.11 节中，将通过介绍机械系统稳定性分析研究及寻找不稳定解产生啸叫现象来说明以上内容。

在此，要强调力学和数学之间的密切关系，即从力学到数学；反之亦然。在开展力学研究时经常使用数学工具，力学问题特别是接触力学问题的数学研究同样带来了重大的数学发现，如变分不等式、凸分析、Γ收敛等，这些进步要归功于理论力学家和数学家以及相关研究机构(法国和意大利的学校以及美国和希腊等学者是著名的代表)。随着数学的发展，更高层次的接触动力学理论研究仍在继续[5]。

4.3.8 求解器概述

求解器的内容广泛，且这一主题的研究工作仍在不断继续。本节显然不是为了详尽描述如何在接触力学中应用求解器，而是提供一些指导，突出隐性假设(事实上是为了提醒工程师)。选择求解器或计算程序解决接触问题时必须要注意采用的方法、涉及的参数及数值求解的控制测试都十分重要。

通过查阅接触问题数值方法的相关文献，如维格斯和劳尔森[60-62]，维格斯和帕那格奥托波罗斯(Panagiotopoulos)[92]，菊池(Kikuchi)和奥登[93]发表的论文及著作，可以先尝试解决准静态问题，其中的一些方法常应用在商业软件中。

4.3.8.1 罚函数

罚函数是严格接触条件的正则化。在接触边界上定义外力 $\boldsymbol{G}_\epsilon$，同时增加单边约束 $\boldsymbol{u}_n \leqslant 0$ 和控制摩擦条件 $f_s \leqslant 0$，引入两个罚参数 ϵ_n 和 ϵ_t(简写为 ϵ)。法向罚函数可认为是先前提出的柔度法则的数值形式，函数 $\boldsymbol{G}_\epsilon$ 主要是非线性函数，其刚性取决于系统进入障碍的法向渗透(外部罚函数情况下，有时在障碍附近)或切向滑动位移，然后得到非线性变分方程[式(4-28)]。接下来是离散化，通常使用牛顿-拉夫逊(Newton-Raphson)法解决非线性问题[94]。

$$A\boldsymbol{u} = \boldsymbol{F} + \boldsymbol{G}_\epsilon(\boldsymbol{u}) \tag{4-37}$$

有两个需要注意的方面。首先，为了保证接触条件，必须选择能够保证罚函数是刚性的计算参数 ϵ_n 和 ϵ_t，但此时数值问题仍难以解决(算法的不良特征)。当罚函数是柔性时，虽然计算会相对容易，但接触条件往往难以满足。其次，商业软件中的正则化参数通常是默认值，但会提供函数 $\boldsymbol{G}_\epsilon(\boldsymbol{u})$ 的特定选择(函数形式和参数 ϵ_c)。选择可以提高解精度的罚参数往往会导致计算时间过长，因此在任何情况下使用正则化都需要谨慎。

4.3.8.2 拉格朗日乘子

这种情况下的接触力是混合式变量(拉格朗日乘子)，可以准确地确定接触力，得到采用 Uzawa 算法（最小/最大值优化）求解的鞍点公式。需要指出的是，使用该方法时必须说明其余变量的接触力。

4.3.8.3 增强拉格朗日乘子（广泛使用）

增强拉格朗日乘子[95]是罚函数和反复迭代后的拉格朗日乘子的结合，增量包含了罚函数组（如一个增量对应一个罚函数），得到满足接触和摩擦的变分方程[库恩-塔克（Kuhn-Tucker）条件]。对于接触问题，综合采用取决于增量数的牛顿-拉夫逊法和径向回退过程，必要时需完成摩擦力的黏附预测和滑移修正。这种方法非常强大，在学术研究类型的软件中经常使用。现在提出解决单侧接触和严格摩擦条件的数值方法，详细信息可查阅拉乌斯等[9,96]、沙布朗（Chabrand）等[97]、勒邦（Lebon）和拉乌斯[98]、克拉布林和比约克曼（Björkman）[59]的论文。

4.3.8.4 莱姆克（Lemke）法（补充问题）

4.3.4 节给出了严格满足接触条件类问题补充问题的方程[参见克拉布林和比约克曼[59]，拉乌斯[9,99]，科特尔（Cottle）等人[58]的论文和著作]，是采用数学优化方式得到的方法，如莱姆克法（一种数学规划方法）或内点法（基于旋转技术的直接法，类似于单形法）[59,100]。

在弹性力学中，可以通过对整个系统进行部分反演从而将问题简化（如将问题集中在接触变量上）。该反演不是反演全局矩阵，而是通过求解一组线性问题（仅在开始时进行一次）来实现的。详细信息可查阅拉乌斯[9]的论文，用于解决动力学问题的补充技术则由沃拉（Vola）等[101]给出。应用莱姆克法以减小系统，其阶数只取决于接触节点数。然而它是一个不对称的全尺寸矩阵（由于摩擦的存在），枢轴数量小于矩阵阶数（实际中更少）。由于全尺寸矩阵自由度数量巨大，因此不能使用直接方法。在这种情况下，当使用子域或多网格法时，莱姆克法被证明对粗网格仍然是非常有效的[102]。

4.3.8.5 滑动极限内的固定点和最小值问题

研究表明，变分不等式问题（严格接触条件）可以设置成一系列与滑动极限内的固定点方法组合的最小值问题，每一步解决一个特雷斯卡问题，如滑动极限内的摩擦问题，特雷斯卡法则可以将其与最小值法则结合起来。滑动极限上的迭代能够快速收敛（小于 10 次迭代，通常小于 5 次），具体取决于系统的大小和所要求的精度[9]。

我们必须解决最小值问题（P_{mimi}），这是一个不可微分函数约束条件下的最小值问题（$\boldsymbol{u}$ 属于凸形 K），可以使用多种最小值规划方法。

(1) 逐次超松弛(successive over relaxation, SOR)法,松弛的最佳参数必须通过试验程序来确定;该方法非常可靠,但扩展到非线性问题时则相对不容易。

(2) 使用埃特金(Aitken)法加快高斯-赛德尔法的收敛速度,不需要数值参数。

(3) 预先设定的规划共轭梯度法[103],这是一个非常有用的方法,但必须对摩擦项正则化,以便计算函数梯度、确定减小方向。

4.3.8.6 多网格法

勒邦、拉乌斯和罗苏(Rosu)[102]开发了多网格法。该方法不需要使用正则化去解决接触问题,例如使用严格的西格诺里尼条件和严格的库仑摩擦定律。多网格法在多个网格级别(通常为2～5级)上运行,求解时将使用比初始网格更粗糙的网格来计算。这是一个迭代过程,在最粗糙的网格上使用完整分辨率,对中间不平衡网格进行平滑处理。每次迭代中,可以在最粗糙的网格上使用莱姆克法,解决小尺寸问题。在其他更细致的网格上,高斯-赛德尔法能有效地做平滑处理。

本节示例中,准静态和动态问题都没有使用接触条件的正则化,算法符合非光滑特性的法则,理论问题不稳定解是模拟特定现象的基础,如啸叫问题。

4.3.8.7 动态问题

正如前面介绍的,由于解的不可微分性,则必须用可微分方式进行问题表述,如式(4-31)。由于经典纽马克(Newmark)法需要解可微分,因此不能使用。然而通过一些改进,则能将纽马克法用到不可微分问题上(通常是一些数值阻尼)。但应该明确,使用数值阻尼不仅会消除数值振荡,而且会消除一些真实解的振荡(如颤振)。

琼(Jean)和莫罗(Moreau)[104-105]在蒙彼利埃开发了一种针对离散问题(颗粒材料)、被称为非光滑接触动力学(non-smooth contact dynamics, NSCD)的特定方法。适用于连续规划和有限元的NSCD法由马赛(Marseille)和琼等人[106]完成,微分测量系统[58]可以写成以下等效形式:

$$\boldsymbol{M}[\dot{U}(t)-\dot{U}(0)]=\int_0^t(\boldsymbol{F}-KU-C\dot{U})\mathrm{d}s+\int_0^t\boldsymbol{R}\mathrm{d}v \tag{4-38}$$

$$U(t)=U(0)+\int_0^t\dot{U}\mathrm{d}s \tag{4-39}$$

式中: $\forall t\in[0,\ T]$; $\mathrm{d}s$ 为勒贝格测度。

通过给定时间离散化：$i=0, \cdots, N, t_i=i\cdot h$（$h$ 为时间步长），式(4-38)可写成：

$$\boldsymbol{M}[\dot{U}(t_{i+1})-\dot{U}(t_i)]=\int_{t_i}^{t_{i+1}}(\boldsymbol{F}-KU-C\dot{U})\mathrm{d}s+\int_{t_i}^{t_{i+1}}\boldsymbol{R}\mathrm{d}v$$

$$\bar{\boldsymbol{R}}^{i+1}=\frac{1}{h}\int_{t_i}^{t_{i+1}}\boldsymbol{R}\mathrm{d}v$$

为了完成时间离散化，两个勒贝格积分必须做近似处理：

$$\int_{t_i}^{t_{i+1}}(\boldsymbol{F}-KU-C\dot{U})\mathrm{d}s,\quad \int_{t_i}^{t_{i+1}}\dot{U}\mathrm{d}s$$

选择积分方法时必须考虑速度不连续性的影响，可使用以下 3 种方法。

(1) θ 法：两个勒贝格积分都采用经典 θ 法近似，即

$$\int_{t_i}^{t_{i+1}}f\mathrm{d}s\approx h[\theta f(t_{i+1})+(1-\theta)f(t_i)]$$

(2) θ-欧拉法：第一个勒贝格积分采用 θ 法近似，第二个则采用隐式欧拉法近似。

(3) 改进 θ 法：两个勒贝格积分都采用 θ 法近似，但在接触关系中，位移 $\boldsymbol{u}(t_{i+1})$ 被替换为 $\hat{\boldsymbol{u}}(t_{i+1})=\boldsymbol{u}(t_{i+1})+h(1-\theta)\dot{\boldsymbol{u}}(t_{i+1})$。

接触和多体动力学中，普法伊费尔、申德勒(Schindler)以及格洛克尔(Glocker)等人的著作都非常有参考价值[107-109]。

4.3.9 数值分析

为实现建模的艺术性，需要牢记从初始数值问题到计算机软件给出最终解之间的以下 3 个步骤。

(1) 函数空间上的初始连续问题设置。

(2) 用有限维度空间的接近问题近似替代初始连续问题，使用 FEM 时，有限维度空间由有限元网格中的基本函数产生，该问题仍写在函数空间(L^2)上。

(3) 离散问题是由上一步骤推导出来的。

数值分析被应用于研究各类问题解的特性及解之间的关系，这是一项数学

任务：当微元细化趋于零时，初始连续问题逼近的一个重要特点是收敛(包含收敛的顺序)。研究算法收敛性及评估计算误差时常用到数值分析，这在建模艺术中具有重要意义，在应用数学中的占比也很大，可以帮助建模者选择和使用数值方法、算法和数值参数。

再次强调，一个人不可能成为所有领域的专家，但如果他能记住主要的数值分析结果，这会对连贯的建模过程有很大的帮助。接触力学的研究中，引用了格洛温斯基(Glowinski)、利翁(Lions)和特雷莫利埃(Trémolieres)[110]以及芭芭拉·沃尔穆特(Barbara Wohlmuth)[111]的研究成果。

4.3.10 结论

为使机械系统建模具有艺术性，力学和数学之间的相互作用是非常重要的，这不仅涉及问题设置和描述方法(适用方程的选择)，还关系到解决问题的方法。数学结果有时可能会很难分析，但实际上对理解模型和解非常有益，对选择和使用何种数值方法也非常有帮助。

本节介绍的数学分析可以强调接触力学建模中的以下几点：

(1) 接触问题和非光滑力学问题相关。基本定律(如西格诺里尼条件和库仑摩擦定律)具有非光滑特性，通过观察大量的摩擦接触问题，可以简化这些定律。应该保护和研究非光滑特性，尽可能避免正则化(正则化可能会导致一些基本力学特性的丧失)。

(2) 当摩擦系数 μ 较大时，可能会出现多个解，甚至构建具有几个自由度的算例(方程)，μ 较大时一些算法的收敛性也会出现扭曲问题。

(3) 摩擦建模时须记住：摩擦系数 μ 趋于零时，直觉会告诉我们此时问题将倾向于切向自由边界条件。但 μ 趋于无穷大时，问题并不倾向于切向固定边界条件(如直觉表明的那样)，而是一个条件更为恶劣的问题，甚至还可能会出现各种奇怪的现象(如多解、颤振、分叉等)，例如在下一节中给出的大的 μ 值会更容易导致摩擦不稳定性的发生。

4.3.11 摩擦不稳定性：减少车窗升降时车窗胶条产生啸叫的模型

通过这个例子，想强调前文讨论的以下要点：

(1) 有多少理论和数学分析有助于解决工业问题。

(2) 选择模型时，尽可能简单(使用固定摩擦系数)。

(3) 避免正则化，保持基础法则的不光滑特性(严格规定接触条件)。

(4) 使用方便的(数学)工具解决非光滑接触动力学问题。

1) 工业问题

问题是如何优化汽车车窗的胶条，减少或避免车窗升降时车窗胶条产生啸叫。该问题中有 3 个本构特征待优化：胶条形状、橡胶材质和清漆(即摩擦系数)。由于该问题的非线性特性显著，因此通过试验/误差过程进行优化是不可行的(试验次数过多)。

建模有两个目标：了解问题发生的原因和构建仿真工具帮助工程师设计新的密封件。

2) 模型和假设

与里斯本高等理工学院的 J. A. C. 马丁斯(J. A. C. Martins)合作研究的相关细节可以在拉乌斯、马丁斯、沃拉等人的论文中找到[112-114]，还可以参阅源(Nguyen)的论文[115]，以及弗兰克·莫洛特(Franck Moirot)和格扎维埃·洛朗(Xavier Lorang)的啸叫制动稳定性分析。

建模工作分成如下几个阶段进行：

(1) 基于线性弹性问题发生摩擦不稳定的充分或必要条件(在一组假设下)定理，对摩擦稳定性进行数学分析。

(2) 拓展建立对有限变形及非线性弹性问题的稳定性分析，这也是一项理论工作，用于解决非线性问题和不光滑问题的计算工具是在 NSCD 法(见 4.3.8 节)的基础上发展起来的。

(3) 解释离散问题发生摩擦不稳定的理论条件，分析广义特征值矩阵(这取决于接触条件且需更新解)。

(4) 将该模型应用于工业问题。

3) 摩擦不稳定性的数学分析

摩擦不稳定性分析是很困难且又非常开放的，目前给出的基本假设是不稳定发生时，滑动条件不发生变化。这意味着在一个方向滑动的点可以振荡，但不会反向滑动，只有速度振幅发生变化。这一假设允许在稳定性分析中采用局部线性化的方法。假设条件看似非常严格，但计算动态解时会发现，不稳定的发生能够满足理论给出的条件，这表明尽管初始假设很严格，但这些条件仍然是可以接受的。

计算正规解。马丁斯等研究的重点是初始条件问题，如柯西问题。沃拉等研究的重点是车窗胶条在车窗玻璃上下滑动时模型的稳定滑动解。为了研究解的稳定性，引入摄动并评估摄动解。稳定性分析取决于稳定滑动解或每个时间步长定解的接触状态(无接触点、滑动点和卡滞点)。一般摄动解可能的增长是通过考虑基于接触条件的可接受方向而计算出的，得到广义特征值问题；可以在之前的参考论文中找到稳定性分析的细节，建立一套颤振或发散不稳定问题的必要或充分条件的理论。

4）稳定性的数值分析

用这些理论解释离散问题(FEM)，可以看作是基于解的接触状态(无接触点、滑动点和卡滞点)对矩阵上的广义特征值问题进行分析；对摄动解的增长速率(广义特征值的正实数部分)及颤振频率(广义特征值的虚数部分)进行讨论。

总结建模过程如下：

(1) 首先需要强调的是，本次建模使用非正则化接触和摩擦模型，摩擦系数恒定。

(2) 计算常规解、柯西解或稳定滑动解(小变形或有限变形，线性弹性或非线性弹性等)。

(3) 根据接触条件，对矩阵上的广义特征值问题进行稳定性分析。

(4) 为了评估最优条件，预测摩擦不稳定的发生状态，使用非光滑接触动力学方法计算动态解。

5）应用于胶条

以两个胶条样件为研究对象，玻璃窗上下移动的平稳滑动解(变形和力)如图 4 - 37 所示，对每一个样件都进行了主要本构参数(特别是摩擦系数)变化时啸叫发生的可能性的研究，包括分析广义特征值谱。通过比较模型结果及雷诺(Renault)试验结果来确认模型；比较两个样件，并通过分析广义特征值谱评估

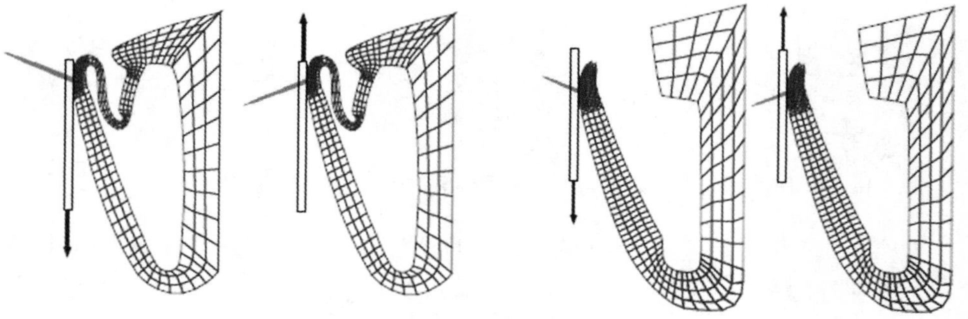

图 4 - 37　玻璃窗上下移动的平稳滑动解(变形和力)

啸叫发生的可能性。

首先，图 4-37 给出了在多种摩擦系数值条件下玻璃窗向上和向下移动的稳定滑动解(有限变形、非线性弹性橡胶、单侧接触及摩擦)，每一项都需要建立一些矩阵来求解广义特征值问题，具体过程取决于接触条件[54, 112, 114]。为了分析颤振不稳定性，广义特征值的虚数部分可理解为颤振频率(见图 4-38 和图 4-39)，实数部分理解为摄动解的增长速率，同时还求解了本征模式。沃拉的论文中给出了大量的试验结果[114]。图 4-38 和图 4-39 所示的颤振不稳定谱可表示为摩擦系数的函数。需要注意，在声学范围(100～14 000 Hz)中，当 $\mu > 0.3$ 时，样件 1 出现了颤振振动(2 000～14 000 Hz)，但当 $0.3 < \mu < 0.45$ 时，样件 2 却是稳定的，没有出现颤振问题。

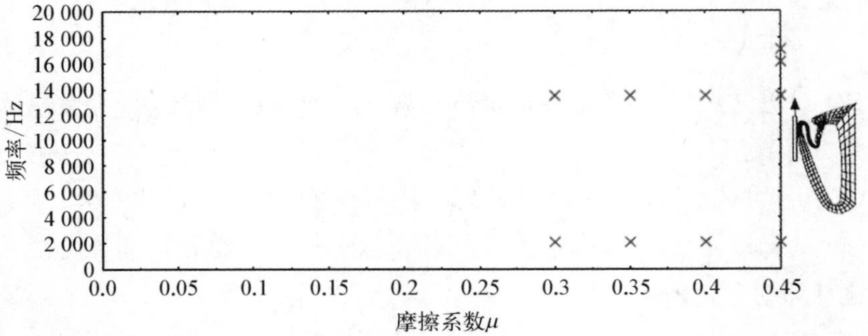

图 4-38　颤振频率(样件 1，玻璃向上移动，$\mu = [0,\ 0.45]$)

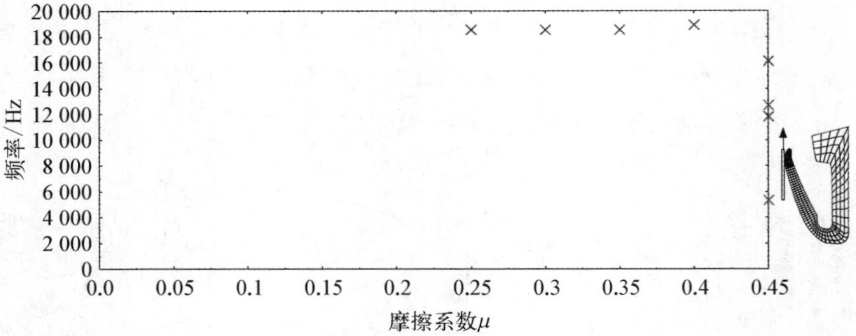

图 4-39　颤振频率(样件 2，玻璃向上移动，$\mu = [0,\ 0.45]$)

当 $\mu = 0.4$ 时，对两个样件使用 NSCD 法计算摄动解的动力学演化，其接触力的变化如图 4-40 和图 4-41 所示。从两图中可以观察到样件 1 不断增长的摄动解(颤振)和样件 2 的稳定滑动解；证实了尽管在稳定性分析开始时进行了假设,但稳定性条件似乎依然是最优的。该试验表明,样件 2 比样件 1 更稳定(无啸叫);样件 1 发生颤振时,啸叫频率约为 2 000 Hz。

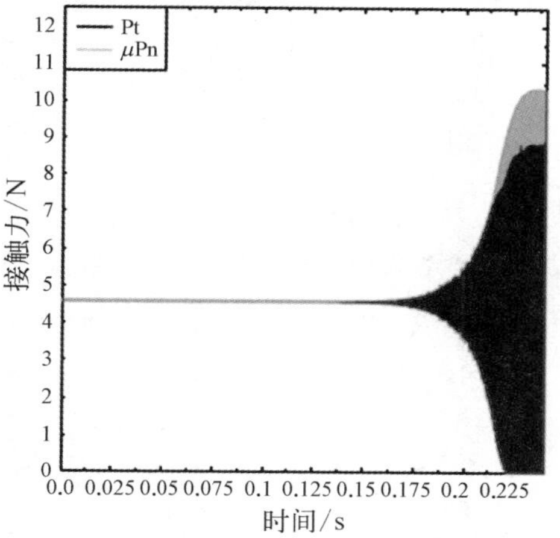

图 4-40 接触力的变化(样件 1,玻璃向下移动, $\mu=0.4$, $\theta=0.55$)

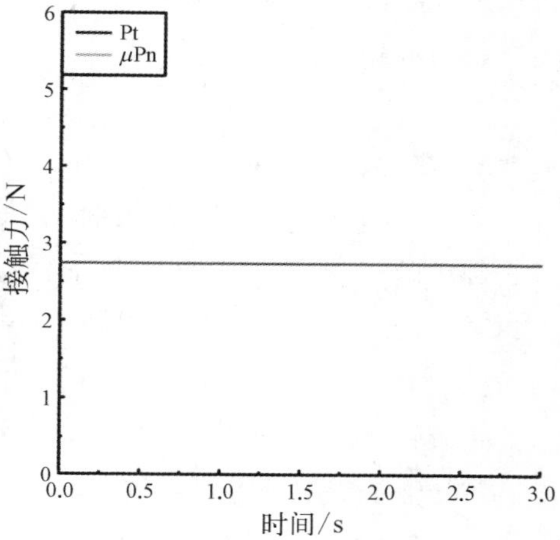

图 4-41 接触力的变化(样件 2,玻璃向下移动, $\mu=0.4$, $\theta=0.55$)

6) 结论

本例进行了固定摩擦系数模型的稳定性分析,结合适当的方程(动力学可微分方程)及合适的数值方法(NSCD),表征摩擦不稳定性成为可能。通过黏滑模型或不稳定性分析,证明了可变摩擦系数虽然常用但不是必要条件,证明了库仑摩擦定律足以描述这一现象,但条件是该方程和数值分辨率符合法则的非光滑特性。建立模型时,使用固定摩擦系数是为了简化模型,引入可变摩擦系数会带来额外的参数,而这些参数不仅难以获取,并且会干扰分析。

另一个需要注意的是正则化带来的风险,特别是如果对本例使用摩擦接触的罚函数或时间正则化,就无法进行稳定性分析,原因之一是正则化会消除颤振,另一个原因是稳定性分析将完全依赖于正则化的参数值。因此,有必要保留接触法则的非光滑特性并使用适合的(数学)工具来求解。

4.4 验证、识别和有效域算例

使用模型之前,模型验证是模型构建的一个基本步骤,而参数识别仅是中间的一环,只表明至少存在一组参数能够很好地描述参考试验。验证必须证明,相比于验证参数,之前的本构参数能更好地模拟试验。验证后还要进行预测,包括在没有试验条件下该模型的使用情况。研究的例子(其几何形状,载荷振幅,载荷速度,等等)必须与模型的假设一致(有效区域)。接触力学需要特定的过程,下文将通过几个算例进行说明。

4.4.1 数值方法的验证

第一个问题是验证用于解决问题的数值方法,包括验证工具的选择和使用是否都正确,并评估引入的误差。接触力学中,首先需要检查解是否满足接触条件,如没有侵入(如果有摄动,则没有小侵入)时,在接触边界上只有牵引力,滑动时条件 $\|\boldsymbol{R}_{\mathrm{t}}\|/|\boldsymbol{R}_{\mathrm{n}}|=\mu$ 的产生等;此外,必须进行更完整的分析以检查数值方法的正确性。

数值方法的验证可以通过以下方法进行:

(1) 在可能的情况下,应用解析解(这是最好的方法,但对于复杂模型不太可能)。

(2) 应用基准。建模者选择参考算例,允许使用多种软件计算求解,并允许相关人员进行讨论。这意味着学界已经形成共识,即将一个解作为参考解。基准的特性应与所参考问题的特性相同:如运动学、材料特性、载荷类型等。

接触问题的解析解很少,仅限于基本情况:小变形、弹性特性、几何形状简单(球体、柱体、半平面接触)、载荷简单(静态接触、压缩等)及多数无摩擦接触,因此在接触力学中,通常不使用基准。

数值方法的验证是必不可少的。开发新方法时,这更是绝对必要的,可以使用现有方法进行验证(如商业软件)。此外,数值方法验证还是一种评估算法特性的有效方式。

(1) 测试收敛性。

(2) 评估误差(并将其与理论估计结果进行比较)。

(3) 调整计算参数并测试解对参数变化的敏感性。

(4) 比较各种算法的效率。

算例:单侧接触和带摩擦的橡胶接触问题的数值方法。

通过开发扩展 NSCD 法,计算 4.3.6 节中问题的动态解。这种新方法是为了解决带有库仑摩擦(无正则化)、大变形、非线性弹性(不可压缩条件)橡胶材料的单边问题而构建的。该问题非常复杂,无法提供用于验证的解析解。因此考虑使用两个基准,一个用于准静态载荷,另一个用于动态载荷。

1）圆柱体准静态压缩计算

西莫(Simo)和泰勒(Taylor)，萨斯曼(Sussman)和巴思(Bathe)及刘(Liu)等人提出并使用了该基准[116-118]。计算时考虑了无摩擦和有摩擦（$\mu=0.2$）的情况(见图 4-42、图 4-43 和图 4-44)，计算结果与萨斯曼和巴思(位移/静压公式)、西莫和泰勒预期的结果吻合度很高。

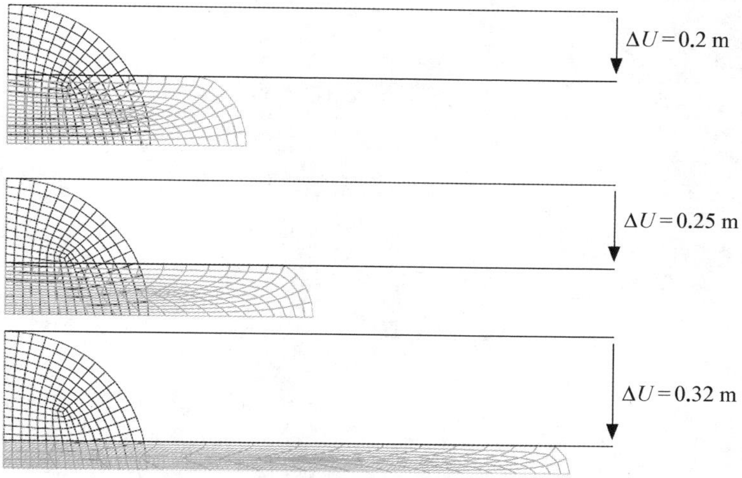

图 4-42 无摩擦情况下的位移变化

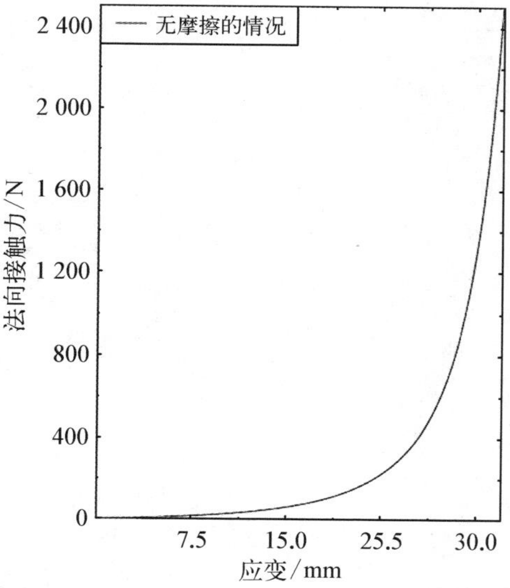

图 4-43 μ = 0 时产生的法向接触力

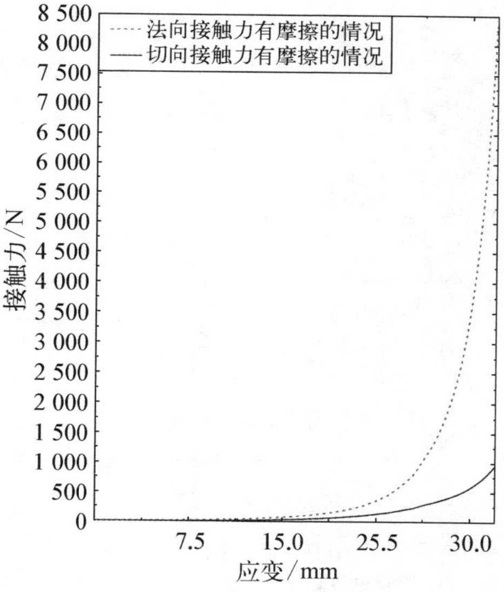

图 4-44 μ = 2 时产生的接触力

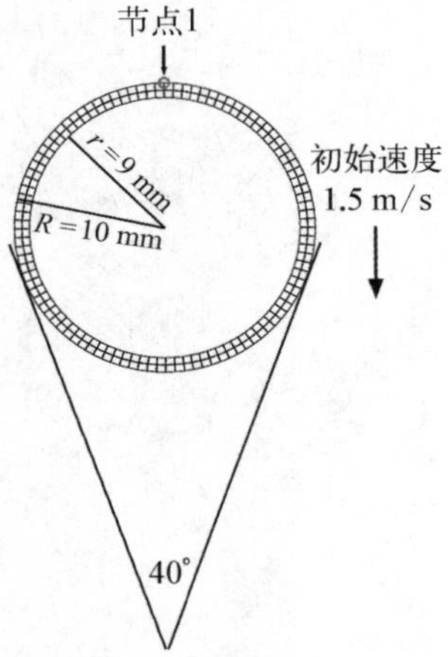

图 4-45　圆柱进入一个角的冲击

2）圆锥内置圆柱体的动态冲击

此基准由维格斯等人提出[119]，研究刚性圆锥内置橡胶圆柱体的动态冲击。算例强调了验证与模型相关的数值方法的重要性，以及复杂问题寻找参考试验的困难。圆柱体进入一个角的冲击与圆柱体变形和不同摩擦系数下的接触力分别如图 4-45 和图 4-46 所示。

4.4.2　本构参数识别

材料和结构力学可能利用样件进行初步/标准试验以确定本构参数。但对于接触问题，由于高度依赖环境条件（温度、表面条件、残余润滑剂等），识别本构参数（特别是摩擦系数）是非常困难的，需要特别的方法。例如，采取以给定载荷状态为参考，在力学问题

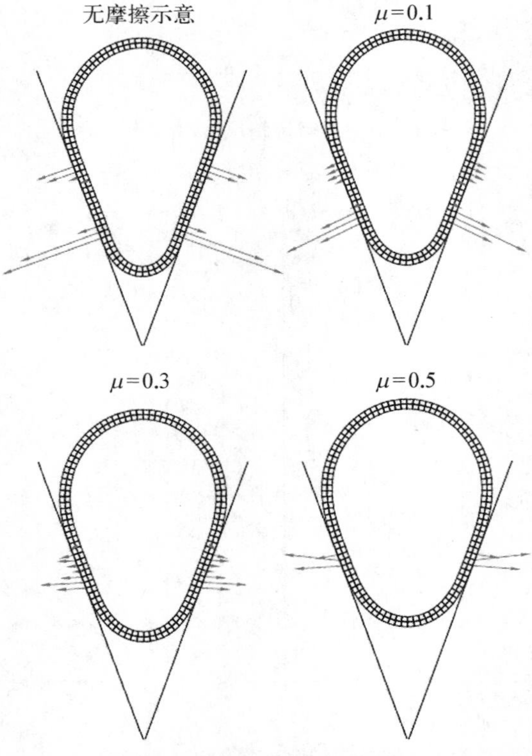

图 4-46　圆柱体变形和不同摩擦系数下的接触力

本体(完整结构)上进行识别的方法。完成此操作后,其他载荷情况下可以使用识别过程已确定的参数来确认模型。

识别本构参数是一项重要而困难的工作,它是实现建模艺术的一个关键点,研究的是试验与仿真模型之间误差的最小问题。如前所述,误差准则的选择非常重要(例如 L^2 或 L^{∞}),这个误差的最小问题没有特殊解(先验的、非凸的最小函数)。必须处理局部极小值,因此寻找正确的参数必须基于力学分析对解范围的评估,4.4.4 节、4.4.5 节和 4.4.6 节中会用几个例子来说明这一点。

4.4.3 模型确认

至此我们已经验证了数值方法,识别了本构参数,接下来就要进行模型确认。模型确认包括验证使用之前确定的参数模型是否能描述其他试验;试验条件必须满足由模型有效域条件创建的约束,评估仿真与试验结果之间的误差准则应该与验证准则相同,下面的例子将说明这一点。

4.4.4 材料力学实例:聚合物泡沫的周期特性

4.1.9 节给出了聚合物泡沫的周期特性模型,这里提供有关验证步骤的详细信息,并强调验证中使用的具体方法[8]。模型使用了若干参数(用于表征黏度、非线性弹性和损伤),在此强调以下两点:

(1) 最大限度地减少参数的数量(尽可能少,尽可能只保留必需的):为了表征黏度,最大限度地考虑黏度的松弛时间。

(2) 选择非线性弹性模型参数时应考虑力学问题,而不是进行一个盲目的最小化过程。

1) 黏度参数的识别

表征黏度的松弛时间可以通过在泡沫样件上进行额外的松弛试验来确定。给定初始变形并保持恒定时,松弛曲线给出了应力发展过程。此时面临的问题是确定 Zener(泽内尔)/麦克斯韦模量数量和本构参数的值,以保证正确地仿真松弛试验。试验表明,该问题可化简成一组近似指数试验曲线。通过组合插值方法[普罗尼(Prony)法]和最小化法[胡克(Hooke)和吉夫斯(Jeeves)]解决了最小化问题。为了使模型尽可能简单,建模者应从一个模量开始识别,即确定参数的最佳值,以最大限度地缩小理论与试验之间的差距。当只使用一个模量时,这个差距仍然很大,因此需要适当增加模量的数量,最后采用最少的模量数得到很好的近似松弛曲线。图 4-47 为持续 10 天的松弛试验。由于长周期效应(静止期后的恢复效果)和短周期效应(在一个周期内)共存,因此得到的松弛时间差异性很大。实践证明,利用 5 个泽内尔/麦克斯韦模量(即 10 个参数)就足够(也是必要的)获得良好的黏弹性效应描述。

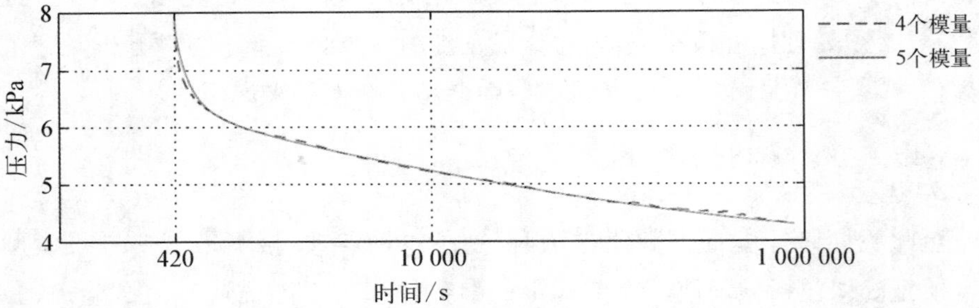

图 4-47 持续 10 天的松弛试验

2) 非线性弹性参数识别

通过松弛试验确定了黏度参数,在非线性弹性弹簧的第一个加载周期,利用 c, μ, m, β, k, a 6 个本构参数描述应力/应变的形状,应力/应变曲线上不同本构参数的影响如图 4-48 所示。为了避免盲目的优化,首先应分析每个常数在非线性弹簧响应曲线 (σ_e, ε) 中的作用(4.1.9.2 节中的图 4-6),从图 4-48 中可以看出:

(1) c 决定了初始斜率和局部最大值——图 4-48(a)。

(2) μ 决定了响应曲线的第二个上升分支——图 4-48(b)。

(3) m 决定了响应曲线的下降分支,局部最大值的位置和具体数值——图 4-48(c)。

(4) 当 β 增加、$\varepsilon \approx a$ 时,σ_e 减小——图 4-48(d)。

(5) 当 $\varepsilon \approx a$ 时,k 决定了响应曲线的斜率——图 4-48(e)。

(6) a 决定了局部最小值的位置——图 4-48(f)。

经过初步分析,为了完成周期加载/卸载数值模拟的识别(见图 4-49),因此采用以下过程:

(1) 选择 c 获得试验曲线的初始斜率。

(2) 选择 m(c 恒定)获得稳定阶段开始时合适的力。

(3) 选择 μ(c 和 m 恒定)获得加载过程结束时力的适当值 ($\varepsilon=0.7$)。

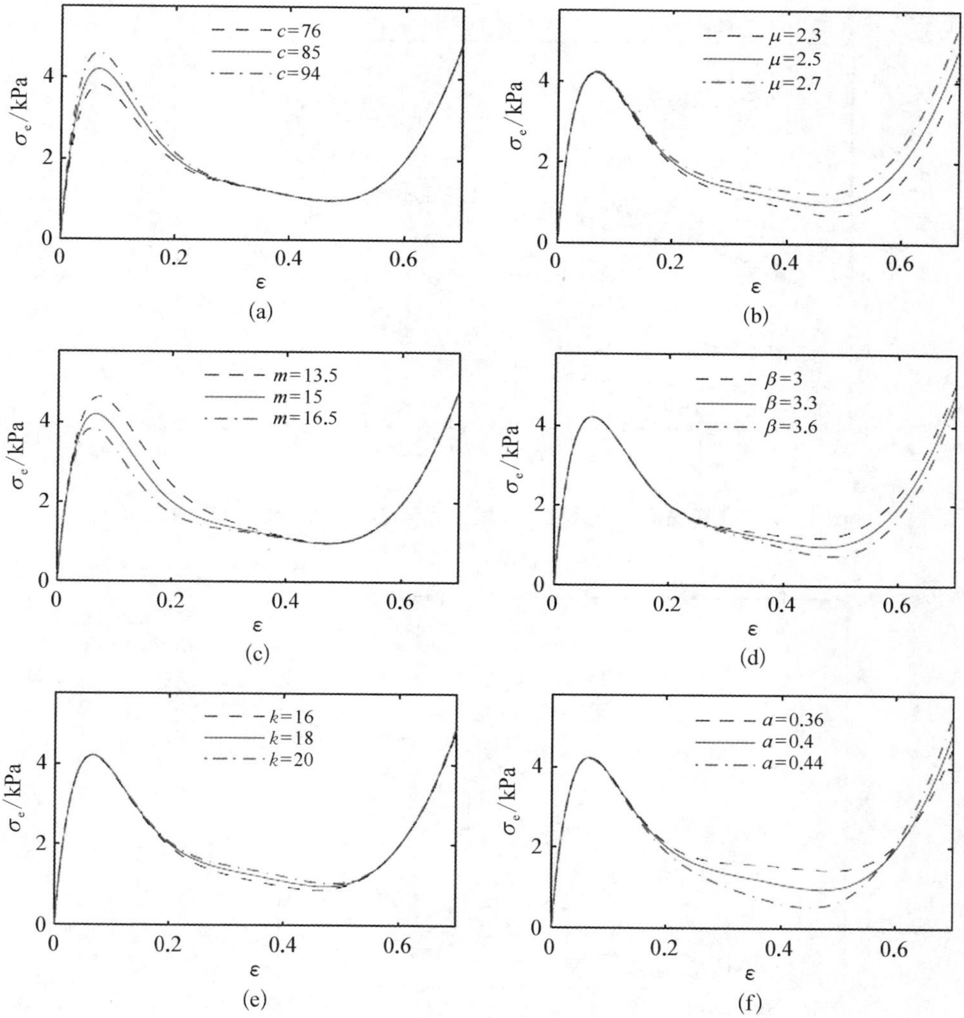

图 4-48 非线性弹性模型：应力/应变曲线上不同本构参数的影响

(4) 使用胡克和吉夫斯最小化法确定 a，β，k。

随后从多周期试验中识别出表征损伤过程的参数，结果如图 4-49 和图 4-50 所示。

3) 模型确认

本例中，通过使用相同的本构参数值（标识得出的参数）模拟复杂加载，实现模型确认，各种幅值的周期加载、中间卸载的周期加载等结果参见 4.1.9 节。

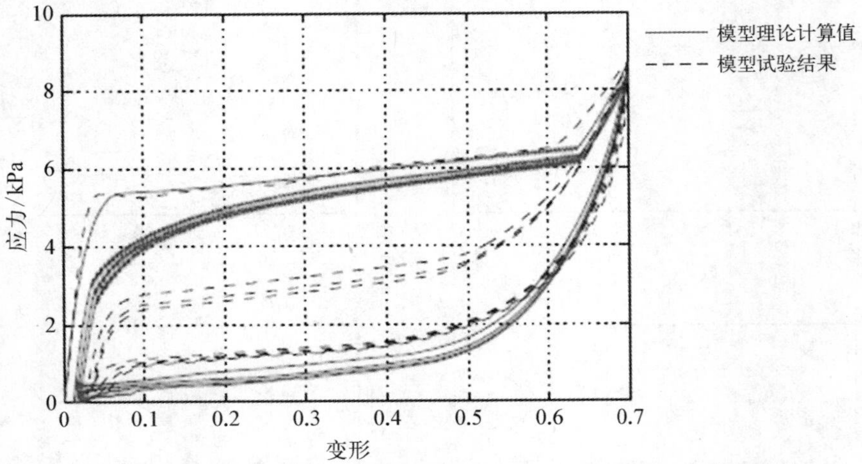

图 4-49　具有黏度的非线性弹性模型的理论计算值和试验结果的对比

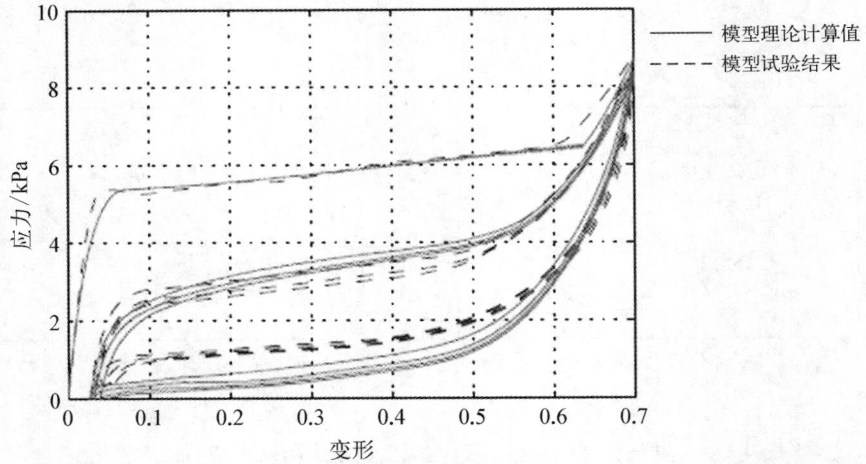

图 4-50　具有黏度和损伤的非线性弹性模型的理论计算值和试验结果的对比

4.4.5　材料力学示例：SiC/SiC 复合材料中纤维/基体分界面上的 RCCM 模型

4.2.4.2 节以 SiC/SiC 复合材料中单根纤维微压痕试验为例，强调了力学分析在参数识别过程中的重要性。该试验的目的是识别用于描述纤维/基体分界面特性的 RCCM 模型中所包含的参数。如 4.2.4.2 节所述，RCCM 模型包含 4 个参数：摩擦系数 μ、分界面初始刚度 $\boldsymbol{C}(\boldsymbol{C}_{n}=\boldsymbol{C}_{t})$、黏附能量 ω(Dupre 能量)

和分界面黏度 b。

再次重申，识别过程并非盲目的优化，而是为得到每个参数的数值允许范围而开展的初步研究，完成额外的试验和能量分析，如蠕变分析（预设位移在压痕端头保持恒定值）和刻压机上的循环加载/卸载位移试验。这些初步研究都是基于力学考虑的，并且提供了以下初步估算：

（1）基于厚度和分界面上的第三体（纤维膜中的热分解碳）属性的分界面初始刚度估算。

（2）基于循环过程中损耗分析的摩擦系数估算。

（3）基于材料和能量分析中 Dupre 能量的黏附能量 ω 的可能取值范围。

（4）结合蠕变分析，用不同挤压速度试验估算 b 量值的阶数。

基于这些初步估算，如图 4－51 所示，进行压痕试验，从而识别出有关参数的精确值[9, 54]。

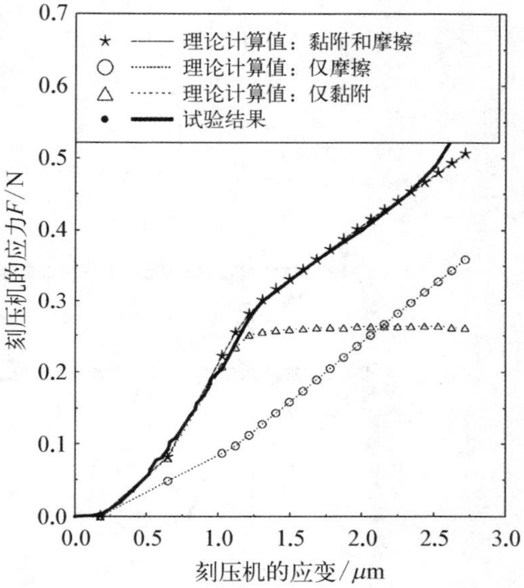

图 4－51　压痕试验中所含参数的识别与确认

4.4.6　民用工程示例：钢筋混凝土中的钢/水泥分界面

本例展示了模型搭建的最终步骤（见 4.1.7 节）。如果识别参数之后得到的最佳理论结果依然无法令人满意，则就需要改进模型，如加入新的影响因素，考虑更多的影响因素。

这里有一个民用工程示例：对钢筋混凝土中的钢/水泥分界面建模。为解决这个问题使用了 RCCM 模型，并开展相关试验。在试验中将一根内埋在混凝土试样中的钢筋从混凝土中拉出[120-121]，图 4－52 是该试验的网格划分。

1）参数识别

识别过程中，使用标准 RCCM 模型无法确定的 4 个参数值（μ，$\boldsymbol{C}$，ω，b），而这些参数能确保理论计算值与试验结果的吻合，很好地描述峰值和标准 RCCM 模型的近似试验曲线（见图 4－53）。其中，摩擦系数 μ 是关键参数，为此引入与滑动位移相关的摩擦系数，其变化如图 4－54 所示。从力学角度出发，因

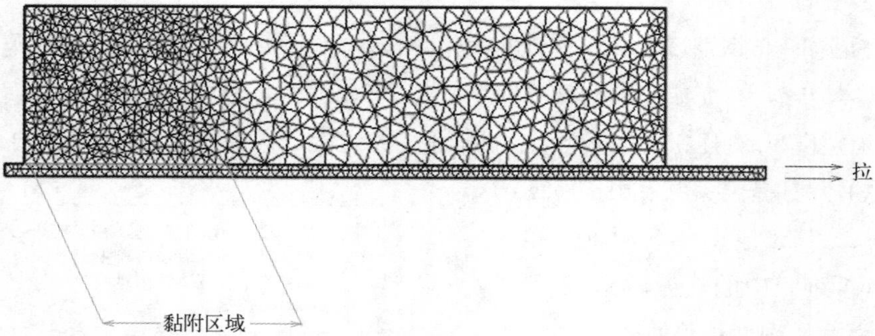

图 4-52 混凝土试样中的钢筋拉出试验的网格划分

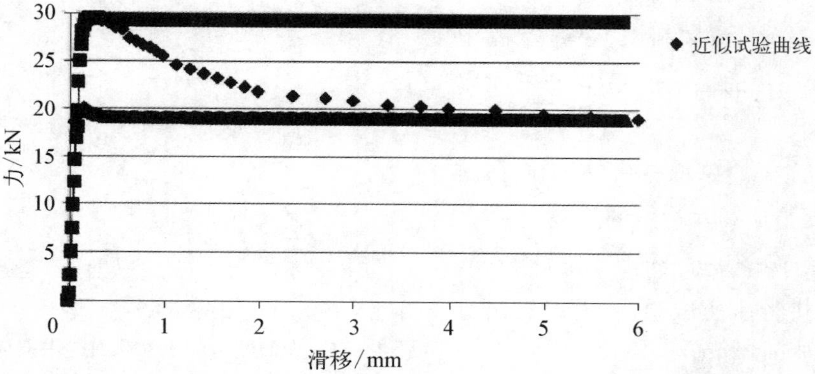

图 4-53 标准 RCCM 模型的近似试验曲线（$\mu = 0.28$ 和 $\mu = 0.46$）

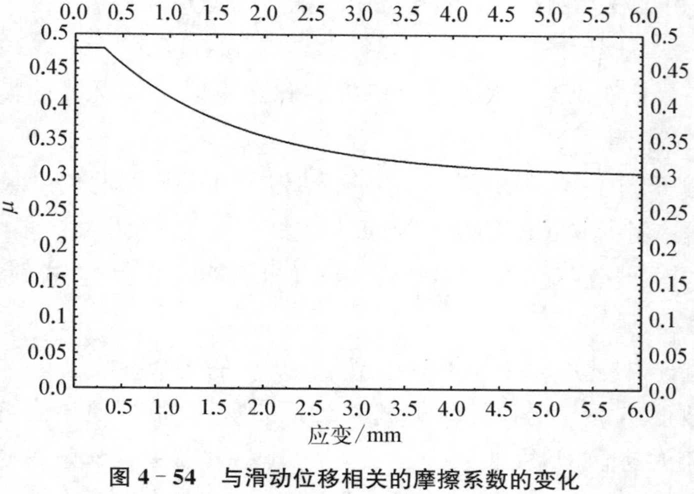

图 4-54 与滑动位移相关的摩擦系数的变化

为混凝土的本质是粉末，所以发生滑移时分界面的碾磨需要考虑磨损现象，而这些粉末则起到润滑作用，故而当滑移发生时摩擦系数会减小。

此时便可以得到参数 $\boldsymbol{C}$，ω，b 的值，并用图 4－53 中给出的 μ 获得与试验结果吻合度很好的模型理论结果（见图 4－55）。

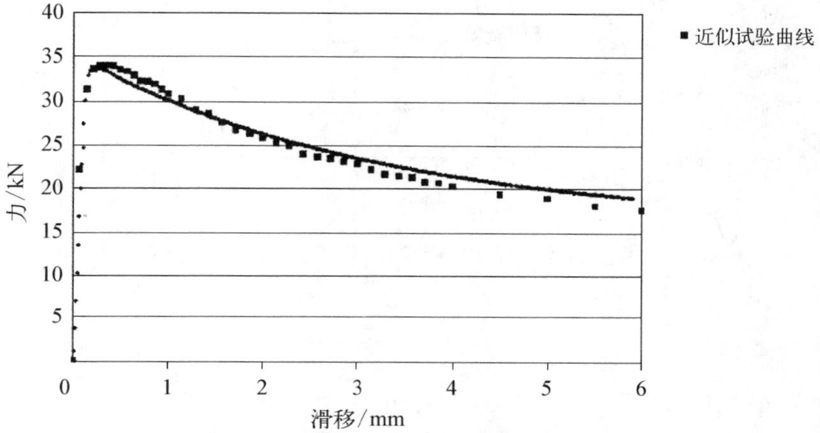

图 4－55　使用可变摩擦系数得到的近似试验曲线

2）模型确认

改变钢筋直径、水泥与钢筋接触长度后重新开展试验，对模型进行确认。图 4－56 和图 4－57 展示了模型理论计算值和试验结果之间具有良好的一致性，模型借此得到了确认，尤其是图 4－54 中给出的函数 $\mu(\boldsymbol{u}_t)$。

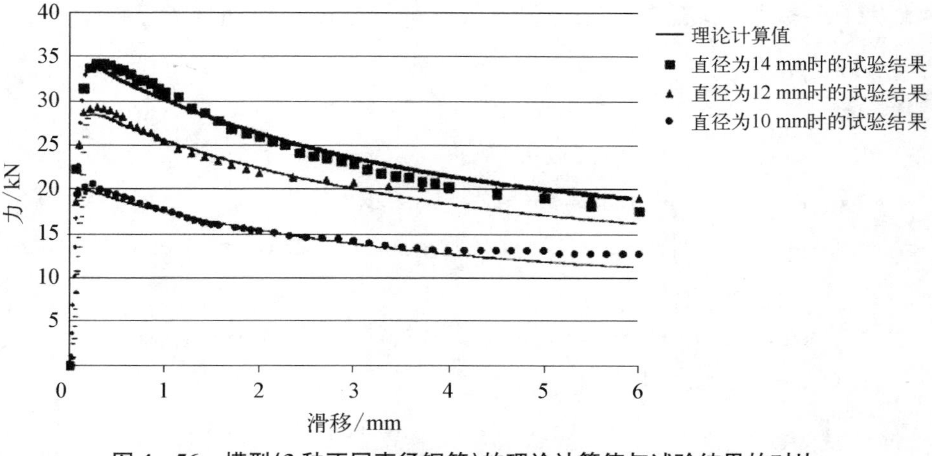

图 4－56　模型（3 种不同直径钢筋）的理论计算值与试验结果的对比

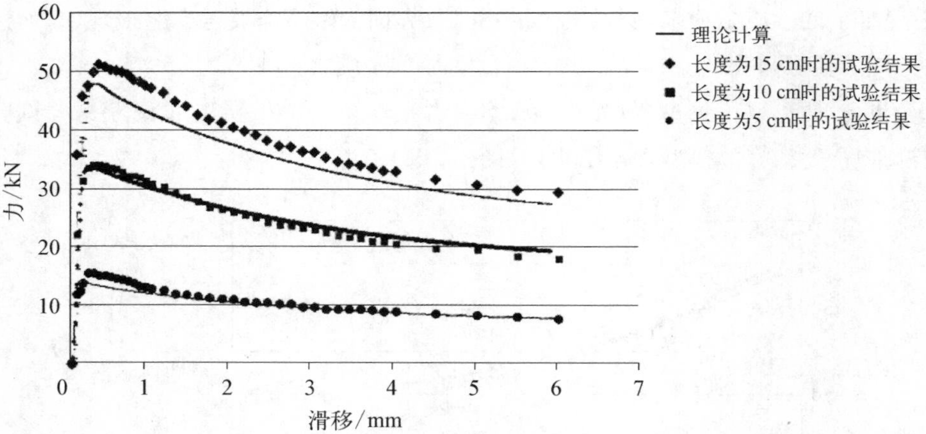

图 4-57　模型(3 种不同黏附区长度)的理论计算值与试验结果的对比

4.4.7　结论

上述示例说明模型参数识别并非易事(尤其是接触力学中),也不是一个简单的优化问题。参数力学意义上的和可能的取值范围都非常重要,有时还要补充试验和进行专门的约定(见 4.4.4 节,为了识别参数使用松弛时间和周期加载法,并定义相关顺序)。接触力学中参数识别和模型确认工作均由同一类试验完成,过程和选取试验时要多加注意。

正如开始时说明的,参数识别和模型确认是获得力学系统仿真和特性预测模型的两个关键步骤,也可以认为是建模的核心部分。本章展示的不仅是建模中的两个关键点:参数识别和模型确认,还同时展示了真正的科学方法过程。

参考文献

[1] R. Descartes, *Discours de la méthode pour bien conduire sa raison et chercher la vérité dans les Sciences*, Imprimerie Ian Maire, La Haye, 8 juin 1637.

[2] A. Rutherford, *Mathematical modelling techniques*, Dover Publications, inc, New York, 269 pages, 1978.

[3] N. Metropolis, S. Ulam, *The Monte Carlo Method*, J. American Stat. Assoc., 44 (247), 335-341, 1949.

[4] G. P. Cherepanov, A. S. Balakin, V. S. Ivanova, *Fractal fracture mechanics A review*, Engineering Fracture Mechanics, 51(6), 997-1033, 1995.

[5] R. Dautray, J.-L. Lions, *Analyse mathématique et calcul numérique pour les sciences de l'ingénieur*, Masson, Paris, 1302 pages, 1987.

[6] G. Del Piero, G. Pampolini, *The influence of viscosity on the response of open-cell polymeric foams in uniaxial compression: experiments and theoretical model*, Continuum Mech. Thermodyn., 24, 181 - 199, 2012.

[7] G. Pampolini, G. Del Piero, *Strain localization in open-cell polyurethane foams: experiments and theoretical model*, J. Mech. Mater. Struct., 3, 969 - 981, 2008.

[8] G. Pampolini, M. Raous, *Nonlinear elasticity, viscosity and damage in open-cell polymeric foams*, Arch. Appl. Mech, 84, 1861 - 1881, 2014.

[9] M. Raous, *Quasistatic Signorini problem with Coulomb friction and coupling to adhesion*, in *New developments in contact problems*, *Wriggers-Panagiotopoulos (Eds)*, CISM Courses and Lectures, 384, Springer Verlag, Wien-New York, 101 - 178, 1999.

[10] M. Raous, *Constitutive models and numerical methods for frictional contact*, in *Handbook of Materials Behavior Nonlinear Models and Properties*, *Lemaitre (Ed.)*, Academic Press, 777 - 786, 2001.

[11] M. Raous, *Interface models coupling adhesion and friction*, Them. Issue: Surface mechanics: facts and numerical models, CRAS Paris, 339, 491 - 501, 2011.

[12] R. A. Sauer, *A Survey of Computational Models for Adhesion*, J. Adhesion, 92 (2), 81 - 120, 2016.

[13] C. A. Coulomb, *Théorie de machines simples*, Mémoire de Mathémathiques et de Physique de l'Académie Royale, 10, 161 - 342, 1785.

[14] J.-J. Moreau, *Unilateral contact and dry friction in finite freedom dynamics*, in [Moreau-Panagiotopoulos (Eds) (77)], 1 - 82, 1988.

[15] M. Raous, M. Sage, *Numerical simulation of the behavior of surface asperities for metal forming*, in *Numerical Methods in Industrial Forming Processes*, *Chenot-Wood-Zienkiewicz (Eds)*, Balkema, 75 - 180, 1992.

[16] M. Cocou, M. Schryve, M. Raous, *A dynamics unilateral contact problem with adhesion and friction in viscoelasticity*, ZAMP, 61, 721 - 743, 2010.

[17] Raous, M., Schryve, M., Cocou, M., *Restorable adhesion and friction*, in *Nonsmooth/Nonconvex Mechanics with Applications in Engineering*, *Baniotopoulos (Ed.)*, Ziti Publisher, Thessaloniki, 165 - 172, 2006.

[18] J. F. Archard, W. Hirst, *The wear of metals under unlubricated conditions*. Proc. Royal Society, A-236, 397 - 410, 1956.

[19] Y. Ida. *Cohesive force across the tip of a longitudinal shear crack and Griffiths specific surface energy*, J. Geophys. Res., 77, 3796 - 3805, 1972.

[20] K. Uenishi and J. R. Rice. *Universal nucleation length for slip-weakening rupture instability under nonuniform fault loading*, J. Geophys. Res., 108 (B1), 2003.

[21] A. Bizzarri, M. Cocco, *Slip-weakening behavior during the propagation of dynamic ruptures obeying rate and state dependent friction laws*, J. Geophys. Res., 108(B8), 2373, 2003.

[22] M. Campillo, I. R. Ionescu, *Initiation of antiplane shear instability under slip dependent friction*, J. Geophys. Res., 102 (B9), 20363 - 20371, 1997.

[23] A. L. Ruina, Slip instability and state variable friction laws, J. Geophys. Res., 88 (10), 359 - 370, 1983.

[24] M. Raous, G. Festa, J.-P. Vilotte, C. Henninger, *Adhesion and friction for fault interfaces in geophysics*, Keynote lecture in *Mini-Symp. Comput. Contact Mech.*, *IV Europ. Conf. Comput. Mech. ECCOMAS* (*Sol. Struct. Coupled Pbs Engng.*), Paris, May 17 - 21, 2010.

[25] J.-P. Vilotte, G. Festa, M. Raous, C. Henninger, *Earthquake rupture with scale-dependant friction and damage interface law*, in *American Geophysical Union Fall Meeting*, USA, Dec 2009.

[26] Y. Berthier, *Third body reality -Consequences and use of the third body concept to solve a friction and wear problems*, in *Wear, Materials, Mechanisms and Practice*, Wiley, 2005.

[27] D. Tabor, *Friction-The present state of our understanding*, J. of Lubri. Techn. Trans. ASME, 103, 169 - 179, 1981.

[28] J. F. Archard, *Elastic deformation and the laws of friction*, Proc. Royal Society of London, A-243, 190 - 205, 1957.

[29] J. F. Archard, *Surface topography and tribology*, Tribology International, 7, 213 - 220, 1974.

[30] J. A. Greenwood, J. B. Williamson, *Contact of nominally flat surfaces*, Proc. Royal Soc. of London, A 255, 300 - 319, 1966.

[31] K. L. Johnson, *Contact mechanics*, Cambridge University Press, 1985.

[32] B. N. J. Persson, *Relation between Interfacial Separation and Load: A General Theory of Contact Mechanics*, Physical Review Letters, 99(12), 2007.

[33] G. Bouchitte, A. Lidouh, J.-C. Michel, P. Suquet, *Might boundary homogenization help to understand friction*, in Proceedings of Contact Mechanics

International Symposium, Curnier (Ed.), Presses Polytechniques, Lausanne, 1992.

[34] S. Dumont, F. Lebon, M. L. Raffa, R. Rizzoni, H. Welemane, *Multiscale Modeling of Imperfect Interfaces and Applications*, In *Computational Methods for Solids and Fluids, Ibrahimbegovic (Ed.)*, CMAME, 41, 81 - 122, 2016.

[35] Ch. Licht, G. Michaille, *A modelling of elastic adhesive bonded joints*, Adv. Math. Sci. Appl., 7, 711 - 740, 1997.

[36] R. Rizzoni, S. Dumont, F. Lebon, E. Sacco, *Higher order model for soft and hard elastic interfaces*, Int. J. Solids Struct., 51, 4137 - 4148, 2014.

[37] M. Serpilli, *Mathematical Modeling of weak and strong piezoelectric interfaces*, J Elast, 121, 235 - 254, 2015.

[38] I. Temizer, P. Wriggers, *A multiscale contact homogenization technique for the modeling of third bodies in the contact interface*, Comp. Meth. Appl. Mech. Engng., 198, 377 - 396, 2008.

[39] P. Wriggers, J. Reinelt, *Multi-scale approach for frictional contact of elastomers on rough rigid surfaces*, Comp. Meth. Appl. Mech. Engng., 198(21 - 26), 1996 - 2008, 2009.

[40] L. De Laurenzis, P. Wriggers, *Computational homogenization of rubber friction on rough rigid surfaces*, Comp. Mat. Sci., 77, 264 - 284, 2013.

[41] G. A. Drosopouilos, P. Wriggers, G. Stavroulakis, *A multi-scale computational method including contact for the analysis of damage in composite materials*, Computational Materials Science, 12(95), 522 - 535, 2014.

[42] P. Wagner, P. Wriggers, C. Klapproth, C. Prange, *Multiscale FEM approach for hysteresis friction of rubber on rough surfaces*, Comp. Meth. Appl. Mech. Engng., 296, 150 - 168, 2015.

[43] V. A. Yastrebov, G. Anciaux, J.-F. Molinari, *From infinitesimal to full contact between rough surfaces: Evolution of the contact area*, Int. J. Solids Struct., 52, 83 - 102, 2015.

[44] P. Spijker, G. Anciaux, J.-F. Molinari, *The effect of loading on surface roughness at the atomistic level*, Comp. Mech., 50, 273 - 283, 2012.

[45] P. Spijker, G. Anciaux, J.-F. Molinari, *Relations between roughness, temperature and dry sliding friction at the atomic scale*, Trib. Int., 59, 222 - 229, 2013.

[46] G. Anciaux, S. B. Ramisetti, J.-F. Molinari, *A finite temperature bridging domain method for MD-FE coupling and application to a contact problem*, CMAME, 205 -

208(0), 204 - 212, 2012.

[47] G. Anciaux, J.-F. Molinari, *Contact mechanics at the nanoscale, a 3D multiscale approach*, IJNME, 79(9), 1041 - 1067, 2009.

[48] S. B. Ramisetti, G. Anciaux, J.-F. Molinari, *A concurrent atomistic and continuum coupling method with applications to thermo-mechanical problems*, Int. J. Num. Meth. Engn, 97, 707 - 738, 2014.

[49] T. Junge, J.-F. Molinari, *Plastic activity in nanoscratch molecular dynamics simulations of pure aluminium*. Int. J. Plast., 53, 90 - 106, 2014.

[50] J. Cho, T. Junge, J.-F. Molinari, G. Anciaux, *Toward a 3D coupled atomistic and discrete dislocation dynamics simulation: dislocation core structures and Peierls stresses with several character angles in FCC aluminum*, Adv. Mod. Simul. Engng, 2 (12), 2015.

[51] M. Fremond, *Adherence des solides*, J. Mec. Theor. Appl., 6(3), 383 - 407, 1987.

[52] M. Raous, Y. Monerie, *Unilateral contact, friction and adhesion in composite materials: 3D cracks in composite material*, in *Contact Mechanics*, *Martins-Monteiro Marques (Eds)*, Coll. Solid Mech. Appl., Kluwer, 333 - 346, 2002.

[53] M. Cocou, L. Cangémi, M. Raous, *Approximation results for a class of quasistatic contact problems including adhesion and friction*, in *Proc. IUTAM Symposium on Variations de domaines et frontières libres en mécanique des solides*, *Argoul-Frémond-Nguyen (Eds)*, Kluwer, 211 - 218, 1999.

[54] M. Raous, L. Cangemi, M. Cocou, *A consistent model coupling adhesion, friction and unilateral contact*, Comp. Meth. Appl. Mech. Engng., 177(3 - 4), 1999.

[55] G. Del Piero, M. Raous, *A unified model for adhesive interfaces with damage, viscosity and friction*, Europ. J. Mech.-A/Solids, 29(4), 496 - 507, 2010.

[56] P. D. Panagiotopoulos, *Inequality problems in Mechanics, convex and non convex energy functions and Hemivariational inequalities*, Birkhuser Verlag, Boston Basel, 1985.

[57] G. Duvaut, J.-L. Lions, *Les inéquations en mécanique et en physique*, Dunod, Paris, 1972.

[58] R. W. Cottle, F. Giannessi, P.-L. Lions (Eds), *Variational Inequalities and Complementary Problems in Mathematical Physics and Economics*, John Wiley, 1979.

[59] A. Klarbring, G. Björkman, *A mathematical programming approach to contact*

problems with friction and varying surfaces, Comput. Struct. 30 (5), 1185 - 1198, 1988.

[60] T. A. Laursen, *Computational contact and impact mechanics*, Springer, 2003.

[61] P. Wriggers, *Computational contact mechanics*, John Willey & Sons, 2002.

[62] P. Wriggers, T. A. Laursen (Eds), *Computational contact mechanics*, CISM Courses and Lectures, 498, Springer Verlag, Wien-New York, 2007.

[63] M. Cocou, E. Pratt, M. Raous, *Existence d'une solution du problème quasi statique de contact unilateral avec frottement non local*, CRAS Paris, 320 Serie I, 1413 - 1417, 1995.

[64] M. Cocou, E. Pratt, M. Raous, *Formulation and approximation of quasistatic frictional contact*, Int. J. Engng. Sci., 34(7), 783 - 798, 1996.

[65] M. Cocou, E. Pratt, M. Raous, *Constructive aspects of functional analysis for the treatment of frictional contact*, Math. Comp. Mod., 28(4 - 8), 109 - 120, 1998.

[66] M. Cocou, M. Raous, *Implicit variational inequalities arising in frictional contact mechanics: analysis and numerical solutions for quasistatic problems*, in *From convexity to non-convexity dedicated to memory of Prof. G. Fichera, Gilbert-Panagiotopoulos-Pardalos (Eds)*, Kluwer, Dordrecht, 255 - 267, 2001.

[67] P. Ballard, *A counter-example to uniqueness in quasi-static elastic contact problems with friction*, Int. J. Eng. Sci., 37, 163 - 178, 1999.

[68] J.-J. Moreau, *Standard inelastic shocks and the dynamics of unilateral constraints*, in: *Unilateral Problems in Structural Analysis, Del Piero-Maceri (Eds.)*, CISM Courses, 288, Springer-Verlag, Wien New York, 173 - 221, 1985.

[69] A. Signorini, *Questioni di elasticita non linearizzata e semi-linearizzata*, Rend. di Matem. delle sue appl., 18, 1959.

[70] G. Fichera, *Problemi elastostatici con vincoli unilaterali: il problema di Signorini con ambigue condizioni al contorno*, Memorie della Accad. Naz. dei Lincei, Classe di Scienze Fisiche, Matematiche e Naturali, 8(7) n2, 91 - 140, 1964.

[71] J. Necas, J. Jarusek, J. Haslinger, *On the solution of the variational inequality to the Signorini problem with small friction*, Boll. U. M. I., 5 (17 - B), 796 - 811, 1980.

[72] J. Jarusek, *Contact problems with bounded friction coercive case*, Czechoslovak Math. J., 33(108), 237 - 261, 1983.

[73] C. Eck, J. Jaruseck, *Existence results for the static contact problem with Coulomb*

friction, Math. Mod. Meth. Appl. Sci., 8, 445 - 468, 1998.

[74] M. Cocou, *Existence of solutions of Signorini problems with friction*, Int. J. Engng. Sci., 22(5), 567 - 575, 1984.

[75] L. Demkowicz, J. T. Oden, *On some existence and uniqueness results in contact problems with non local friction*, Nonlinear Analysis -Theory Methods Applications, 6 (10), 1075 - 1093, 1982.

[76] A. Klarbring, A. Mikelic, M. Shillor, *On friction problems with normal compliance*, Nonlinear Anal. Th. Meth. Appl., 13, 935 - 955, 1989.

[77] L. E. Andersson, *Existence results for quasistatic contact problems with Coulomb friction*, Appl. Math. Opt., 42(2), 169 - 202, 2000.

[78] M. Cocou, R. Rocca, *Existence results for unilateral quasistatic contact problems with friction and adhesion*, Math. Mod. Num. Anal., 34, 981 - 1001, 2000.

[79] R. Rocca, M. Cocou, *Existence and approximation of a solution to quasistatic problem with local friction*, Int. J. Engng. Sci., 39(11), 1233 - 1255, 2001.

[80] R. Rocca, M. Cocou, *Numerical Analysis of quasi-static unilateral contact problems with local friction*, SIAM J. Numer. Anal., 39(4), 1324 - 1342, 2001.

[81] L.-E. Andersson, *A quasistatic frictional problem with normal compliance*, Nonlinear Anal. Theory Methods Appl., 16, 347 - 369, 1991.

[82] J. A. C. Martins, J. T. Oden, *Existence and uniqueness results for dynamic contact problems with nonlinear normal and tangential interface laws*, Nonlinear Anal. Theory Methods Applications, 11(3), 407 - 428, 1987.

[83] J. A. C. Martins, J. T. Oden, *Corrigendum of (70)*, Nonlinear Anal. Theory Methods Applications, 12(7), 747, 1988.

[84] J. Munoz-Rivera, R. Racke, *Multidimensional contact problems in thermoelasticity*, SIAM J. Appl. Math., 58(4), 1307 - 1337, 1998.

[85] K. L. Kuttler, *Dynamic friction contact problems for general normal and friction laws*, Nonlinear Anal. Theory Methods Applications, 28(3), 559 - 575, 1997.

[86] M. Cocou, *Existence of solutions of a dynamic Signorinis problem with nonlocal friction in viscoelasticity*, ZAMP, 53, 1099 - 1109, 2002.

[87] M. Cocou, G. Scarella, *Analysis of a dynamic unilateral contact problem for a cracked viscoelastic body*, ZAMP, 57, 523 - 546, 2006.

[88] J. Jarusek, *Dynamic contact problems with given friction for viscoelstic bodies*, Czechoslovak Mathematical Journal, 46 (121), 475 - 487, 1996.

[89] P. Ballard, *The dynamics of discrete mechanical systems with perfect unilateral constraints*, Arch. Rational Mech. Anal., 154, 199-274, 2000.

[90] P. Ballard, St. Basseville, *Existence and uniqueness for dynamical unilateral contact with Coulomb friction: a model problem*, Math. Model. Num. Anal., 39(1), 59-77, 2005.

[91] A. Klarbring, *Examples of non uniqueness and non existence of solutions to quasistatic contact problem with friction*, Ingenieur-Archiv, 60, 529-541, 1990.

[92] P. Wriggers, P. D. Panagiotopoulos (Eds), *New developments in contact problems*, CISM Courses and Lectures, 384, Springer Verlag, Wien-New York, 1999.

[93] N. Kikuchi, J. T. Oden, *Contact problems in Elasticity: a study of variational inequalities and finite element methods*, SIAM, Philadelphia, 1988.

[94] P. Alart, A. Curnier, *A mixed formulation for frictional contact problems prone to Newton like solution methods*, CMAME, 92(3), 353-375, 1991.

[95] J. C. Simo, T. A. Laursen, *An augmented Lagrangian treatment of contact problems involving friction*, Computers Structures, 42(1), 97-116, 1992.

[96] M. Raous, P. Chabrand, F. Lebon, *Numerical methods for frictional contact problems and applications*, in [*Raous (Ed.)(91)*], 111-128, 1988.

[97] P. Chabrand, F. Dubois, M. Raous, *Comparison of various numerical methods for solving unilateral contact problems with friction*, Mathematical and Computer Modelling, 28(4-8), 97-108, 1998.

[98] F. Lebon, M. Raous, *Multibody contact problem including friction in structural assembly*, Computer and Structures, 43(5), 925-934. 1992.

[99] M. Raous, *On two variational inequalities arising from a periodic viscoelastic unilateral problem*, in [*Cottle-Gianessi-Lions (Eds), 1979*], 285-302, 1979.

[100] P. W. Christensen, A. Klarbring, J. S. Pang, N. Stromberg, *Formulation and comparison of algorithms for frictional contact problems*, Int. J. Numer. Meth. Eng., 42, 145-173, 1998.

[101] D. Vola, E. Pratt, M. Jean, M. Raous, *Consistent time discretization for a dynamical frictional contact problem and complementarity techniques*, Rev. Europ. Elêments Finis, 7(1-3), 149-162, 1998.

[102] F. Lebon, M. Raous, I. Rosu, *Multigrid methods for unilateral contact problems with friction*, in *IUTAM-Symposium on Computational Methods in Contact Mechanics*, *Wriggers-Nackenhorst (Eds)*, Springer, 1-16, 2007.

[103] M. Raous, S. Barbarin, *Preconditioned conjugate gradient method for a unilateral problem with friction*, in *Contact Mechanics*, *Curnier* (*Ed.*), Press. Polytech. Univ. Romandes, 423 - 432, 1992.

[104] M. Jean, J.-J. Moreau, *Dynamics in the presence of unilateral contact and dry friction: a numerical approach*, in *Unilateral problems in structural analysis*, *Del Piero-Maceri* (*Eds*), CISM Course, 304, Springer-Verlag, Wien, 1987.

[105] M. Jean, *The Non Smooth contact dynamics method*, Comp. Meth. Appl. Mech. Engng, 177, 235 - 257, 1999.

[106] M. Jean, V. Acary, Y. Monerie, *Non-smooth contact dynamics approach of cohesive materials*, Phil. Trans. Royal Soc. London (A), 359, 2497 - 2518, 2001.

[107] F. Pfeiffer, *Mechanical System Dynamics*, Springer, Berlin, Heidelberg, 2009.

[108] F. Pfeiffer, Th. Schindler, *Introduction to Dynamics*, Springer, Berlin Heidelberg, 2015.

[109] F. Pfeiffer, Ch. Glocker, *Multibody Dynamics with Unilateral Contacts*, John Wiley and Sons, New York, 1996.

[110] R. Glowinski, J.-L. Lions, R. Trémolieres, *Analyse numérique des inéquations variationnelles*, Dunod, Paris, 1976.

[111] B. Wohlmuth, *Variationally consistent discretization schemes and numerical algorithms for contact problems*, Acta Numerica, 569 - 734, 2011.

[112] J. A. C. Martins, S. Barbarin, M. Raous, A. Pinto da Costa, *Dynamic stability of finite dimensional linearly elastic systems with unilateral contact and Coulomb friction*, Comp. Meth. Appl. Mech. Engng., 177(3 - 4), 289 - 328, 1999.

[113] M. Raous, S. Barbarin, D. Vola, *Numerical characterization and computation of dynamic instabilities for frictional contact problems*, in *Friction and instabilities*, *Martins-Raous* (*Eds*), CISM Courses and Lectures, 457, Springer Verlag, Wien-New York, 233 - 292, 2002.

[114] D. Vola, M. Raous, J. A. C. Martins, *Friction and instability of steady sliding: squeal of a rubber/glass contact*, Int. J. Num. Meth. Engng. 46, 1699 - 1720, 1999.

[115] Q. S. Nguyen, *Bifurcation and stability in dissipative media* (*plasticity*, *friction*, *fracture*), Appl. Mech. Rev., 47, 1994.

[116] C. H. Liu, G. Hofstetter et H. A. Mang, *3D finite element analysis of rubber-like materials at finite strains*, Eng. Comp., 11, 1994.

[117] J. C. Simo et R. L. Taylor, *Quasi-incompressible finite elasticity in principal stretches. Continuum basis and numerical algorithms*. Comp. Meth. Appl. Mech. Eng., 85, 1991.

[118] T. Sussman et K. J. Bathe, *A finite element formulation for nonlinear incompressible elastic and inelastic analysis*. Comp. Struc., 26(1-2), 1987.

[119] P. Wriggers, T. Vu Van et E. Stein, *Finite element formulation of large deformation impact-contact problems with friction.*, Comp. Struct., 37(3), 1990.

[120] M. A. Karray, S. Barbarin, M. Raous, *Traitement de la liaison béton-acier par un modèle d'interface couplant adhésion et frottement*, Annales Maghrébines de l'Ingénieur, 18(2), 2004.

[121] J. F. Archard, *Contact and rubbing of flat surface*, J. Appl. Phis., 24(8), 981-988, 1953.

[122] M. Raous, M. A. Karray, *Model coupling friction and adhesion for steelconcrete interfaces*, Int. J. Comp. Appl. Tech., 34(1), 42-51, 2009.

[123] G. Duvaut, *Equilibre d'un solide élastique avec contact unilatéral et frottememt de Coulomb*, CRAS, Paris, 290A, 263-265, 1980.

[124] S. Hyun, L. Pei, J.-F. Molinari, *Finite-element analysis of contact between elastic self-affine surfaces*, Physical Review E, 70(2), 2004.

[125] Ch. Licht, E. Pratt, M. Raous, *Remarks on a numerical method for unilateral contact including friction*, Int. Series Num. Math., 101, Birkhuser Verlag Basel, 129-144, 1991.

[126] B. Lorenz, B. N. J. Persson, *Interfacial separation between solids with randomly surfaces: comparison of experiment with theory*, J. Phys. Condens. Matter, 21, 1-6, 2009.

[127] Y. Monerie, M. Raous, *A model coupling adhesion to friction for the interaction between a crack and a fiber/matrix interface*, ZAMM, 80, 205-209, 2000.

[128] J.-J. Moreau, P. D. Panagiotopoulos (Eds), *Non Smooth Mechanics and Applications*, CISM Courses and Lectures, 302, Springer-Verlag, Wien, 1988.

[129] L. Pei, S. Hyun, J.-F. Molinari, *Finite element modeling of elasto-plastic contact between rough surfaces*, J. Mech. Phys. Sol., 53 (11), 2385-2409, 2005.

[130] M. Raous (Ed.), *Numerical methods in mechanics of contact involving friction*, Special Issue J. Méca. Th. Appl., 7(suppl. n1), 1988.

[131] M. Shillor, M. Sofonea, J. J. Telega, *Models and Analysis of Quasistatic Contact*, Lect. Notes Phys., 655, 2004.

5 机械系统非线性振动响应建模

斯蒂文·肖,奥丽尔·绍沙尼(Oriel Shoshani),
帕维尔·波留宁(Pavel Polunin)

本章的主题是机械系统非线性振动响应建模,关注自由振动问题和共振点附近的频响问题。前文介绍了一些通用建模思想,以及非线性振动模型的物理原型,关注包含非线性因素的系统模型及非线性因素对系统功能的影响。非线性振动系统分析方法不是本章的重点,本章仅介绍分析非线性振动问题所需的工具。研究对象模型中包含了非线性多项式,因为非线性多项式对系统反馈的影响与线性系统反馈有本质的区别。本章主要阐述了钟摆系统、梁的横向振动、微系统驱动电容、球摆和弹簧摆振系统。本章结尾给读者提供了一些非线性系统建模的基本思想,及其在系统设计中的应用。

5.1 概述

机械系统动力学模型常用数学方程表达,而这些数学方程反映的是理想化的物理系统。动力学模型的微分或微分代数方程源于牛顿运动定律、拉格朗日运动方程或振动准则。本节的主题是机械系统非线性振动问题,利用模型解释系统的非线性特性,在此先讨论一些物理系统数学建模的基本评价准则。

首先,不存在绝对正确的模型。通常意义上的"好的"模型或"成功的"模型是指模型最简单而又能解决所关心的问题;模型"简单"与否有很多评判标准,例如采用最小自由度,或最少独立参数,或具有良好的数学修正性,再或便于分析计算。对于这一理念,乔·纽曼在 2004 年曾说:"4 个参数可以固定一头大象,5 个参数就可以让大象摆动鼻子。"阿尔伯特·爱因斯坦也曾说过:"模型应该尽可能简洁明了,但又不能过于简陋。"所有这些名言都在提醒我们:好的模型应该尽可能简单。构建好模型需要建模者具备敏锐的物理洞察力,至少能合理的预期成果，并有处理类似问题及建模过程中反复迭代的经验。任何模型的最终检测都是理论计算值与试验结果的对比，尽管有时也采用“对比降阶模型与复杂高阶计算模型结果”的形式。

此外，还需要说明一点，物理系统中没有明确的“线性”或“非线性”定义，线性和非线性定义只适用于数学模型，因为它们本来就是数学定义。实际上，单独学习非线性动力学没有必要，正如数学家斯坦尼斯拉夫·乌拉姆所说的，“这和定义一群动物是大象以外的动物一样”没有意义，因此，只有明确定义了线性模型才有研究非线性系统的意义。同理，机械系统模型中刚体和非刚体(如弹性体)的定义与之类似。当然，由于不存在绝对刚体，因此采用非刚体模型描述研究对象会更为精确。但在通常情况下，将研究对象理想化成刚体会更简便、实用，且能够提供足够的信息描述研究对象。非线性和线性模型也与之类似。

获取线性模型的方式很特殊。建模者和研究者们都明白必须从非线性模型出发才能获得有效的线性模型，同时线性模型的局限性也只有在非线性环境下才能凸显。基于叠加原理，线性系统在分析和预测方面都具有很强的实用性，因此线性系统的使用仍然很广泛。但实际上，缺少叠加原理的动力学系统也有办法理解其工作特性。经过 50 年的研究，非线性系统已经成为一个标准研究领域，应用于包括工程学、物理学、化学和生物学研究中。例如，斯特罗加茨(Strogatz)在 2014 年开启、现在已广为使用的治疗方法。

我们关注的是机械系统非线性振动模型包含的以动能表达的惯性力、以势能表达的保守力，以及随时间变化的外部激励形成的非保守力。这些非保守力是研究对象周围环境对系统本身产生的影响，它们通常会增加或减少系统的能量。稳定系统振动建模时，运动方程可以通过泰勒级数展开进行数据修正，并提供系统线性特征信息和非线性特征信息，这也是本章关注的内容。

运动方程的第一级展开代表具有典型特性和分析方法的线性振动模型。线性系统的基本特征是重复性，也就是说如果系统输入 $u_i(t)$ 的反馈是 $x_i(t)$，其中 $i=1,2$，则输入 $c_1u_1(t)+c_2u_2(t)$ 的反馈就是 $c_1x_1(t)+c_2x_2(t)$，其中 c_i 为任意定值。比例特性环节，即当系统输入乘以系数 c 时，系统反馈也会相应地乘以该系数 c。模型反馈的叠加取决于解的形式。结论之一是包含固定比例系数、外部输入以 ω 为周期变化的线性系统有唯一的稳态同频率反馈，不会出现共振问题。如果系统的稳定是逐渐达到的，那么周期性反馈也具有类似的稳定性。好在很多系统的特征行为都可以用此类线性模型表达；同样，由于在校大学生很容易接受线性系统数学工具，因此在工程领域线性系统研究得以广泛开展。但多数情况下，学生都无法知道线性系统的局限性或有效性以及非线性模型的特征性行为。所幸随着计算机的普及，这个问题已经得到了很好的解决，通过个人计算机，学生们非常容易地就能求解出非线性系统模型的特征行为。

机械系统动力学的 n 自由度系统模型，能够在广义坐标系 $\boldsymbol{q}_i(t)$ 下进行拉格朗日展开，并通过拉格朗日函数 $L=T-V$ 定义系统的动能 $T(\boldsymbol{q}_i, \dot{\boldsymbol{q}}_i, t)$ 和势能 $V(\boldsymbol{q}_i, t)$。因此，模型可通过 n 个微分方程组表达成：

$$\frac{\mathrm{d}}{\mathrm{d}t}\frac{\partial L}{\partial \dot{\boldsymbol{q}}}-\frac{\partial L}{\partial \boldsymbol{q}_i}=\boldsymbol{Q}_i, \quad i=1, 2, \cdots, n \tag{5-1}$$

式中：$\boldsymbol{Q}_i(\boldsymbol{q}_i, \dot{\boldsymbol{q}}_i, t)$ 为非势能转换的广义力，通常包括系统阻尼、外部激励等。只有当动能和势能分别是 $\dot{\boldsymbol{q}}_i$ 和 $\boldsymbol{q}_i$ 的二次函数时，这些微分方程才是线性的，$\boldsymbol{Q}_i$ 也才是 $\dot{\boldsymbol{q}}_i$ 和 $\boldsymbol{q}_i$ 的线性项。然而由于有 T（惯性力，非线性）、V（保守力，非线性回复力）或 $\boldsymbol{Q}_i$（非线性阻尼，如摩擦等）的作用，这些方程一般都是非线性的。对于稳态振动系统，可以同时展开方程中的 T 和 V，也可以求出运动方程后再展开。本章将考虑此类展开模型，因为机械系统振动模型的非线性特征非常重要。本书关注的是建模而不是如何求解模型方程（求解模型方程的方法很多，如摄动法、数值法以及一些理解动力学系统的方法，如点集拓扑法），读者如果对求解模型方程的方法感兴趣，可以通过阅读其他参考书籍获得相关知识。

本章节内容安排如下。首先，通过简单的单自由度实例介绍非线性振动的一些基本要素，此时系统的反馈能够用单个振型来表达，讨论的出发点是自由振动特征；而后再考虑系统对主频附近谐振激励的响应，振型要考虑非线性因素的影响。其次，要考虑参数振动，这常常是由于系统刚度周期性波动而导致系统不稳定，从而产生次级谐振现象。在机械工程中会遇到一些有害的参数振动，这需要特别关注和极力避免。再次，扩展到多模态振动系统响应的讨论，关注非线性对此类系统的影响，即出现内部共振的情况。最后，注意力将集中在此类系统建模的基础层面上，介绍一些建模必需的工具。本章仅考虑了多模态振动问题，模型理论结果表明，一定工况下多体模型的相互作用具有类似特征。

本章主要关注自由振动的非线性性和共振条件下的强迫振动，并使用平均法描述这些模型的特征行为。当然，除此之外还有很多其他方法可供选择（如多尺度法[1]）。虽然混沌动力学并不在本书的研究范围内，但有很多该领域的研究成果值得参考借鉴[2-3]。

5.2　单振型振动

单振型振动问题首先以 4 个无阻尼、单自由度振动系统为建模起点，求得相似的运动方程后再提取非线性振动建模的主要信息，再讨论非线性阻尼影响，考虑强迫振动在共振点附近的频响特性；其次通过确定系统工况和非线性模型的输入参数以确保系统频响特性的正确性；最后考虑系统刚度随时间周期性变化引起的次级谐振问题。

整个过程中也考虑了一些建模细节，在此我们仅研究了对称非线性系统，使用奇函数对稳态变量建模，因为这样的模型在数据分析时更容易被改进；非对称系统模型也同样重要（或许更重要），但出于全书内容考虑此不赘述，读者可以从相关的参考书中获取非对称系统模型的相关知识。

5.2.1　自由振动

5.2.1.1　单摆振动

单摆可以理想化成质点 m 固定在一根忽略质量、长度为 l 的刚性轴的一端，而刚性轴的另一端采用铰接形式固定，确保质点 m 严格以铰接点为中心摆动。图 5-1 为单摆示意。

单摆模型假设摆锤（质点）质量很小，但 ml^2 远大于摆锤支杆绕转轴的转动惯量以及摆锤质量 m。单摆运动方程与摆锤相对竖直位置的偏转角 θ 有关，动能方程 $T=\frac{1}{2}ml^2\dot{\theta}^2$，势能方程 $V=-mgl\cos\theta$，其中 g 为重力加速度。对上述结果除以 ml^2 后微分得

$$\ddot{\theta}+\frac{g}{l}\sin\theta=0 \qquad (5-2)$$

式(5-2)代表了完整的非线性模型，它有一个显式解（因为在拉格朗日动力学系统中，它是可积的），使用雅克比椭圆函数表

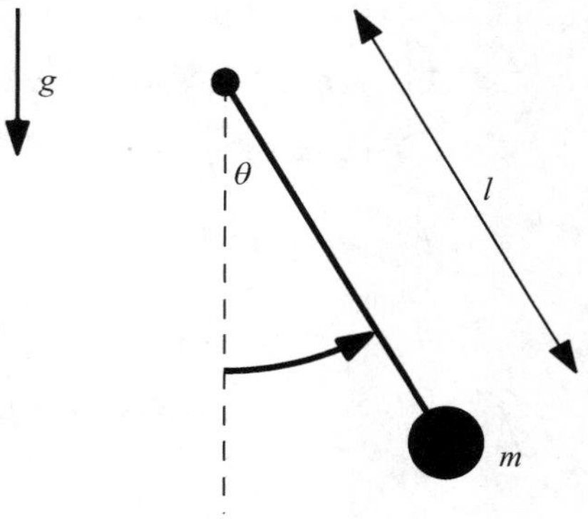

图 5-1　单摆示意

达[4]。在小角度（$|\theta| \ll 1$）的条件下，对非线性项 $\sin\theta$ 的展开得到响应近似表达式：

$$\ddot{\theta}+\frac{g}{l}\left(\theta-\frac{1}{6}\theta^3+\cdots\right)=0 \tag{5-3}$$

线性模型忽略了三阶及更高阶项，满足固有频率计算公式 $\omega_n=\sqrt{\frac{g}{l}}$；至于何种工况使用线性模型，何时考虑三阶项（包含三阶项的模型称为弱非线性模型），后续将详细讨论。无论是线性还是非线性周期性自由振动，关注点都是其响应的高次谐波可接受的振动周期和幅值。本例中，由于非线性系数是负值，刚度效应将随幅值增大而减小，从而导致振动频率随幅值增大而减小。更多实例表明，一般可以采用定量方法研究振动幅值和频率，而响应的高次谐波及其作用推荐读者参考其他资料［如奈弗（Nayfeh）和穆克（Mook）的研究[1]］。

5.2.1.2 两端固定梁的自由振动

下一个研究对象是两端固定梁的横向（自由）振动问题，因为横向变形会引起轴向拉伸，非线性运动将引起梁中线拉伸，增加梁张力而改变梁的外形，导致与梁外形相关的振动频率和幅值发生变化；这里的方程与罗恩·利夫希兹（Ron Lifshitz）和 MC·鲁斯（MC Cross）发现的类似[5]。

长度为 l 的均匀细长梁，其横向振动采用偏微分方程可表达为[6]

$$\rho\frac{\partial^2 u}{\partial t^2}-\tau\frac{\partial^2 u}{\partial x^2}+EI\frac{\partial^4 u}{\partial x^4}=0 \tag{5-4}$$

式中：$u(x, t)$ 为梁轴向 x 点处的横向变形；ρ 为单位长度质量；τ 为轴向拉力；E 为杨氏模量；I 为横截面的次级运动，与中性轴相关。

对于梁两端固定的情况，使用的边界条件为 $u(0, t)=u(l, t)=0$，$\frac{\partial u}{\partial x}(0, t)=\frac{\partial u}{\partial x}(l, t)=0$。图 5-2 为两端固定梁在变形条件下的柔性振动示意，其中，梁元用于获得中线拉伸的非线性影响。假设存在没有拉伸变形的梁元长度 $\mathrm{d}x$，其横向变形为 $\mathrm{d}u$，梁元累加表达为

$$\sqrt{\mathrm{d}x^2+\mathrm{d}u^2}-\mathrm{d}x=\left[\sqrt{1+\left(\frac{\mathrm{d}u}{\mathrm{d}x}\right)^2}-1\right]\mathrm{d}x=\frac{1}{2}\left(\frac{\mathrm{d}u}{\mathrm{d}x}\right)^2+\cdots$$

梁元累加将引起局部张力比例项对轴向应变的增加，领头项表达式 $\Delta\tau=\frac{EA}{2l}\left(\frac{\mathrm{d}u}{\mathrm{d}x}\right)^2\mathrm{d}x$，其中 A 为横截面积。假定拉力是瞬时的，所有梁元素沿轴向积分得到的总瞬时拉力为 $\tau=\tau_0+\frac{EA}{2l}\int_0^l\left(\frac{\mathrm{d}u}{\mathrm{d}x}\right)^2\mathrm{d}x$。

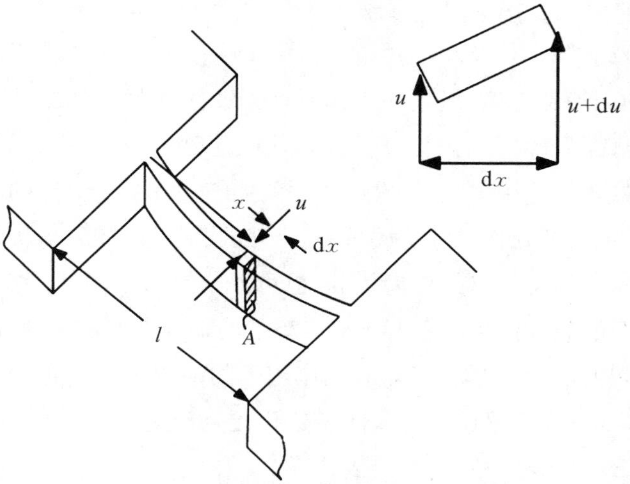

图 5-2　两端固定梁在变形条件下的柔性振动示意

将上式代入非线性模型表达式[式(5-4)]中可以看出，弹性仅引起梁张力和振动频率的增加。

式(5-4)是梁横向运动的一般表达式。为了研究单振型的振动问题，假设该振型与其他振型不存在相互作用。假设式 $u(x, t)=\Phi(x)q(t)$ 有解，$\Phi(x)$ 是标准振型，其最大值沿梁的长度方向。将表达式代入式(5-4)并乘以 $\Phi(x)$ 后沿梁长度方向积分，得到关于 $q(t)$ 的一般微分方程为

$$\ddot{q}+\omega_0^2(1+\alpha)q+\gamma q^3=0 \tag{5-5}$$

其中，$\omega_0=\sqrt{\frac{EI\lambda_2}{\rho l^4\lambda_0}}$ 为零拉力条件下的固有频率（$\tau_0=0$）；$\alpha=-\tau_0\frac{l^2\lambda_1}{EI\lambda_2}$ 为拉力 τ_0 引起的固有频率变化；$\gamma=\frac{EA\lambda_3}{\rho l\lambda_0}$ 为中性拉伸的非线性刚度系数。模态系数（无量纲）$\lambda_0=\frac{1}{l}\int_0^l\Phi^2\mathrm{d}x$，$\lambda_1=l\int_0^l\Phi\Phi_{xx}\mathrm{d}x$，$\lambda_2=l^3\int_0^l\Phi\Phi_{xxxx}\mathrm{d}x$，$\lambda_3=l\int_0^l\Phi_x^2\mathrm{d}x$。

下标 x 表示 x 的偏微分(部分系数可以通过分部积分简化,但这不是研究的重点)。需要注意,非退化模型中 $\lambda_1<0$ 且 $\lambda_{0,2,3}>0$,即固有频率是正值,非线性刚度系数 γ 也是正值,因此频率随幅值的增加而增加,这与增加梁内拉力的情况类似,因为 $\alpha>0$。研究自由振动问题是否包含非线性因素需要考虑振动频率的准确性,在此之前,将梁视为弹性梁则需要考虑高阶非线性作用因素。

5.2.1.3　静电作用系统的自由振动问题

本例是研究谐振器在静电场中的动力学问题。微电子机械系统广泛应用于微尺度器件的驱动和辨识,但它在工作时存在非线性的工作特性[5]。为了研究机械系统和电磁环境之间的相互作用,必须构建静电势能 $V_{el}(q_i, t)$ 并代入拉格朗日算子,或等价使用牛顿-拉夫逊法中的伴随力。静电势能的准确表达式与谐振器及伴随电极的几何尺寸有关,也与谐振器和驱动、感知电极之间的相对运动特性有关,这种运动可以是梳齿状的,也可以是平行平面的[5,7-8]。图 5-3 是由此类静电驱动、感知的带有平行平面电极的两端固定梁谐振器,用于研究两端固定梁在一对相互平行驱动/感知电极作用下的横向振动问题。图中电极和固定梁间的距离 d 被等比例放大,以便表达得更加清楚。本例中电极对称布置,作用在梁上的库仑力(单位长度)可表述为

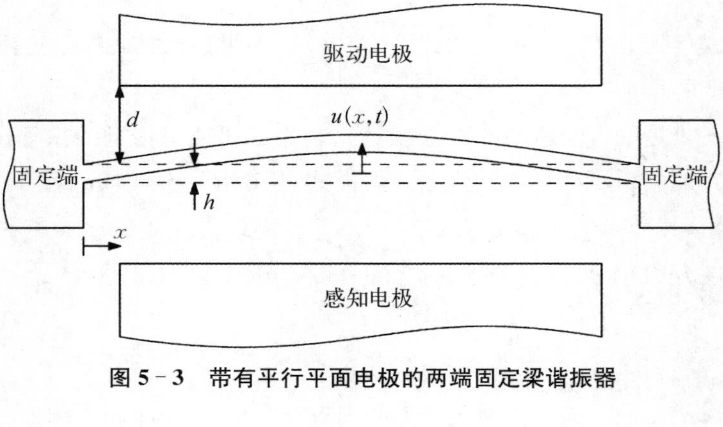

图 5-3　带有平行平面电极的两端固定梁谐振器

$$F_{el}(x, t)=\frac{\varepsilon_0 w}{2}\left[\frac{V_{b1}^2}{(d-u)^2}-\frac{V_{b2}^2}{(d+u)^2}\right] \tag{5-6}$$

式中:$u=u(x, t)$ 为谐振器的形变;w 为梁的宽度;V_{bi} 为谐振器和第 i 个电极之间的偏置电压。一般情况下,$V_{b1}\neq V_{b2}$,振动系统对称偏置是一种特殊情况。

这个设备可以制作成可调谐振器件，两侧电极上施加相同偏置电压后调节其中的一个，允许在对称模式下改变共振频率[9]，而这种模式也已被广泛研究[1,10-12]。

为了防止梁与电极之间出现黏结和掉电现象（吸合不稳定），梁的振动幅值必须满足 $u < \delta d$，其中 δ 为系数，通常取 1/3 或更小的值[13-14]。在这个边界约束条件下，将式(5-6)中的 $F_{\mathrm{el}}(x, t)$ 在 $u = u_0$ 点按泰勒级数展开，其中 u_0 为没有周期作用力时的梁变形。对称情况下，$V_{\mathrm{b1}} = V_{\mathrm{b2}} = V_{\mathrm{b}}$，此时 $u_0 = 0$，库仑力的泰勒级数展开可表示为

$$F_{\mathrm{el}}(x, t) \approx \frac{2\varepsilon_0 w V_{\mathrm{b}}^2}{d^2} \sum_{n=1}^{N} n \left(\frac{u}{d}\right)^{2n-1} \tag{5-7}$$

式中：N 为 $F_{\mathrm{el}}(x, t)$ 中保留的总阶数。

由式(5-7)可知，N 是由谐振器振动幅值与 d 的比值以及模型准确性需求等级决定的。更进一步说，梁厚度 h 决定了梁的拉伸量也就确定了梁的非线性机械特性；电极与固定梁之间的距离 d 会对静电非线性刚度效应产生影响，而这些因素间的相互作用效果需要考虑五阶项。

为了检验动力学特殊振型 $\Phi(x)$ 中库仑力的作用效果，需要将 $F_{\mathrm{el}}(x, t)$ 投影到 $\Phi(x)$ 上，如伽辽金法[15]。精确计算模型是一项很有挑战性的工作，因为不存在理想的“两端固定”边界条件和静电刚度效应。但本例中，模型计算很方便且结果非常准确。将 $F_{\mathrm{el}}(x, t)$ 以式(5-6)的形式投影到主弯曲振型 $\Phi_1(x)$ 上，并假定模型函数表达式 $\Phi(x)$ 满足边界条件[15]。这种方法的核心是通过简单表达式的近似模态描述主弯曲模态，如 $\Phi_1(x) \approx \sin^2(\pi x / l)$ 与两端固定梁的变形表达式非常接近。本例中库仑力的表达方式比较烦琐[16-17]，因此可以采用一种非常规方法：首先对式(5-7)中的 $F_{\mathrm{el}}(x, t)$ 按泰勒级数展开，随后再投影到 $\Phi_1(x)$ 上，则运动方程变形为

$$\ddot{q} + \omega_{0\mathrm{m}}^2 (1+\alpha) q + \gamma_{\mathrm{m}} q^3 = \kappa \sum_{n=1}^{N} c_n \left(\frac{q}{d}\right)^{2n-1} \tag{5-8}$$

或

$$\ddot{q} + \omega_{0\mathrm{m}}^2 (1+\alpha) q + \gamma_{\mathrm{m}} q^3 = \kappa \left[c_1 \frac{q}{d} + c_2 \left(\frac{q}{d}\right)^3 + c_3 \left(\frac{q}{d}\right)^5 \right] \tag{5-9}$$

对于五阶模型，下标 m 代表纯机械力（弹性力）系数，上式左边与式(5-5)

相同，静电势能强度 $\kappa=\frac{2\epsilon_0 w V_b^2}{d^2}$，投影系数 $c_n=\frac{n}{l}\int_0^l \Phi_1^{2n}\mathrm{d}x$。式(5-8)表明，振动系统中库仑力和谐振器参数(如固有频率和杜芬非线性系数)之间存在归一化关系。因为系数 c_n 为正值，因此库仑力效果被削弱，即相应的机械参数特性变软，固有频率和杜芬(三次方)非线性系数通过库仑力变换为

$$\omega_0^2=\omega_{0m}^2(1+\alpha)-c_1\frac{\kappa}{d},\quad \gamma=\gamma_m-c_2\frac{\kappa}{d^3} \tag{5-10}$$

需要注意的是，通过调整偏置电压就能改变系统固有频率，调整参数 κ 可以找出 $\omega_0=0$ 时对应的电压，而正是这个电压产生的库仑力才导致了梁与电极的吸合。

机械力的作用效果和库仑力的作用效果在物理源头上是不同的，它们的相对强度也由两个不同的物理量决定，即梁厚度 h 和电极与固定梁之间的距离 d。进一步说，库仑力通常是削弱谐振器刚度效应的，而机械力是增强谐振器刚度效应的，因此机械力和库仑力之间的此消彼长是此类问题产生非线性现象的源头。一般情况下，h 和 d 可以存在数量级上的差异，而谐振器整体的动力学特性由机械力和库仑力之间的相互作用确定。例如，设计感知领域广泛使用的高频微电机系统(micro-electro-mechanical system, MEMS)谐振器时，要保证 $d\ll h$。需要注意的是，减小间距 d 能够有效增强电静力磁场，而梁厚度 h 将对系统共振频率产生很大影响。本例中，当谐振器幅值较小时，振动模型的动态特性由系统机械刚度决定，$\omega_{0m}^2\gg c_1\kappa/d$ 和 $\omega_0^2>0$。随着谐振器幅值的增加，谐振器刚度中三阶项开始对模型动态特性产生影响，这取决于 γ_m 和 $\gamma_e=c_2\kappa/d^3$ 之间的相对强弱。杜芬非线性系数 γ 可能是正值(增强频率响应)，也可能是负值(减弱频率响应)，图 5-4 中分别用粗实线(对应 $\gamma>0$)和点划线(对应 $\gamma<0$)表示。随着谐振器幅值再次增大，必须考虑在谐振器刚度中引入五阶项的影响。当 $d\ll h$ 时，库仑力五阶项对刚度的影响远大于机械力五阶项的影响。如果此时 $\gamma>0$，则谐振器频率响应将由“刚性”变成“柔性”，如图 5-4 中的粗实线所示。注意图中的拐点，该点的频率与幅值之间相互独立，类似于线性谐振器。以上工况已在自激振荡中作为 MEMS 设备的工作点，用于计时。当然这都取决于该点的噪声特性。三种工况下自由振动的幅值-频率响应曲线(控制无阻尼)如图 5-4 所示。图中细直线代表幅值和频率相互独立的线性谐振器模型；点划线代表柔性系统响应，比如钟摆；虚线表示刚性系统响应，比如两端固定梁；粗实线表示由于

振源非线性地消长导致频率响应从“刚性”到“柔性”的变化过程，比如直流静电偏置条件下的两端固定梁。

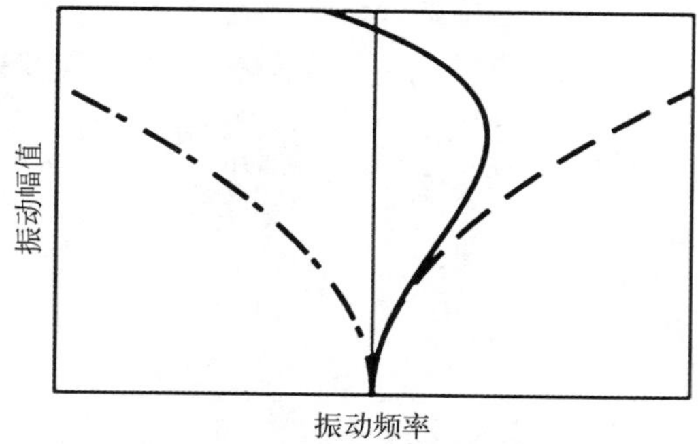

图 5-4　三种工况下自由振动的幅值-频率响应曲线(无阻尼)

这些模型中，研究库仑力不需要考虑五阶项以上的影响，因为当 $|q| \ll \omega_{0m}^{\frac{1}{2}} d^{\frac{4}{5}} (\kappa c_3)^{-\frac{1}{4}}$ 时，更高阶项是小量；正如机械系统中不需要考虑高于三阶的展开项，因为 $|q| \ll \omega_{0m} |\gamma|^{-\frac{1}{2}}$ 非常小。事实上，非线性多项式保留与否完全取决于系统中是否存在此消彼长的矛盾元素。此外，在某些幅值条件下，系统响应会变得不稳定，这是因为电极间的库仑力会引起梁和电极之间产生黏结现象，这种情况下模型将不再有效。

如前例所述，系统中的非线性力是保守力，单自由度模型的响应是与时间相关的周期性振动，其振动幅值取决于振动频率。即使保留了完整的机械势能和静电势能，这一点仍然有效。

5.2.1.4　惯性非线性系统

最后一个例子介绍单自由度惯性系统的非线性特性。图 5-5 为质量均匀的圆柱体嵌入质量块并做滚动运动。

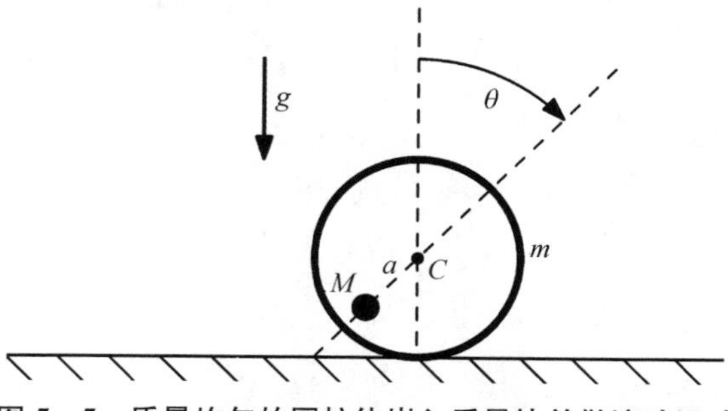

图 5-5　质量均匀的圆柱体嵌入质量块并做滚动运动

图 5 - 5 中，系统由质量为 m（质量分布均匀），半径为 R 的圆柱体和嵌入圆柱体中的质量块 M 组成，质量块 M 与圆柱体质心 C 的距离为 a。假设圆柱体只有滚动而没有滑动，即本书其他章节描述的理想接触。圆柱体的滚动用偏转角 θ 描述，当质量块 M 在质心 C 正下方时，偏转角 $\theta=0$。根据运动方程：

$$[J_C + M(R^2 + a^2) - 2MRa\cos\theta]\ddot{\theta} + MRa\dot{\theta}^2\sin\theta + Mga\sin\theta = 0 \tag{5-11}$$

可以求得系统的动能和势能分别为

$$T = \frac{1}{2}[J_C + M(R^2 + a^2) - 2MRa\cos\theta]\dot{\theta}^2$$

$$V = -Mga\cos\theta$$

其中，$J_C = \frac{1}{2}mR^2$。小幅振动时保留一阶非线性项，模型表达式为

$$[J_C + M(R-a)^2 + MRa\theta^2]\ddot{\theta} + MRa\theta\dot{\theta}^2 + Mga\theta\left(1 - \frac{1}{6}\theta^2\right) = 0 \tag{5-12}$$

式(5 - 12)表明，刚度和惯性非线性项有相同的阶数（三阶），但惯性非线性项是增强系统刚度还是削弱系统刚度却尚未可知。对于这个问题，可以从系统研究方法入手，通过重新排列方程并将加速度项隔离后再展开，获得如下表达式：

$$\ddot{\theta} + \omega_n^2\theta(1 + c_1\theta^2 + c_2\dot{\theta}^2) = 0 \tag{5-13}$$

当前模型中 $c_1 < 0$ 而 $c_2 > 0$ 时，系统响应是周期性的，但频率依赖于幅值。通过平均法可知，当 $3c_1 + \omega_n^2 c_2 > 0$ 时，系统是刚性的；而当 $3c_1 + \omega_n^2 c_2 < 0$ 时，系统是柔性的。通过计算，本例中 $3c_1 + \omega_n^2 c_2 < 0$，表明系统和预期中的一样，是柔性的，因为它的大振幅运动特性和单摆非常相似。

5.2.2 弱非线性杜芬模型

注意到钟摆[式(5 - 3)]、梁[式(5 - 5)]以及仅考虑三阶的静电力梁[式

(5-8)]都具有相同的表达形式：

$$\ddot{x}+\omega_n^2x+\gamma x^3=0 \tag{5-14}$$

式(5-14)是经典杜芬方程，是非线性振动沿 x 轴对称分布问题模型的原型，与线性项存在弱关联。杜芬模型描述振动时，要求 $|\gamma x^3|\ll|\omega_n^2x|$，即 $|x|\ll\omega_n|\gamma|^{-\frac{1}{2}}$。对于钟摆系统，要求摆角 $|\theta|\ll\sqrt{6}$，当摆角 $\theta=30°$时，能满足该要求，幅值方面的有效性会更大一些，而这取决于对系统频率准确性的要求，以下将做定量描述。对于没有预拉伸的机械梁 ($\tau_0=0$或$\alpha=0$)，矩形横截面积的厚度为 h，杜芬模型要求最大变形 $|q|\ll h\left|\dfrac{\lambda_2}{6\lambda_1\lambda_3}\right|^{\frac{1}{2}}$，而梁的主振型可减少至 $|q|\ll 0.25h$，这表明梁的振动幅值必须远小于梁的厚度(没有库仑力作用)。

弱非线性振动的频率变化能够通过平均法近似求得，下面将做介绍。当幅值为 a 时，有 $x(t)\approx a\cos(\omega_a t)$，频率与幅值的关系可表示为

$$\omega_a(a)=\omega_n\left(1+\frac{3\gamma}{8\omega_n^2}a^2+\cdots\right) \tag{5-15}$$

当 $a\ll\omega_n\sqrt{\dfrac{8}{3\gamma}}$ 时，$\dfrac{3\gamma}{8\omega_n^2}a^2$ 的余项是小量，弱非线性振动影响标尺 $a=|x|\ll\omega_n|\gamma|^{-\frac{1}{2}}$。这些情况表明，对于弱非线性振动，系统在特定共振条件下应保留非线性项，从而获得系统响应定性层面上的特性。例如，对于阻尼条件下的强迫振动，线性模型和弱非线性模型在系统特征预估上差别很大，后续将进一步说明。

5.2.3 非线性阻尼

本章只关注保守非线性问题，研究非线性对振动频率的影响。众所周知，阻尼会导致系统振动衰减，对于弱非线性模型，阻尼将引起其频率随振动的衰减而变化。如果衰减速度比较慢，即需要多次振动才会出现显著的幅值变化，则建模者可以通过式(5-15)采用准静态法追踪频率。

在此分线性阻尼和非线性阻尼两种不同情况研究振型衰减问题，如式

(5-16)所示。

$$\ddot{x}+2\Gamma(1+\beta x^{2})\dot{x}+\omega_{\mathrm{n}}^{2}x=0 \tag{5-16}$$

式中：Γ 为线性阻尼系数；当自由振动幅值很小时，线性阻尼系数是时间的反函数；β 为非线性阻尼系数。$\dot{x}x^{2}$ 并不是非线性阻尼的唯一形式，如 $\dot{x}^{3}$。同样，微观-纳米级系统也有类似的结果[18]。

通过平均法可以得到近似响应，下面将详细描述。平均法假定的响应表达式为 $x(t)=a(t)\cos[\omega_{\mathrm{n}}t+\phi(t)]$，其中包含幅值 a、相位 ϕ，小阻尼随时间缓慢变化。本例中相位是恒值(因为不存在引起频率变化的非线性刚度)，平均法的结果是一个关于幅值变化的等式(下一章将详细描述坐标变换)。

$$\dot{a}(t)=-\Gamma\left[1+\frac{\beta}{4}a(t)^{2}\right]a(t) \tag{5-17}$$

如果阻尼模型是线性的 ($\beta=0$)，由式(5-17)可得 $a(t)=a_{0}\exp(-\Gamma t)$，幅值 $a(t)$ 将随幅值初始值 a_{0} 呈指数变化。当阻尼模型为非线性时也有封闭解，但过程相当复杂[16-17]，因此可近似认为幅值依赖于 Γ 的有效值。由 $\Gamma_{\mathrm{eff}}(a)=\Gamma\left(1+\frac{\beta}{4}a^{2}\right)$ 可知，当 $\beta>0$ 时，衰减速率将随幅值的增大而加快；当幅值接近于零时，$\Gamma_{\mathrm{eff}}(a)$ 接近于 Γ，也就是进入了线性模型有效范围。图 5-6 是 β 取值不同时幅值随时间衰减的曲线，用于说明非线性阻尼对自由振动的影响。图中自由振动呈对数衰减，其中 Γ_{eff} 代表衰减速率。

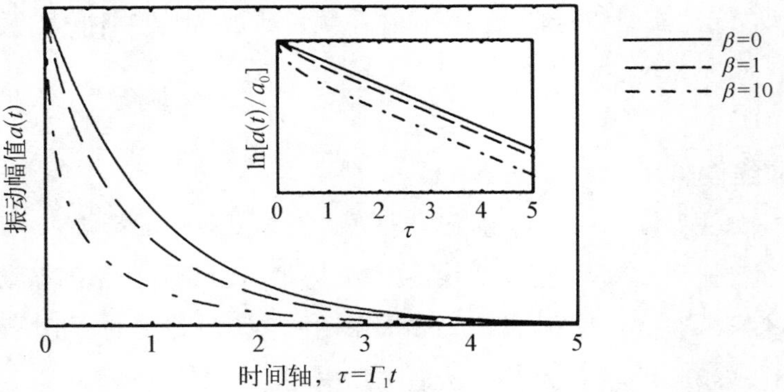

图 5-6 β 取值不同时幅值随时间衰减的曲线

可初步认为，当 $\left|\frac{\beta}{4}a^2\right| \ll 1$ 时，线性阻尼模型有效，代表幅值满足 $a \ll 2|\beta|^{-\frac{1}{2}}$，因此有效幅值与非线性系数的平方根成反比。非线性阻尼存在多种表达式，但都与幅值衰减相关，下一节关注共振点附近非线性系统的特征行为。

5.2.4 简谐激励响应——主共振

如前所述，线性模型重要特性之一是当驱动频率为 ω 时，系统稳态响应是唯一的且频率也为 ω。但对于非线性系统，即使是类似杜芬模型的简单非线性系统，这一特点也不复存在，因为三阶项会引起 3ω 谐波等问题。好在弱非线性系统的谐波通常非常小，系统响应可以用主频上的单谐波近似表达。非线性模型另一个有趣的稳态响应特性是在输入幅值乘以系数 c 之后，稳态输出不会变成之前的 c 倍，实际上稳态输出的变化可能非常大。

为了说明这些特点，本节以线性阻尼和强迫谐振条件下的弱非线性系统为研究对象，系统模型表达式为

$$\ddot{x} + 2\Gamma\dot{x} + \omega_n^2 x + \gamma x^3 = f\cos(\omega t) \tag{5-18}$$

式中：f 为系统质量归一化的外部驱动幅值；ω 为驱动频率；Γ 为线性阻尼系数。这个模型描述的物理现象，如钟摆在谐波转矩下的运动或支撑点的水平简谐运动，也如两端固定梁在横向简谐力或横向简谐支撑下的运动，或电容驱动梁的电极电压按谐波 $V(t)=V_{dc}+V_{ac}\cos(\omega t)$ 进行调节（驱动频率为 ω 和 2ω，因为驱动力与施加电压的平方成正比）。

系统小幅强迫振动的响应除阻尼很小及驱动点在共振点附近的情况外，都与线性模型（$\gamma=0$）高度重合，而大幅强迫振动可能给系统带来非线性影响。最大的非线性影响是共振点附近给定的输入有多种不同的稳态响应。针对这个问题有很多不同的分析方法，这里采用已经介绍过的平均法，但为了能够考虑得更全面，需要遵循古肯海默和霍姆斯准则[2]。通过坐标变换使系统在强迫共振点附近带小阻尼运动时，旋转幅值和相位坐标均发生缓慢变化。坐标变换为

$$(x(t),\ \dot{x}(t)) = (a(t)\cos[\omega t + \phi(t)],\ -a(t)\omega\sin[\omega t + \phi(t)])$$

约束方程为

$$\dot{a}(t)\cos[\omega t + \phi(t)] - \dot{\phi}(t)a(t)\sin[\omega t + \phi(t)] = 0 \tag{5-19}$$

坐标变换法与微分方程求解时所使用的参数变换法类似。在此坐标变换下，式(5-18)满足包含 $(a'(t), \phi'(t))$ 的方程，与式(5-19)联合可求出 $(a'(t), \phi'(t))$。因为所有方程变量都是线性的，求出的幅值和相位会在时间轴 ω^{-1} 上快速波动，在时间轴 Γ^{-1} 上(附加)缓慢波动，而驱动频率 ω 将接近线性固有频率 ω_n。一个激励周期 $\left(\dfrac{2\pi}{\omega}\right)$ 中，平均法会消除高频振动项，这也可被视为另一种消除高频振动项的坐标变换方法[2]。缓慢变化的幅值和相位的表达式可以用 $(r(t), \psi(t))$ 表示为

$$\dot{r}(t) = -\frac{1}{2\omega}(2\Gamma\omega r + f\sin\psi) \tag{5-20}$$

$$\dot{\psi}(t) = -\frac{1}{8r\omega}(3\gamma r^3 - 4r\sigma - 4f\cos\psi) \tag{5-21}$$

引入频率失谐 $\sigma = (\omega^2 - \omega_n^2)$。需要注意的是 f, Γ, γ, σ 都是小量，因此上述两等式右侧都是小量，属缓慢变化等式。这种方法的优点在于被平均的式(5-20)和式(5-21)与时间不相关，对其的分析将明显比式(5-18)简单。共振点附近稳态响应 $x_{ss}(t)$ 的频率是 ω，并且可以被近似表达为 $x_{ss}(t) = \bar{r}\cos(\omega t + \bar{\psi})$，其中 $(\bar{r}, \bar{\psi})$ 为式中的固定点。更进一步，稳态响应的稳定性由固定点的稳定性表征。一般情况下，固定点的分叉形式与稳态响应的分叉形式类似且有对应关系[2]。

令式(5-20)、式(5-21)右侧等于零得到固定点 $(\bar{r}, \bar{\psi})$ 的非耦合方程，求解 $(f\cos\bar{\psi}, f\sin\bar{\psi})$ 得到关于 $\tan\bar{\psi}$ 的解，然后通过非耦合方程 $(f\cos\bar{\psi})^2 + (f\sin\bar{\psi})^2 = f^2$ 消去 $\bar{\psi}$，得到关于 $\bar{r}$ 的方程：

$$\tan\bar{\psi} = \frac{-8\Gamma\omega}{3\gamma\bar{r}^2 - 4\sigma} \tag{5-22}$$

$$f^2 = \frac{\bar{r}^2}{16}\left[9\bar{r}^4\gamma^2 - 24\bar{r}^2\gamma\sigma + 16(4\Gamma^2\omega^2 + \sigma^2)\right] \tag{5-23}$$

这些固定点的直接解是系统函数，而输入参数需要求解关于 $\bar{r}^2$ 的三次方程。然而常用的标准幅值表达方法是通过改变 $\bar{r}$ 后，使用第二方程求解相应的 f^2(线性方程)或 σ(二次方程)，图 5-7 为不同外部驱动幅值 f 作用下二次方程

的频率响应。图中，点划线对应临界作用力幅值 f_{cr}，在其之下共振器的输出为负值；实线（虚线）代表动态稳定响应（不稳定响应），频率响应低于此门限代表线性共振响应，而高于门限代表双稳态响应特性。

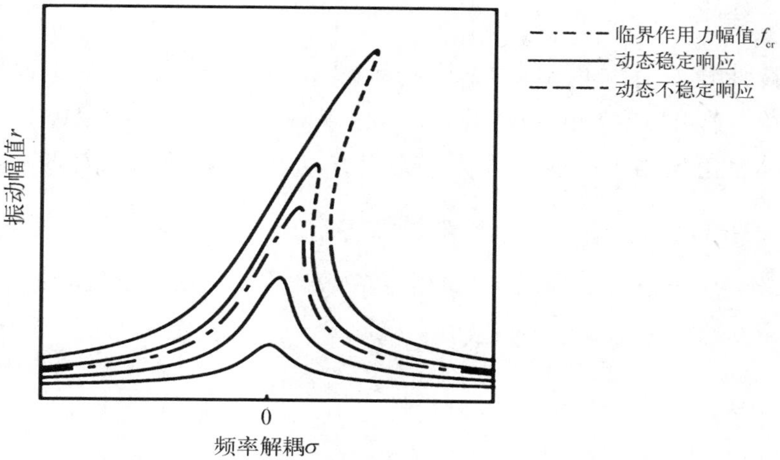

图 5-7 不同外部驱动幅值 f 作用下二次方程的频率响应

这些频率响应方程最主要的特点是低频响应时能恢复线性共振频率响应，而该响应通常以共振点 $\sigma=0$ 对称分布。随着外部驱动幅值 f 的增加，振动幅值峰值开始变得弯曲，共振曲线也开始变得不对称，左侧是 $\gamma<0$（弱化），右侧是 $\gamma>0$（强化）。临界值 f 以下由 f_{cr} 占主导，共振曲线会弯曲至很远导致系统响应出现多解。具体来说，共振曲线从全频率范围内的唯一响应（σ 值）变成共振频率点附近的 3 个稳态响应。具有多重稳态解的频率范围以一组鞍结分岔的两端为界，在鞍结分岔点上稳定响应和不稳定响应的分支相互合并[2]。图 5-7 中，上、下分支是稳定的而中间分支是不稳定的，致使共振点附近扫频时系统响应会出现分岔和滞后。

表征系统双稳态开始的输入参数（f，σ）是通过系统响应开始有多解来确定的。一种简单的判断方法是将式（5-23）右侧关于 $F(\bar{r}^2,\sigma)$ 的三次方程视为变量 $\bar{r}^2$ 的函数，方程 $f^2=F(\bar{r}^2,\sigma)$ 的解是三次曲线 $F(\bar{r}^2)$ 与水平线 f^2 的交点。$f^2=0$ 在 $\bar{r}^2=0$ 处有一个根。随着 f^2 的增加，线性响应的根开始近似沿 $\bar{r}^2=f^2(4\Gamma^2\omega^2+\sigma^2)^{-1}$ 方向增大。双稳态出现在三次曲线的拐点处，因为此时会有 1 个或 3 个解。拐点的约束可以通过同时求解拐点处的幅值方程 $\dfrac{\mathrm{d}F(\bar{r}^2,\sigma)}{\mathrm{d}(\bar{r}^2)}=0$

和频率方程 $\frac{d^2F(\bar{r}^2, \sigma)}{d(\bar{r}^2)^2}=0$ 得到,计算结果如下:

$$\bar{r}_{cr}^2=\frac{16\Gamma\omega_n}{3\sqrt{3}\mid\gamma\mid}, \ \sigma_{cr}=2\sqrt{3}\Gamma\omega_n sgn(\gamma) \tag{5-24}$$

共振时用 ω_n 替代 ω。因为在共振条件下当两者数值大小非常接近时,允许使用系统参数来描述阈值,包括阻尼 Γ、固有频率 ω_n 和非线性系数 γ。比较临界幅值和自由振动中的弱非线性行为很有意思,可以看出两者的数值都与 $\mid\gamma\mid^{-\frac{1}{2}}$ 成比例。但无阻尼自由振动中,临界幅值与 ω_n 成正相关,而强迫振动中其与 $\sqrt{\Gamma\omega_n}$ 成正相关,这是由于共振幅值在很大程度上依赖于阻尼的强弱。双稳态中激励的临界幅值可以通过求解 $f_{cr}^2=F(\bar{r}_{cr}^2, \sigma_{cr})$ 来确定,即

$$f_{cr}^2=\frac{256\Gamma^3\omega_n^3}{9\sqrt{3}\mid\gamma\mid} \tag{5-25}$$

对于一些给定的模型,例如钟摆或两端固定梁,可以通过求解 f_{cr} 得到激励幅值的阈值,阈值以上的系统响应与线性响应有质的区别。当然,所有幅值的共振曲线都非完全对称的,只有当 f 接近 f_{cr} 时这种不对称性才会很小。

也可能发生次谐波振动和超谐波振动,此时响应具有互不相等的谐波分量,但都与 ω 相关。当 $\frac{\omega}{\omega_n}$ 接近有理数时,会出现次谐波振动和超谐波振动,但大多数情况下于此没有太多研究意义,古肯海默和霍姆斯所著书中关于非线性振动的部分有更加全面的介绍。下面研究系统中最简单、最常见的次谐波共振现象。

5.2.5 谐波激励反馈——变参数次级谐振

本节研究一种共振现象。系统刚度以两倍于系统固有频率 ω_n 做周期性波动,从而导致系统出现共振问题。本例中系统的特征频率在 ω_n 附近,驱动频率同步地约是 ω_n 的两倍,从而导致系统在 $\frac{1}{2}\omega$ 频率点的响应周期是驱动周期的两倍,即产生二阶次谐波。这是一个参数共振的例子,产生的原因是驱动以位移乘子的形式进入系统,因此可视为系统刚度发生了周期性变化。

开展细节讨论前，先讨论前文所述的物理实例何时会发生此类振动。第一个例子是钟摆问题，当钟摆以两倍自然频率做垂直方向的简谐振动或其摆长发生变化时（就像孩子们玩荡秋千，尽管秋千模型还包含其他问题），就会出现参数激励现象，或者还可以通过改变重力加速度 g，导致钟摆做简谐振动。这些都将破坏钟摆平衡，产生一种幅值具有非线性效果与自然摆动类似的振动。此类振动中，激励施加于两个完整的周期上而钟摆只完成一次完整摆动。第二个例子是两端固定梁，当梁的张力以给定模型两倍的频率变化时就会出现参数共振。对于电子-机械振动示例，参数共振发生在两端偏置电压以两倍于设备特征频率变化时（设备将机械和静电结合在一起）。所有的例子中，参数激励都能打破系统平衡并产生非线性影响，但需要注意的是，这种共振实际是不稳定的。线性模型即使在阻尼条件下，不稳定性也将导致系统响应发散。实际上，共振幅值取决于非线性影响而非阻尼，下面通过分析一般模型以便得到定量结果。

这类模型的实质都是马蒂厄非线性方程（non-linear Mathieu equation），同时包含了非线性刚度（γ）和非线性阻尼（β），并且变参数激励幅值为 λ，频率为 2ω（这种方程便于理解），则有

$$\ddot{x}+2\Gamma(1+\beta x^2)\dot{x}+\omega_n^2[1+\lambda\cos(2\omega t)]x+\gamma x^3=0 \tag{5-26}$$

一般响应 $x=0$ 是方程的一个解，因为它代表系统的输入刚度是简谐变化的，此外还必须考虑其他状态的稳定性。方程线性化 $x=0$ 具有以时间为周期的系数，分析时需要借用弗洛凯理论（Floquet theory）[19-21]。摄动法同样是一种常用方法，可以解决此类问题，得到非线性的反馈响应。

处理共振问题时要对上文所用的平均法进行小的改动。假设模型采用 2ω 的驱动频率，而反馈为 ω 且与系统固有频率 ω_n 很接近，这是系统反馈的二阶次谐波项，其周期是驱动的两倍。采用平均法求反馈，必须对两个周期 $(2\pi/\omega)$ 的作用力取平均值（此例中周期是 π/ω），然后寻找有两倍驱动周期的系统响应。采用极坐标将增加复杂性，但因为定义的相位 ϕ 不对应零幅值响应（$a=0$，小量），所以对坐标进行变换——使用卡特森坐标会更加方便，即：$(x(t),\dot{x}(t))=(u(t)\cos(\omega t)+v(t)\sin(\omega t),\ -u(t)\omega\sin(\omega t)+v(t)\omega\cos(\omega t))$，约束为 $\dot{u}(t)\cos(\omega t)+\dot{v}(t)\sin(\omega t)=0$。代入式(5-26)得到关于$\dot{u}$ 和 $\dot{v}$ 的方程，此方程和约束方程都是关于 $\dot{u}$ 和 $\dot{v}$ 的线性方程，通过解方程并假设 u 和 v 在 $2\pi/\omega$

积分区间上是常数并进行积分，得到关于 $(u,\ v)$ 特性的平均方程：

$$\dot{u}=-\Gamma u\left[1+\frac{1}{4}\beta(u^2+v^2)\right]+\frac{v}{8\omega}\left[-4\sigma+3\gamma(u^2+v^2)-2\lambda\omega_{\mathrm{n}}^2\right] \tag{5-27}$$

$$\dot{v}=-\Gamma v\left[1+\frac{1}{4}\beta(u^2+v^2)\right]+\frac{u}{8\omega}\left[4\sigma-3\gamma(u^2+v^2)-2\lambda\omega_{\mathrm{n}}^2\right] \tag{5-28}$$

为了将频率从共振条件下解谐，使用 $\sigma=\omega^2-\omega_{\mathrm{n}}^2$ 替代。注意，这些方程都是关于 u 和 v 的，系统是弱非线性、小阻尼及在共振附近动作缓慢。方程右侧的第一项用于描述仅影响振动幅值的线性阻尼(Γ)和非线性阻尼(β)；其后的两项(导致相位变化)来自频率解谐(σ)和杜芬非线性系数(γ)，用于表述频率的变化，最后一项来自变参数激励 (λ)。

这些方程线性化后 ($\beta=\lambda=0$) 仅有平凡解。分析普通响应的特征解可以发现小驱动振幅时系统是稳定的(特殊情况 $\Gamma=0$，$\omega=1$ 除外)，当 $\lambda>2\omega_{\mathrm{n}}^{-1}\sqrt{\sigma^2+4\Gamma^2(\sigma^2+\omega_{\mathrm{n}}^2)}$ 时，系统变的不稳定。这个门限是系统开始不稳定的边界条件[称为“阿诺德舌头”(Arnold tongues)]，用于确定给定线性阻尼条件时，驱动幅值和频率在何种条件下对应的普通响应是不稳定的，不同阻尼 Γ 对应的普通响应稳定区域如图 5-8 所示。需要注意的是，零阻尼 ($\Gamma=0$) 条件下，曲线形状类似于“V”形，在点 $(\lambda,\ \omega)=(0,\ 1)$ 处激发；非零阻尼条件下，曲线将上移且底部尖点会变得圆滑。图中，虚线代表 $\Gamma=0$ 的无阻尼状态；实线(从底部

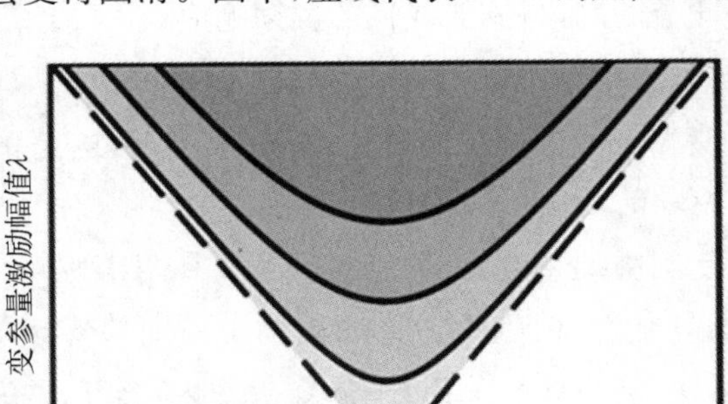

图 5-8　不同阻尼 Γ 对应的普通响应稳定区域

到顶部)代表不同阻尼 ($\Gamma=\Gamma_0$, $2\Gamma_0$, $3\Gamma_0$) 时的“阿诺德舌头”曲线。增加阻尼将引起“阿诺德舌头”曲线向上平移,表明需要更大的激励幅值 λ 才能破坏响应的稳定性。

系统也有非平凡周期响应,需要式(5-27)、式(5-28)中关于定值 (u, v) 的解,系统响应的稳定性能够通过线性化稳态系统特征值得到。这个问题可以用封闭形式解决,因为能够找出零解因子及幅值的二阶等式 $a=\sqrt{u^2+v^2}$,但计算过程相当复杂;相反,零阻尼 ($\Gamma=0$) 解的形式相当简单。然而,一般在分岔条件下画图和分析细节时会更加便利。所有情况均证实,“阿诺德舌头”曲线边缘的分叉处会出现一组非零响应[2],一侧是超临界,另外一侧是次临界,位置取决于杜芬非线性系数 γ 的符号。一组给定的响应具有相同的幅值但相位相差 π,这在物理上难以区分,因为其相互间是简单的时间传递关系,与驱动具有相同的相对相位,且频率都是响应频率的两倍[22]。也就是说,所有响应在物理上都有相同的幅值和相反的相位,图 5-9 为两组振动幅值和频率解耦变参数驱动系统振动的频率响应曲线。图中零解耦代表激励频率恰好是自然频率的两倍。仅当存在线性阻尼 ($\beta=0$) 时,才能得到用粗实线表示的频率响应曲线;带有耗散的谐振器产生的非线性频率响应 ($\beta>0$) 用细实线表示;细实线和虚线代表式(5-26)的稳定周期解和不稳定周期解。需要注意,零响应总是存在的:叉形分岔点之间是不稳定的,叉形分岔点之外则是稳定的。

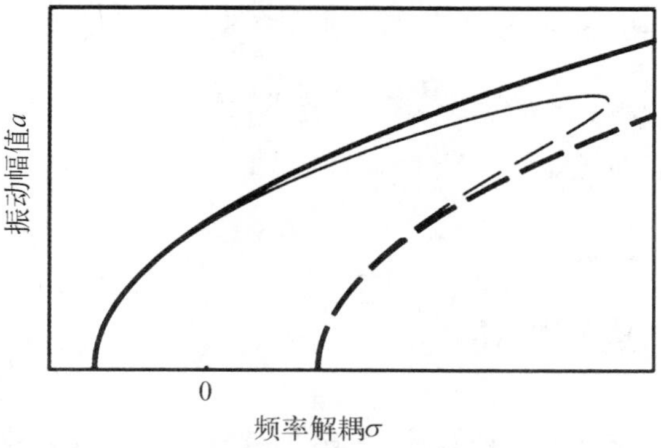

图 5-9　两组振动幅值和频率解耦变参数驱动系统振动的频率响应曲线

这些频率响应最有趣的地方在于:① 当 $\gamma>0(\gamma<0)$ 时,频率响应是加强(减弱)的;② 一组频率响应是稳定的(从超临界分岔起)而另一组是不稳定的

(从次临界分岔起);③ 平凡响应和非平凡响应都有一个解谐范围,导致平凡响应和两组非平凡响应都存在双稳态,其中一组是稳定的;④ 扫频时系统存在滞后;⑤ 当模型包含非线性阻尼时($\beta\neq 0$),有限频率(频率值 σ) 点上的两组非平凡响应会出现合并现象,更多细节请参考上文引述的非线性振动参考文献。

结束变参数共振问题讨论之前,再做一些应用讨论。第一种应用是一些物理模型存在以 $g(x)\cos(2\omega t)$ 形式的参数激励。传统标定方法表明,包含 x 和 λ 的 $g(x)$ 展开都是小量,此类振动模型满足式(5-26)。然而需要更通用的模型去研究一些物理系统中有趣而细致的现象,如 MEMS 谐振器[11],详见杰弗里·F. 罗兹、斯蒂文·肖等[23]关于参数振动的分析和例子。

变参数激励的另一种应用被称为参数幅值,采用直接和参数振动激励应用于系统中的方法,这是能够实现的。例如,通过在钟摆支撑点的输入角施加带有两种频率(ω 和 2ω)的振动,或在电容驱动梁例子中施加两种频率的偏置电压,非线性参数放大的普遍模型表达式为

$$\ddot{x}+2\Gamma\dot{x}(1+\beta x^2)+\omega_n^2[1+\lambda\cos(2\omega t)]x+\gamma x^3=f\cos(\omega t+\nu) \tag{5-29}$$

式(5-29)包含了两种不同振动输入的相位差,这两种输入都在共振点附近;对于包含参数激励的线性模型,只要幅值在不稳定阈值 λ_{cr} 之下,就可以通过相位 ν 调整系统共振点附近的响应,增大或减小共振幅值[12, 24-25]。

最后需要说明的是,也可能发生其他变参数振动情况,包括 $\dfrac{\omega}{\omega_n}$ 接近其他有理值,满足"阿诺德舌头"曲线更高阶项,但这些都不常用,因为它们的共振频率范围非常狭小而且受阻尼影响更明显,图尔纳在 1998 年得到了 MEMS 高达五阶的曲线。

5.3 多模态非线性振动

前面已经讨论了单振型振动,包括自由振动和简谐激励响应。现在开始研究多模态非线性振动在简谐激励下的响应。开始前必须明白,多自由度线性模型具有特殊的不变特性,本质上模型特性是相互独立的。例如,自由振动中系统初始条件决定了模型各自的运动,而这些模型的特征与单自由度模型对应,不存

在相互影响。同样，强迫振动中激励和响应也是一一对应的，模态间不存在相互影响，这一点对具有确定固有频率的系统十分明确，每个固有频率都有其独特的定义。这个特性在具有重复固有频率的系统中也存在，尽管分析过程较复杂（因为模态不是唯一的），但一旦采用简便方法确定了系统模态，模态特征的唯一性就会体现[15]。模态相互独立遵循系统由模态坐标系表达的思想，可以通过与原系统类似的变换，引出 N 个解耦的单自由度模型用于描述 N 个独立模态的动力学运动。对于没有阻尼或带有考伊阻尼[26]的系统来说很容易表述，此时模态是驻波，但实际上模态是行波的情况更普遍。这种观点非常有意义，现已成为大多数实际振动问题研究的基础。

模型引入非线性因素后就会破坏这种独立性，自然就需要考虑弱非线性系统特性与线性系统本质上的差异。换句话说，在多模态模型中，任何情况下都需要考虑非线性影响，哪怕非线性项（力）与线性项（力）相比非常小。判断这种情况何时出现，最简单的方法是研究系统何时重复固有频率，而固有频率在系统中常以对称形式出现，如圆或二次曲线。在这些情况下，小量可能由于处在退化点附近且有很高的敏感性而对系统产生很大的影响。实际上，即使是能破坏对称性的小的线性项也会产生很大的影响。因为本章的关注点是非线性建模，所以研究重点也是这些条件下的非线性影响。首先以球形钟摆作为第一个例子，这个对称系统能够实现振动模态的自由选择。模态间的相互作用可以通过单模态的简谐激励响应获得。然后研究振动频率为 2∶1 的弹簧钟摆系统，该系统通过非线性变参数激励耦合来实现高频模态对低频模态的驱动。其他共振，如内共振也是存在的，一般来说，内共振出现在两种模态固有频率比值是有理值（p∶q）并存在特定耦合项时；但阻尼系统研究的共振情况都是低阶的（p∶q），通常是 1∶1、2∶1 和 3∶1[6]。

对共振问题建模需要保留与线性振动模态耦合的非线性项，而这些非线性项要能通过前文介绍的方法展开。为了校验模态间的交互性，可以首先将模型转化到线性模型坐标系中，实现线性项的解耦。这个过程即使对于二自由度和二阶或三阶非线性模型都是非常复杂的，因此可以通过具体模型的符号运算产生多重非线性项，但并非所有的非线性项都是重要的。通过摄动法可以找到此类模型中必不可少的非线性项，而这些非线性项将在模型中引起相互间的共振。实际上，可以通过谐波含量来判断这些保留项的特性，因为只有和给定模型共振的相关项才能在系统分析时保留下来。对于这个过程来说，最正式和严谨的方法是采用规范的理论，通过连续的坐标变换消除非共振项[2]。大多数情况下，这个方法与直接使用平均法是等效的。

由于内共振将会引起振动模态间的能量转换，因此这些非线性模型的相互作用能以自由振动的形式展开。这种能量转换的实质取决于提供给交互模态的初始能量，以及包含单模态（杜芬）非线性系统的参数，振动频率接近共振的完美比例 $p:q$，单独模型的阻尼特性和非线性模型的耦合强度。有趣的是，这里不考虑自由振动，因为非线性模态的相互作用更服从受迫振动，而这是后面要研究的内容。

5.3.1　1∶1 型内共振——球摆

这里研究的球摆和其他带有重复频率的系统（如绳子、方板、原盘等）相比并无特殊之处，也是一种常见的物理现象。实际上，只要类似系统在共振点附近受到驱动，就能观测到其相互间的非线性作用；即使是小阻尼状态，除非振动幅值非常小，否则无法避免非线性相互作用。

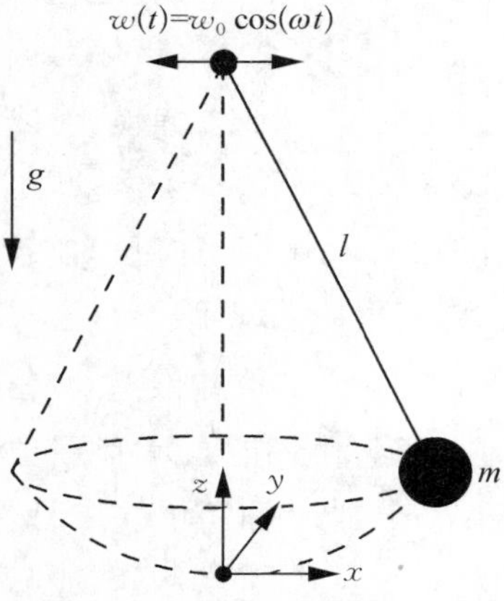

图 5－10　x 轴方向受 w 运动驱动的球摆示例

对于 1∶1 型内共振问题，研究对象如图 5－10 所示，这是个 x 轴方向受 w 运动驱动的球摆示例，也是一个最简单、带重复自然频率的二自由度对称系统。

将球摆简化成根部采用球铰固定而存在面外拉伸的系统，研究方法严格遵循迈尔斯（Miles）法[27-28]。如图 5－10 所示，球摆的摆线长度为 l，摆球可视为一个质点 m，由沿 x 轴方向的表达式为 $w(t)=w_0\cos(\omega t)$ 的运动驱动，质点 m 的绝对坐标以 $(x,\ y,\ z)$ 空间坐标形式给出，完整约束表达式为 $(x-w)^2+y^2+(z-l)^2=l^2$。系统的动能和势能表达式分别为 $T=m(\dot{x}^2+\dot{y}^2+\dot{z}^2)/2$ 和 $V=mgz$。通过约束，可以将三自由度 $(x,\ y,\ z)$ 减少成二自由度 $(x,\ y)$，对于小摆角的弱非线性响应，使用 $(x,\ y)$ 形式的广义坐标系更便捷，x 的垂直方向是 y 轴方向，使用拉格朗日方程得到 x 轴方向的运动方程。

$$\ddot{x}+N(x-w)=2\Gamma(\dot{x}-\dot{w}),\ \ddot{y}+Ny=2\Gamma\dot{y}$$

两个方向同时增加相等的线性阻尼后，方程变形为

$$N = g\sqrt{l^2 - R^2} - (x - w)\ddot{w} + (\dot{x} - \dot{w})^2 + \dot{y}^2 + (R\dot{R})^2/(l^2 - R^2)$$

$$R^2 = (x - w)^2 + y^2, \quad R\dot{R} = (x - w)(\dot{x} - \dot{w}) + y\dot{y}$$

由于系统的对称性，如果将驱动设置为零，即 $w(t) = 0$，可以在 $\pm x$ 轴和 $\pm y$ 轴方向获得相同的运动方程；坐标变换 $(x, y) \rightarrow -(y, x)$ 时，自由振动的运动方程不变。此外自由振动的运动方程是解耦的，x 和 y 是线性模态坐标(类似于任意非平行方向坐标)；而且即使 $w(t) \neq 0$，面外自由度 y 也具有反向对称性 $(y \rightarrow -y)$。需要注意，这个模型同时具有保守和惯性的非线性因素。

自由振动时，线性模型只有 x 轴方向的驱动能够响应激励 w，y 轴方向仍为零，事实上这种反馈也满足非线性模型，假定响应 $y = 0$，则关于 x 轴方向的运动方程为

$$\ddot{x} + N\mid_{y\equiv 0}(x - w) = 2\Gamma(\dot{x} - \dot{w})$$

方程代表基础激励条件下简单平面球摆的响应，因此当运动是简谐运动时将出现平缓的频率响应。当悬浮幅值超过阈值 $(w_0 > w_{c1})$ 后，由于模态间的非线性振动耦合导致出现耦合模态响应，能量将从面内 x 模态(驱动模态)转化为面外 y 模态(非驱动模态)。

为了获得系统响应，用卡特森坐标而非极坐标通过平均法使 $y = 0$。则有

$$x = w_0^{\frac{1}{3}} l^{\frac{2}{3}} [u_1(\tau)\cos(\omega t) + v_1(\tau)\sin(\omega t)]$$

$$y = w_0^{\frac{1}{3}} l^{\frac{2}{3}} [u_2(\tau)\cos(\omega t) + v_2(\tau)\sin(\omega t)]$$

同时，重新定义缓慢时间轴 $\tau = \left(\frac{w_0}{l}\right)^{\frac{2}{3}}\left(\frac{\varpi t}{2}\right)$，仅保留第一个非线性项(本例是三次方非线性项)，对于缓慢变化的模态坐标可以得到无量纲方程[27-28]：

$$\frac{du_1}{d\tau} = -\alpha u_1 - \left(\sigma + \frac{E}{8}\right)v_1 - \frac{3Mu_2}{4} \tag{5-30}$$

$$\frac{dv_1}{d\tau} = -\alpha v_1 + \left(\sigma + \frac{E}{8}\right)u_1 - \frac{3Mv_2}{4} + 1 \tag{5-31}$$

$$\frac{\mathrm{d}u_2}{\mathrm{d}\tau}=-\alpha u_2-\left(\sigma+\frac{E}{8}\right)v_2+\frac{3Mu_1}{4} \tag{5-32}$$

$$\frac{\mathrm{d}v_2}{\mathrm{d}\tau}=-\alpha v_1+\left(\sigma+\frac{E}{8}\right)u_2+\frac{3Mv_1}{4} \tag{5-33}$$

式中：$\alpha=\left(\frac{2\Gamma}{\omega}\right)\left(\frac{w_0}{l}\right)^{-\frac{2}{3}}$ 是调整后的阻尼参数；$\sigma=\left(\frac{w_0}{l}\right)^{-\frac{2}{3}}\frac{\omega^2-\frac{g}{l}}{\omega}$ 是调整后的解谐参数。而 $E=u_1^2+v_1^2+u_2^2+v_2^2$， $M=u_1v_2-u_2v_1$，分别用于描述球摆能量和 z 轴方向的角转动惯量，平均法[式(5-30)～式(5-33)]保留了原运动方程所有的对称性。例如，运动方程进行坐标变换 $(u_2, v_2)\rightarrow-(u_2, v_2)$ 时保持不变。自由振动时 $w(t)=0$，即从式(5-31)中减去响应的统一项(激励表达项)，因为这些统一项进行坐标变换 $(u_1, v_1, u_2, v_2)\rightarrow-(u_2, v_2, u_1, v_1)$ 时保持不变。同时需要注意，首先须通过拉格朗日或哈密顿方程得到这些平均方程；然后再使用哈密顿原理[27]，此时所得的平均方程比原运动方程的形式简单很多，因为平均过程消除了所有非共振项并形成独立于时间的运动方程。

为了寻找稳态响应中具有代表性的固定点，将式(5-30)和式(5-33)右侧设为零，可以看出稳态响应完全由球摆能量和角动量决定，即 $u_i=u_i(E, M)$，$v_i=v_i(E, M)$，因此稳态时数学方程的数量由 4 个减少为 2 个：

$$\begin{aligned}&E^3+16(\alpha^2-3\sigma^2)E+128\sigma(\sigma^2+\alpha^2)-24=0\\&M^2=\frac{5}{36}\left[E^2+\frac{32}{5}\sigma E-\frac{64}{5}(\sigma^2+\alpha^2)\right]\end{aligned} \tag{5-34}$$

对平面运动可以进行简化，即 $(u_2, v_2)=(0, 0)$，方程简化为

$$E_1^3+16\sigma E_1^2+64(\sigma^2+\alpha^2)E_1-64=0,\quad M=0 \tag{5-35}$$

其中，$E_1=u_1^2+v_1^2$ 是沿 x 轴方向振动幅值的平方。式(5-35)中，平面运动响应频率曲线与杜芬非线性方程[式(5-23)]相同，也符合预期。当然，稳态方程包含了非平面响应等更多信息。

图 5-11 是系统频率响应曲线组，式(5-30)～式(5-33)代表系统固定点的稳定性。对于依赖激励幅值、阻尼和其他参数的 3 种不同输入参数 α，关于 E 的响应曲线三次方程[式(5-34)、式(5-35)]有正实根，非平面运动必须满足

$M^2>0$ 才有物理意义(因为角动量是非复数)。固定点的稳定性和式(5-30)～式(5-33)中分岔点有关,这些分岔点的条件能够从四阶特性多项式的最高阶获得。但为了简化,定性忽略了这些分岔点和连带的稳定性转化,如果想了解更多的细节,建议读者参看迈尔斯的文章[27]。$\alpha=0.625$ 时,球摆频率响应曲线如图 5-11(a)所示,激励幅值 $u_0=5.724l(\Gamma\sqrt{l/g})^{\frac{3}{2}}$。对于小幅激励,系统近似表现出线性特性,仅有平面解而没有双稳态解。但 x 模态上的非线性响应曲线存在微弱的不对称性。激励幅值 $u_0=7.414l(\Gamma\sqrt{l/g})^{\frac{3}{2}}$ ($\alpha=0.526$) 时,频率响应曲线如图 5-11(b)所示,可看出主谐振 ($\sigma=0$) 区域附近的平面解由于叉形分岔(对称性缺失)和一组稳定的非平面空间运动方程解失去了稳定性。这组非平面解与空间运动方程的相位内解 $\left[w_0^{\frac{1}{3}}l^{\frac{2}{3}}\sqrt{u_2^2+v_2^2}\cos(\omega t+\phi)\right]$ 及相位外解相关 $\left[w_0^{\frac{1}{3}}l^{\frac{2}{3}}\sqrt{u_2^2+v_2^2}\cos(\omega t+\phi-\pi)\right]$,与 $y\rightarrow -y$ 的对称性对应。通过在式(5-34)中设置 $M^2=0$ 可求得两个叉形分岔,关于 σ 和 α 的代数方程[式(5-34)、式(5-35)],选择 0、1 或 2 作为 σ 的实根,同时又依赖于 α 值[28],这些

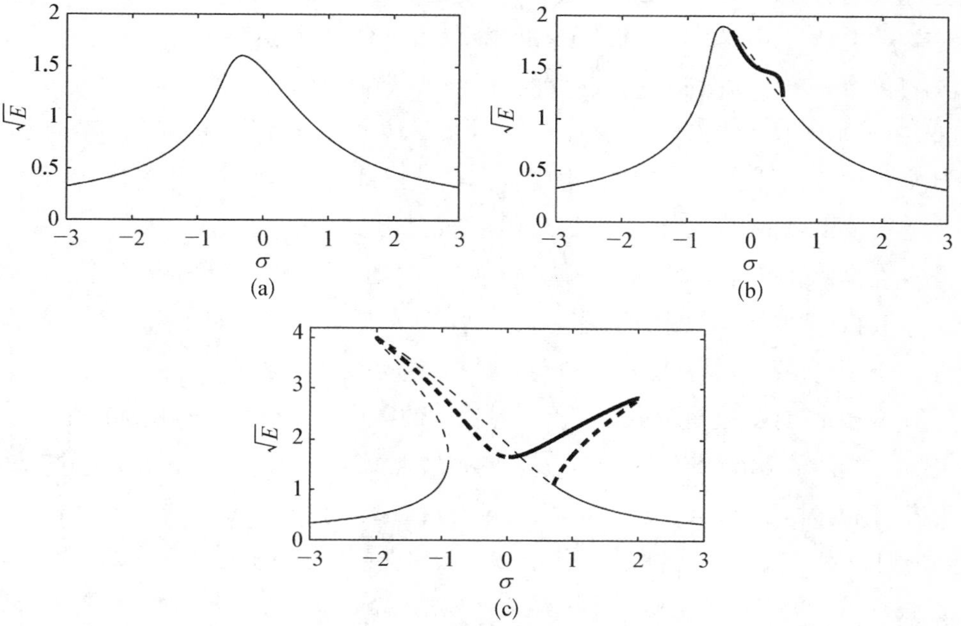

图 5-11 系统频率响应曲线组

(a) $\alpha=0.625$;(b) $\alpha=0.526$;(c) $\alpha=0.25$

注:平面解和非平面解分别由细线和粗线表示,稳定解和非稳定解分别由实线和虚线表示。

响应在物理学上代表球摆的椭圆旋转，它必须与相反方向的旋转对称且成对存在。

当激励幅值进一步增加，$w_0 = 22.6l(\Gamma\sqrt{l/g})^{\frac{3}{2}}(\alpha = 0.25)$ 时，频率响应曲线如图 5-11(c)所示。此时满足式(5-35)条件 $\frac{\mathrm{d}\sigma}{\mathrm{d}E} = 0$ 的平面解开始出现鞍形分岔，导致单一模态响应的双稳态。正如杜芬方程描述的，此处的上分支可能是不稳定的。另外，非平面解也有鞍节点和霍普夫分岔，分别对应式(5-34)中的第一个方程 $\frac{\mathrm{d}\sigma}{\mathrm{d}E} = 0$ 和 $c_3(c_2c_1 - c_3) - c_4c_1^2 = 0$，其中 c_k 是式(5-30)～式(5-33)雅克比矩阵多项式 $\lambda^4 + c_1\lambda^3 + c_2\lambda^2 + c_3\lambda + c_4 = 0$ 的特征多项式系数。通过改变非平面响应稳定性的霍普夫分岔[图 5-11(c)中粗实线]，在平均方程中产生了一个封闭圆，引起式(5-30)～式(5-33)出现缓慢周期振动，从而导致原系统振动幅值和相位出现缓慢周期性变化。这种物理现象与面内/外交替作用而改变幅值的运动相对应，导致钟摆出现旋转响应。圆的幅值和频率可以通过振动平衡方程[式(5-30)～式(5-33)]来评估，如图 5-11(c)所示。当 σ 值在霍普夫分岔阈值以下时，面内解和空间解都不稳定，在这个区域不存在能让振动幅值缓慢变化的稳定响应。这种变化可以是周期的，但分岔也可能导致无序变化，包括引起系统出现突变或激烈变化的整体分岔。动力学的其余细节问题，比如由内共振引起的复杂二自由度系统模型，可以在约翰逊和巴贾杰[21]，奥赖利(O'Reilly)和霍姆斯等[29]发表的相关论文中找到。

在本节结束之际，简单系统模型示例表明，如果模型的频率能够让各模态间产生共振，即使此时的非线性影响非常小，复杂振动模态之间也会发生相互作用。上例的两种模态具有相同的固有频率，这也是对称系统的一个特点。工程应用领域中，这类振动问题可能出现在任意的圆形或长方形结构中。以带有圆形对称结构的 MEMS 硬盘陀螺为例，它也展现了这种内共振特性。设备的非线性模态相互作用导致出现一组与设备敏感度匹配的变参数幅值[30]。当然，真实系统中对称不是完美的，模态的固有频率会存在微小差异。这些情况下，存在差异性的模型仍然会产生相互作用，但当模态内解耦占主导优势时相互作用的效果将被削弱。正如上文所述，非线性相互作用的特性和强弱取决于内部解耦、模态阻尼、激励幅值(模型中以能量形式存在)及共振点附近的驱动频率。

对于 2∶1 型内共振的例子，模态间的相互作用是清楚的；当然也可能发生其他情况，下面将进行详细描述。

5.3.2 2∶1 型内共振——弹簧球摆系统

本节讨论的物理系统（带有基础激励的弹簧球摆振动）如图 5-12 所示。该系统包含了一个理想化的平面球摆，小球和支点通过弹簧连接，球摆有效长度是 $r(t)=l+d(t)$；球摆静态长度 $l=l_0+\Delta$，由未伸长的弹簧长度 l_0 和静态拉伸量 $\Delta=mg/k$ 两部分组成。广义坐标系使用了 $d(t)$ 和球摆角 $\theta(t)$，系统由假定是谐振的垂直方向运动 $z(t)$ 驱动，作用于直接驱动 d 和参数驱动 θ。

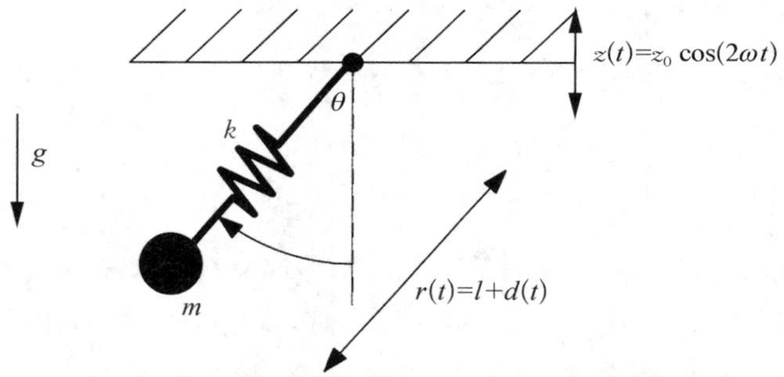

图 5-12 带有基础激励的弹簧球摆振动示意

系统的动能和势能表达式为

$$T=\frac{m}{2}\{\dot{d}^2+\dot{z}^2+(l+d)^2\dot{\theta}^2+2\dot{z}[\dot{\theta}(l+d)\sin\theta-\dot{d}\cos\theta]\}$$

$$V=\frac{k}{2}\left(\frac{mg}{k}+d\right)^2-mg(l+d)\cos\theta+z$$

使用拉格朗日方程消除相同项后得到关于 θ 和 d 的运动方程，将线性阻尼施加在球摆支点和小球上，得到：

$$\ddot{\theta}(l+d)+\Gamma_\theta l\dot{\theta}+2\dot{d}\dot{\theta}+(g+\ddot{z})\sin\theta=0$$

$$\ddot{d}+\Gamma_d\dot{d}+\frac{k}{m}d-(l+d)\dot{\theta}^2+g(1-\cos\theta)-\ddot{z}\cos\theta=0$$

这个模型既包含了保守项，也包含了惯性非线性项。这些方程的一个典型特点与球摆相同，物理坐标同时也是模态坐标且线性方程是解耦的。但本例中模型的频率 $\omega_\theta=\sqrt{g/l}$ 和 $\omega_x=\sqrt{k/m}$ 是不同的，可看出 $\dfrac{\omega_x}{\omega_\theta}=\sqrt{1+\dfrac{kl_0}{mg}}$，因此 $\omega_\theta<\omega_x$，系统依赖参数值能得到全周期内的频率比。同样，需要注意 $\theta=0$ 是 θ 方程的一个解，是关于方程 d 带有基本激励 $\ddot{z}$ 的一个线性方程。这个响应在特定激励条件下会变得不稳定，导致出现一些有意思的非平凡响应。例如，对称响应 $(\theta\rightarrow-\theta)$ 任意的周期解都是周期出现的(周期内和周期外)，但此仅作为参数共振的例子。

研究非线性振动特性时，可以考虑在模型中保留二阶非线性项，定义 $x=d/l$ 及 $w=z/l$，包含 x，θ，w 的二阶项展开：

$$\ddot{\theta}(1+x)+\Gamma_\theta\dot{\theta}+\omega_\theta^2\theta+2\dot{x}\dot{\theta}=-\ddot{w}\theta$$

$$\ddot{x}\Gamma_x\dot{x}+\omega_x^2x-\dot{\theta}^2+\frac{\omega_\theta^2}{2}\theta^2=\ddot{w}$$

考虑基础激励的垂直谐振，构建模型 $w(t)=w_0\cos(2\omega t)$，振动出现在垂直 d 方向上，通过施加 2ω 接近 ω_x。阻尼很小时，x 轴方向的振动量会很大，导致球摆沿摆长方向发生谐振，因此球摆摆动的有效频率也发生改变。如果谐振频率是球摆摆动的有效频率的两倍，将导致参数 θ 的共振响应。然而，当小球来回摆动时，会产生内共振现象。具体说，这种振动出现在小球以频率 $2\omega(2\omega\approx\omega_x)$ 的摆动中。当 $\omega_x\approx2\omega_\theta$ 时，球摆以 ω 的频率发生摆动，即驱动频率的一半，后者反映的是 2∶1 型内共振。事实上，关于 θ 的运动方程中非线性科里奥利项 $2\dot{x}\dot{\theta}$ 是 θ 的驱动变量；关于 x 的方程中 θ 的二次项具有 2ω 的工作频率，谐振驱动为 x。

为了研究系统动力学响应特性，假定 x 轴方向对 θ 的驱动频率 ω 有 2ω 的响应，它们是驱动参数，得到变形如下：

$$\begin{aligned}
\theta(t)&=\epsilon_1[u_1(\tau)\cos(\omega t)+v_1(\tau)\sin(\omega t)]\\
\dot{\theta}(t)&=\epsilon_1[-u_1(\tau)\omega\sin(\omega t)+v_1(\tau)\omega\cos(\omega t)]\\
x(t)&=\epsilon_2[u_2(\tau)\cos(2\omega t)+v_2(\tau)\sin(2\omega t)]\\
\dot{x}(t)&=\epsilon_2[-u_2(\tau)2\omega\sin(2\omega t)+v_2(\tau)2\omega\cos(2\omega t)]
\end{aligned}\tag{5-36}$$

运动方程中，为了简化给定平均方程的系统参数，设 $\epsilon_1=8/3$，$\epsilon_2=4/3$，上文关于（u_1，v_1，u_2，v_2）四个变量的约束方程在两个驱动周期（$2\pi/\omega$）内平均，结果是：

$$\frac{\mathrm{d}u_1}{\mathrm{d}\tau}=-\alpha_1 u_1+\sigma_1 v_1+u_1 v_2-v_1 u_2 \tag{5-37}$$

$$\frac{\mathrm{d}v_1}{\mathrm{d}\tau}=-\alpha_1 v_1-\sigma_1 u_1-u_1 u_2-v_1 v_2 \tag{5-38}$$

$$\frac{\mathrm{d}u_2}{\mathrm{d}\tau}=-\alpha_2 u_2+\sigma_2 v_2+2u_1 v_1 \tag{5-39}$$

$$\frac{\mathrm{d}v_2}{\mathrm{d}\tau}=-\alpha_2 v_2-\sigma_2 u_2-u_1^2+v_1^2+1 \tag{5-40}$$

式中：$\alpha_1=\Gamma_\theta/(2\omega_\theta)$ 和 $\alpha_2=\Gamma_x/(2\omega_\theta)$ 是非量纲阻尼系数；$\sigma_1=(\omega^2-\omega_\theta^2)/(2\omega_\theta^2)$，$\sigma_2=(4\omega^2-\omega_x^2)/(4\omega_\theta^2)$ 是非量纲解耦系数；$\tau=\omega t$ 是无量纲时间标尺。这些系数和定义的 ϵ_1，ϵ_2 满足式(5-37)～式(5-40)(更多细节见塞特纳和巴贾杰发表的相关论述，以及迈尔斯[31]发表的论文)。注意，这些简化后的无量纲共振方程适用于任何形式的二阶非线性振动，因此是 2∶1 型内共振问题的一般表达式。

下面考虑一些特殊情况。对应 $\omega_x=2\omega_\theta$，设 $\sigma_1=\sigma_2/2\equiv\sigma$，$\alpha_1=\alpha_2\equiv\alpha$，对应两个模型内相等的正常阻尼。运动方程和式(5-37)～式(5-40)的第一个平凡解(如 $\theta=0$ 或等效地 $u_1=v_1=0$) 在二阶模型中是线性的 (x 或等效地 u_2 和 v_2)，式(5-37)～式(5-40)中特殊固定点对应的运动方程稳态解为

$$u_2=\frac{2\sigma}{\alpha^2+4\sigma^2},\quad v_2=\frac{\alpha}{\alpha^2+4\sigma^2}$$

因此 $E_2=u_2^2+v_2^2=1/(\alpha^2+4\sigma^2)$，而 $E=u_1^2+v_1^2+u_2^2+v_2^2$ 是类球摆系统的能量测量值。对于非平凡主模态，E 的二次方程为

$$E^2-6\sigma^2 E-1+9\sigma^2(\alpha^2+\sigma^2)=0 \tag{5-41}$$

由式(5-41)得 $E=3\sigma^2\pm\sqrt{1-9\alpha^2\sigma^2}$。因此，解耦值 $\sigma_{\mathrm{sn}}=\pm\dfrac{1}{3\alpha}$［对应

式(5-41)的零判别式]对应两个马鞍形分岔点，解耦值 $\sigma_{pf}=\pm\sqrt{\frac{1}{8}(\sqrt{16+9\alpha^4}-5\alpha^2)}$($E_2$ 的横截面积带有较低的分支 E)对应二分岔。

图 5-13 为 $\alpha=0.25$ 时的系统频率响应曲线，这是研究的重点，本例中内谐振($\omega_x=2\omega_\theta$)响应关于 σ 对称。注意，在远离共振的位置($|\sigma|$很大)只有线性反馈，这时主模态(θ)为零，而次级模态(x)响应与驱动呈线性关系。然而，当次级模态频率 ω_x 附近的激励频率为 2ω 时，例如 $|\sigma|<\sigma_{pf}$，x 的线性响应失去稳定性而 θ 响应开始活跃。这种不稳定性取决于次临界的二分岔，因此存在一个由马鞍形和二分岔形为边界的双稳态区间，此区间内任何一方共振 $\sigma_{pf}<|\sigma|<\sigma_{sn}$ 的响应可以是仅包含 x 轴方向的单模态，也可以是双模态，这取决于具体的初始条件。两个模态零解谐时无法满足霍普夫分岔标准，因此理想系统仅包含周期响应，耦合模态响应中不存在次级分岔。然而，解耦模态霍普夫分岔是可能出现的，而且可能会改变模态响应的分岔顺序，其中就包含了混沌性[32]。

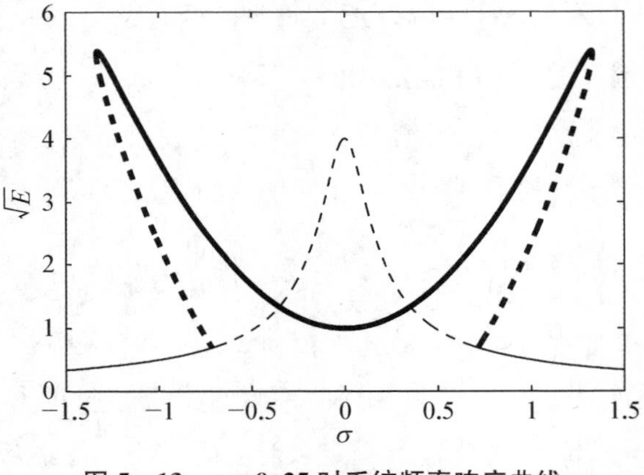

图 5-13 $\alpha=0.25$ 时系统频率响应曲线

说明：平凡/非平凡主模态解分别由细/粗线表示，稳态解/非稳态解由实线/虚线表示。

学术界已经开始研究类似的共振现象，哈多等学者通过 1984 年开展的细节试验验证了该共振可应用于多处[33]。例如，1863 年弗劳德发现船舶在海上行驶时发生的横摇会激励其出现大幅纵摇问题，即船舶的横摇和纵摇运动间存在 2∶1 型内共振问题。针对这个问题，哈克斯顿和巴尔在 1972 年提出了一种振动吸收装置，但是与一般的谐调质量阻尼器相比，它的特性并不好；最近带有 2∶1 型内共振的 MEMS 设备已经被用来做信号处理[34]，其他的一些例子及细节参见奈弗和通德尔分别在2000年发布的报告。

5.4 结语

即使在数以百计的研究人员几十年如一日的努力下，问题仍然存在，即“什么条件下才需要非线性模型?”问题的答案并不取决于具体的算法实现，而取决于建模者的经验、直觉以及对模型的期望，这就是“机械系统建模艺术”的本质。为了回答这个问题，作者对机械系统的非线性振动特性进行了简单描述，并重点关注自由振动和动力学共振。这样做的主要目的是强调建模，建模的根本目的是解决线性模型无法解决的动力学共振问题，只有在线性模型不起作用时才会联系到非线性相关的方向。结尾处，作者通过采用平均法分析了非线性振动响应的特点，平均法在这些情况下是非常有用的；当然，某些情况下也可采用其他的方法，例如复合坐标[1]或谐振平衡法也许更方便或更直观。然而，选择方法的根本意义是为了更好理解模型的非线性特性，期望这段简介能够回答上述问题。

未来研究的重点之一是设计带有非线性特性的动力学系统，其中至少包含两个主要问题：① 系统设计过程中能否避免非线性？② 如果不能，是否能调整非线性特性而消除不需要的响应？这两个问题的答案都依赖于建模者对非线性系统特性的认知。因此，在线性系统响应设计过程中必须了解线性模型的局限性，也就是要了解非线性的相关知识和作用。下一步，开发动力学系统设计工具支撑非线性系统模型，拓展非线性特性的系统研究方法以便能在设计阶段使用。诸多介绍非线性控制系统的书已经完成了相关工作[35-37]。系统设计中的开环响应因为缺少作动机构和反馈部件而更具挑战性，但对于这个研究任务来说被研究对象已足够成熟。

参考文献

[1] Ali H Nayfeh and Dean T Mook. *Nonlinear oscillations*. John Wiley & Sons, 2008.

[2] John Guckenheimer and Philip Holmes. *Nonlinear oscillations, dynamical systems, and bifurcations of vector fields*, volume 42. Springer Science & Business Media, 1983.

[3] Francis C Moon. *Chaotic and Fractal Dynamics: Introduction for Applied Scientists and Engineers*. John Wiley & Sons, 2008.

[4] Gregory L Baker and James A Blackburn. The pendulum. A case study in physics. *AMC*, 10: 12, 2005.

[5] Ron Lifshitz and MC Cross. Nonlinear dynamics of nanomechanical and micromechanical resonators. *Review of non-linear dynamics and complexity*, 1: 1-52, 2008.

[6] Leonard Meirovitch. *Methods of analytical dynamics*. Courier Corporation, 2010.

[7] Mark Lemkin. MEMS comb-finger actuator, August 31 2001. US Patent App. 09/944, 395.

[8] Michael S-C Lu and Gary K Fedder. Position control of parallel-plate microactuators for probe-based data storage. *Microelectromechanical Systems, Journal of*, 13(5): 759-769, 2004.

[9] William J Kaiser, Thomas W Kenny, Joseph K Reynolds, Thomas R Van Zandt, and Steven B Waltman. Methods and apparatus for improving sensor performance, May 18 1993. US Patent 5, 211, 051.

[10] RC Batra, M Porfiri, and D Spinello. Review of modeling electrostatically actuated microelectromechanical systems. *Smart Materials and Structures*, 16(6): R23, 2007.

[11] Jeffrey F Rhoads, Steven W Shaw, Kimberly L Turner, Jeff Moehlis, Barry E DeMartini, and Wenhua Zhang. Generalized parametric resonance in electrostatically actuated microelectromechanical oscillators. *Journal of Sound and Vibration*, 296 (4): 797-829, 2006b.

[12] Jeffrey F Rhoads, Nicholas J Miller, Steven W Shaw, and Brian F Feeny. Mechanical domain parametric amplification. *Journal of Vibration and Acoustics*, 130(6): 061006, 2008.

[13] Fadi M Alsaleem, Mohammad Younis, Laura Ruzziconi, et al. An experimental and theoretical investigation of dynamic pull-in in MEMS resonators actuated electrostatically. *Microelectromechanical Systems, Journal of*, 19(4): 794-806, 2010.

[14] Ali H Nayfeh, Mohammad I Younis, and Eihab M Abdel-Rahman. Dynamic pull-in phenomenon in MEMS resonators. *Nonlinear dynamics*, 48(1-2): 153-163, 2007.

[15] Leonard Meirovitch. *Principles and techniques of vibrations*, volume 1. Prentice Hall New Jersey, 1997.

[16] PM Polunin, Y Yang, MI Dykman, TW Kenny, and SW Shaw. Characterization of MEMS resonator nonlinearities using the ringdown response. *revised version to appear in Journal of Microelectromechanical Systems*, 2016b.

[17] PM Polunin, Y Yang, MI Dykman, TW Kenny, and SW Shaw. Independent characterization of mechanical and electrostatic nonlinearities in capacitive MEMS resonators. *near-final version complete*, 2016a.

[18] Stav Zaitsev, Oleg Shtempluck, Eyal Buks, and Oded Gottlieb. Nonlinear damping in a micromechanical oscillator. *Nonlinear Dynamics*, 67(1): 859 - 883, 2012.

[19] Lamberto Cesari. *Asymptotic behavior and stability problems in ordinary differential equations*, volume 16. Springer Science & Business Media, 2012.

[20] Nikolay P Erugin, Richard Bellman, and Scripta Technica. *Linear systems of ordinary differential equations: with periodic and quasi-periodic coefficients*, volume 28. Academic Press New York & London, 1966.

[21] Vladimir Andreevich Iakubovich and Viacheslav Mikhaĭlovich Starzhinskiĭ. *Linear differential equations with periodic coefficients*, volume 2. Wiley, 1975.

[22] Per Danzl and Jeff Moehlis. Weakly coupled parametrically forced oscillator networks: existence, stability, and symmetry of solutions. *Nonlinear Dynamics*, 59(4): 661 - 680, 2010.

[23] Jeffrey F Rhoads, Steven W Shaw, and Kimberly L Turner. The nonlinear response of resonant microbeam systems with purely-parametric electrostatic actuation. *Journal of Micromechanics and Microengineering*, 16(5): 890, 2006a.

[24] Vijay Kumar, Jacob K Miller, and Jeffrey F Rhoads. Non-linear parametric amplification and attenuation in a base-excited cantilever beam. *Journal of Sound and Vibration*, 330(22): 5401 - 5409, 2011.

[25] Jeffrey F Rhoads and Steven W Shaw. The impact of non-linearity on degenerate parametric amplifiers. *Applied Physics Letters*, 96(23): 234101, 2010.

[26] TK Caughey and MEJ Okelly. Classical normal modes in damped linear dynamic systems. *Journal of Applied Mechanics*, 32(3): 583 - 588, 1965.

[27] John Miles. Resonant motion of a spherical pendulum. *Physica D: Nonlinear Phenomena*, 11(3): 309 - 323, 1984a.

[28] John W Miles. Stability of forced oscillations of a spherical pendulum. *Quarterly of Applied Mathematics*, 20(1): 21 - 32, 1962.

[29] Oliver O'Reilly and Phillip J Holmes. Non-linear, non-planar and nonperiodic vibrations of a string. *Journal of Sound and Vibration*, 153(3): 413 - 435, 1992.

[30] Sarah H Nitzan, Valentina Zega, Mo Li, Chae H Ahn, Alberto Corigliano, Thomas W Kenny, and David A Horsley. Self-induced parametric amplification arising from

non-linear elastic coupling in a micromechanical resonating disk gyroscope. *Scientific reports*, 5, 2015.

[31] John Miles. Resonantly forced motion of two quadratically coupled oscillators. *Physica D: Nonlinear Phenomena*, 13(1): 247 - 260, 1984b.

[32] Ali Hasan Nayfeh. *Nonlinear interactions*. Wiley, 2000.

[33] AG Haddow, ADS Barr, and DT Mook. Theoretical and experimental study of modal interaction in a two-degree-of-freedom structure. *Journal of Sound and Vibration*, 97(3): 451 - 473, 1984.

[34] KR Qalandar, BS Strachan, B Gibson, M Sharma, A Ma, SW Shaw, and KL Turner. Frequency division using a micromechanical resonance cascade. *Applied Physics Letters*, 105(24): 244103, 2014.

[35] Alberto Isidori. *Nonlinear control systems*. Springer Science & Business Media, 1995.

[36] Hassan K Khalil. *Nonlinear systems*, volume 3. Prentice hall New Jersey, 1996.

[37] Miroslav Krstic, Petar V Kokotovic, and Ioannis Kanellakopoulos. *Nonlinear and adaptive control design*. John Wiley & Sons, Inc. , 1995.

[38] NN Bogolyubov and Yu A Mitropolskii. Asymptotic methods in the theory of non-linear oscillations. Technical report, DTIC Document, 1955.

[39] David K Campbell. Nonlinear science. *Los Alamos Science*, 15: 218 - 262, 1987.

[40] Freeman Dyson. A meeting with Enrico Fermi. *Nature*, 427 (6972): 297 - 297, 2004.

[41] Alexander Fidlin. *Nonlinear oscillations in mechanical engineering*. Springer Science & Business Media, 2005.

[42] W Froude. Remarks on Mr. scott russell paper on rolling. *Transactions of the Institute of Naval Research*, 4: 232 - 275, 1863.

[43] O Gottlieb and G Habib. Nonlinear model-based estimation of quadratic and cubic damping mechanisms governing the dynamics of a chaotic spherical pendulum. *Journal of Vibration and Control*, 18(4): 536 - 547, 2012.

[44] Peter Hagedorn. Nonlinear oscillations. *Oxford and New York, Clarendon Press, 1981. 298 p. Translatio*, 1, 1981.

[45] Robert Steedman Haxton and Allan David Stephen Barr. The autoparametric vibration absorber. *Journal of Manufacturing Science and Engineering*, 94 (1): 119 - 125, 1972.

［46］ JM Johnson and Anil K Bajaj. Amplitude modulated and chaotic dynamics in resonant motion of strings. *Journal of Sound and Vibration*, 128(1): 87 - 107, 1989.

［47］ Eyal Kenig, MC Cross, LG Villanueva, RB Karabalin, MH Matheny, Ron Lifshitz, and ML Roukes. Optimal operating points of oscillators using non-linear resonators. *Physical Review E*, 86(5): 056207, 2012.

［48］ Ali H Nayfeh. *Perturbation methods*. John Wiley & Sons, 2008.

6 固体力学建模

彼得·维格斯

建模是工程领域的一个重要分支，用于预测组件、结构或车辆的特性和响应，本章旨在介绍固体力学建模。由于必须使用数值方法解决大多数的理论模型问题，因此本章侧重于介绍理论模型以及与固体力学中工程应用相关的数值模拟模型。

6.1 模型

数学模型服务于科学、商业和工程等多个领域，所有这些不同应用领域的进步表明：没有模型，人类就不会有今天的成就。为了理解这种发展进程，至少还必须回答一个问题——什么是模型？

6.1.1 什么是模型

工程结构建模有着悠久的历史，存在着许多用于预测不同过程特性的模型。时至今日，人们开始使用具有特定模型的数字模拟工具，因此需要更加深入的建模知识以便寻找合适的工具进行准确的预测。在此，我们并非要讨论所有的模型，但将对各种机械系统模型进行讨论，以便工程师选择恰当的模型描述刚体和结构特性。

工程领域中，通常不会在设计结构或机器时应用全尺寸模型。例如，不会在计算机中将长度为 1 000 m 的桥梁做成一个整体模型，因为研究桥梁不同的结构微元时有不同的尺度标准，如桥梁一方面包含了基本结构，另一方面也包含了不同结构元件的连接，而两者之间的尺度标准很容易地就可以相差 1 000 倍。

可以在不同的尺度下搭建模型。工程中甚至可以从描述材料的原子开始，但由于问题的复杂性和规模性，这显然不是一种合适的建模方法；描述以米尺度为度量的工程结构时显然不能采用纳米和微米尺度相关的分子动力学方法。因此，需要一种基于连续介质力学理论的连续方法。即使有通用化的三维模型，也不可能设计真实的结构，如桥梁或摩天大楼，因为工作室级的计算平台无法解决复杂三维模型带来的未知问题。故而，必须通过简化模型（如桁架、梁、板和壳）再现建筑物的主要结构特性，且这些简化模型的主要结构特性要与模型假设一致，并通过试验加以验证。

6.1.2　模型的定义

定义模型时常进行以下引用。

模型可以视为真实过程的简化和人为视角，或者换句话说，模型是将现实投影到一组数学方程或一组试验上。

不同模型的特征可能不同，这取决于建模的目标和模型要实现的功能。因此，模型可以根据其应用分为简化模型（大多数）或精细模型。

模型的定义必须从现实世界的研究对象或过程开始，这些对象或过程被投影到简化的工程模型上，例如空间三维实体的真实结构被简化成用于预测力和弯矩的梁模型。因此，现实世界的研究对象会被抽象成特定的结构模型，被简化成一个点，并且仅包含对于准确预测而言重要且必要的特征，这意味着模型只能再现现实世界中的部分现象。因此模型的预测不具备广泛性，并且在应用中受到诸多限制。为了选择一个好的模型，可以引用爱因斯坦的话："模型应该尽可能简洁明了，但又不能过于简陋。"

模型的功能取决于它们的用法。通常，人们根据模型的应用区分其类别。

用于预测的模型　一旦构建了该种模型，就可以预测现实世界各种现象的发展趋势。例如，桥梁在承受风载荷的同时，也承受着汽车、卡车或火车的重量及因它们运动而产生的载荷。桥梁模型通常用于计算在这些载荷条件下桥梁的结构响应，评估桥梁的安全性。请注意，工程领域一般不可能构建研究对象的原型或进行 1∶1 的全尺寸模型试验，因为桥梁的长度可能跨越几百米。其他的例子包括用于预测天气或气候变化的气象模型，用于预测化学过程的模型，用于预测不同飞行条件的飞机模型或股票市场模型。

解释物理现象的模型　物理学中，材料科学和其他科学领域的模型可以用来解释观察到的甚至只是假设的物理现象。这类模型中最出名的有经典牛顿力学模型、热力学模型和爱因斯坦相对论模型。基于这些模型，通过科学的方法可以推导出特定现象的子模型。例如,材料科学中,可以引入微观模型解释宏观层面的材料特性;其他模型包括用于描述血液流动、经济增长或交通拥堵程度的模型。

辅助决策的模型 洪水等灾害可能会造成很大的破坏,像行政管理人员这样的利益相关者与居住在该地区的居民必须决定在灾害发生时是否要撤离,并判断可能会造成什么样的危险(如从地面释放出有毒化学品或桥梁、道路出现损坏等)。反映现实现象的模型可基于经验简化,即便存在诸多不确定因素但模型仍具备合理的预测水平。同样在化工厂中,模型可用于帮助制定与生产过程相关的决策。这些模型包含了许多决策变量和决策约束,可以通过带有不等式的常微分方程表示。

其他模型 通信系统领域,模型草图可用于复杂流程建模。该模型的特性和精度取决于绘图者,由于没有一个统一的规范,因此所建立的模型通常是独一无二的。另一个例子是土木工程建筑标准的建模,如欧盟规范。这些规范的建立通常基于预测模型,但模型内部也存在许多不确定和随机过程,甚至还包括刚体力学建模委员会成员的经验。

可以看出,模型不是唯一的,模型的应用领域和有效范围可以通过验证和过程确认进行证实。这里的验证意味着正确地求解了模型的方程,而确认则意味着通过了核查,比如试验数据对照。

6.1.3 数学模型

过去几十年里,人们开发了不同类型的工程模型。模型需要行之有效的试验方法,在过去模型的设计往往基于试验观察和经验法则;但大多数模型都是将实物投影到数学方程上,可以是简单的解析公式、代数方程、普通方程和偏微分方程,模型以公式的形式表达了物理世界问题,这就是数学的力量。

数学模型的巨大优势在于依托可靠的数学算法和工程理论,可以寻找到解决同类问题的通用方案。模型的发展历史悠久,可以追溯至文艺复兴时期,详见6.1.4节。那时,为了更准确地描述复杂物理对象而开展的建模工作实际上推动了数学的发展,整个过程中,数学从简单方程演变成常微分方程再到现在的偏微分方程阶段。这条时间轴上,问题的复杂性在不断增加,但我们解析偏微分方程的能力非常有限,这直接促使了数值逼近方法的出现,时至今日该方法的应用范围仍在阔大,这种情况的出现得益于计算机技术的快速发展。先驱之一的康拉德·楚泽(Conrad Zuse)是一名土木工程师,他不喜欢求解用大型方程式描述的系统,因此开发了一台数字计算机,这种计算能力的发展在当时尚处于早期阶段,但已经受到民用产品工程师和航空工程师的认可。新发明的离散方法,如有限元法、有限差分法和有限体积法,被广泛应用于民用经济、航空工程、机械工程和电气工程等领域,用来解决各种工程问题。

运用数学理论可以进行数值分析,并证明数值分析的方案和算法收敛于数学模型的解,这意味着解决方案和分析方案同样重要,但也意味着使用数值分析时得到的精确解可能并不比基础数学模型更好。

模型的数学知识包括模型的分类、数学模型的功能和数值分析。这些理论研究给我们带来了巨大的启示,创造了内涵深厚的科学,然而现如今工程师解释物理问题和过程使用的数学方法依然无法得到充分的分析。因此,对于诸如有限可塑性或复杂耦合过程的高级数学模型而言,不能保证解的存在或唯一性,工程界会使用基于试验验证的模型以避免这种情况的发生。然而,这要求工程师必须了解模型的数学背景,数值离散化和算法方案以及模型想要解决的现实问题。

数学模型的根基在于引入的“未知”变量,而这些变量又是从方程组解算中获得的。这些未知量可以是梁、板和壳的变形或刚体系统中的速度,大部分未知量仅部分用于物理世界的结构设计。通常,这些未知量函数的衍生物(比如压力)是设计的关注点。但根据设计任务的不同,结构件的长度和高度等变量也可能成为必须要求解的变量,例如优化算法。建模过程中引入结构组件之间的连接关系形成了约束方程,基于机械连接可以得到等价或不等价的约束,将这些包含未知量约束的代数方程代入普通或偏微分方程描述的系统后,会增加系统的复杂性。

6.1.4　模型开发的发展历程

为了理解工程和其他领域的建模过程,我们先回顾一下这些年该领域的发展情况。建模与人类发展密切相关,模型这个词源于拉丁文“modellus”,代表人类对现实的态度。可以说,构建抽象模型的能力使人类在与其他动物的较量中占据了竞争优势。

模型开发的历史中,最早的模型是数字和计数能力,据记载数字的发明甚至数字的书写最早可追溯至公元前 30000 年,土木工程是急需构建安全建筑模型的领域之一,在公元前 4000 年左右就已发展成熟。据了解,到公元前 2000 年,在巴比伦、埃及和印度的文明中，对于数学的记载随处可见，那里的先贤对数学都有着深入的了解，会使用数学模型改善生活。数学虽与一般通用学科理论无关，但常被用于解决许多应用领域中的特定问题，例如财政、工程和农业等。

古希腊时期的哲学和数学是相互结合的，这让人们对数学理论有了更全面的认识。随着这种变化，几何学在公元前600年就已经成为分析现实问题的利器，几何分析推动了数学的发展，这与其应用无关。举一个例子——泰勒斯半圆，从通过日影测量建筑物高度的方法开始，泰勒斯(Thales)在该时期推导出一般性的结论，即半圆所对的圆周角是直角。

伟大的数学家欧几里得(Euclid)在公元前300年左右写了一本著作《几何原本》。《几何原本》囊括了当时大部分的数学知识，首次提出了几何学上的第一个公理及数论。从那时起，以牛顿(Newton)和莱布尼兹(Leibniz)的微积分作为起点，许多科学家不断完善着代数学和算法。那时大部分研究都是为了工程应用，因此现实问题的模型，特别是物理过程的数学模型，对于人类的发展极为重要，而在欧洲、中国、印度和伊斯兰国家都独立发展出建模方法的情况并不令人惊讶。

在力学领域，古希腊哲学家，如亚里士多德(Aristoteles)在公元前350年就提出了可用于描述自然的抽象原则。最著名的一个例子是：物体重量加倍，则在同一高度上的下落时间会减半。后来通过实验验证，这个论断是不正确的，但这是用概括性术语描述物体运动特性的尝试之一。今天我们仍然在使用古希腊哲学家们推导出的一些其他结论，例如计算浮力的方法。哲学家们相信逻辑和观察，但由于时代的局限性，许多结论都是不准确的。

几百年后，艺术家和科学家莱昂纳多·达·芬奇(Leonardo da Vinci，1452—1519年)开始在力学领域开展实验以获得更好的理解。其中包括对静力学、动力学和摩擦力学的研究。在摩擦力学的实验中，他找出了"库仑摩擦定律"，但可惜的是并没有用数学术语进行描述。文艺复兴时期，科学家们继承和发掘了古希腊与罗马帝国时期的文化。基于达·芬奇的理论和自己的观察，伽利略·伽利雷(Galileo Galilei)、莱布尼兹、马里奥特(Mariotte)、牛顿等许多科学家开发的机械技术已经达到可用于预测的水准，特别是牛顿开创性的工作以及公理化的力学方法为模拟天体和工程应用的刚体系统奠定了基础。

要知道构建用于工程结构预测的模型不是一个简单的过程，尤其当该过程不直观时，那么观察和研究这些理论随时间的变化就是十分值得的。以梁模型为例，从伽利略、莱布尼兹和马里奥特开始，科学家们在这上面花了100多年的时间才开发出一个正确的模型(见图 6－1)。1684 年,莱布尼兹证实了伽利略在 1638 年提出的假设是错误的：以点 B 为中心旋转(即图 6－1 中抽象模型上标注的实心点)会产生力平衡;1686 年,马里奥特提出将旋转中心置于点 A 和点 B 中间的正确想法,这引出了经典梁理论,该理论在 1691 年由伯努利(Bernoulli)以数学方式表达并用自己的名字命名。然而,最终是库仑(Coulomb, 1736—1806 年)推导出了梁的弹性线弯曲与横截面上应力关系的完整公式：

$$\sigma_x = \frac{M}{I} z$$

式中：M 为弯矩;I 为惯性矩;z 为与梁轴线之间的距离;σ_x 为沿着梁 x 方向上的应力。这个模型今天仍在使用,具体示例参见萨博(Szabó)于 1987 年发表的论著[1]。即便是当时最优秀的科学家,也要耗费相当长的时间来构建模型,这表明构建描述物理过程的数学模型是多么复杂。悬臂梁的不同动力学模型如图 6－1 所示。

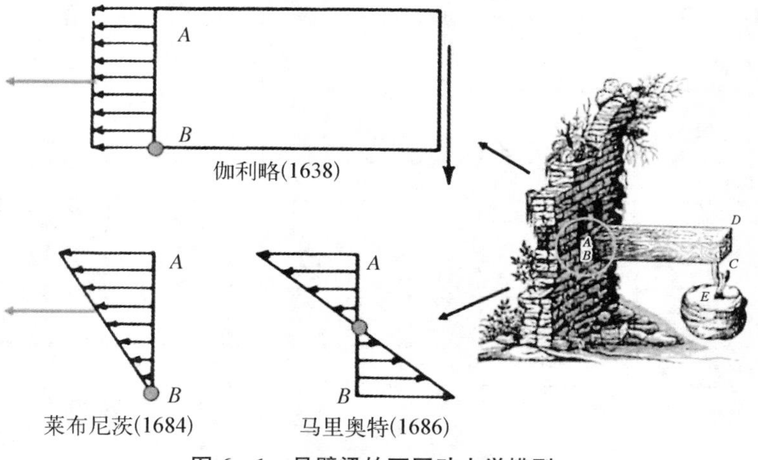

图 6－1　悬臂梁的不同动力学模型

第一次基于数学方法的结构分析是 1743 年由 3 位数学家进行的,用以设计修复罗马圣彼得大教堂。这次的结构分析是基于当时的数学和力学知识开展的,标志着土木工程由传统工艺转为以现代科学为导向。因此,它是今天仍在使用的第一个与土木工程建模过程相关的参考资料。

刚体力学的另一个里程碑是从动力学开始的板梁理论的发展。欧拉在解决了弦和梁的动力学问题之后,想在 1770 年左右计算铃铛产生的声音。为此,他跳过静态板理论，假设平面几何形状是动态壳。欧拉的假设导致了一个错误的模型，1888 年乐甫(Love)开发了正确的模型。关于板块，克拉尼(Chladni)花费多年时间进行板梁动力学试验(第一个基于科学方法的试验)，试验过程引起了他对板梁模型的极大兴趣；在 1787 年克拉尼获得了克拉尼图形，该图形大体上描述了板振动的特征形式，如图 6－2 所示。

图 6－2　克拉尼图形

该试验揭示了克拉尼图形在数学建模中起的作用。1788 年，伯努利是第一个试图通过微分方程获得数学模型的人，但伯努利使用了错误的方程(w 是偏移量，c 是常数)：

$$\frac{\partial^4 w}{\partial x^4}+\frac{\partial^4 w}{\partial y^4}=\frac{w}{c^4}$$

应当指出，这只是第一次尝试。试验激起了人们的兴趣，引发了法国科学院的竞争。研究项目是找到板弹性振动的数学理论，并与克拉尼的试验结果进行比较。苏菲·姬曼(Sophie Germain)在 1813 年提出以下方程(t 是时间)：

$$\frac{\partial^2 w}{\partial t^2}+\lambda^2\left(\frac{\partial^6 w}{\partial x^4 \partial y^2}+\frac{\partial^6 w}{\partial y^4 \partial x^2}\right)=0$$

拉格朗日在此基础上，提出了修正建议(k 是一个未知常数)

$$\frac{\partial^2 w}{\partial t^2}+k^2\left(\frac{\partial^4 w}{\partial x^4}+2\frac{\partial^4 w}{\partial y^2 \partial x^2}+\frac{\partial^4 w}{\partial y^4}\right)=0$$

这就是我们所知的板梁偏微分方程。苏菲·姬曼在 1816 年获得了她的第一个贡献奖，其间还得到了拉格朗日的帮助。在之后超过 25 年的时间里，经过无数杰出科学家们的努力才得到符合克拉尼试验结果的数学模型。

力学史上还有很多例子(三维弹性实体、正确的虚功方程、能量的定义等)可以表明寻找用于表征问题的数学模型是多么复杂和耗时。对此感兴趣的读者可阅读更多关于物理或工程学方面的数学模型发展史的书籍，例如萨博、赖斯(Rice)和季莫申科(Timoshenko)的相关论著[1-3]。

由于力学中没有直接和简单的方法来推导新的数学模型，因此可以说建模是一门艺术。

6.1.5 建模的过程

建模者必须能够预测实物(如结构、机器、汽车和飞机等)的工作特性。这些工作从设计目标开始，然后必须将对象真实的物理特性投影到模型上，期待模型可以准确预测该对象在设定应用范围内的响应。通常模型不会产生完美的预期结果，所以必须生成不同的模型或设法改进模型。图 6-3 为模型从物理世界到数学表达的演化过程，这是一个通用循环，是推导正确模型的步骤。

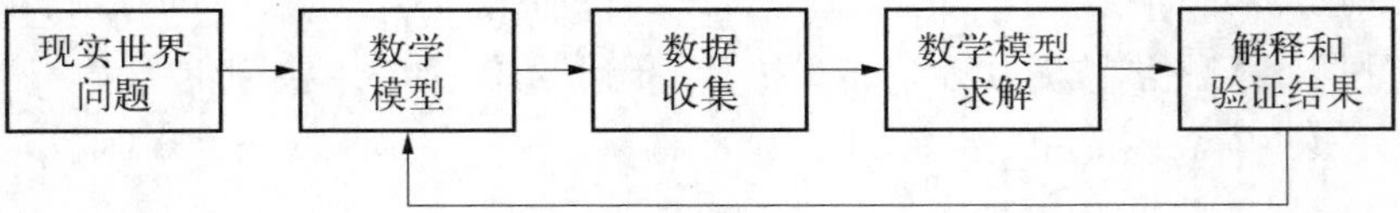

图 6-3　模型从物理世界到数学表达的演化过程

上述演化过程的核心是数学模型。大多时候我们可以直接使用现有的模型，再根据需要对模型按图示流程进行修改，直到它再现了现实世界对象的特性。然而，当现实世界的问题需要一种新的研究方法时，就需要开发全新的模型。

另一个主要步骤是对数据的收集。工程中的数据包括周围介质、静载荷和其他作用载荷，另外还必须考虑状态和边界的初始条件。这些数据通常具有随机特征，因此会给模型带来不确定性。这个步骤实际上也可以调用简化过程，例如周围介质的作用（如空气或水）必须由模型本身预测，然后模型本身与结构耦合，产生所谓的“流体-结构耦合作用”问题。

将模型数学公式化之后，接下来就是用合适的方法求解代数或微分方程组。早期数学模型可以通过选择和定制（如解析解）求解，但现在使用数值求解更精确的模型已成为标准做法。这就要求建模者有足够的工程理论知识和实践经验（如连续结构的力学分析）以便选择最有效的方法解决问题，处理非线性问题时尤其如此。此外，建模者必须验证解决方案，回答方程是否正确求解这一问题。然而，这一过程并非在所有的工程实践中都能进行，如若处理不当可能导致结果错误。

解释和验证结果是最后一步，这一步至关重要，因为模型的可靠性依赖于验证。验证的意思是确认“方程求解是否正确”。如果可能，可以通过试验或经验判断回答这个问题。此外，简化模型通常可用于验证结果的正确性。

从第一视角来看，在该循环中似乎所有步骤都可以一个接一个地执行，但显然最后一步和演化过程的第二步是相互联系的，因为验证很有可能会改变模型，且如果经解释和验证后提出需要新的数学模型，则建模者必须改变数学模型。因此，循环可以从演化过程的第五步回到第四步，而不是回到第二步。同样，循环也可以在解释和验证结果环节到数据收集环节间形成，因此将现实世界问题投影到数学模型的过程可以遵循不同的路径。简言之，以下是设计新模型时必须要考虑的基本问题：

确认：方程是否正确？
验证：方程求解是否正确？

好的工程问题模型可以通过几个步骤扩展图 6－3 定义的演化过程，相关方法分析如下：

(1) 起点是真实的物体，如发动机、建筑物、汽车、飞机等。

(2) 建立工程模型，包括系统结构、加载、约束以及子结构，如建筑物的梁和地板。

(3) 选择机械系统模型，将其中的工程模型或其子结构映射到已知模型，如梁、板、壳或刚体。另外，必须选择描述真实物体材料特性的本构模型。

(4) 使用数学模型，模型中的普通或偏微分方程要结合边界条件，同时还要结合类型分析，例如温度效应除了影响静力学或动力学机械特性外，还可能出现椭圆、抛物线或双曲微分方程。

(5) 用合适的方法求解微分方程。当几何结构简单或模型是一维时，可以采用分析法，大多数情况下使用数值法，这会产生收敛近似解。传统意义上，边界或有限元法用于刚体力学中。

(6) 工程模型标定尺寸时，必须基于利用计算机编码得到的数学模型。通过这种方式，建模者必须为真实物体提供准确的尺寸，以便安全使用。

建模的整个过程通常是迭代过程，其中尺寸标定对机械系统模型或解决方案有影响，下面的章节将详细描述每个环节中必须完成的步骤和内容。

6.2 固体力学模型

固体力学中，根据对现实世界结构特性精度的要求，人们可以选择不同的模型，而这些模型可以通过不同的方式进行分组定义。我们先从三维连续体模型开始，但建模时其所遵循的动力学或材料力学特性的标准是不同的。然后再讨论一维和二维结构模型，这样降低了数学复杂性(例如，从偏微分方程降到常微分方程)。根据实际应用范围或精度等级要求，工程师可以采用相应的模型确保设计成功。图 6－4 为 I 字梁的不同模型，描述了相同结构的不同建模阶段[从三维实体到“质点-弹簧”模型(一维抽象化)的演化过程]。

计算塔的关键区域(如转轴和结构连接区)应力状态时，三维实体模型不可

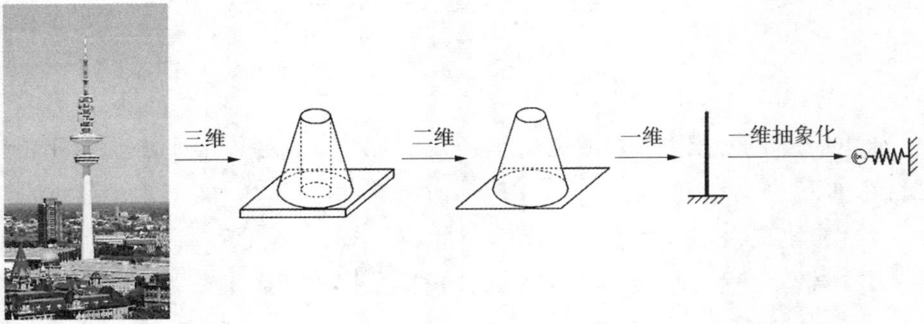

图 6-4　I 字梁的不同模型

缺少；二维梁模型可用于研究类壳轴结构的局部屈服现象；一维梁模型在计算由诸如风载引起的应力时已足够精确。当“质点-弹簧”模型能够满足塔的动力学响应时，就可以用于分析研究塔的振动。通常模型在结构分析中是耦合的，梁模型提供的应力结果表明了可能出现的应力集中点，然后再通过三维实体模型精确计算；低维度的模型(如梁)简化了响应，也降低了精准度，因此使用时必须谨慎。

图 6-5 描绘了另一个例子，展示出了三维、二维和一维的不同工字梁模型，工程师可以根据对数据挖掘的不同要求选择具体的模型：计算法兰和腹板交叉处的应力集中需要三维实体模型，而计算局部屈曲效应可以使用二维壳体模型，一维模型则足以计算法向力、剪力及弯矩和扭矩。

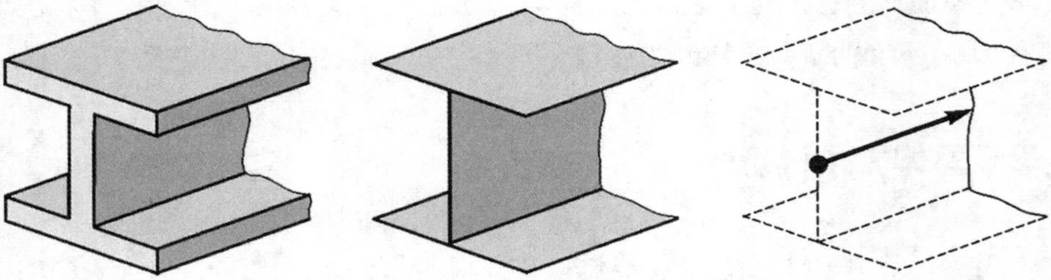

图 6-5　工字梁的不同模型

使用或校正模型(如图 6-5 所示)的工程师必须考虑以下几个问题，如模型特征、边界和可能的约束条件，以及工程师希望模型及其数学描述所涵盖的应用范围。下面针对这些问题进行一一讨论。

1) 最好的理论公式

(1) 小变形假设是否充分？

由于工程结构只能在没有大的变形时才起作用或可安全使用，因此小变形在许多工程应用中是能接受的，当然也存在需要利用非线性特性描述结构的情况。出现稳定性问题或大变形问题时，例如橡胶材料或成型工艺，对非线性的考量是必需的。

(2) 哪个是最优模型方程?

数学公式是否需要强表达式，例如选取偏微分方程还是变分方程?强表达式主要用于解析法或使用特殊数值技巧时，如有限差分法或基于偏微分方程的几何分析法;使用诸如有限元法或边界元法求解模型的基础数学方程时，通常使用变分方程。

(3) 哪个是正确的边界和初始条件?

能否使用经典的冯·诺伊曼边界条件或作用力依赖于结构这一结论?狄利克雷(Dirichlet)边界条件下，是否可将位移固定在边界处或采用更复杂的形式(比如基准是弹性的)?为了增加复杂程度，在接触和摩擦接触问题中，可以使用非均一化的材料边界条件，而这往往在精准模型中才会考量。

(4) 哪种连续描述是最佳的?

应变较大时，从连续机械力学的角度看，可以使用不同的配置作为数学公式的基础。选择是任意的但要考虑公式求解时的难度，必须综合考虑数值方法的可实现性、鲁棒性及算法效率后进行取舍。

(5) 必须使用哪些本构方程?

建模过程中的一项复杂任务就是选择适当的本构方程，这实际是固体力学建模中最困难的任务。本构方程的选择取决于预期响应，这可能是完全不同的，如弹性、黏弹性、弹塑性特性;除此之外，还可能发生由于超过屈服限度引起断裂的现象，或产生必须考虑的疲劳问题，这些因素使得选择更加困难。为选择到合适的本构方程还可以依赖试验结果，因此工业应用中，相比于多参数的精细模型，选择具有较少参数的简化模型更为容易。

(6) 是否存在必须包含在公式中的约束条件?

公式中的约束条件会对模型的方程产生一定影响。众所周知，橡胶材料的弹性响应或金属的塑性响应中有不可压缩约束，但诸如方向性或接触等其他约束可能导致不同的数学模型。

(7) 多尺度或宏观建模?

如果需要更深入地了解材料的真实物理特性，则选用小尺度的微机械系统模型更合适，这些模型通常不能应用于结构层面，因此需要一个称为均匀化的过程将结果从微观尺度层面转移到结构层面。现代数学建模还使用"并行多尺度法",将模型中不同的尺度组合在一起,但这在工程计算上效果不好,仅适用于理论研究。

(8) 需要结合不同领域吗?

一些过程需要耦合不同的场方程,以便预测不同场的相互作用,耦合部分结合了不同领域的作用,如温度和载荷。同时,电场和磁场也可以耦合到刚体零部件或结构机械响应中。这些多场耦合的方法增加了理论和公式的复杂性,因为不同的场通常涉及的偏微分方程结构是不同的。

(9) 耦合出现在目标本体还是结合面?

除了相同实体中起作用的不同场的耦合外,还可以在其边界处耦合不同部分的偏振方程。例如流体与结构相互作用的情况是流场对结构的影响,反之亦然;粒子和连续体之间也可以进行这种耦合,参见韦尔曼(Wellmann)和维格斯发表的论文中的实例[4]。

一旦建立了偏微分方程组或相应的变分方程,就需要解决下一个问题。

2) 最优解

(1) 过去的60年中,有限差分法、有限元法、边界元法等方法得到了长足的发展,现在已经非常成熟,适用于工程领域,许多方法都可用于解决上述范围的问题(如不同量级的应变、不同的本构方程或耦合方程)。另外,诸如用于任意变形的无网格法和用于断裂力学问题的扩展有限元法(extended finite element method, XFEM)等新方法已经有所突破,并且可以在特定问题范围内使用。因此,优秀的建模技术意味着能够选择正确的数学算法,以最有效的方式提供准确的结果。

(2) 上述每种方法都有自己的规范,因此需要专家才能正确有效地应用。例如,有限元法中,针对不同的应用情况有数百种不同的有限元公式,应用不当就会出现错误导致失败,对其他方法也是如此。

传统意义上,所有的刚体力学模型都基于三组不同的方程,是将变形与应变、平衡方程和本构方程联系起来的运动学系统。虽然三维模型中平衡方程和运动关系是基于理论视角的,但对于诸如混凝土、土壤甚至橡胶和金属等材料复杂的非线性特性,如何应用本构模型仍然是一个待解决的问题。

6.2.1 三维连续体的数学模型

当工程师必须在复杂几何结构中精确计算三维应力场时，就需要借助连续模型。此时工程师必须区分产生小应变响应的负载条件，例如，导致刚体产生小于3%的小应变、大应变，抑或有限应变的外力作用情况。在成型或切割模拟中，这种差异性会导致运动学关系的不同，增加了模型方程和解决方案的复杂性。此外物体的本征特性也可以是非线性的。下文将简要介绍实体模型的连续介质力学背景，详细内容可查阅特鲁斯德尔(Truesdell)[5]、查德威克(Chadwick)[6]、霍尔茨阿普费尔(Holzapfel)[7]和维格斯[8]专著中的实例。

1）运动学

如图6-6所示，固体变形可以通过几何学上的位置变化进行描述。初始位置B和当前或变形位置$\varphi(B)$，位置矢量$\boldsymbol{X}$表示初始位置内点的位置，而矢量$\boldsymbol{x}(\boldsymbol{X},t)$描述当前点的位置，两点位置的关系通过位移矢量$\boldsymbol{u}(\boldsymbol{X},t)$表达。

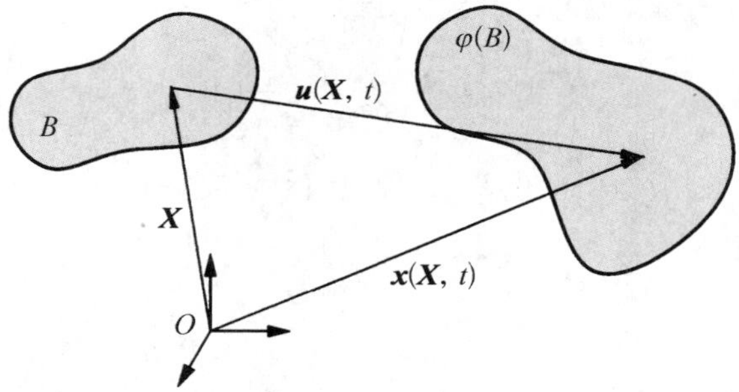

图6-6 固体变形

那么，可以推导出

$$\boldsymbol{x}(\boldsymbol{X},t)=\boldsymbol{X}+\boldsymbol{u}(\boldsymbol{X},t) \tag{6-1}$$

为了获得能够计算长度和角度变化的应变量，有必要引入位置矢量的无穷小变化量，即微元$\mathrm{d}\boldsymbol{X}$和$\mathrm{d}\boldsymbol{x}$，通过变形梯度$\boldsymbol{F}$联系起来，则有

$$\begin{cases}\mathrm{d}\boldsymbol{x}(\boldsymbol{X},t)=\boldsymbol{F}(\boldsymbol{X},t)\mathrm{d}\boldsymbol{X}\\ \boldsymbol{F}(\boldsymbol{X},t)=\mathbf{grad}\,\boldsymbol{x}(\boldsymbol{X},t)\end{cases} \tag{6-2}$$

这里“**grad**”意味着位置矢量$\boldsymbol{x}(\boldsymbol{X},t)$的梯度与$\boldsymbol{X}$的区分，注意$\boldsymbol{F}$是连接初始位置和当前位置两点的张量。据此可以推出：

$$\boldsymbol{F}(\boldsymbol{X},t)=\mathbf{1}+\mathbf{grad}\,\boldsymbol{u}(\boldsymbol{X},t)=\mathbf{1}+\boldsymbol{H}(\boldsymbol{X},t) \tag{6-3}$$

为了缩短公式书写长度，现在开始将省略某些参数，例如 $\boldsymbol{F}(\boldsymbol{X}, t)$ 将简写成 $\boldsymbol{F}$。初始元素和当前结构之间深层次的连接关系可通过面元素表达成：

$$\mathrm{d}\boldsymbol{a}=\boldsymbol{n}\,\mathrm{d}a=J\boldsymbol{F}^{-\mathrm{T}}\boldsymbol{N}\,\mathrm{d}A=J\boldsymbol{F}^{-\mathrm{T}}\mathrm{d}\boldsymbol{A} \tag{6-4}$$

式中：$J=\det\boldsymbol{F}$。则体积元素公式：

$$\mathrm{d}v=J\,\mathrm{d}V \tag{6-5}$$

基于这种基本的运动学关系，可以定义应变。许多的备选项中，格林-拉格朗日应变张量：

$$\boldsymbol{E}=\frac{1}{2}[\boldsymbol{F}^{\mathrm{T}}\boldsymbol{F}-\boldsymbol{1}] \tag{6-6}$$

通常来说，括号中的第一项称为柯西-格林张量 $\boldsymbol{C}=\boldsymbol{F}^{\mathrm{T}}\boldsymbol{F}$；当使用式(6-3)计算格林-拉格朗日应变时，该应变量的非线性表达式为

$$\boldsymbol{E}=\frac{1}{2}[\boldsymbol{H}+\boldsymbol{H}^{\mathrm{T}}+\boldsymbol{H}^{\mathrm{T}}\boldsymbol{H}] \tag{6-7}$$

线性理论中，最后一项可以忽略，导出线性应变表达式：

$$\boldsymbol{\epsilon}=\frac{1}{2}[\boldsymbol{H}+\boldsymbol{H}^{\mathrm{T}}] \tag{6-8}$$

2) 平衡法则，弱形式

处理实际工程问题时存在许多不同物理量的平衡法则，这里只介绍质量、线性动量和角动量之间的平衡。

质量平衡 对于经典工程应用，必须满足质量平衡：

$$m=\int_{\varphi(B)}\rho\,\mathrm{d}v=\int_{B}\rho_0\,\mathrm{d}V=\mathrm{const}$$

若质量的变化为零，即 $\mathrm{d}m=0$，导出式(6-5)的同形态公式：

$$\rho\,\mathrm{d}v=\rho_0\,\mathrm{d}V\Leftrightarrow\rho J=\rho_0 \tag{6-9}$$

式中：ρ 为密度；$\mathrm{d}v$ 为体积元素；ρ_0 为初始状态的密度；$\mathrm{d}V$ 为初始状态的体元素。

线性动量和角动量的平衡 线性动量或平移动量可以在下面的式中通过当

前和初始状态联系起来

$$\boldsymbol{L}=\int_{\varphi(B)}\rho\boldsymbol{v}\mathrm{d}v=\int_{B}\rho_{0}\boldsymbol{v}\mathrm{d}V \tag{6-10}$$

对于连续体，$\boldsymbol{v}$ 表示速度。线性动量 $\boldsymbol{L}$ 随时间的变化等于作用在物体 B 上所有外力（体积和表面力）的总和，数学表达式为

$$\dot{\boldsymbol{L}}=\int_{\varphi(B)}\rho\bar{\boldsymbol{b}}\mathrm{d}v=\int_{\varphi(\partial B)}\boldsymbol{t}\mathrm{d}a \tag{6-11}$$

式中：$\rho\bar{\boldsymbol{b}}$ 定义了体积力（例如重力）；$\boldsymbol{t}$ 是作用在物体表面上的应力矢量。

用柯西定理通过线性映射将应力矢量 $\boldsymbol{t}$ 与表面法向矢量 $\boldsymbol{n}$ 联系起来：

$$\boldsymbol{t}=\boldsymbol{\sigma}\boldsymbol{n} \tag{6-12}$$

应力矢量可以用当前位置 $\varphi(B)$ 中定义的柯西应力张量 $\boldsymbol{\sigma}$ 表示，结合上述所有方程并推导出线性动量的局部表达式：

$$\mathrm{div}\boldsymbol{\sigma}+\rho\bar{\boldsymbol{b}}=\rho\dot{\boldsymbol{v}} \tag{6-13}$$

柯西定理也可以根据初始位置定义，写作

$$\boldsymbol{t}_{0}=\boldsymbol{P}\boldsymbol{N} \tag{6-14}$$

式中：$\boldsymbol{P}=J\boldsymbol{\sigma}\boldsymbol{F}^{-\mathrm{T}}$ 为第一皮奥拉-基尔霍夫应力张量；ρ_{0} 为初始状态的密度。

参考 B 点的初始状态关系，使用散度定理从式(6-11)推导得到局部的线性动量平衡方程：

$$\mathrm{div}\boldsymbol{P}+\rho_{0}\bar{\boldsymbol{b}}=\rho_{0}\dot{\boldsymbol{v}} \tag{6-15}$$

式中：$\rho_{0}\dot{\boldsymbol{v}}$ 为纯静态研究中可以忽略的惯性力。

相对于 O 点的角动量，在一系列推导之后得到角动量的局部平衡方程，柯西应力张量具有对称性，即

$$\boldsymbol{\sigma}=\boldsymbol{\sigma}^{\mathrm{T}} \tag{6-16}$$

得到第一皮奥拉-基尔霍夫应力张量为不对称的，即

$$\boldsymbol{F}^{\mathrm{T}}\boldsymbol{P}=\boldsymbol{P}^{\mathrm{T}}\boldsymbol{F} \tag{6-17}$$

边界和初始条件　边界和初始条件对于建立正确的模型至关重要，因为有

些模型能够容忍不正确的参数，而其他模型则非常敏感，即使一个小错误也可能导致完全不同的结果。在固体力学中必须建立不同的边界条件，建立起位移和应力的关系，此外某些特定的问题有时还需要不等式约束，下面列出了不同的边界和初始条件。冯·诺伊曼边界条件描述了物体边界 ∂B_σ 处的应力，数学上可以推导出：

$$\boldsymbol{t}_0 = \boldsymbol{PN} = \hat{\boldsymbol{t}}_0 \tag{6-18}$$

式中：$\hat{\boldsymbol{t}}_0$ 是 ∂B_σ 上的牵引力。

施加的牵引力可以是变化的，例如来自流体的压力负荷；这种情况下，变形边界 $\varphi(\partial B)_\sigma$ 处的边界条件写为

$$\boldsymbol{t} = \hat{p}\boldsymbol{n} \tag{6-19}$$

式中：$\hat{p}$ 为施加的压力，总是在正方向上起作用。

狄利克雷边界条件是根据边界 ∂B_u 处的位移场表示的，边界条件可写为

$$\boldsymbol{u} = \hat{\boldsymbol{u}} \tag{6-20}$$

式中：$\hat{\boldsymbol{u}}$ 为边界 ∂B 处的位移。

应该注意的是，有些条件更复杂，甚至可能在变形过程中发生变化，例如约束方程中起源于接触分析的非穿透条件。这些条件必须通过模型表达成不等式，需要特殊处理，详细内容可参阅约翰逊(Johnson)[9]的经典接触分析，以及维格斯[10]和劳尔森(Laursen)[11]的计算接触力学。

弱形式 通过将式(6-15)乘以测试函数 $\boldsymbol{\eta}$，然后对该表达式在初始体积上积分，动量平衡方程可以用可变或弱形式的方式重写。经过几次数学处理后，参照维格斯的例子[8]，弱形式衍生出以下方程：

$$\int_B \boldsymbol{P} \cdot \mathbf{grad}\boldsymbol{\eta}\,\mathrm{d}V - \int_B \rho_0(\bar{\boldsymbol{b}} - \dot{\boldsymbol{v}}) \cdot \boldsymbol{\eta}\,\mathrm{d}V - \int_{\partial B_\sigma} \bar{\boldsymbol{t}} \cdot \boldsymbol{\eta}\,\mathrm{d}A = 0 \tag{6-21}$$

式中：$\bar{\boldsymbol{t}}$ 为作用在边界 ∂B_σ 上的牵引矢量。该方程是推导数值模拟方法(如有限元法)的基础。通常根据实际使用方程的书写会略有不同，当使用对称应力张量时，第二皮奥拉-基尔霍夫应力可写成：

$$\int_B \boldsymbol{S} \cdot \delta\boldsymbol{E}\,\mathrm{d}V - \int_B \rho_0(\bar{\boldsymbol{b}} - \dot{\boldsymbol{v}}) \cdot \boldsymbol{\eta}\,\mathrm{d}V - \int_{\partial B_\sigma} \bar{\boldsymbol{t}} \cdot \boldsymbol{\eta}\,\mathrm{d}A = 0 \tag{6-22}$$

代入 $\boldsymbol{S}=\boldsymbol{F}^{-1}\boldsymbol{P}$ 和格林-拉格朗日应变张量变化后，得到：

$$\delta \boldsymbol{E}=\frac{1}{2}[(\mathbf{grad}\boldsymbol{\eta})^{\mathrm{T}}\boldsymbol{F}+\boldsymbol{F}^{\mathrm{T}}\mathbf{grad}\boldsymbol{\eta}] \tag{6-23}$$

这些方程也称为虚功，可以将测试函数解释为虚拟位移；对于小变形，式(6－21)和式(6－22)是有效的。在线性变形的情况下，变分方程实际上与式(6－22)的形式相同：

$$\int_B \boldsymbol{\sigma}\cdot\delta\boldsymbol{\epsilon}\,\mathrm{d}V-\int_B \rho_0(\bar{\boldsymbol{b}}-\dot{\boldsymbol{v}})\cdot\boldsymbol{\eta}\,\mathrm{d}V-\int_{\partial B_\sigma}\bar{\boldsymbol{t}}\cdot\boldsymbol{\eta}\,\mathrm{d}A=0 \tag{6-24}$$

其中

$$\delta\boldsymbol{\epsilon}=\frac{1}{2}[(\mathbf{grad}\boldsymbol{\eta})^{\mathrm{T}}+\mathbf{grad}\boldsymbol{\eta}] \tag{6-25}$$

3）与连续体模型有关的初步结论

建模时可以构建平衡法则和运动关系，因为它们可以从纯粹的几何关系中推导出来，并且从经典牛顿定律中得出公认的结论。因此，平衡法则和运动关系必然成为任何三维实体数学模型的基础。这里唯一的问题是判断工程应用中建模实体到底出现了大变形还是小变形，并据此选择正确的建模方法；简化的其他模型，如板、壳或梁，也都必须遵守这些运动关系和平衡法则。假设理想条件下，将三维方程化简为简化方程，这样的模型拟设[例如式(6－6)]和平衡方法[例如式(6－15)、式(6－17)和式(6－21)]与一般的运动学关系是一致的。

建模者如何正确选择本构方程并运用到建模工作中，真正体现了建模的艺术。本构方程有许多不同的模型，这在下一节将提到；位移边界条件的选择将影响模型的解算，在实际应用中既存在对位移边界条件非常敏感的工程问题，也存在对力和牵引边界条件非常敏感的工程问题。

4）本构方程

弹性响应 弹性响应最常用的本构模型是经典的胡克定律，它通过力与应变的线性关系将应力和位移联系了起来：

$$\begin{cases}\boldsymbol{\sigma}=I\!E\,\boldsymbol{\epsilon}\\ I\!E=\lambda\mathbf{1}\otimes\mathbf{1}+2\mu\boldsymbol{I\!I}\end{cases} \tag{6-26}$$

式中：$\mathbb{E}$ 是材料常数的四阶张量；特殊形式包括二阶单位张量 $\mathbf{1}$ 和四阶单位张量 $\mathbb{I}$ 的张量积。λ 和 μ 是材料固有属性，为拉梅常数。这些可以与其他弹性常数相关联，例如杨氏模量 $E=\mu(3\lambda+2\mu)/(\lambda+\mu)$ 和泊松比 $\nu=\lambda/2(\lambda+\mu)$ 这些常数必须从试验中扣除。式(6-26)化简得：

$$\boldsymbol{\sigma}=\lambda\,\mathrm{tr}\,\boldsymbol{\epsilon}\,\mathbf{1}+2\mu\,\boldsymbol{\epsilon} \tag{6-27}$$

式中：$\mathrm{tr}\,\boldsymbol{\epsilon}=\boldsymbol{\epsilon}\cdot\mathbf{1}$ 是线性应变张量 $\boldsymbol{\epsilon}$ 的轨迹，见式(6-8)。

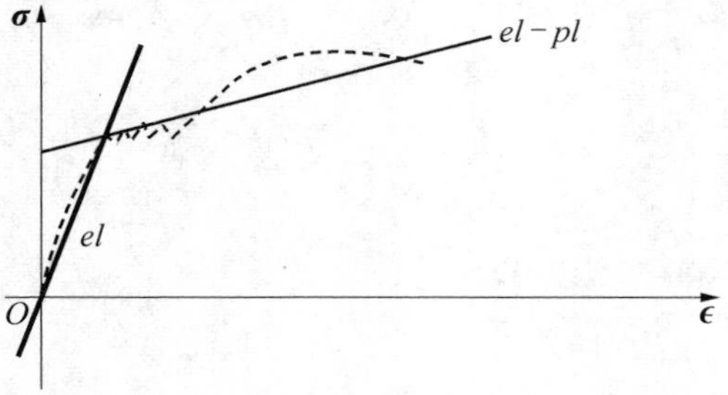

图 6-7　一维拉伸载荷下的弹性特性

卸载后材料结构不发生永久变形的特性称为弹性。一维拉伸载荷下的弹性特性如图 6-7 所示，其中实线为试验中观察到的材料弹性特性，虚线为真实材料弹性特性。

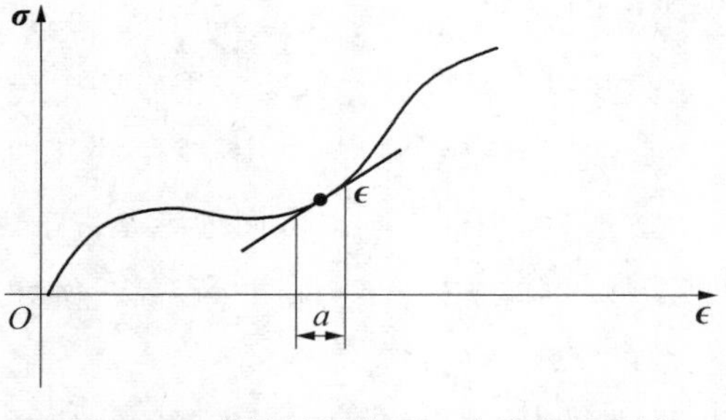

图 6-8　弹性材料范围 α 内的线性特性

由于弹性材料特性是近似值，因此建模者必须决定该模型是否可适用于描述该材料使用载荷范围内的实际特性。有时，可以通过式(6-27)中的线性关系近似表达非线性材料的弹性特性，例如静载条件下发生大变形的建筑物或发动机的橡胶轴承。如图 6-8 所示，在一定范围 a 内，材料弹性特性的线性值可用于模拟特定变形状态的动态响应。同样，建模者必须确保动态退出时模型的响应不会违背模型的拟设。弹性材料范围 a 内的线性特性如图 6-8 所示。

预测弹性材料非线性响应的模型称为超弹性本构方程，这些弹性材料在计算中必须被配制成如橡胶材料或特定泡沫材料的特征参数。通常，这些超弹性本构方程是由应变能 W 推导出来的，而 W 又取决于材料参数和非线性变量，详见特鲁斯德尔(Truesdell)和诺尔(Noll)[12]、霍尔茨阿普费尔[7]和维格斯[8]的相关著作。使用主应变也可以形成特殊的应变能公式，如奥格登(Ogden)材料(参见奥格登[13]的相关著作)。典型且相对简单的响应函数应变公式为

$$W(I_C, J)=\frac{\lambda}{4}[(J^2-1)-2\ln J]-\mu\ln J+\frac{\mu}{2}(I_C-3)$$

式中：$I_C = tr\boldsymbol{C}$ 被称为新胡克(Neo Hooke)材料，它的表达式为

$$\boldsymbol{S}=2\frac{\partial W}{\partial \boldsymbol{C}}=\frac{\lambda}{2}(J^2-1)\boldsymbol{C}^{-1}+\mu(\boldsymbol{1}-\boldsymbol{C}^{-1}) \tag{6-28}$$

式中：λ 和 μ 是拉梅常数；J 是变形梯度的决定因素，见式(6-4)；$\boldsymbol{C}^{-1}$ 是柯西-格林张量的倒数，见式(6-6)。该模型是高度非线性的，但由于只有两个材料参数，因此使用试验结果进行参数识别很简单。其他本构方程通过扩展可用于模拟复合材料，但过程中必须考虑各向异性特性，参见哈辛(Hashin)[14]和阿布迪(Aboudi)[15]的发表的论文和著作。对于大幅拉紧状态，参数配置可在斯克勒德(Schröder)[16]的文献中找到。这些本构关系是模拟柔性各向异性材料所必需的，通常这些柔性各向异性材料是生物材料，如血管、皮肤和其他组织。复合材料的某些方向会比其他方向更硬，这种特性可能导出一种引入方向约束的公式，比如在某个方向上不可变形的光纤。不可压缩材料的特性也是如此，如橡胶或塑料，这类情况下必须制定关于体积变化的约束方程，推导出 $J=1$，其中 $J=\det \boldsymbol{F}^2$。

非弹性响应　材料的响应不仅存在于弹性范围内，许多技术应用中还必须考虑非弹性响应情形。例如橡胶表现出弹性特性，但橡胶的变形会产生能量耗散(即能量损失)，这可以在试验中观察到；耗散导致材料的温度升高，并产生振动阻尼。为了模拟这种特性，可以引入黏弹性材料本构方程，参见鲁博莱纳(Lubliner)[17]、里斯(Reese)和高温奇(Govindjee)[18]以及克里斯坦森(Christensen)[19]的相关论文。

许多工程应用中预测是必不可少的。某些材料模型涉及弹(塑)性特性，图 6-7 中的拉伸试验描述了这种特性，试验结果如实线所示。材料在诸如成型、切割或碰撞问题的弹性特性以外范围时，需要考虑弹(塑)性。通常弹塑性模型必须考虑从弹性变形到塑性变形的变化过程，因此需要模型(屈服面)区分弹性变形和塑性变形，此外还必须确定塑性变形(流动)的方向。为了达到上述目的，可以引入流动规则，也称为塑性流动演化方程，以及一些通常是非线性的特定硬度特性规则，如图 6-7 中虚线所示。

接下来，将在标准框架下制定弹塑性体的本构模型，该框架适用于大部分弹塑性材料，反映出这些材料可以通过关联或非关联流动规则来描述，或者需要在

多表面流动条件下进行建模，其中蕴含了很多有意思的技术。此本构模型适用于大多数塑性模型，例如金属、混凝土或地质材料（包括沙子、黏土、岩石等）。如需深入研究此类材料的计算方法，可参见德赛（Desai）和希里沃丹娜（Siriwardane）[20]、卡恩（Khan）和黄（Huang）[21]、维格斯[8]和索萨（Souza）等[22]的著作。

仅有小应变时，线性应变张量 $\boldsymbol{\varepsilon}=\frac{1}{2}(\mathbf{grad}\boldsymbol{u}+\mathbf{grad}\boldsymbol{u}^{\mathrm{T}})$ 可以加权分解为弹性部分和塑性部分，表达式如下：

$$\boldsymbol{\varepsilon}=\boldsymbol{\varepsilon}^{\mathrm{e}}+\boldsymbol{\varepsilon}^{\mathrm{p}} \tag{6-29}$$

对于具有 m 个独立流动表面的弹塑性材料，其后续方程和演化规律基于引入的符号和作为一组硬化变量的 $\boldsymbol{\alpha}$，以下公式区分了关联可塑性和非关联可塑性：

$$\begin{cases}\boldsymbol{\sigma}=\dfrac{\partial W(\boldsymbol{\varepsilon}^{\mathrm{e}},\ \boldsymbol{\alpha})}{\partial \boldsymbol{\varepsilon}^{\mathrm{e}}}\\[2ex] \boldsymbol{q}=-\dfrac{\partial W(\boldsymbol{\varepsilon}^{\mathrm{e}},\ \boldsymbol{\alpha})}{\partial \boldsymbol{\alpha}}\end{cases} \tag{6-30}$$

$$f_s(\boldsymbol{\sigma},\ \boldsymbol{q})\leqslant 0\quad(1\leqslant s\leqslant m) \tag{6-31}$$

$$\begin{cases}\dot{\boldsymbol{\varepsilon}}^{\mathrm{p}}=\displaystyle\sum_{s=1}^{m}\lambda_s\frac{\partial f_s(\boldsymbol{\sigma},\ \boldsymbol{q})}{\partial \boldsymbol{\sigma}}\\[2ex] \dot{\boldsymbol{\alpha}}=\displaystyle\sum_{s=1}^{m}\lambda_s\frac{\partial f_s(\boldsymbol{\sigma},\ \boldsymbol{q})}{\partial \boldsymbol{q}}\end{cases} \tag{6-32}$$

$$\begin{cases}\dot{\boldsymbol{\varepsilon}}^{\mathrm{p}}=\displaystyle\sum_{s=1}^{m}\lambda_s\boldsymbol{r}_s(\boldsymbol{\sigma},\ \boldsymbol{q})\\[2ex] \dot{\boldsymbol{\alpha}}=\displaystyle\sum_{s=1}^{m}\lambda_s\boldsymbol{h}_s(\boldsymbol{\sigma},\ \boldsymbol{q})\end{cases} \tag{6-33}$$

其中

$$\begin{cases}\lambda_s\geqslant 0\\ f_s(\boldsymbol{\sigma},\ \boldsymbol{q})\leqslant 0\\ \lambda_s f_s(\boldsymbol{\sigma},\ \boldsymbol{q})=0\end{cases} \tag{6-34}$$

上述式中所有关系都适用于具有 m 个独立流动面的可塑性模型，通过设定 $m=1$ 自然也就包括了仅 1 个独立流动表面的特殊情况。张量 $\boldsymbol{r}_s$ 和 $\boldsymbol{h}_s$ 描述了式(6－33)中非关联塑性流动方向和硬化的变化。可以看出，式(6－30)至式(6－34)可以描述弹性和硬化以及屈服准则的许多不同的本构参数，在具有多个屈服面和演化方程的一般情况下，这是显而易见的。

存在许多特定的屈服函数和演化方程组来描述不同材料(如混凝土、钢、土壤、木材和聚合物)的弹塑性响应。一般模型是针对板和壳等结构构件的弹塑性变形以及弹性响应中的刚体发生小应变问题而制定的。下面列出了特殊的模型，这里只进行简述和列举可参考的文献。

(1) 最经典的流动条件是 J_2 流动标准，其与金属非弹性响应的休伯特·冯·米塞斯模型相关，流动规则仅取决于应力差分项的第二不变项 J_2。由于通过试验观察到金属在静态水压力下不产生形变，因此 J_2 流动标准是正确的选择。此外，J_2 流动标准是流动方向垂直于屈服面的耦合塑性方程，足以描述金属的弹塑性响应，详见式(6－32)。

(2) 土壤力学中经常使用的流动条件是摩尔-库仑标准或德鲁克-普拉格(Drucker-Prager)流动条件。这些条件公式不仅取决于经典休伯特·冯·米塞斯金属可塑性理论中应力差分项的第二个不变项 J_2，还取决于可以用应力张量的第一个不变量 I_1 表示的静态水应力。

(3) 试验观察到微尺度裂缝和空洞会不断出现，这些裂缝和空洞会恶化材料的特性，并可能导致结构件失效。因此需要模型预测这种情况下材料的特性，研究者们做了大量基于微尺度损伤特性的工作，通过建模推算这类变化的响应，参见勒迈特(Lemaitre)[23]以及巴赞特(Bazant)和切多林(Cedolin)[24]的相关著作。

(4) 弹塑性变形期间，材料的微观结构可能发生改变。金属微观结构中存在空洞成核、空洞生长和韧性断裂的可能性。描述这类损伤特性的一种模型是古尔森(Gurson)模型，参见格鲁特曼(Gruttmann)和瓦格纳(Wagner)发表的相关论文[25]；后来特维尔加德(Tvergaard)和内德勒曼(Needleman)对古尔森的原始模型进行了修正[26]。

(5) 不同负载条件如脉动或动态负载可能导致棘轮应变，需要特殊的本构方程模拟这种现象，相关内容可参见埃克(Ekh)等[27]和约翰松(Johansson)等[28]的论文。

(6) 低塑性本构方程经常用于描述复杂的土壤特性。这些模型特别适用于高周期载荷下计算砂土中应变的累积，详见科利巴斯(Kolymbas)[29]和尼穆尼斯(Niemunis)等[30]的论文。

(7) 在冲击载荷的作用下必须考虑应变率依赖特性，这就需要"弹塑性-塑性"本构方程，相关案例参见佩兹纳(Perzyna)[31]、鲁博莱纳[17]以及西莫(Simo)和休斯(Hughes)[32]发表的论文和著作。

(8) 现代方法喜欢将微观尺度模型和宏观尺度模型组合起来，形成并行多尺度结构，相关内容参见菲什(Fish)和舍克(Shek)[33]、刘(Liu)等[34]发表的论文和著作。

(9) 微观尺度模型可用于预测宏观尺度的材料特性。该方法将微观尺度的物理现象引入宏观尺度模型中。可用的方法可以参考米厄(Miehe)等[35]、莱曼(Lehmann)等[36-37]、海因(Hain)和维格斯[38]发表的论文，其中海因和维格斯的方法主要用于水泥浆[39]。

(10) 材料模型可以包括软化特性，大多数损伤模型都存在这种情况，例如古尔森模型。古尔森模型描述了由于空洞的生长和空洞成核导致材料出现软化的特性。该特性是局部性的，它证明了数值公式中的引论并得到与网格相关的模拟方案，这可以在其他使用弹塑性本构模型的例子中观察到，参见奥利弗(Oliver)[40]发表的论文。软化工程分析中，包含软化特性的特定工程材料一般是混凝土或土壤。

(11) 局部化表示从连续体到不连续体的过程，在这个过程中物体的一部分在定位表面朝着另一个物体滑动。基于该观察，工程人员开发了直接引入不连续特性的方法。这些基于不连续特性的方法，如西莫等[41]、拉松(Larsson)等[42]、米厄和斯克勒德[43]以及奥利弗[40]的方法，可以与自适应技术或特殊界面元素结合使用，相关内容可参见莱平(Leppin)和维格斯[44]的著作。

(12) 可塑性的有限应变模型与几何线性模型相同，应用于成型过程、碰撞分析、土壤大变形(如打桩)和许多其他场合。符合现代计算技术的模型可以在诸如西莫[45]、西莫和休斯[32]、索萨等[22]的著作及论文中找到。

(13) 有限非弹性应变建模初期，常常会使用弹性部分的低弹性本构方程，参见卡恩(Khan)和黄(Huang)于 1995 年发表的相关著作。这种拟设并非严格意义上的弹性，参见特鲁斯德尔和诺尔[12]或西莫和皮斯特(Pister)[46]的发表的论文和著作。除了这种可能不必要且物理上无意义的影响限制之外[参见阿特卢里(Atluri)[47]发表的论文],这些本构方程在数值上进行积分时,也存在数值性质的问题,参见西莫和休斯[32]的著作。

可以继续列举很多不同结构的本构模型,这些模型源于试验观察,它们有效描述了与材料相关的塑性流动,相关概述参见德赛和希里沃丹娜[20]、鲁博莱纳[48]、霍夫施泰特尔(Hofstetter)和曼格(Mang)[49]、卡恩和黄[21]以及索萨等[22]的著作和论文。通过观察人们开发了许多不同的模型用于模拟特定类型的非物质材料响应,其中许多模型都是在标准软件中实现的,因此工程师必须选择其中一种模型,以便能够准确预测正在研究的结构或实体的特性。

5）与材料建模有关的小结

过去几十年材料建模取得了长足的进步,许多工程问题得以有效地解决并达到了需要的精度。平衡法则和运动关系现在不再受到质疑,并且在线性和非线性范围内也被认为是正确的模型;但对于本构方程而言,情况并非如此。本构方程仍然处于发展阶段,特别是由于采用非普遍可接受型方程建模,有限应变的应用范围(如钢、合金、混凝土和土壤等材料)仍有很大的改进空间,包括同一材料的不同建模方法,目前仍存在一些如下未解决的问题:

(1) 通过曲线拟合程序开发本构模型以匹配试验结果。这可能导致热力学上描述的不一致,因此应用范围非常有限;或者还可能导致多维加载状态下的错误响应。

(2) 本构模型需要太多参数来描述观察到的物理特性。实际工程应用中很难使用这种类型的模型,因为一方面通过一组试验来确定所有参数所耗费的时间和成本代价都太高,另一方面参数集也可能因没有唯一的定义而无法覆盖整个应用范围。

(3) 本构模型的参数由与特定加载路径相关的某组试验确定。如果将模型应用于带有不同加载路径的其他问题,可能会产生错误的结果。

从理论角度来看,固体力学建模的根本在于为既定的工程应用选择最佳的材料模型。

6.2.2　结构模型

结构建模的目的是提供尽可能准确的解决方案,以便实施准确的工程预测。这些模型不会产生精确的三维应力状态,但它们能相对准确地反映结构中的应力分布及变形状态。相同结构存在不同模型,如图 6－5 所示,分别代表了工字梁的实体、壳体和梁模型。选择何种模型取决于准确预测机械响应所需的建模深度和结构设计需求。针对可以通过一维或二维结构模型进行建模的工程结构，总结如下：

(1) 一维描述。可以使用桁架和梁等一维模型进行描述的工程结构包括：桅杆、圆顶、桥梁、大厅、高层建筑、机器人和机器。

(2) 二维描述。可以使用壳体等二维模型描述的工程结构包括：冷却塔、桥面板、船舶、集装箱、飞机、车身以及铸件、箱子等许多其他部件。

1) 一维模型

梁和桁架模型是最常见的一维模型，在过去的200年中被广泛应用于土木、机械和海军工程及结构零件设计。梁和桁架模型具有很大的优势，它们将三维实体梁简化成一维形态，利用常微分方程进行表达和描述。当结构的几何形状不太复杂时，可以直接求解方程解决问题。

可靠的桁架、梁和壳的物理描述与数学描述具有重要的意义，时至今日，技术人员仍在开发基于经典方法的新的梁模型，伯努利、欧拉、季莫申科(Timoshenko)和弗拉索夫(Vlasov)等的理论是基于横截面相对于梁轴线变形的不同运动的近似；欧拉-伯努利梁忽略剪切变形，而季莫申科梁包括剪切变形，弗拉索夫通过假设横截面的任意变形从而扩展运动拟设，相关内容参见季莫申科和沃诺夫斯基-克里格(Woinowsky-Krieger)[50]，唐奈(Donnell)[51]，弗拉索夫[52]和克里斯菲尔德(Crisfield)[53]的著作。

线性和近似非线性理论(二阶理论、中等旋转理论等)早已为人们所熟知并被广泛应用于工程规范的制定中，特别是通过不同近似理论和相关数学方法解决模型稳定性问题。与此同时，计算机硬件的飞速发展也使得非线性理论的数学建模成为可能。有了建模工具，对一维结构构件内有限变形的一般性描述就可以通过现代数值模拟方法——如有限元法实现。技术的发展已经没有必要讨论近似理论的有效性，因为在完全非线性方法中没有对偏转和旋转进行限制，实例参见西莫和武库克(Vu-Quoc)[54]、皮门塔(Pimenta)和约乔(Yojo)[55]、格鲁特曼等[56]和皮门塔等[57]的论文，这类技术上的发展可能导致模型的工程应用情况发生转变。

桁架和梁的一维模型是嵌在三维空间中的。所有模型的特征在于将几何概念描述为空间曲线，可以通过引入曲线的弧长即曲线的对流坐标提供可用于描述空间曲线或表面的方法，但也存在使用多项式补全近似初等几何中笛卡儿坐标这样的简单参考方法。可以认为上述这些方法都能得到桁架和梁的强形式或弱形式。数值近似模型中，有限元法或无网格法定义了理论描述的选择，参见德沃尔金(Dvorkin)等[58]和易卜拉欣贝格维奇(Ibrahimbegovic)[59]发表的论文。例如，笛卡儿坐标可以推导出直角梁轴有线性插值的多个直线有限元对弯曲空间梁的离散化，但除了变形场的离散化误差外，这种几何近似还会产生更多的误差。由于几何近似的固有特性，这种误差通常会随着有限元数量的增加而逐渐减小直至消失。这种情况下，附加元素坐标始终保持与几何关系精确相关是至关重要的。对于高阶有限元近似，这些误差会显著减小。另外，在过去几年中，学者们已经提出了不同的方法，通过使用相同的拟设（如 NURBS）将几何形状直接连接到有限元近似，用于几何和有限元插值，参见休斯等[60]，布克利耶(Bouclier)等[61]和卡扎尼(Cazzani)等[62]发表的论文。

为了推导梁的本构方程，需要进一步考虑，特别是梁的非线性特性（如弹塑性响应）。一般有两种方法：第一种方法是直接使用三维实体的本构方程。本构方程由 6.2.1 节中讨论的应力表示，相关的参数配置参见例格鲁特曼等[63]发表的相关论文。该方法的优点在于 6.2.1 节中制定的任何本构方程都可以应用于梁模型中。第二种方法是使用应力合力推导梁的非弹性本构方程，这引出了塑料铰链概念，在温德尔斯(Windels)[64]的论文中可以找到针对不同钢结构的应用方法。该方法使得法向力、剪切力和弯曲、扭矩力矩之间的不同应力合力的非线性特性存在相互作用。因此，流动条件必须根据应力合力设定。需要注意的是，虽然这些方法的使用范围有限，但它们在解决实际问题时大多都能够提供令人满意的结果，参见亨宁(Henning)[65]、沃格尔(Vogel)[66]和贝克(Becker)[67]的论文和相关著作。大挠度和旋转梁的非弹性本构方程以及与实例相关的有限元公式可以参考卡恩[68]、西莫等[46]及埃利希(Ehrlich)和阿梅罗(Armero)[69]的论文和相关著作。

2）二维模型

在三维空间中拥有二维特性的结构形式包括板、膜和壳，如图 6-9 所示；模型间的差异主要源于外载类型的不同。膜通常承受初始几何形状限定的面内载荷，而板必须承受垂直于限定表面作用的载荷。虽然板具有平坦表面的初始几何形状，膜可以有任意表面几何形状，但两者的模型均不包括任何弯曲刚度。壳模型是板和膜的组合，拥有任意表面几何形状。壳同时包括了板和膜的结构特性，因此更为复杂，但壳的应用范围更广。

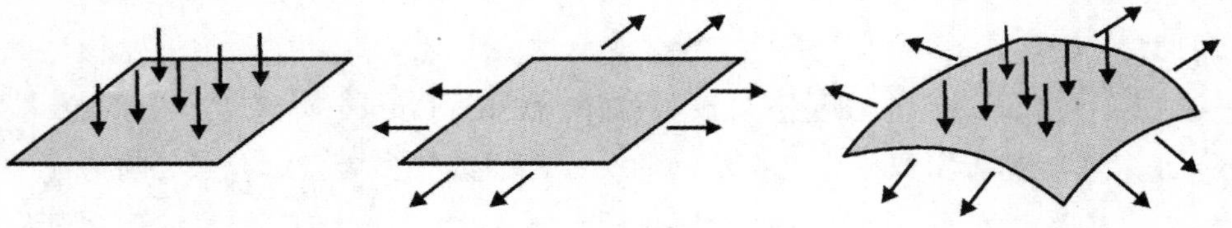

图 6－9　各种模型结构(二维)

(a) 板;(b) 模;(c) 壳

基尔霍夫确定了板的理论模型,参见基尔霍夫[70]的相关著作,其中基尔霍夫提出了正确的边界条件,以便对板模型进行完整的数学描述。该模型包括与欧拉-伯努利梁模型类似的运动拟设,基尔霍夫还为板模型开发了包括剪切变形在内的先进理论。类似于季莫申科梁,该模型后来以赖斯纳(Reissner)和明德林(Mindlin)的名字命名。此后,研究者开发了更多的板模型以模拟复合结构,并广泛应用于航空工业领域。许多参考文献提出了多层方法以获得良好的预测模型,如雷迪(Reddy)[71-72]、赫尔(Hull)和克莱因(Clyne)[73]的著作及论文。

冯·卡门(Von Karman)首先对包含非线性膜组件的板理论模型进行了非线性扩展,该理论在解决板稳定性问题中被广泛使用。

壳方程的发展始于乐甫,见乐甫[74]的著作。随后又逐渐发展出其他更细致的壳模型,例如柯伊特(Koiter)[75]得到了一阶壳模型,纳格迪(Naghdi)[76]和弗吕格(Flügge)[77]进一步引入对流坐标推导出一般壳模型。然而现代壳分析对于上述操作的结果不感兴趣,因为现代近似模型基于等参数法或等几何法,不需要对流坐标和相关的复杂微积分。现代壳分析法参见希拉克(Cirak)等[78]、皮门塔等[79]、金德尔(Kiendl)等[80]和本森(Benson)等[81]发表的论文。

描述板、膜和壳变形状态的偏微分方程的解析解仅适用于几何和边界条件的特殊情况,即矩形板和膜及壳和膜的轴对称几何形状。板、膜和壳理论的使用与计算工具和数学方法的发展是紧密结合的,工程中使用的第一个数值解法实际上是针对上述特殊模型的。在早期发展阶段,为简化计算在数学方法上选择了有限差分法,但事实证明,这种方法不适合复杂几何形状和具有边界条件的结构工程问题。随着有限元法的发展,人们可以解决刚体力学中更复杂的问题。实际上是库兰特(Courant)[82]首次提出了有限元的概念,他推导出该方法并解决了二次框的扭转问题,作为数学家,他还开展了收敛性研究。十多年后,第一批工程师找到了解决航空工程中与板相关的结构问题的方法，参见特纳(Turner)等[83]和阿吉里斯(Argyris)[84]的相关著作和论文。

如今的壳理论可用于模拟一般非线性特性，建立如有限应变和非弹性本构等模型，皮特拉斯基维奇(Pietraszkiewicz)[85]的著作中可以找到旋转方面针对不同非线性问题的不同壳理论的早期分析和结论。

3）与结构模型有关的小结

结构模型在工程设计分析中应用范围广泛，一维模型可以在几何线性条件下直接求解常微分方程，壳和轴对称情况下也有类似的简单常微分方程，此处分析求解方案是可能的，可以在季莫申科和沃诺夫斯基-克里格[50]以及普夫吕格尔(Pflüger)[86]等所著的经典教科书中找到实例。

从二维或三维梁开始，可以使用非常有效且稳定的模型预测结构件中的基本力和力矩分布。开始之前必须选择梁的模型类型，比如梁的长度与高度比(l/h)定义了梁的细长度，薄梁的长度与高度比通常限制在 $8 \leqslant l/h \leqslant 100$，使用伯努利-欧拉理论建模就足够了；厚梁的长度与高度比通常是 $l/h < 8$，此时建模必须考虑剪切效应，需要使用季莫申科梁模型；对于非常细的梁($l/h > 100$)，可能会发生大变形，必须使用二阶或完全非线性模型。

在建筑物结构分析中，通常用板结构模拟地板和墙壁。不同的是，用于模拟地板的板垂直于限定表面受载，而用于模拟墙壁的板在平面中受载。

壳体更多地用于机械工程，例如车身外形设计时的复杂壳体模型，海军建造的船体也是如此，此类模型的建模成型过程也必须基于壳模型的特性。虽然车身和船体通常可以使用几何线性理论进行分析，但车辆零件成型或碰撞分析需要高度非线性壳体模型，包括大弹塑性变形。关于板和壳的细长度，可以选用类似基尔霍夫-乐甫或赖斯纳-明德林模型来定义两个相对空间方向上的细长度。

板、壳模型对边界条件非常敏感，这与某些模型中可能出现高应力边界层有关，所以必须谨慎选择与模型一致的适当的边界条件，细节请参阅季莫申科和沃诺夫斯基-克里格[50]，唐奈[51]和弗吕格[77]的著作。

6.2.3 耦合模型

为了将上述模型与其他模型耦合，保留不同可能性的同时减少计算成本和工作量，工程中的经典方法是解耦模型。简单来说，解耦模型就是在基于全局结构的响应分析中引入模型的特定子结构，这种情况下载荷、应力和变形可以从全局结构转移到子结构；然而在非线性情况下，这种解耦是不可能的，或者只能以复杂迭代的方式进行。因此，针对不同的耦合方法，研究者开发了直接耦合法，既耦合了具有相同基本本构特性（如梁、壳和刚体）的不同维模型，也耦合了完全不同的模型，相应组合包括：

（1）壳束。

（2）坚固外壳。

（3）刚体颗粒。

（4）流体刚体（流固耦合）。

（5）流体粒子。

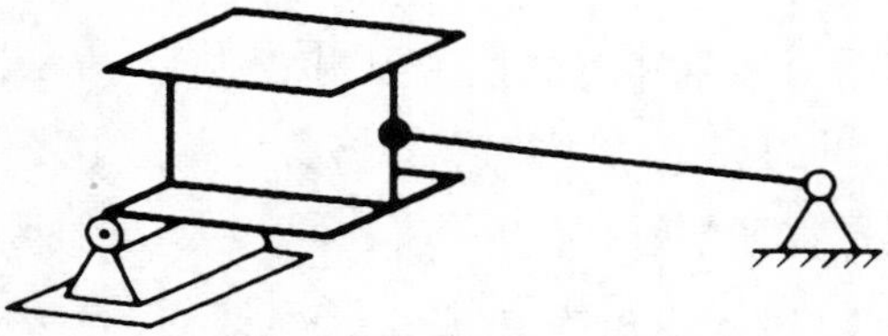

图 6－10　梁和壳的耦合模型

因此，梁可以与壳耦合。壳模型可以用于法兰结构局部稳定的地方，梁模型可以用于结构部分，不必考虑关于梁横截面的局部效应，参见图 6－10 梁和壳的耦合模型。这些类型的模型需要特殊的边界公式，以便允许变量的一致性转换。在瓦格纳和格鲁特曼[87]以及沙旺（Chavan）和维格斯[88]发表的论文中可以找到梁壳耦合的实例。

除了在结构的某些部分对局部屈曲进行建模之外，还可以使用耦合模型预测局部的全局响应，比如螺栓/螺钉连接。螺栓/螺钉的局部特性由全局结构响应控制，因此需要耦合分析；也可以使用耦合的刚体颗粒模型处理诸如打桩问题，参见韦尔曼和维格斯[4]的论文。桩附近使用刚性颗粒模型模拟穿透过程，而远离桩的穿透过程则用实体模型就足够了。图 6－11 为采用颗粒土壤模拟打桩过程。这种情况下，研究者必须确保颗粒的本构特性与刚体的本构特性相同。现如今该类模型与无网格法结合使用的情况越来越多，该方法对在大变形条件下解决无法使用标准数学方法解决的非线性问题非常有效。

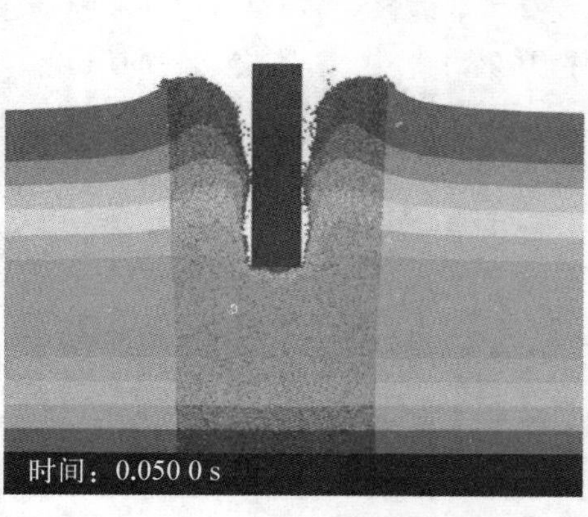

图 6－11　采用颗粒土壤模拟打桩过程

耦合模型或多层结构模型在不同空间区域可以提供足够的精度，因此当精度不是首要考虑因素时，与使用一种模型在某些区域展示出“过度表现”相比，使用耦合模型或多层结构模型更为有效，因为两者提供的精度绝对能满足实际应用所需。耦合模型的建模艺术是选择不同的区域模型，研究人员曾尝试用一些基于误差估计的数学方法来改变模型，但迄今为止尚未在一般工程应用领域得到实践，相关内容参见奥登（Oden）等[89]、斯坦（Stein）和欧尼姆斯（Ohnimus）[90]、泰米泽尔（Temizer）和维格斯[91]以及拉德马赫尔（Radermacher）和里斯（Reese）[92]发表的论文。此外非线性问题中如何以有效和稳健的方式使用这些方法尚不明确，建模者仍需依靠经验来寻找准确且有效的模型。

6.2.4 数学简化模型

使用数学简化模型可以减少复杂结构模型的求解计算量，这对于必须实时快速计算和在限定时间范围内无法解决的大型系统而言是有意义的。通常的做法是减少模型内数学计算量并简化模型方程，保证精度不变的前提下大幅缩减解决问题的时间；当必须计算工程结构的动态响应时，通常会引入简化的数学模型。

线性动力学分析中，已经可以很好地运用模态分析技术，这是基于推导代数方程的对角化特征值和矢量的计算，因此显著地简化了方程，参见巴思（Bathe）[93]的著作；最重要的是系统具有可以与本征模型相关联的能量，因此动态系统的特性可以通过这些模态进行描述。上述内容适用于线性系统，对于非线性系统，其大部分能量的模式取决于系统的变形状态，因此在整个分析过程中系统会发生变化。有许多方法可以简化模型方程或离散模型方程，从而缩短计算时间，对于施皮斯（Spiess）[94]的论点，下面列出了几种可行的基于投影的方法。

（1）切线空间的模态分析，参见尼克尔（Nickell）[95]、莱杰（Leger）[96]和基尔希（Kirsch）等[97]的论文和著作。

（2）更新的本征或里兹矢量法，参见威尔逊（Wilson）等[98]的论文。

（3）正交分解法，参见克里斯尔（Krysl）等[99]、施皮斯[94]、拉德马赫尔和里斯[92]的论文和著作。

（4）广义分解法，参见拉德韦兹（Ladevèze）等[100]和柴尼斯塔（Chinesta）等[101]的论文。

这些方法有不同的特性，因此针对不同的应用场景总能选取到最佳匹配的方法;然而目前仍然缺少处理非线性动力学方程的独特方法,故此,在处理非线性动力学问题时,建模者的经验和个人感觉就变得很重要了,此外还必须要知道系统的使用范围和非线性程度。

6.3 数值方法:有限元分析

一旦建立了普通或偏微分方程构成的数学模型,就必须选择适当的方法求解方程组,而过去几个世纪使用的分析方法很难用以解决复杂的工程问题。复杂工程问题通常具有非常复杂的几何组成,并且需要非弹性本构模型,这种情况下使用仅限于简单几何和本构方程的分析方法是不合适的,因此有必要使用可以提供有效的和准确解决方案的数学方法。这些数学方法都以某种方式逼近近似解。根据问题的性质选择不同的方法,包括:

(1) 有限差分法。

(2) 有限体积法。

(3) 边界元法。

(4) 有限元法。

(5) 基于平滑粒子流体动力学或其他粒子方法的无网格法。

(6) 离散元素法。

此处并没有列举出所有可用的数学方法,但为建模者使用数学方式解决问题提供了不同选择。这些方法有各自的应用范围;从准确性、有效性和管理性角度来考虑,总能够挑选出适用于特定应用场景的最佳数学方法。因此,建模的细节还包括选择适当的解决方法及对应的技术手段,并最终得到正确、可靠的解决方案。

本节集中讨论有限元法。在过去的70年中,有限元法被广泛应用于解决土木工程与机械工程结构分析的大多数问题,有限元法创始人库兰特早期的研究工作参见其发表的相关论文[82],但这并不意味着像有限元这样的方法在解决远场波传播问题中具有优势。有限元法已成为结构分析中计算和预测的重要工具。然而,即使用诸如有限元法等成熟的数学方法去解决工程问题,研究者也必须要选择合适的数学模型。基于各种数学模型和不同拟设空间存在数百个有限元,因此在实际应用时选择正确的有限元非常重要。在使用有限元法解决几何线性问题时,研究者可以利用现有的数学方法选择恰当的有限元种类,此举有助于在非线性应用范围内获得可靠的解决方案。但这些针对线性问题有效可行的方法却不一定适用于非线性问题。

6.3.1　线性有限元方程

线性有限元方程可以从普通和偏微分方程及其相关的弱形式(如前面所讨论的)转换成代数矩阵方程,与局部问题相关的刚度矩阵在元素级 $\boldsymbol{k}^{\mathrm{e}}$(有限元素e)处被定义,并关联到全局刚度矩阵 $\boldsymbol{K}$,这个过程必须满足元素间的兼容性。对于关联到全局载荷矢量 $\boldsymbol{F}$ 的元素载荷矢量 $\boldsymbol{f}^{\mathrm{e}}$ 也要遵循相同的过程,另外关联过程需要满足主要变量的边界条件,减小全局矩阵维度。对于在与时间无关的静态情况下,该过程可以产生全局方程:

$$\boldsymbol{K}\boldsymbol{u}=\boldsymbol{F}$$

动态情况下,综合动量平衡与有限元矩阵产生质量矩阵 $\boldsymbol{M}$,关于时间 t 的离散性常微分方程写成:

$$\boldsymbol{M}\ddot{\boldsymbol{u}}(t)+\boldsymbol{K}\boldsymbol{u}(t)=\boldsymbol{F}(t)$$

两个方程的基本形式独立于所选模型(桁架、梁、板、壳或三维实体),当然系统的大小及位移矢量等的数量都会因所选模型不同而发生变化。

动态建模时通常要考虑阻尼效应,因此上述方程变为

$$\boldsymbol{M}\ddot{\boldsymbol{u}}(t)+\boldsymbol{C}\dot{\boldsymbol{u}}(t)+\boldsymbol{K}\boldsymbol{u}(t)=\boldsymbol{F}(t)$$

式中:$\boldsymbol{C}\dot{\boldsymbol{u}}$ 是与速度相关的阻尼项。

通常,阻尼矩阵 $\boldsymbol{C}$ 作为质量和全局刚度矩阵的线性组合 $\boldsymbol{C}=\alpha_1\boldsymbol{M}+\alpha_2\boldsymbol{K}$,被称为模态阻尼。参数 α_1 和 α_2 用以确定阻尼大小,其值具体取决于建模系统。时间 t 的常微分方程解可以通过模态变换或数值积分得到。

6.3.2　非线性有限元方程

当存在大的位移或应变(几何非线性),抑或存在非弹性变形(物理非线性)时,必须使用非线性有限元方程。一般公式(弱形式)推导出矢量形式的矩阵方程:

$$\boldsymbol{R}(\boldsymbol{u})-\boldsymbol{F}=\boldsymbol{0} \tag{6-35}$$

其中,$\boldsymbol{R}(\boldsymbol{u})$ 为非线性内部虚功(残差),源于式(6－22)的第一项,而 $\boldsymbol{F}$ 与式(6－22)中最后两项的外力(载荷)关联,该方程在位移中通常是非线性的,可以

通过不同算法进行求解，例如修正点法、割线法或牛顿法。最佳的算法是牛顿法，具体求解步骤如下：

$$\boldsymbol{K}(\boldsymbol{u}_n)\Delta\boldsymbol{u}_{n+1} = -[\boldsymbol{R}(\boldsymbol{u}_n) - \boldsymbol{F}]$$
$$\boldsymbol{u}_{n+1} = \boldsymbol{u}_n + \Delta\boldsymbol{u}_{n+1}$$

这里必须选择位移的初始值，通常选择 $\boldsymbol{u}_0 = \boldsymbol{0}$；该算法将以 $n = 0, 1, 2, \cdots$ 分步执行，直到 $\|\boldsymbol{R}(\boldsymbol{u}_n) - \boldsymbol{F}\| \leqslant \varepsilon$（$\varepsilon$ 为容差）。

在强非线性问题中，不能直接施加载荷，需要增量加载，这导致 $\boldsymbol{R}(\boldsymbol{u}) - \lambda\boldsymbol{F} = \boldsymbol{0}$，其中负载参数为 λ。动力学问题必须考虑惯性项，因此矩阵形式：

$$\boldsymbol{M}\ddot{\boldsymbol{u}} + \boldsymbol{R}(\boldsymbol{u}) - \boldsymbol{F} = \boldsymbol{0} \tag{6-36}$$

这种形式下，可以使用针对线性有限元法的方程计算质量矩阵，通过数值积分求解非线性常微分方程。

6.3.3 连续有限元建模

有限元可以应用于刚体力学中的任意类型问题。很明显，在构造有限元时，必须满足一些一般性要求，这些要求与数学需求相关——元素数量增加时，有限元解决方案基于收敛方案。本书不详细介绍基于经典变形的有限元构造，详细内容读者可参阅钦科维奇（Zienkiewicz）和泰勒（Taylor）[102]、休斯[103]以及布雷斯（Braess）[104]的数学分析。针对许多特殊应用，研究者找到了不同的有限元法，在此我们对部分常见有限元法进行总结介绍。

(1) 效率在固体力学的大型结构建模中是必须解决的问题之一，通常需要超过 106 个有限元对结构进行精确建模。效率不仅与有限元计算速度有关，也与对存储设备的要求有关。例如非弹性变形问题中，通常须在给定时间范围内完成求解，这就要求有限元法的必要集成点尽可能少。应用迭代法求解时，有限元方程的计算速度是必须要考虑的，因为这种情况下残差和正切矩阵的计算时间与求解器在一次迭代中使用的时间相同。

(2) 使用三维实体模型解决梁或壳问题时，具有良好的弯曲性能是很重要的。由于实体的结构通常由弯曲特性支配，因此经典的低阶有限元不能提供良好的解决方案可以采用低阶混合有限元法，抑或是选择更高阶的经典有限元作为替代。常用的低阶混合有限元法参见维格斯[8]的著作。实践已经证明高阶内插(所谓有限元的 P 型)可以成功地应用于橡胶类材料的有限变形问题,参见海瑟尔(Heisserer)等[105]的著作。近年研究者还开发出了等几何有限元算法,有限元元件具有更高的阶数,因此在解决以弯曲为主的问题中表现良好,参见休斯等[60]和科特雷尔(Cottrell)等[106]的著作和论文。对于低阶有限元,混合变分原理可作为有限元离散化的基础,参见鹫津(Washizu)[107]的著作。在这里,有限元矩阵的构造存在不同的可能性,其中有的依赖于一致的位移场以及不一致的应力或应变场,有的则依赖于一致的应力场但允许不一致的位移场。关于线性混合方法理论背景的详细内容读者可查阅布雷斯[104]、布伦纳(Brenner)和斯科特(Scott)[108]的著作。对于线性弹性,特定的混合元件可以推导出许多不同的有限元方法,对此最早的描述详见皮安(Pian)[109]发表的论文。皮安和住原(Sumihara)[110]开发了一种有效且准确的线性有限元模型,该模型具有良好的弯曲性能并克服了锁定问题。但由于需要反演方法中的本构方程从而获得应力场的本构方程,因此目前只有圣维南(St. Venant)材料可用于大变形场合。

(3) 一般必须在数学模型中考虑约束条件发生时的锁定问题,这与特殊问题的数值模拟相关,包括橡胶类材料和 J_2 可塑性框架下的弹塑性材料的本构方程;但诸如梁、板和壳之类的薄结构使用三维有限元元件时也会产生锁定问题,这些元件能够简单地实现三维本构方程,相反在使用经典梁或壳模型时却不那么容易实现。举个例子,一个薄的夹紧矩形板所受的载荷是均匀的,详情参见科勒克(Korelc)等[111]发表的论文。图 6-12 描绘了均布载荷下薄板的几何形状、材料数据以及变形情况。该试验比较了不同的三维有限元,分别是线性和二次四面体(O1 和 O2)、线性和二次六面体(H1 和 H2)、两个增强有限元 H1E9[参见西莫和里法伊(Rifai)[112]发表的论文]及 CG9(参见科勒克和维格斯[113]发表的论文)、两个更高有序增强有限元 H1E21[参见比希特(Büchter)等[114]发表的论文]和 TSCG12(参见科勒克等[111]发表的论文)。图 6-13 所示为网格平板的中心形变,由此可以得出结论:只有有限元 H1E21 和 TSCG12 匹配这个简单问题的解析解。这是由于所有其他有限元元件(甚至是二次元件)在板的长度(X 或 Y 方向)和厚度(P 点)之间的高比率上产生了严重的剪切锁定。

因此,即使对于几何线性有限元元件,约束也会导致出现锁定问题,参见布雷斯[104],钦科维奇和泰勒[102]以及休斯[103]的著作。多年来为了解决锁定问题,研究者开发了不同的特殊有限元,其中最简单的方法是导出有限元矢量和矩阵的"简化积分"。由于使用了较少的集成点,因此该方法非常有效并且保留了记

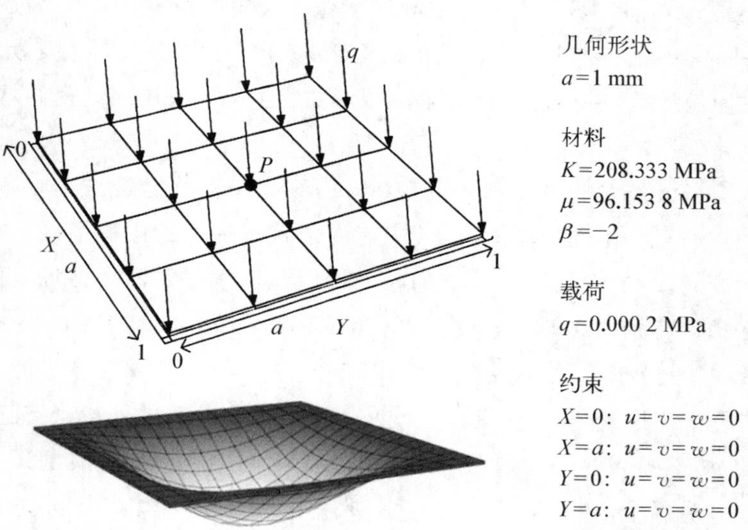

图 6-12　均布载荷下薄板的几何形状、材料数据和变形情况

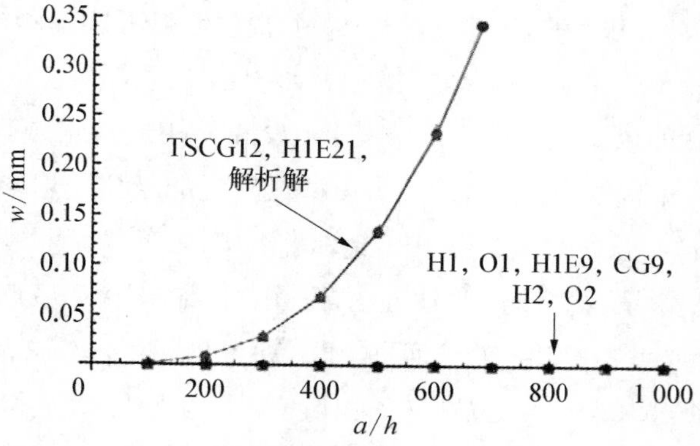

图 6-13　网格平板的中心形变

录历史数据的存储器,可以说简化积分使用了较少的高斯点对切线矩阵和残差矢量进行积分,相关应用参见钦科维奇等[115]发表的论文。简化积分有效避免了不可压情况下的锁定问题。与此为了使简化积分更加具有鲁棒性,研究者还进行了优化,其原因是简化积分总是与固化的切线矩阵的秩缺乏关联,相关方法称为稳定技术,参见彼莱奇科(Belytschko)等[116]发表的论文。

克服锁定问题的另一类有限元法是使用基于增强应变的公式,该公式运用胡-鹫津原理引入不一致应变量,参见西莫和里法伊[112]发表的论文。他们使用线性拟设函数为位移场给定了几何线性理论的增强应变有限元；随后西莫和阿梅罗（Armero）[117]、西莫等[118]推导出一系列用于大变形和非弹性本构方程的增强有限元，这类有限元与威尔逊等[119]和泰勒等[120]开发的线性问题不兼容模式有限元有关。增强应变有限元具有良好的弯曲性能，适用于不可压缩材料，但它们也有缺点——需要有限元级别的静态抑制。这个特点降低了增强应变有限元的效率。此外，产生负面压力时，这些有限元会出现类沙漏结构（维格斯和里斯[121]发现的），从而使其具备了稳定性，参见里斯[122]和科勒克等[111]发表的论文。

科勒克等找到了一个非线性例子[111]，该例描述了已有的不同有限元的特性。图 6－14 显示了几乎不可压缩的橡胶块顶部中心区域受到 $q=3$ MPa 恒定载荷时的相关数据和变形情况。由于系统的对称性，只有 1/4 的橡胶块离散化，该图同时还包含了几何形状数据、约束以及变形位置。表 6－1 为针对 P 点的不同网格密度的变形收敛性研究；由加载产生的 P 点位移可用上述示例中已经讨论的所有有限元网格密度的函数表示。H1 和 O1 有限元描述了材料的锁定特性，特别是对于粗网格的锁定特性更敏感。其他有限元通过网格细化收敛得到基本相同的结果（只有细微的差别），但可以看出 TSCG12 有限元具有最佳的粗网格精度。

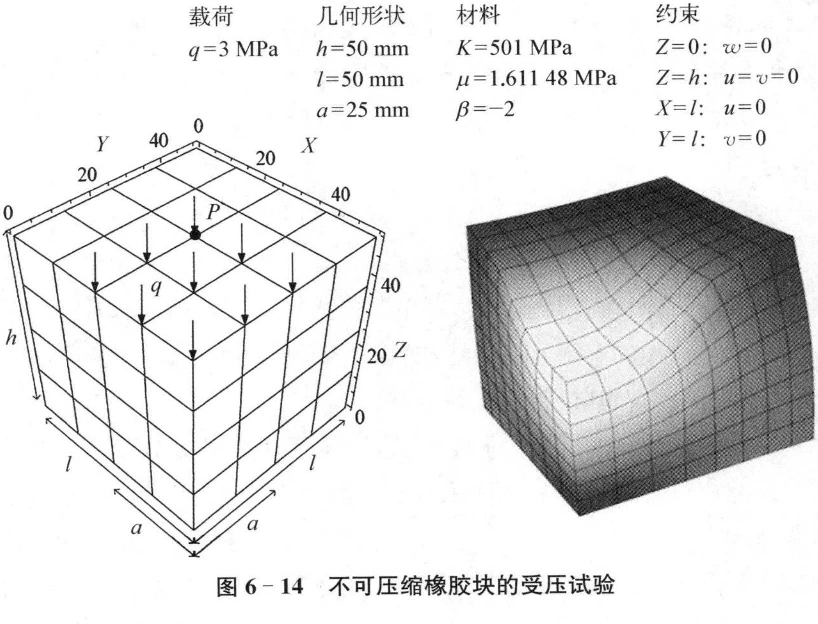

图 6－14　不可压缩橡胶块的受压试验

表 6-1 针对 *P* 点的不同网格密度的变形收敛性研究[123]

网格大小	自由度(DOF)	TSCG12	H1	H1E9	CG9	O1	H1E21
4×4×4	260	20.137 9	7.619 80	19.977 3	19.032 6	14.424 0	19.710 7
8×8×8	1 800	20.097 4	13.037 5	20.026 0	20.066 0	17.865 9	20.058 2
16×16×16	13 328	20.030 3	17.452 2	19.950 0	20.033 6	18.905 0	20.029 7
32×32×32	102 432	20.006 9	19.462 9	20.010 7	20.007 2	19.587 0	20.006 9

网格大小	自由度(DOF)	H2	O2
2×2×2	148	18.838 4	—
	236	—	20.228 3
4×4×4	968	20.353 5	—
	1 608	—	20.490 7
8×8×8	6 928	20.317 5	—
	11 792	—	20.117 7
16×16×16	52 256	20.118 2	—
	90 144	—	19.973 0

(4) 当现代网格生成方法应用于构造有限元网格时，研究者应对由此产生的网格扭曲具备一定的敏感性。这些方法可以用任意几何形状组成非结构化网格，该网格由具有任意几何形状的有限元组成，因此有限元必须能够对扭曲网格产生良好的响应。造成网格扭曲的另一个原因是非线性模拟中节点坐标的运动，这可能产生严重变形的有限元。

(5) 实际工程应用中，通常必须分析三维部件，而这与粗网格精度的高低有着极大的正相关性。工程模型一般都非常大且十分的复杂以至于建模者无法使用聚合网格进行建模，尤其是在模拟非线性特征时。因此，即使是使用粗网格，也需要描绘出高精度的有限元。当然，随着计算能力的提高，这一难题终将会得到解决，但就目前而言，其仍是研究的重点。

(6) 非线性本构方程源于对非线性模拟中必须使用精确数学模型和物理模型的需求。建模过程中，必须使用新的复杂非线性本构方程。在这里，有限元的简单参数调整方式应该支持建模者有效地改变现有的有限元，并能让建模者轻松构筑新的复杂本构方程。如今针对许多特殊问题，研究者找到了新的有限元方法，相关信息可以查阅钦科维奇和泰勒[124]以及维格斯[8]的著作。

6.3.4　实体有限元建模

有限元建模时，必须谨慎选择与数学模型特性相关的插值函数。低可靠性、非平滑特性(如可塑性)需要低阶插值函数，这些函数对许多非线性仿真(模拟)是稳定的，而高弹性等连续环节可以用高阶插值方法进行处理。

通常，在建模时需要比较线性有限元和二次或其他更高阶的有限元。显然，当解有明显的规律性时，高阶有限元拥有更高的收敛阶次。这种情况下，可以用稍低阶一些的有限元，其计算结果的精度与高阶有限元相比是相同的。为了比较不同插值阶数的有限元离散量，必须考虑获得相同精度结果所需的总时间。

使用显式集成方法模拟冲击或撞击问题时，以往的变量存储需求起着至关重要的作用。该方法只需要每个节点存储 3 个值。为了减少总计算时间，所有数值都必须保留在主存储器中以缩短调用时间。这种情况下，以往变量的存储是显式集成模拟的主要关注点。因此，大多数显式有限元代码会使用少积分点的特殊有限元。

众所周知，具有双线性或三线性拟设函数的纯位移有限元在弯曲问题中收敛特性不好，特别是当一个方向上的长度比其他方向上的长度小得多的时候，例如梁或壳结构。因此，研究人员已经针对这个问题开发了特殊的有限元从而避免发生锁定问题。虽然这些有限元仍是基于线性拟设函数的，其收敛顺序不增加，但控制与收敛特性相关的数学不等式的常数显著减小。因此，研究人员可以用相当少的有限元获得有限元求解所需的精度。

6.3.5　梁和壳的有限元法

在研究桁架和梁的结构时可以通过嵌入三维空间中的一维物体进行建模。该模型的特点是将几何形状描述为空间曲线，通过引入曲线的弧长或简单地通过参考笛卡儿坐标系使用贴合初始几何形状的直线来提供可用于描述空间曲线的公式，后者通常通过具有线性插值的多个直线有限元推导出弯曲空间梁的离散化程度。除了变形场的离散化误差外，这种几何近似将产生额外的误差，且该误差会随着有限元数量的增加而逐渐消失。因此这种情况下，附加有限元坐标的数量始终与几何建模精度紧密相关。

梁有限元需要特殊插值：对于伯努利-欧拉梁，必须引入 C_1 连续插值，这导致至少具有 3 次多项式(比如使用经典埃尔米特多项式)的插值;对于剪切弹性季莫申科-赖斯纳梁,只需要 C_0 连续的拟设函数;对于薄梁,其剪切变形非常小,从而使得约束条件为近似的,直接建立有限元模型会导致锁定问题的发生,因此必须开发一些类似于 6.3.3 节中讨论的特殊有限元。

有专门用于梁结构的有限元法。第一种方法基于小应变拟设,该方法(被称为共旋转法)引入了刚性框架,框架经历有限的旋转并且引入了一定的旋转应变和应力。使用该方法时结构的应变虽然很小,但偏转和旋转范围可以较大,关于该方法的相关描述可以参考奥兰(Oran)和卡西马利(Kassimali)[125]、温普纳(Wempner)[126]、兰金(Rankin)和布罗根(Brogan)[127]、隆佩(Lumpe)[128]、克里斯菲尔德[53]的著作与论文。

第二种方法直接采用连续方程,并通过特殊的等参数有限元插值引入梁运动学理论,这种方法被称为简并连续法,参见巴思和博洛奇(Bolourchi)[129]、德沃尔金等[58]、巴思[93]以及克里斯菲尔德[53]的相关著作和论文。

第三种方法是基于非线性杆和梁理论的直接建模。这些理论仅限于经典的季莫申科假设,即"横截面变形后仍保持为平面",由于没有其他近似值,因此针对该结构可以存在有限的应变、偏转和旋转,其相关理论称为精确几何建模。梁理论的发展始于赖斯纳[130],并由西莫推广至三维实体领域[131]。基于这一理论背景,一些研究人员开发了具有不同复杂度的有限元公式,例如考虑横截面翘曲的有限元公式,参见西莫和武库克[54]、皮门塔和约乔[55]、耶莱尼奇(Jelenic)和萨热(Saje)[132]、格鲁特曼等[56]以及梅基宁(Mäkinen)[133]发表的论文;利用弯曲梁单元的非线性公式可以在易卜拉欣贝格维奇[59]、格鲁特曼等[63]的理论基础上推导出一种用于弹塑性材料的三维梁单元;在罗梅罗(Romero)和阿梅罗[134]发表的论文中,动力学理论也可被正常应用于微观几何框架内。

所有方法中,都使用了经典插值函数。对于欧拉-伯努利梁,等时间插值提供了对自然连续场的描述。如需了解具体做法,请参阅科纽霍夫(Konyukhov)和施维泽霍夫(Schweizerhof)[135]、布克利耶(Bouclier)等[61]以及雷亚利(Reali)和戈麦斯(Gomez)[136]发表的论文。

结合 6.3.3 节所述,我们得知基本上任何壳体都可以使用三维实体单元离散化,对厚度的线性插值是基于平面横截面在变形期间保持为平面这一拟设,模型中也考虑了厚度的变化。众所周知,对于线性插值,薄壳结构极限位移公式会导致产生锁定问题,参见钦科维奇等[115]发表的论文。因此,当薄壳结构使用三维刚体离散化模型消除锁定时，必须采用特殊插值，参见赛弗特(Seifert)[137]、米厄[138]、奥普特曼(Hauptmann)和施维泽霍夫[139]、施(Sze)和姚(Yao)[140]以及科勒克等[111]发表的论文和著作。迪斯特(Düster)等[141]和金德尔等[80]则讨论了这种壳结构的高阶插值情况。

传统方法基于壳理论推导有限元。该方法中，对壳的定义基于中性面。使用这种参数化方法，可以从三维连续体方程推导出运动学方程、弱形式方程和本构方程，壳模型在厚度方向上的运动学描述也可以采用不同的近似方法，从而推导出模拟厚度方向变形的薄壳和厚壳方程。根据运动学变量数量的不同，这些方法表示为 5 -参数、6 -参数或 7 -参数理论。建模过程中选用不同的公式和方法以构造受到有限偏转和旋转的壳有限元模型，相关内容参见西莫等[112, 142]、奥内特(Onate)和塞韦拉(Cervera)[143]、桑松(Sansour)[144]、埃伯莱因(Eberlein)和维格斯[145]、希拉克等[78]、坎佩洛(Campello)等[146]、皮门塔等[79]以及格鲁特曼和瓦格纳[25]发表的论文。

退化概念中会运用三维实体方程，并在离散层面上引入壳运动学理论，像壳理论中那样选择参考中性面，参见拉姆(Ramm)[147]和巴思[123]的著作。这种方法中，除了运动拟设外，壳结构的离散化不需要壳理论。因此，这种方法使用起来很简单，且也无须引入(应)压力合成物。比希特和拉姆[148]研究比较了基于经典壳理论和退化概念的有限元，发现两种方法在某些假设条件下其有限元方程相同。大多数方法中，都假设平面横截面在壳连续体变形期间保持为平面，由此产生了以赖斯纳和明德林命名的理论，包括在有限元法中仅需要 C^0 连续离散化的剪切变形。

从非线性连续体方程推导壳方程时，若除了“截面保持平面形态”外没有其他假设，那么这个壳理论称为是“几何精确”的。过去 20 年中，计算机性能的提升使得研究人员可以对复杂的非线性壳问题进行数学建模，且这一过程中不需要对旋转和偏转大小进行假设或近似处理，而这些都促使几何精确的壳理论得到了长足的发展。

西莫[45]与维格斯和格鲁特曼[149]都曾尝试使用几何精确壳理论。这项研究的新内容是制定旋转奇点的自由参数化方法，并使用等参数公式近似壳体几何形状。该方法消除了由标准偏导数产生的共变体和反变体衍生物，是求解非线性壳问题的新有限元法理论公式的基础，参见西莫等[150]、巴萨尔(Basar)和丁

(Ding)[151-152]、维格斯和格鲁特曼[153]、瓦格纳和格鲁特曼[154]以及比朔夫(Bischoff)和拉姆[155]发表的论文,在比朔夫等[156]的论文中可以找到进一步的讨论结果。

诚然,经典的基尔霍夫-乐甫假设也是薄壳运动学的自然假设,但这个附加假设需要使用 C^1 连续插值函数,而这些函数不方便使用经典方法构造。这种情况下,将变形的插值和壳表面用与CAD描述相结合的等几何方法进行表述则十分有趣。这些离散化方法采用贝塞尔函数或其他 C^1 连续多项式,参见希拉克等[78]。奥内特和塞韦拉[143]以及休斯等[60]发表的论文。这些公式偏离了经典有限元概念,因为当通过使用一片有限元来定义插值函数时,C^1 的连续性就不是在有限元上而是在块等级上实现的。该方法具有很大的优势,因为壳对几何变化高度敏感,而贝塞尔曲面或NURBS曲面可以理想化地将复杂几何形状映射到壳模型。随着研究人员的进一步深入探索,近年来得到了基于旧 C^1 概念的谢巴赫(SHEBA)壳[参见阿吉里斯(Argyris)和沙尔普夫(Scharpf)[157]发表的论文]作为新型有限元,该有限元使用几何精确理论进行增强,因此可以应用于非线性问题,参见伊万尼科夫(Ivannikov)等[158]发表的论文。

使用壳理论建模时,有大量基于不同数学模型和有限元法的模型可供选择,如何选择适当的特定有限元,取决于待解决问题的类型。学界有多个可用于检查有限元法质量的测试实例,参见麦克尼尔(MacNeal)和哈德(Harder)[159]以及科勒克等[111]发表的论文。

合适的有限元方程对于获取良好的结果必不可少,但由于壳描绘了边界层,因此必须小心选择边界条件。如果这些边界条件存在于数学模型中,则必须通过有限元网格解析,最终产生沿着壳边界的非常精细的网格;如果在该解析过程中选择粗网格,则很容易忽略应力峰值。这一偏差会使大型结构的模型响应产生致命错误,在实际工程应用中,也曾因此造成过巨大的损失。

最后,建议标准程序软件的用户使用前面提到的实例测试检查软件中包含的有限元,以确保在新设计中能很好地预测变形和应力。

6.3.6 基于投影的简化方法

6.2.4节讨论了数学简化模型,此处将介绍如何使用投影获得简化模型。该方法将系统运动投影到子空间中,从而使非线性有限元系统中未知数的总数从 N 减少至 M。系统的运动由矢量 $\boldsymbol{u}(t) \in IR^N$ 描述,投影到子空间 $\boldsymbol{q}(t) \in$

IR^M 中。

$$\boldsymbol{u}(t)=\boldsymbol{\Psi q}(t) \tag{6-37}$$

$$\boldsymbol{\Psi}=[\boldsymbol{\Psi}_1, \cdots, \boldsymbol{\Psi}_M] \tag{6-38}$$

上面的投影矩阵包含跨越子空间的 M 个基矢量 $\boldsymbol{\Psi}_i$。

基本公式从式(6-36)开始：$\boldsymbol{M}\ddot{\boldsymbol{u}}+\boldsymbol{R}(\boldsymbol{u})=\boldsymbol{P}$，通过插入投影方程[式(6-37)]并乘以投影矩阵[与式(6-36)乘法相关的测试函数]得到简化矩阵方程：

$$\boldsymbol{\Psi}^{\mathrm{T}}\boldsymbol{M\Psi}\ddot{\boldsymbol{q}}(t)+\boldsymbol{\Psi}^{\mathrm{T}}\boldsymbol{R}[\boldsymbol{\Psi q}(t)]=\boldsymbol{\Psi}^{\mathrm{T}}\boldsymbol{P}(t) \tag{6-39}$$

这里忽略了阻尼项使方程显得更直观，如果添加阻尼项也只是技术问题，详细信息参阅施皮斯[94]的著作。定义 $\boldsymbol{M}^*=\boldsymbol{\Psi}^{\mathrm{T}}\boldsymbol{M\Psi}$，则 $\boldsymbol{R}^*[\boldsymbol{q}(t)]=\boldsymbol{\Psi}^{\mathrm{T}}\boldsymbol{R}[\boldsymbol{\Psi q}(t)]$ 和 $\boldsymbol{P}^*(t)=\boldsymbol{\Psi}^{\mathrm{T}}\boldsymbol{P}(t)$，导出具有 M 个未知数的方程：

$$\boldsymbol{M}^*\ddot{\boldsymbol{q}}(t)+\boldsymbol{R}^*[\boldsymbol{q}(t)]=\boldsymbol{P}^*(t) \tag{6-40}$$

现在的问题是寻找一个具有最小基矢量的最优基，从而使非线性动态问题拥有良好的近似模型。子空间近似解如图 6-15 所示。

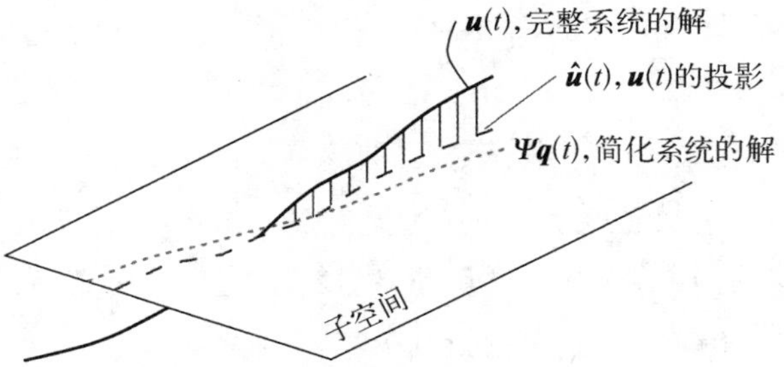

图 6-15　子空间近似解

为了使近似解更加逼近真实解，须满足以下条件：

(1) 基矢量必须满足基本边界条件。

(2) 基矢量应该是正交的：$\boldsymbol{\Psi}^{\mathrm{T}}\boldsymbol{\Psi}=\mathbf{1}$。

非线性计算中，有必要确定系统与子空间上投影的误差。这是因为非线性系统中，代表解的子空间发生了改变，需要选择不同的基矢量，所以需要更新用于投影的基数。

$$e_{\mathrm{RP}}=\frac{\|\boldsymbol{R}[\boldsymbol{\Psi q}(t)]-\boldsymbol{P}\|}{\|\boldsymbol{P}\|+\|\boldsymbol{M\Psi}\ddot{\boldsymbol{q}}(t)\|} \tag{6-41}$$

为减少投影误差可以用式(6-41)进行计算，参见伊德尔松(Idelsohn)和卡多纳(Cardona)[160]以及施皮斯[94]的论文和著作。注意，虽然通过使用简化方程[式(6-40)]获得了解，但其中的误差仍然算完整系统的误差。有研究者不使用特征矢量表示特定状态 $\boldsymbol{u}$ 下的非线性系统，而是引入里兹矢量，参见威尔逊等[98]发表的论文。第一个矢量：

$$\boldsymbol{\psi}_1=\boldsymbol{K}_{\mathrm{T}}^{-1}\boldsymbol{P} \tag{6-42}$$

式(6-42)对应于静态负载，另外的里兹矢量是第一个矢量的克雷洛夫(Krylov)序列：

$$\boldsymbol{\psi}_i=\boldsymbol{K}_{\mathrm{T}}^{-1}\boldsymbol{M}\boldsymbol{\psi}_{i-1},\quad i=2,\cdots \tag{6-43}$$

上述这些矢量必须正交化，可以通过格拉姆-施密特(Gram-Schmidt)正交或 QR 正交实现归一化。

图 6-16 为使用里兹矢量简化法的二维 T 形梁的外形和离散化程度，相关内容参见施皮斯[94]的著作。T 型梁由弹性圣维南材料组成，$E=1\,000$ 且 $\nu=0.2$。图 6-16 给出了几何数据，并使用具有二次形函数的四边形位移有限元进行离散化，梁末端施加 $F(t)=0.1\sin(0.5t)$ 的载荷。使用 20 个里兹矢量求解该系统，并与未简化系统的解进行比较，加载点上产生的法向应变如图 6-17 所示。实线为采用给定间隔更新的解决方案，虚线是没有更新的里兹近似，其中里兹矢量应用于解的开始处；由于更新的参考解不能与具有更新的里兹近似解区分开，因此必须在非线性分析中更新基矢量。其他基矢量，如兰乔斯(Lanczos)矢量也可以在基于投影的简化方法中使用，相关内容请参考武卡奇(Vukazich)等[161]发表的论文。

另一种方法，即正交分解法以及正确的广义分解法也常被用于进行数据分析和评估试验数据。正交分解的目的是识别包含最相关部分分解空间的子空间，该方法可以确定最高能量模式(即正交分解矢量)，以及每种模式中包括的能量份数。近期研究中克里斯尔等[99]与迈耶(Meyer)和马蒂思(Matthies)[162]在非线性有限元分析中引入了基于正交分解的简化方法，再运用广义分解法更为有效的在分析期间确定最高能量模式，参见内龙(Néron)和拉德韦兹[163]的论文。

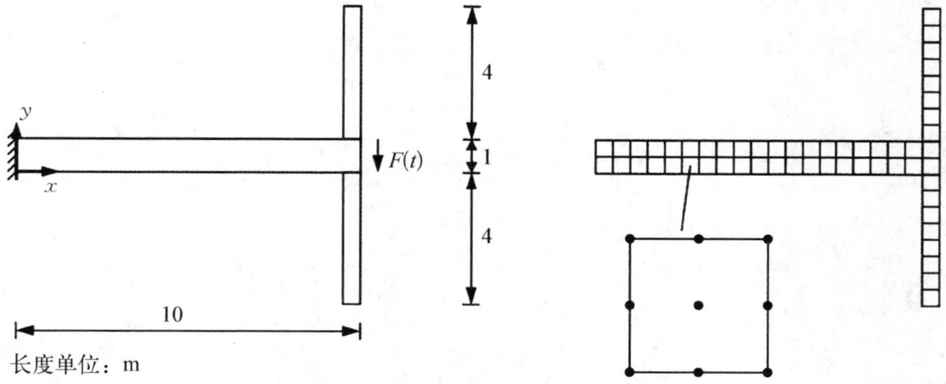

图 6-16 二维 T 形梁的外形和离散化程度

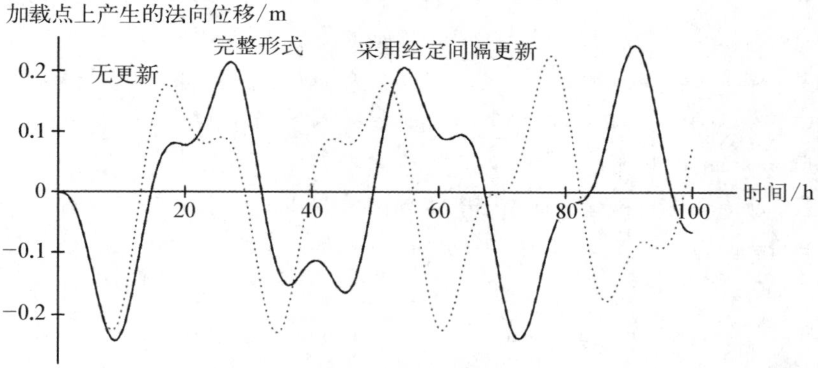

图 6-17 里兹矢量法向应变

应用这些方法的设计工程师必须知道何种载荷作用于结构上以及数学模型的非线性程度如何，以便在工程应用中做出最佳选择。

6.4 结论

本书仅对固体力学建模中研究者想要生成良好预测模型时所必须面对的设计任务相关问题进行了阐述。许多例子表明，一个好的模型可以减少大量的计算工作量和时间；通常有经验的建模者会根据实际应用情况进一步简化模型。由此看来这些模型是通过大量经验来确定的，因此深入了解数学建模以及相关的分析和数值求解方法就显得尤为重要。

本书未讨论例如接触问题、多物理应用和新开发的多尺度方法等相关内容，固体和壳体建模的许多细节也没有涉及。虽然能够起到的作用有限，但仍希望能给读者在固体力学建模方面提供一些启示和参考。

参考文献

[1] Szabó I. *Geschichte der mechanischen Prinzipien und ihrer wichtigsten Anwendungen*. Birkhäuser, Basel, Boston, Stuttgart (1987).

[2] Rice J. Solid mechanics. *http://esag. harvard. edu/rice/e0 Solid Mechanics 94 10. pdf (2010)*.

[3] Timoshenko S. *History of strength of materials: with a brief account of the history of theory of elasticity and theory of structures*. Courier Corporation (1983).

[4] Wellmann C. and Wriggers P. A two-scale model of granular materials. *Computer Methods in Applied Mechanics and Engineering*, 205 - 208: 46 - 58 (2012).

[5] Truesdell C. *The Elements of Continuum Mechanics*. Springer, New York (1985).

[6] Chadwick P. *Continuum Mechanics, Concise Theory and Problems*. Dover Publications, Mineola (1999).

[7] Holzapfel G. A. *Nonlinear Solid Mechanics*. Wiley, Chichester (2000).

[8] Wriggers P. *Nonlinear Finite Elements*. Springer, Berlin, Heidelberg, New York (2008).

[9] Johnson K. L. *Contact Mechanics*. Cambridge University Press (1985).

[10] Wriggers P. *Computational Contact Mechanics*. 2nd ed., Springer, Berlin, Heidelberg, New York (2006).

[11] Laursen T. A. *Computational Contact and Impact Mechanics*. Springer, Berlin, New York, Heidelberg (2002).

[12] Truesdell C. and Noll W. The nonlinear field theories of mechanics. In S. Flügge, editor, *Handbuch der Physik III/3*. Springer, Berlin, Heidelberg, Wien (1965).

[13] Ogden R. W. *Non-Linear Elastic Deformations*. Ellis Horwood and John Wiley, Chichester (1984).

[14] Hashin D. Analysis of composite materials, a survey. *Journal of Applied Mechanics*, 50: 481 - 505 (1983).

[15] Aboudi J. *Mechanics of Composite Materials — A unified micromechanical approach*. Elsevier, Amsterdam (1991).

[16] Schröder J. Anisotropic polyconvex energies. In J. Schröder, editor, *Polyconvex Analysis*, pages 1 - 53. CISM, Springer, Wien (2009)62.

[17] Lubliner J. A model of rubber viscoelasticity. *Mechancis Research Communications*, 12: 93 - 99 (1985).

[18] Reese S. and Govindjee S. A theory of finite viscoelasticity and numerical aspects. *International Journal of Solids & Structures*, 35: 3455 - 3482(1998).

[19] Christensen R. M. A nonlinear theory of viscoelasticity for application to elastomers. *Journal of Applied Mechanics*, 47: 762 - 768 (1980).

[20] Desai C. S. and Siriwardane H. J. *Constitutive Laws for Engineering Materials*. Prentice-Hall, Englewood Cliffs, New Jersey (1984).

[21] Khan A. S. and Huang S. *Continuum theory of plasticity*. Wiley, Chichester, New York (1995).

[22] Souza Neto E. A., Peric D. and Owen D. R. J. *Computational Methods for Plasticity, Theory and Applications*. Wiley, Chichester (2008).

[23] Lemaitre J. *A course on damage mechanics*. Springer, Berlin, New York (1996).

[24] Bazant Z. P. and Cedolin L. *Stability of Structures: Elastic, Inelastic, Fracture, and Damage Theories*. Dover Publications (2003).

[25] Gruttmann F. and Wagner W. A linear quadrilateral shell element with fast stiffness computation. *Computer Methods in Applied Mechanics and Engineering*, 194(39 - 41): 4279 - 4300 (2005).

[26] Tvergaard V. and Needleman A. Analysis of the cup-cone fracture in a round tensile bar. *Archives of Mechanics*, 32: 157 - 169 (1984).

[27] Ekh M., Johansson A., Thorberntsson H. and Josefson B. Models for Cyclic Ratchetting Plasticity Integration and Calibration. *Journal of Engineering Materials and Technology*, 122: 49 (2000).

[28] Johansson G., Ekh M. and Runesson K. Computational modeling of inelastic large ratchetting strains. *International Journal of Plasticity*, 21(5): 955 - 980 (2005).

[29] Kolymbas D. An outline of hypoplasticity. *Archive of Applied Mechanics*, 61: 143 - 151 (1991).

[30] Niemunis A., Wichtmann T. and Triantafyllidis T. A high-cycle accumulation model for sand. *Computers and Geotechnics*, 32: 245 - 263 (2005).

[31] Perzyna P. Fundamental problems in viscoelasticity. *Advances in Applied Mechanics*, 9: 243 - 377 (1966).

[32] Simo J. C. and Hughes T. J. R. *Computational Inelasticity*. Springer, New York, Berlin (1998).

[33] Fish J. and Shek K. Multiscale analysis for composite materials and structures. *Composites Science and Technology*, 60: 2547 - 2556 (2000).

[34] Liu W., Karpov E. and Park H. *Nano Mechanics and Materials: Theory, Multiscale Analysis and Applications*. Wiley, Chichester (2005).

[35] Miehe C., Schröder J. and Schotte J. Computational homogenization analysis in finite plasticity simulation of texture development in polycrystalline materials. *Computer Methods in Applied Mechanics and Engineering*, 171: 387 - 418 (1999).

[36] Lehmann E., Faßmann D., Loehnert S., Schaper M. and Wriggers P. Texture development and formability prediction for pre-textured cold rolled body-centred cubic steel. *International Journal of Engineering Sciences*, 68: 24 - 37 (2013).

[37] Lehmann E., Löhnert S. and Wriggers P. About the microstructural effects of polycrystalline materials and their macroscopic representation at finite deformation. *PAMM*, 12: 275 - 276 (2012).

[38] Hain M. and Wriggers P. On the numerical homogenization of hardened cement paste. *Computational Mechanics*, 42: 197 - 212 (2008b).

[39] Hain M. and Wriggers P. Computational homogenization of micro-structural damage due to frost in hardened cement paste. *Finite Elements in Analysis and Design*, 44: 223 - 244 (2008a).

[40] Oliver J. Continuum modeling of strong discontinuities in solid mechanics using damage models. *Computational Mechanics*, 17: 49 - 61 (1995).

[41] Simo J., Oliver J. and Armero F. An analysis of strong discontituities in rate independent softening materials. *Computational Mechanics* (1993a).

[42] Larsson R., Runesson K. and Ottosen N. Discontinuous displacement approximation for capturing plastic localization. *International Journal for Numerical Methods in Engineering*, 36: 2087 - 2105 (1993).

[43] Miehe C. and Schröder J. Post-critical discontinuous localization analysis of small-strain softening elastoplastic solids. *Archive of Applied Mechanics*, 64: 267 - 285 (1994).

[44] Leppin C. and Wriggers P. Numerical simulations of the behavior of cohesionless soil. In D. R. J. Owen, E. Hinton and E. Onate, editors, *Proceedings of COMPLAS 5*. CIMNE, Barcelona (1997).

[45] Simo J. C. Numerical analysis and simulation of plasticity. In P. G. Ciarlet and J. L. Lions, editors, *Handbook of Numerical Analysis*, volume 6, pages 179 - 499.

North-Holland (1998).

[46] Simo J. C. and Pister K. S. Remarks on rate constitutive equations for finite deformation problems. *Computer Methods in Applied Mechanics and Engineering*, 46: 201 - 215 (1984).

[47] Atluri S. N. On constitutive relations at finite strain: hypo-elasticity and elastic-plasticity with isotropic and kinematic hardening. *Computer Methods in Applied Mechanics and Engineering*, 43: 137 - 171 (1984).

[48] Lubliner J. *Plasticity Theory*. MacMillan, London (1990).

[49] Hofstetter G. and Mang H. A. *Computational Mechanics of Reinforced Concrete Structures*. Vieweg, Berlin (1995).

[50] Timoshenko S. and Woinowsky-Krieger S. *Theory of plates and shells*, volume 2. McGraw-Hill New York (1959).

[51] Donnell L. H. *Beams, plates and shells*. McGraw-Hill Companies (1976).

[52] Vlasov V. Z. *Thin-walled elastic beams*. National Technical Information Service (1984).

[53] Crisfield M. A. *Non-linear Finite Element Analysis of Solids and Structures*, volume 1. Wiley, Chichester (1991).

[54] Simo J. C. and Vu-Quoc L. Three dimensional finite strain rod model. Part II: computational aspects. *Computer Methods in Applied Mechanics and Engineering*, 58: 79 - 116 (1986).

[55] Pimenta P. and Yojo T. Geometrically exact analysis of spatial frames. *Applied Mechanics Review*, 46: 118 - 128 (1993).

[56] Gruttmann F., Sauer R. and Wagner W. A geometrical non-linear eccentric 3D-beam element with arbitrary cross-sections. *Computer Methods in Applied Mechanics and Engineering*, 160: 383 - 400 (1998).

[57] Pimenta P. M., Campello E. M. B. and Wriggers P. An exact conserving algorithm for nonlinear dynamics with rotational DOFs and general hyper-elasticity. Part 1: Rods. *Computational Mechanics*, 42: 715 - 732 (2008).

[58] *Dvorkin E. N., Onate E. and Oliver J. On a nonlinear formulation for curved Timoshenko beam elements considering large displacement/rotation increments. International Journal for Numerical Methods in Engineering*, 26: 1597 - 1613 (1988).

[59] Ibrahimbegovic A. A finite element implementation of geometrically nonlinear

Reissner's beam theory: three-dimensional curved beam elements. *Computer Methods in Applied Mechanics and Engineering*, 122: 11 - 26 (1995).

[60] Hughes T. J. R., Cottrell J. A. and Bazilevs Y. Isogeometric analysis: CAD, finite elements, NURBS, exact geometry and mesh refinement. *Computer Methods in Applied Mechanics and Engineering*, 194(39 - 41): 4135 - 4195 (2005).

[61] Bouclier R., Elguedj T. and Combescure A. Locking free isogeometric formulations of curved thick beams. *Computer Methods in Applied Mechanics and Engineering*, 245: 144 - 162 (2012).

[62] Cazzani A., Malagù M. and Turco E. Isogeometric analysis of plane-curved beams. *Mathematics and Mechanics of Solids*, page 1081286514531265 (2014).

[63] Gruttmann F., Sauer R. and Wagner W. Theory and numeric of three-dimensional beams with elastoplastic material behavior. *International Journal for Numerical Methods in Engineering*, 48: 1675 - 1702 (2000).

[64] Windels R. Traglasten von Balkenquerschnitten beim Angriff von Biegemoment, Längs-und Querkraft. *Der Stahlbau*, 39: 10 - 16 (1970).

[65] Henning A. Traglastberechnung ebener Rahmen - Theorie II. Ordnungschweizerhof und Interaktion. *Technical Report 75 - 12*, Institut für Statik, Braunschweig (1975).

[66] Vogel U. Calibrating frames, Vergleichsrechnungen an verschiedenen Rahmen. *Der Stahlbau*, 10: 295 - 301 (1985).

[67] Becker A. Berechnung ebener Stabtragwerke nach der Flieẞgelenktheorie II. Ordnung unter Berücksichtigung der Normal-und Querkraftinteraktion mit Hilfe der Methode der Finite Elemente. *Technical report*, Diplomarbeit am Institut für Baumechanik und Numerische Mechanik der Universität Hannover (1985).

[68] Kahn R. Finite-Element-Berechnungen ebener Stabwerke mit Fliessgelenken und grossen Verschiebungen. *Technical Report F 87/1*, Forschungs- und Seminarberichte aus dem Bereich der Mechanik der Universität Hannover (1987).

[69] Ehrlich D. and Armero F. Finite element methods for the analysis of softening plastic hinges in beams and frames. *Computational Mechanics*, 35(4): 237 - 264 (2005).

[70] Kirchhoff G. R. Über das Gleichgewicht und die Bewegung einer elastischen Scheibe. *Journal für die Reine und Angewandte Mathematik* (1850).

[71] Reddy J. N. A simple higher-order theory for laminated composite plates. *Journal of Applied Mechanics*, 51: 745 - 752 (1984).

[72] Reddy J. N. *Mechanics of laminated composite plates and shells: theory and*

analysis. CRC press (2004).

[73] Hull D. and Clyne T. *An introduction to composite materials*. Cambridge University Press (1996).

[74] Love A. E. H. *A Treatise on the Mathematical Theory of Elasticity*, volume Fourth. University Press, Cambrige (1927).

[75] Koiter W. T. A consistent first approximation in the general theory of thin elastic shells. In W. T. Koiter, editor, *The Theory of Thin Elastic Shells*, pages 12 - 33. North-Holland, Amsterdam (1960).

[76] Naghdi P. M. *The Theory of Shells*, volume VIa/2 of *Handbuch der Physik*, *Mechanics of Solids II*. Springer, Berlin (1972).

[77] Flügge W. *Stresses in shells*. Springer Science (2013).

[78] Cirak F., Ortiz M. and Schröder P. Subdivision surfaces: a new paradigm for thin shell finite-element analysis. *International Journal for Numerical Methods in Engineering*, 47: 2039 - 2072 (2000).

[79] Pimenta P. M., Campello E. M. B. and Wriggers P. A fully nonlinear multi-parameter shell model with thickness variation and a triangular shell finite element formulation. *Computational Mechanics*, 34: 181 - 193 (2004).

[80] Kiendl J., Bletzinger K. U., Linhard J. and Wüchner R. Isogeometric shell analysis with Kirchhoff - Love elements. *Computer Methods in Applied Mechanics and Engineering*, 198: 3902 - 3914 (2009).

[81] Benson D. J., Bazilevs Y., Hsu M. C. and Hughes T. J. R. A large deformation, rotation-free, isogeometric shell. *Computer Methods in Applied Mechanics and Engineering*, 200: 1367 - 1378 (2011).

[82] Courant R. Variational methods for the solution of problems of equilibrium and vibrations. *Bull. Amer. Math. Soc*, 49: 1 - 23 (1943).

[83] Turner M. J., Clough R. W., Martin H. C. and Topp L. J. Stiffness and deflection analysis of complex structures. *Journal of the Aeronautical Sciences*, 23: 805 - 823 (1956).

[84] Argyris J. H. *Energy Theorems and Structural Analysis*. Butterworth (1960).

[85] Pietraszkiewicz W. Geometrically nonlinear theories of thin elastic shells. *Technical Report 55*, Mitteilungen des Instituts für Mechanik der Ruhr-Universität Bochum (1978).

[86] Pflüger A. *Elementare Schalenstatik*. Springer (1981).

[87] Wagner W. and Gruttmann F. Modeling of Shell-Beam Transitions in the Presence of Finite Rotations. *Computer Assisted Mechanics and Engineering Sciences*, 9: 405 - 418 (2002).

[88] Chavan K. and Wriggers P. Consistent coupling of beam and shell models for thermo-elastic analysis. *International Journal for Numerical Methods in Engineering*, 59: 1861 - 1878 (2004).

[89] Oden J. T., Prudhomme S., Hammerand D. C. and Kuczma M. S. Modeling error and adaptivity in nonlinear continuum mechanics. *Computer Methods in Applied Mechanics and Engineering*, 190: 8883 - 6684 (2001).

[90] Stein E. and Ohnimus S. Dimensional adaptivity in linear elasticity with hierarchical test-spaces for h-and p-refinement processes. *Engineering Computations*, 12: 107 - 119 (1996).

[91] Temizer I. and Wriggers P. An adaptive multiscale resolution strategy for the finite deformation analysis of microheterogeneous structures. *Computer Methods in Applied Mechanics and Engineering*, 200(37): 2639 - 2661 (2011).

[92] Radermacher A. and Reese S. Model reduction in elastoplasticity: proper orthogonal decomposition combined with adaptive sub-structuring. *Computational Mechanics*, 54: 677 - 687 (2014).

[93] Bathe K. J. *Finite Element Procedures*. Prentice-Hall, Englewood Cliffs, New Jersey (1996).

[94] Spiess H. Reduction methods in finite element analysis of nonlinear structural dynamics. *Technical Report F06/2*, Forschungs-und Seminarberichte aus dem Bereich der Mechanik der Universität Hannover (2006).

[95] Nickell R. E. Nonlinear dynamics by mode superposition. *Computer Methods in Applied Mechanics and Engineering*, 7: 107 - 129 (1976).

[96] Leger P. Mode superposition methods. In M. Papadrakakis, editor, *Solving Large-scale Problems in Mechanics*, pages 225 - 257. Wiley (1993).

[97] Kirsch U., Bogomolni M. and Sheinman I. Nonlinear dynamic reanalysis for structural optimization. In van Campen D. H., L. M. D. and van den Oever W. P. J. M, editors, *Proceedings of the Fifth EUROMECH Nonlinear Dynamics Conference (ENOC)*. Eindhoven (2005).

[98] Wilson E. L., Yuan M. and Dickens J. M. Dynamic analysis by direct superposition of Ritz vectors. *Earthquake Engineering and Structural Dynamics*, 10: 813 - 821

(1982).

[99] Krysl P., Lall S. and Marsden J. E. Dimensional model reduction in nonlinear finite element dynamics of solids and structures. *International Journal for Numerical Methods in Engineering*, 51: 479 - 504 (2001).

[100] Ladevèze P., Passieux J. and Neron D. The latin multiscale computational method and the proper generalized decomposition. *Computer Methods in Applied Mechanics and Engineering*, 199: 1287 - 1296 (2010).

[101] Chinesta F., Ammar A. and Cueto E. ecent advances and new challenges in the use of the proper generalized decomposition for solving multidimensional models. *Archives of Computational methods in Engineering*, 17: 327 - 350 (2010).

[102] Zienkiewicz O. C. and Taylor R. L. *The Finite Element Method, 4th Ed.*, volume 1. McGraw-Hill, London (1989).

[103] Hughes T. R. J. *The Finite Element Method*. Prentice Hall, Englewood Cliffs, New Jersey (1987).

[104] Braess D. *Finite Elements: Theory, Fast Solvers, and Applications in Solid Mechanics*. Cambridge University Press (2007).

[105] Heisserer U., Hartmann S., Yosibash Z. and Düster A. On volumetric locking-free behavior of p-version finite elements under finite deformations. *Communications in Numerical Methods in Engineering. accepted for publication* (2007).

[106] Cottrell J. A., Hughes T. J. R. and Bazilevs Y. *Isogeometric analysis: toward integration of CAD and FEA*. John Wiley & Sons (2009).

[107] Washizu K. *Variational Methods in Elasticity and Plasticity*. Pergamon Press, Oxford, second edition (1975).

[108] Brenner S. C. and Scott L. R. *The Mathematical Theory of Finite Element Methods*. Springer (2002).

[109] Pian T. H. H. Derivation of element stiffness matrices by assumed stress distributions. *AIAA-J. 2*, 7: 1333 - 1336 (1964).

[110] Pian T. H. H. and Sumihara K. Rational approach for assumed stress finite elements. *International Journal for Numerical Methods in Engineering*, 20: 1685 - 1695 (1984).

[111] Korelc J., Solinc U. and Wriggers P. An improved EAS brick element for finite deformation. *Computational Mechanics*, 46: 641 - 659 (2010).

[112] Simo J. C. and Rifai M. S. A class of assumed strain methods and the method of

incompatible modes. *International Journal for Numerical Methods in Engineering*, 29: 1595 - 1638 (1990).

[113] Korelc J. and Wriggers P. Consistent gradient formulation for a stable enhanced strain method for large deformations. *Engineering Computations*, 13: 103 - 123 (1996).

[114] Büchter N., Ramm E. and Roehl D. Three-Dimensional Extension of Non-Linear Shell Formulation Based on the Enhanced Assumed Strain Concept. *International Journal for Numerical Methods in Engineering*, 37: 2551 - 2568 (1994).

[115] Zienkiewicz O. C., Taylor R. L. and Too J. M. Reduced Integration Technique in General Analysis of Plates and Shells. *International Journal for Numerical Methods in Engineering*, 3: 275 - 290 (1971).

[116] Belytschko T., Ong J. S. J., Liu W. K. and Kennedy J. M. Hourglass control in linear and nonlinear problems. *Computer Methods in Applied Mechanics and Engineering*, 43: 251 - 276 (1984).

[117] Simo J. C. and Armero F. Geometrically Non-Linear Enhanced Strain Mixed Methods and the Method of Incompatible Modes. *International Journal for Numerical Methods in Engineering*, 33: 1413 - 1449 (1992).

[118] Simo J. C., Armero F. and Taylor R. L. Improved Versions of Assumed Enhanced Strain Tri-Linear Elements for 3D Finite Deformation Problems. *Computer Methods in Applied Mechanics and Engineering*, 110: 359 - 386(1993b).

[119] Wilson E. L., Taylor R. L., Doherty W. P. and Ghaboussi J. Incompatible Displacements Models. In *Numerical and Computer Models in Structural Mechanics*, Fenves S. J., Perrone N., Robinson A. R. and Schnobrich W. C. (Eds.). Academic Press, New York (1973). 43 - 57.

[120] Taylor R. L., Beresford P. J. and Wilson E. L. A Non-Conforming Element for Stress Analysis. *International Journal for Numerical Methods in Engineering*, 10: 1211 - 1219 (1976).

[121] Wriggers P. and Reese S. A note on enhanced strain methods for large deformations. *Computer Methods in Applied Mechanics and Engineering*, 135: 201 - 209 (1996).

[122] Reese S. On a physically stabilized one point finite element formulation for three-dimensional finite elasto-plasticity. *Computer Methods in Applied Mechanics and Engineering*, 194: 4685 - 4715 (2005).

[123] Bathe K. J. *Finite Element Procedures in Engineering Analysis*. Prentice-Hall,

Englewood Cliffs, New Jersey (1982).

[124] Zienkiewicz O. C. and Taylor R. L. *The Finite Element Method*, volume 2. Butterworth-Heinemann, Oxford, UK, 5th edition (2000).

[125] Oran C. and Kassimali A. Large deformations of framed structures under static and dynamic loads. *Computers and Structures*, 6: 539 - 547 (1976).

[126] Wempner G. Finite elements, finite rotations and small strains of flexible shells. *International Journal of Solids & Structures*, 5: 117 - 153 (1969).

[127] Rankin C. C. and Brogan F. A. An element independent corotational procedure for the treatment of large rotations. In L. H. Sobel and K. Thomas, editors, *Collapse Analysis of Structures*, pages 85 - 100. ASME, New York (1984).

[128] Lumpe G. Geometrisch nichtlineare berechnung von räumlichen stabwerken. *Technical Report 28*, Institut für Statik, Universität Hannover (1982).

[129] Bathe K. J. and Bolourchi S. Large displacement analysis of three-dimensional beam structures. *International Journal for Numerical Methods in Engineering*, 14: 961 - 986 (1979).

[130] Reissner E. On one-dimensional finite strain beam theory, the plane problem. *Journal of Applied Mathematics and Physics*, 23: 795 - 804 (1972).

[131] Simo J. C. A finite strain beam formulation. The three-dimensional dynamic problem. Part I. *Computer Methods in Applied Mechanics and Engineering*, 49: 55 - 70 (1985).

[132] Jelenic G. and Saje M. A kinematically exact space finite strain beam model-finite element formulation by generalised virtual work principle. *Computer Methods in Applied Mechanics and Engineering*, 120: 131 - 161(1995).

[133] Mäkinen J. Total lagrangian Reissner's geometrically exact beam element without singularities. *International Journal for Numerical Methods in Engineering*, 70: 1009 - 1048 (2007).

[134] Romero I. and Armero F. An objective finite element approximation of the kinematics of geometrically exact rods and its use in the formulation of an energy-momentum conserving scheme in dynamics. *International Journal for Numerical Methods in Engineering*, 54: 1683 - 1716 (2002).

[135] Konyukhov A. and Schweizerhof K. Geometrically exact theory for contact interactions of ld manifolds. algorithmic implementation with various finite element models. *Computer Methods in Applied Mechanics and Engineering*, 205: 130 - 138

(2012).

[136] Reali A. and Gomez H. An isogeometric collocation approach for Bernoulli - Euler beams and Kirchhoff plates. *Computer Methods in Applied Mechanics and Engineering*, 284: 623 - 636 (2015).

[137] Seifert B. *Zur Theorie und Numerik Finiter Elastoplastischer Deformationen von Schalenstrukturen*. Dissertation, Institut für Baumechanik und Numerische Mechanik der Universität Hannover (1996). Bericht Nr. F96/2.

[138] Miehe C. A theoretical and computational model for isotropic elasto-plastic stress analysis in shells at large strains. *Computer Methods in Applied Mechanics and Engineering*, 155: 193 - 233 (1998).

[139] Hauptmann R. and Schweizerhof K. A systematic development of solid shell element formulation for linear and nonlinear analyses employing only displacement degree of freedom. *International Journal for Numerical Methods in Engineering*, 42: 49 - 69 (1998).

[140] Sze K. and Yao L. A hybrid stress and solid-shell element and its generalization for smart structure modelling. Part Ⅰ-solid-shell element formulation. *International Journal for Numerical Methods in Engineering*, 48: 545 - 564(2000).

[141] Düster A., Bröker H. and Rank E. The p-version of the finite element method for three-dimensional curved thin walled structures. *International Journal for Numerical Methods in Engineering*, 52: 673 - 703 (2001).

[142] Simo J. C., Rifai M. S. and Fox D. D. On a Stress Resultant Geometrically Exact Shell Model. Part IV. Variable Thickness Shells with Through-The-Thickness Stretching. *Computer Methods in Applied Mechanics and Engineering*, 81: 91 - 126 (1990b).

[143] Onate E. and Cervera M. Derivation of thin plate bending elements with one degree of freedom per node: a simple three node triangle. *Engineering computations*, 10(6): 543 - 561 (1993).

[144] Sansour C. A theory and finite element formulation of shells at finite deformations involving thickness change: circumventing the use of a rotation tensor. *Ingenieur-Archiv*, 65: 194 - 216 (1995).

[145] Eberlein R. and Wriggers P. Finite element concepts for finite elasto-plastic strains and isotropic stress response in shells: Theoretical and computational analysis. *Computer Methods in Applied Mechanics and Engineering*, 171: 243 - 279 (1999).

[146] Campello E. M. B., Pimenta P. M. and Wriggers P. A triangular finite shell element based on a fully nonlinear shell formulation. *Computational Mechanics*, 31: 505-518 (2003).

[147] Ramm E. Geometrisch nichtlineare Elastostatik und Finite Elemente. *Technical Report Nr. 76-2*, Institute für Baustatik der Universität Stuttgart (1976).

[148] Büchter N. and Ramm E. Shell Theory versus Degeneration — A Comparison in Large Rotation Finite Element Analysis. *International Journal for Numerical Methods in Engineering*, 34: 39-59 (1992).

[149] Wriggers P. and Gruttmann F. Large deformations of thin shells: Theory and finite-element-discretization, analytical and computational models of shells. In A. K. Noor, T. Belytschko and J. C. Simo, editors, *ASME*, *CED-Vol. 3*, volume 135-159 (1989).

[150] Simo J. C., Fox D. D. and Rifai M. S. On a stress resultant geometrical exact shell model. Part III: Computational Aspects of the Nonlinear Theory. *Computer Methods in Applied Mechanics and Engineering*, 79: 21-70(1990).

[151] Basar Y. and Ding Y. Finite-Rotation Elements for Nonlinear Analysis of Thin Shell Structures. *International Journal of Solids & Structures*, 26: 83-97 (1990).

[152] Basar Y. and Ding Y. Shear Deformation Models for Large Strain Shell Analysis. *International Journal of Solids & Structures*, 34: 1687-1708(1996).

[153] Wriggers P. and Gruttmann F. Thin shells with finite rotations formulated in biot stresses theory and finite-element-formulation. *International Journal for Numerical Methods in Engineering*, 36: 2049-2071 (1993).

[154] Wagner W. and Gruttmann F. A Simple Finite Rotation Formulation for Composite Shell Elements. *Engineering Computations*, 11: 145-176(1994).

[155] Bischoff M. and Ramm E. Shear Deformable Shell Elements for Large Strains and Rotations. *International Journal for Numerical Methods in Engineering*, 40: 4427-4449 (1997).

[156] Bischoff M., Wall W. A., Bletzinger K. U. and Ramm E. Models and Finite Elements for Thin-walled Structures. In E. Stein, R. de Borst and T. J. R. Hughes, editors, *Encyclopedia of Computational Mechanics*, pages 59-137. Wiley, Chichester (2004).

[157] Argyris J. H. and Scharpf D. W. The SHEBA Family of Shell Elements for the Matrix Displacement Method. *Aeron. J. Royal Aeron. Soc.*, 72: 873-883

(1968).

[158] Ivannikov V., Tiago C. and Pimenta P. Tuba finite elements: application to the solution of a nonlinear kirchhoff - love shell theory. *Shell structures: theory and applications*, 3: 81 - 84 (2014).

[159] MacNeal R. and Harder R. A proposed standard set of problems to test finite element accuracy. *Finite Elements in Analysis and Design*, 1: 3 - 20(1985).

[160] Idelsohn S. R. and Cardona A. Reduction methods and explicit time integration. *Advances in engineering software*, 6: 36 - 44 (1984).

[161] Vukazich M., Mish K. and Romstad K. Nonlinear dynamic response of frames using lanczos modal analysis. *Journal of Structural Engineering*, 122: 1418 - 1426 (1996).

[162] Meyer M. and Matthies H. Efficient model reduction in non-linear dynamics using the Karhunen-Loeve expansion and dual-weighted-residual methods. *Computational Mechanics*, 31: 179 - 191 (2003).

[163] Néron D. and Ladevèze P. Proper generalized decomposition for multi-scale and multiphysics problems. *Archives of Computational Methods in Engineering*, 17: 351 - 372 (2010).

[164] Gurson A. L. Continuum theory of ductile rupture by void nucleation and growth, part i. *Journal Engineering Material Technology*, 99: 2 - 15 (1977).

[165] Jones R. M. *Mechanics of composite materials*, volume 1. McGraw-Hill New York (1975).

[166] Simo J. C., Fox D. D. and Rifai M. S. On a stress resultant geometrical exact shell model. Part I: Formulation and optimal parameterization. *Computer Methods in Applied Mechanics and Engineering*, 72: 267 - 304 (1989).

[167] Simo J. C., Hjelmstad K. D. and Taylor R. L. Numerical formulations for finite deformation problems of beams accounting for the effect of transverse shear. *Computer Methods in Applied Mechanics and Engineering*, 42: 301 - 330 (1984).